U0263564

# 农药毒性手册·杀菌剂分册

生态环境部南京环境科学研究所　著

科 学 出 版 社

北 京

# 内 容 简 介

为系统了解我国登记农药品种(有效成分)的相关信息，在生态环境部科技标准司的支持下，作者在系统调研和整理国内外相关研究成果的基础上，编制了《农药毒性手册·杀菌剂分册》。本书共包含了95个杀菌剂品种及其他15种植物生长调节剂、灭鼠剂，每个品种分别列出了农药的基本信息、理化性质、环境行为、生态毒理学、毒理学、人类健康效应、危害分类与管制情况及限值标准 8 个方面的内容，其中对环境行为、毒理学和人类健康效应部分着重做了详细描述，力求提供准确、实用、完整的杀菌剂毒性资料。

本书可为我国农药的环境与健康管理提供基础数据资料，也可作为农药专业工具性手册，为农药的生产使用、环境管理及相关科学研究提供参考。

**图书在版编目(CIP)数据**

农药毒性手册·杀菌剂分册 / 生态环境部南京环境科学研究所著.—北京：科学出版社，2018.6

ISBN 978-7-03-057981-2

Ⅰ. ①农…　Ⅱ. ①生…　Ⅲ. ①农药毒理学–手册　②杀菌剂–农药毒理学–手册　Ⅳ. ①S481-62　②TQ453-62

中国版本图书馆 CIP 数据核字(2018)第 127951 号

责任编辑：惠　雪　孙　曼 / 责任校对：樊雅琼

责任印制：张克忠 / 封面设计：许　瑞

科学出版社出版

北京东黄城根北街 16 号

邮政编码：100717

http：//www.sciencep.com

北京通州皇家印刷厂印刷

科学出版社发行　各地新华书店经销

*

2018年6月第　一　版　开本：720 × 1000　1/16

2018年6月第一次印刷　印张：25 1/2

字数：514 000

**定价：169.00 元**

(如有印装质量问题，我社负责调换)

# 《农药毒性手册》编委会

顾　　问：蔡道基

主　　编：石利利　吉贵祥

副 主 编：韩志华　刘济宁　范德玲

编　　委（以姓氏汉语拼音为序）：

陈子易　郭　敏　刘家曾　宋宁慧

汪　贞　王　蕾　吴晟旻　徐怀洲

张　芹　张圣虎　周林军

# 序　　言

《中华人民共和国农药管理条例》指明，农药是指用于预防、消灭或者控制危害农业、林业的病、虫、草和其他有害生物以及有目的地调节植物、昆虫生长的化学合成物或者几种物质的混合物及其制剂。农药对于农业生产十分重要，由于病虫草害，全世界每年损失的粮食约占总产量的一半，使用农药可以挽回总产量的15%左右。

我国是农药生产与使用大国。据中国农药工业协会统计，2015 年我国农药生产总量(折百量)为 132.8 万吨，其中杀虫剂为 30.3 万吨，杀菌剂为 16.9 万吨，除草剂为 82.7 万吨，其他农药为 2.9 万吨。2015 年全国规模以上农药企业数量为 829 家。

我国目前由农药引起的较为突出的环境问题主要是农药三废的点源污染与高毒农药使用造成的危害问题。相关报道表明，农药利用率一般为 10%～30%，大量散失的农药挥发到空气中，流入水体中，沉降进入土壤，对土壤、空气、地表水、地下水和农产品造成污染，并可能进一步通过生物链富集，对环境生物和人类健康产生长期和潜在的危害。因此，农药污染所带来的环境与健康问题应列为我国环境保护工作的重要内容。

农药的理化性质、环境行为、毒性数据、健康危害资料，是科学有效地评价和管理农药的重要依据。在我国，迄今尚无系统描述农药理化性质、环境行为、动物毒性和人类健康危害的数据资料。在环境保护部科技标准司的支持下，我们在系统调研和整理国内外相关研究成果的基础上，编制了《农药毒性手册》(以下简称《手册》)。《手册》按杀虫剂、除草剂和杀菌剂 3 个部分，详细介绍了我国主流农药品种的基本信息、理化性质、环境行为、生态毒理学、毒理学、人类健康效应、危害分类与管制情况及限值标准 8 个方面的内容。《手册》将为我国农药的环境与健康管理提供基础数据资料，也可作为农药专业工具性手册，为农药的生产使用、环境管理及相关科学研究提供参考。

中国工程院院士
蔡道基

2016 年 6 月 15 日于南京

# 编制说明

## 一、目的和意义

农药是现代农业生产中大量应用的一类化学物质，对于防治病虫草害和提高农业生产量起着重大作用。中国农药工业经过几十年的快速发展，已经形成了较为完整的农药工业体系，现已成为全球第一大农药生产国和第一大农药出口国。目前，我国可生产的农药品种有500多个，常年生产农药品种有300多个，制剂产品有上万种，覆盖了杀虫剂、杀菌剂、除草剂和植物调节剂等主要类型。据统计，截至2013年年底，我国已登记农药产品近3万个，有效成分645种。农药定点生产企业共有2000多家，上市公司有10多家，全行业从业人员超过20万人。2014年全国化学农药原药生产量已达374.4万吨。

随着农药的大量生产和使用，农药不正当使用所带来的环境污染问题也越来越严重。据估算，农药生产所使用的化工原料利用率仅为40%，其余60%均通过废水、废气和废渣等形式排出。全国农药工业每年有超过百万吨高毒剧毒原料、中间体及副产物、农药残留等排出，对环境和人群健康带来严重的负面影响。农药污染所带来的环境与健康问题应列为我国环境保护工作的重要内容。

为系统了解我国登记农药品种(有效成分)的相关信息，在生态环境部科技标准司支持下，我们在系统调研和整理国内外相关研究成果的基础上，编制了《农药毒性手册》(以下简称《手册》)。《手册》按杀虫剂、除草剂和杀菌剂3个部分，详细介绍了我国主流农药品种的基本信息、理化性质、环境行为、生态毒理学、毒理学、人类健康效应、危害分类与管制情况及限值标准8个方面的内容。《手册》将为我国农药的环境与健康管理提供基础数据资料，也可作为农药专业工具性手册，为农药的生产使用、环境管理及相关科学研究提供参考。

## 二、与已有手册的比较

为适应广大读者及科研工作者的需要，我国相继出版了《农药每日允许摄入量手册》、《FAO/WHO 农药产品标准手册》、《新编农药手册》（第2版)、《新编农药品种手册》、《农药手册》(原著第16版)、《农药使用技术手册》等参考书籍。这些书籍为专业人员查阅有关数据资料提供了很好的信息，但其大多数着重于农药制剂的加工合成、制剂类型、科学使用方法、药效评价、毒性机理、分析方法等方面(表1)，难以满足环境与健康管理工作的需要。而《手册》注重对农药环境行为和健康危害方面的信息进行描述，以期为农药的环境与健康管理工作提供基础信息。

**表 1　国内已有的汇编资料及其特点**

| 汇编资料 | 主要内容 | 出版时间 |
| --- | --- | --- |
| 《农药每日允许摄入量手册》 | 介绍了我国已经制定的 554 种农药的每日允许摄入量及制定依据 | 2015 年 7 月 |
| 《FAO/WHO 农药产品标准手册》 | 介绍了 220 种当前主要农药有效成分的结构式、相对分子质量、CAS 号和理化性质等信息。收集整理了共计 225 个最新 FAO/WHO 标准，介绍了原药及其相关制剂的组成与外观、技术指标与有效成分含量的分析方法等 | 2015 年 5 月 |
| 《新编农药手册》(第 2 版) | 介绍了农药基本知识、药效与药害、毒性与中毒、农药选购、农药品种的使用方法，以及我国关于高毒农药禁用、限用产品的相关规定 | 2015 年 5 月 |
| 《新编农药品种手册》 | 按杀虫剂、杀菌剂、除草剂、植物生长调节剂、灭鼠剂五部分，介绍了每个农药品种的中英文通用名称、结构式、分子式、相对分子质量、其他名称、化学名称、理化性质、毒性、应用、合成路线、常用剂型等内容 | 2015 年 5 月 |
| 《农药手册》(原著第 16 版) | 英国农作物保护委员会(BCPC)出版的《农药手册》(原著第 16 版)译稿，介绍了 920 个农药品种的中英文通用名称、结构式、分子式、相对分子质量、结构类型、活性用途、化学名称、CAS 号、理化性质、加工剂型、应用、生产企业、商品名、毒理学、生态毒性和环境行为等内容 | 2015 年 5 月 |
| 《哥伦比亚农药手册》 | 收录了 2013 年 8 月 23 日前在哥伦比亚取得登记的 1296 个农药产品的相关信息，包括农药登记证号、有效成分名称及含量、剂型、毒性、类别、使用作物、原产地，以及农药登记企业的名称、地址和联系方式等 | 2014 年 4 月 |
| 《常用农药使用手册(修订版)》 | 指导农民及种植业主合理使用农药的常用技术手册 | 2014 年 2 月 |
| 《农药使用技术手册》 | 介绍了 366 种农药品种的使用技术，农药的毒性与安全使用及农药的中毒与治疗方法 | 2009 年 1 月 |
| 《农药使用手册》 | 介绍了 54 种病害、56 种虫害和多种杂草的杀虫剂(含杀螨剂)、杀菌剂、除草剂及施用于粮食作物、经济作物等的新农药，包括名称、剂型、用量、方法和时期、注意事项，以及中毒与急救方法等内容 | 2006 年 12 月 |

## 三、《手册》的特点

本手册主要为从事农药环境与健康管理及相关研究的人员提供基础性资料，包含了农药的基本信息、理化性质、环境行为、生态毒理学、毒理学、人类健康效应、危害分类与管制情况、限值标准 8 个方面的基础信息，其中对环境行为、毒理学和人类健康效应部分着重做了描述，力求提供准确、实用、完整的农药毒性资料。

## 四、任务来源

本项目为生态环境部科技标准司 2017 年度环境与健康工作任务之一，项目依据分批次、分步实施的策略，每年编制包含约 100 种农药的毒性参数手册。

## 五、数据来源

手册中的毒性参数主要来源于农药性质数据库(PPDB)（网址：http://sitem.herts.ac.uk/aeru/ppdb/en/atoz.htm）。PPDB 数据库是由英国赫特福德郡大学农业与环境研究所开发的农药性质搜索引擎，可提供农药特性，包括理化性质、环境归趋、人类健康和生态毒理学等方面的信息。数据来源于已发表的科学文献和数据库、手册、登记数据库、档案、公司的技术数据等。进入数据库的数据资料经过了严格的质量控制，通过了同行评审，以及不同数据库和数据源之间的交叉对比。

对农药环境行为及健康效应的详细描述主要来源于美国国立医学图书馆毒理学数据网(TOXNET)(网址：http://toxnet.nlm.nih.gov/index.html)中的HSDB数据库(Hazardous Substances Data Bank，有害物质数据库)，数据库包括5000余种对人类和动物有害的危险物质的毒性、安全管理及对环境的影响，以及人类健康危险评估等方面的信息。每一种化学物质含有大约150个方面的数据。全部数据选自相关核心图书、政府文献、科技报告及科学文献，并由专门的科学审查小组(SRP)审定，可直接为用户提供原始信息。

部分危害分类与管制情况和限值标准来自北美农药行动网(Pesticide Action Network North America，PANNA)农药数据库(网址：http://www.pesticideinfo.org/)。PAN数据库汇集了许多不同来源的农药信息，提供约6400种农药活性成分及其转化产品的人体毒性(急性和慢性)、水体污染情况、生态毒性，以及使用和监管信息。数据库中的大部分毒性信息直接来自官方，如美国环境保护署(EPA)、世界卫生组织(WHO)、国家毒理学计划(NTP)、国立卫生研究院(NIH)、国际癌症研究机构(IARC)和欧洲联盟(简称欧盟，EU)。

除上述三个数据库外，编制过程中还查阅了国内外发表的1000多篇SCI论文和国内核心期刊，并在具体引用部分给出了文献来源，以方便使用者能够直接追溯数据来源。

## 六、编制原则

### (一)《手册》编写基本原则

《手册》的编写本着科学性、客观性、针对性、时效性、可扩充和可操作性的原则。

(1)科学性是指《手册》中农药的各项信息必须来自科学研究的结果和政府权威机构的公开资料，并科学地进行资料的质量评估和质量控制，从而保证《手册》的科学参考价值。

(2)客观性是指对各农药的生物学性状、环境行为参数、毒性数据、健康效应等方面的数据采取客观的分析，避免主观和缺乏证据的推测。

(3)针对性是指《手册》涉及农药种类必须包含我国常用的农药品种，同时农药的各项参数必须针对环境与健康工作的需要，并且兼顾农药环境管理的需求，提供农药理化性质、环境行为、人类健康效应及限值标准等翔实的资料，为开展农药的环境与健康风险评估提供有价值的参考。

(4)时效性是指农药的品种是动态变化的，农药研究的信息积累也是不断变化的，因此《手册》也只针对近一段时期内农药参数的相关信息。随着我国新品种农药的不断出现或农药毒性参数相关信息出现重大变化，《手册》就需要进行相应的修订。

(5)可扩充性是指当《手册》需要进行修订时，不需要改变编排方式，只对新增农药的排序或相关信息进行更正和补充即可，这样将减少修订时的时间和资金成本，提高修订效率和时效性。

(6)可操作性是指《手册》的编写力求条目清晰、便于查阅；内容综合，具有广泛参考价值；重点突出，特别是能为环境与健康领域的管理决策、事故应急、农药风险评估提供可操作的指导读本。

**（二）纳入《手册》的农药品种选定原则**

(1)优先选择我国目前正在生产或使用的农药品种。

(2)优先选择我国禁止和限制使用的农药品种。

(3)优先选择鹿特丹公约(PIC)所规定的极其危险的农药品种及持久性有机污染物(POPs)类农药品种。

**七、《手册》的框架结构**

该框架设计的特点主要体现在逻辑性强、层次清晰、信息全面、便于查阅、易于扩充。其结构如下。

(1)基本信息：包括化学名称、其他名称、CAS号、分子式、相对分子质量、SMILES、类别、结构式。

(2)理化性质：包括外观与性状、密度、熔点、沸点、饱和蒸气压、水溶解度、有机溶剂溶解度、辛醇/水分配系数、亨利常数。

(3)环境行为：包括环境生物降解性、环境非生物降解性、环境生物蓄积性、土壤吸附/移动性。

(4)生态毒理学：包括鸟类急性毒性、鱼类急慢性毒性、水生无脊椎动物急慢性毒性、水生甲壳动物急性毒性、底栖生物慢性毒性、藻类急慢性毒性、蜜蜂急性毒性、蚯蚓急慢性毒性。

(5)毒理学：包括农药对哺乳动物的毒性阈值、急性中毒表现及慢性毒性效应，如一般毒性、神经毒性、发育与生殖毒性、内分泌干扰性、致突变性与致癌性。

(6)人类健康效应：包括人类急性中毒的表现、慢性毒性效应的流行病学研究资料。

(7)危害分类与管制情况：介绍了农药是否列入POPs与PIC等国际公约，以及PAN优控名录与WHO淘汰品种等信息。

(8)限值标准：包括了每日允许摄入量(ADI)、急性参考剂量(ARfD)、国外饮用水健康标准及水质基准等信息。

(9)参考文献。

**八、《手册》中的名词和术语**

(1)化学名称(chemical name)：根据国际纯粹与应用化学联合会(IUPAC)或美国化学文摘社(CAS)命名规则命名的化合物名称。

(2) 相对分子质量(relative molecular weight)：组成分子的所有原子的相对原子质量总和。

(3) SMILES：简化分子线性输入规范(the simplified molecular input line entry specification，SMILES)，是一种用 ASCII 字符串描述分子结构的规范。SMILES 字符串输入分子编辑器后，可转换成分子结构图或模型。

(4) 溶解度(solubility)：在一定温度下，物质在 100g 溶剂中达到饱和状态时所溶解的质量，以单位体积溶液中溶质的质量表示，其标准单位为 $kg/m^3$，但通常使用单位为 mg/L。

(5) 熔点(melting point)：一个标准大气压下(101.325kPa)给定物质的物理状态由固态变为液态时的温度，单位为℃。

(6) 沸点(boiling point)：液体物质的蒸气压等于标准大气压(101.325kPa)时的温度，单位为℃。

(7) 辛醇-水分配系数(octanol-water partition coefficient，$K_{ow}$)：平衡状态下化合物在正辛醇和水两相中的平衡浓度之比，通常用以 10 为底的对数($\lg K_{ow}$)表示。

(8) 蒸气压(vapour pressure)：一定温度下，与液体或固体相平衡的蒸气所具有的压力，它是物质气化倾向的量度。蒸气压越高，气化倾向越大。通常使用单位 mPa。

(9) 亨利常数(Henry’s law constant)：一定温度下，气体在气相和溶解相间的平衡常数，它表示化学物质在水和空气间的分配倾向，即挥发性，通常单位为 $Pa \cdot m^3/mol$ 或 20℃条件下量纲为一的形式。

(10) 降解半衰期(half-life time of degradation，$DT_{50}$)：化合物在环境(土壤、空气、水体等)中的浓度降解到初始浓度一半时所需要的时间，可用于化学物质持久性的量度。

(11) 吸附系数(organic-carbon sorption constant，$K_{oc}$)：经有机碳含量标准化的，平衡状态下化合物在水和沉积物或土壤两相中的浓度之比。它是表征非极性有机化合物在土壤或沉积物中的有机碳与水之间分配特性的参数。

(12) 生物富集系数(bioconcentration factor，BCF)：生物体内某种物质的浓度与其所生存的环境介质中该物质的浓度比值，可用于表示生物浓缩的程度，又称生物浓缩系数。

(13) 每日允许摄入量(acceptable daily intake，ADI)：人一生中每日摄入某种物质而对健康无已知不良效应的量，一般以人的体重为基础计算，单位为 mg/(kg bw • d)。

(14) 急性参考剂量(acute reference dose，ARfD)：食品或饮水中某种物质在较短时间内(通常指一餐或一天内)被吸收后不致引起目前已知的任何可观察到的健康损害的剂量，单位为 mg/(kg bw • d)。

(15) 操作者允许接触水平(acceptable operator exposure level，AOEL)：在数日、数周或数月的一段时期内，操作者每日有规律地接触某种化学物质时，不产生任何副作用的水平，单位为 mg/(kg bw · d)。

(16) 最高容许浓度(maximum allowable concentration，MAC)：大气、水体、土壤的介质中有毒物质的限量标准。接触人群中最敏感的个体即刻暴露或终生接触该水平的外源化学物，不会对其本人或后代产生有害影响。

(17) 半数效应浓度(non-lethal effect in 50% of test population，$EC_{50}$)：引起 50% 受试种群指定非致死效应的化学物质浓度。

(18) 半数致死量(lethal dose in 50% of test population，$LD_{50}/LC_{50}$)：化学物质引起一半受试对象出现死亡所需要的剂量，又称致死中量。它是评价化学物质急性毒性大小最重要的参数，也是对不同化学物质进行急性毒性分级的基础数据。

(19) 观察到有害作用的最低剂量水平(lowest observed adverse effect level，LOAEL)：在规定的暴露条件下，通过实验和观察，一种物质引起机体(人或实验动物)形态、功能、生长、发育或寿命发生某种有害改变的最低剂量或浓度，此种有害改变与同一物种、品系的正常(对照)机体是可以区别的。

(20) 未观察到有害作用的水平(no observed adverse effect level，NOAEL)：在规定的暴露条件下，通过实验和观察，一种外源化学物不引起机体(人或实验动物)发生可检测到的有害作用的最高剂量或浓度。

(21) 阈值(threshold limit values，TLV)：一种物质使机体(人或实验动物)开始发生效应的剂量或者浓度，即低于阈值时效应不发生，而达到阈值时效应将发生。

**九、致谢**

《手册》得到生态环境部科技标准司提供的经费资助，感谢生态环境部科技标准司的大力支持和指导，感谢对《手册》提供了指导和帮助的各位专家与领导。《手册》在编写过程中引用了大量国际权威机构的出版物、技术报告以及国内外的文献资料、教材、相关书籍的内容，在此对原作者表示衷心的感谢。

《手册》内容涉及学科较多，加之编者水平有限，时间仓促，书中难免有疏漏和不妥之处，恳请各位读者多提宝贵意见。

# 目　录

序言
编制说明
百菌清(chlorothalonil)……1
苯菌灵(benomyl)……5
苯醚甲环唑(difenoconazole)……9
苯霜灵(benalaxyl)……13
苯锈啶(fenpropidin)……16
吡唑醚菌酯(pyraclostrobin)……19
吡唑萘菌胺(isopyrazam)……23
丙环唑(propiconazole)……26
春雷霉素(kasugamycin)……30
代森锰(maneb)……34
代森锰锌(mancozeb)……38
代森锌(zineb)……43
稻瘟灵(isoprothiolane)……47
敌菌灵(anilazine)……51
敌枯双(bis-A-DTA)……54
丁酰肼(daminozide)……58
多果定(dodine)……62
多菌灵(carbendazim)……65
多抗霉素 **B**(polyoxin B)……70
多杀霉素(spinosad)……73
噁霜灵(oxadixyl)……77
噁唑菌酮(famoxadone)……80
恶霉灵(hymexazol)……84
二苯胺(diphenylamine)……87
二氰蒽醌(dithianon)……90
氟啶胺(fluazinam)……94
氟硅唑(flusilazole)……98

氟环唑(epoxiconazole)……101
氟菌唑(triflumizole)……105
氟乐灵(trifluralin)……108
氟吗啉(flumorph)……113
氟酰胺(flutolanil)……116
氟唑环菌胺(sedaxane)……119
氟唑菌酰胺(fluxapyroxad)……122
福美双(thiram)……125
福美铁(ferbam)……130
福美锌(ziram)……133
腐霉利(procymidone)……137
咯菌腈(fludioxonil)……140
己唑醇(hexaconazole)……144
甲苯氟磺胺(tolylfluanid)……147
甲基立枯磷(tolclofos-methyl)……151
甲基硫菌灵(thiophanate-methyl)……154
甲霜灵(metalaxyl)……158
腈苯唑(fenbuconazole)……161
腈菌唑(myclobutanil)……164
井冈霉素(validamycin)……168
糠菌唑(bromuconazole)……171
克菌丹(captan)……174
喹啉铜(oxine-copper)……178
联苯三唑醇(bitertanol)……181
链霉素(streptomycin)……184
邻苯基苯酚(2-phenylphenol)……188
硫黄(sulphur)……192
硫酸铜(cupric sulfate)……195
氯苯嘧啶醇(fenarimol)……198
咪鲜胺(prochloraz)……201
醚菌酯(kresoxim-methyl)……204
嘧菌环胺(cyprodinil)……208
嘧菌酯(azoxystrobin)……212
嘧霉胺(pyrimethanil)……217

灭菌丹(folpet)……221
灭菌唑(triticonazole)……225
氰霜唑(cyazofamid)……229
噻菌灵(thiabendazole)……233
三苯基醋酸锡(fentin acetate)……238
毒菌锡(fentin hydroxide)……243
三乙膦酸铝(phosethyl-Al)……246
三唑醇(triadimenol)……249
三唑酮(triadimefon)……253
十三吗啉(tridemorph)……257
双胍辛胺(guazatine)……260
霜霉威(propamocarb)……263
霜脲氰(cymoxanil)……266
四氟醚唑(tetraconazole)……270
四氯苯酞(phthalide)……274
土菌灵(etridiazole)……277
王铜(copper oxychloride)……280
五氯酚钠(sodium pentachlorophenate)……283
戊菌隆(pencycuron)……287
戊唑醇(tebuconazole)……290
烯丙苯噻唑(probenazole)……293
烯酰吗啉(dimethomorph)……295
硝苯菌酯(meptyldinocap)……298
缬霉威(iprovalicarb)……301
溴甲烷(bromomethane)……304
亚胺唑(imibenconazole)……309
氧化亚铜(copper(1)oxide)……312
乙烯菌核利(vinclozolin)……315
异稻瘟净(iprobenfos)……320
异菌脲(iprodione)……323
抑菌灵(dichlofluanid)……327
抑霉唑(imazalil)……330
增效醚(piperonyl butoxide)……334
种菌唑(ipconazole)……338

**2,4,5-三氯苯氧乙酸**(2,4,5-trichlorophenoxyacetic acid)……341
矮壮素(chlormequat chloride)……346
苯哒嗪钾(clofencet)……350
单氰胺(cyanamide)……353
毒鼠硅(silatrane)……357
毒鼠强(tetramine)……359
多效唑(paclobutrazol)……362
氟乙酸钠(sodium fluoroacetate)……365
甲哌鎓(mepiquat)……368
磷化钙(calcium phosphide)……371
磷化镁(magnesium phosphide)……374
磷化锌(zinc phosphide)……377
氯吡脲(forchlorfenuron)……381
灭鼠灵(warfarin)……385
萘乙酸(1-naphthylacetic acid)……389

# 百菌清(chlorothalonil)

## 【基本信息】

**化学名称**：四氯间苯二腈(2,4,5,6-四氯-1,3-苯二甲腈)

**其他名称**：打克尼尔、大克灵、桑瓦特、克劳优、敌克、达科宁、多清、克达、顺天星 1 号、霉必清

**CAS 号**：1897-45-6

**分子式**：$C_8Cl_4N_2$

**相对分子质量**：265.91

**SMILES**：Clc1c(C#N)c(Cl)c(C#N)c(Cl)c1Cl

**类别**：取代苯类杀真菌剂

**结构式**：

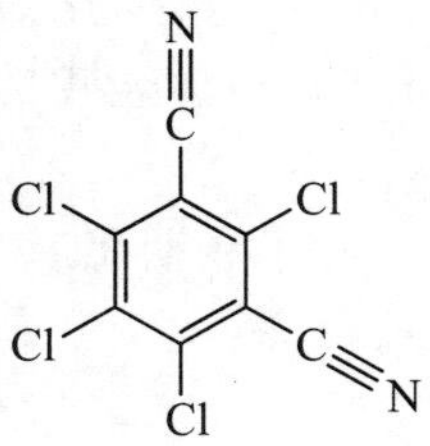

N
C
Cl Cl
Cl C N
Cl

## 【理化性质】

白色晶体，密度 1.74g/mL，熔点 252.1℃，沸点 347℃，饱和蒸气压 0.076mPa(25℃)。水溶解度(20℃)为 0.81mg/L。有机溶剂溶解度(20℃)：乙酸乙酯，13800mg/L；丙酮，18000mg/L；甲醇，1700mg/L；二甲苯，74400mg/L。辛醇/水分配系数 $\lg K_{ow}$=2.94(pH=7,20℃)。

## 【环境行为】

**(1)环境生物降解性**

好氧：土壤中降解半衰期($DT_{50}$)在实验室 20℃条件下为 9.2d，田间为 44d；欧盟登记资料：实验室 18 种土壤中 $DT_{50}$ 为 0.44～31.6d，田间为 18～77d[1]。郝乙杰等在模拟土壤生态系统中测定了百菌清在土壤中的降解动态及其对土壤微生物多样性的影响。结果表明，1.5mg/kg、3.0mg/kg 和 6.0mg/kg 的百菌清在土壤中的半衰期分别

为 5.1d、4.9d、4.4d。3.0mg/kg 和 6.0mg/kg 的百菌清处理初期（3d）对土壤微生物活性产生显著的抑制作用，土壤微生物 Simpson、McIntosh 指数明显降低，7d 后逐渐恢复[2]。Chaves 等[3]对百菌清在哥斯达黎加的香蕉园土壤中的降解进行研究，结果表明，百菌清在这种热带土壤中降解很快，半衰期为 2.2d。在施用百菌清后的 24h 内，百菌清可降解到初始浓度的 44%，在施用百菌清后的一周内，百菌清降解速率呈指数增加，随后降解速率趋于平缓，直至施用后的 85d，还有 15%的百菌清未降解。

厌氧：$DT_{50}$ 为 8d[4]。

**（2）环境非生物降解性**

在 pH 为 7 的无菌缓冲溶液中，光解半衰期为 0.72d。李学德等[5]研究表明，百菌清水溶液在高压汞灯、紫外灯和太阳光照射下的光解半衰期分别为 22.4min、82.5min 和 123.8min；在太阳光和高压汞灯照射下，百菌清在碱性溶液中比在中性和酸性溶液中光解快；随着水温的升高，百菌清光解速率加快，水温平均每升高 10℃，光解速率约增大 1 倍。

在 20℃、pH 为 4～7 的条件下，水溶液中稳定；20℃、pH 为 7 的条件下，水解半衰期为 29.6d[1]。另有研究报道，25℃条件下，百菌清在 pH 为 4 的缓冲溶液中的水解半衰期是 210d，而在 pH 为 7 和 10 的缓冲溶液中的水解半衰期分别是 84.51d 和 6.77d；在 40℃条件下，百菌清在 pH 为 4、7、10 的缓冲溶液中的水解半衰期分别是 123.75d、13.97d 和 0.17d。结果说明，随着 pH 的增大和温度的升高，百菌清的水解速率加快[6]。

**（3）环境生物蓄积性**

生物富集系数 BCF 为 100，清除半衰期（$CT_{50}$）为 5d，提示百菌清有潜在的生物蓄积性[1]。

**（4）土壤吸附/移动性**

吸附系数 $K_{oc}$ 为 2632，欧盟登记资料显示 9 种土壤中 $K_{oc}$ 为 300～6154[1]，提示百菌清在土壤中有轻微移动性。

## 【生态毒理学】

鸟类（鹌鹑）急性 $LD_{50}$＞2000mg/kg，鱼类（虹鳟）96h $LC_{50}$=0.017mg/L、21d NOEC=0.003mg/L，溞类（大型溞）48h $EC_{50}$=0.054mg/L、21d NOEC=0.009mg/L，藻类（*Raphidocelis subcapitata*）72h $EC_{50}$=0.21mg/L、藻类（*Selenastrum capricornutum*）96h NOEC=0.033mg/L，蜜蜂接触 48h $LD_{50}$＞101μg/蜜蜂、经口 48h $LD_{50}$＞63μg/蜜蜂，蚯蚓（赤子爱胜蚓）14d $LC_{50}$=268.5mg/kg[1]。

## 【毒理学】

**（1）一般毒性**

大鼠急性经口 $LD_{50}$＞5000mg/kg，兔子急性经皮 $LD_{50}$＞500mg/kg bw，大鼠急

性吸入 $LC_{50}$=0.1mg/L，大鼠短期膳食暴露 NOAEL=3mg/kg[1]。

**(2) 神经毒性**

无信息。

**(3) 发育与生殖毒性**

25 只怀孕的大鼠在孕期的 6～15d 喂食暴露 0mg/(kg・d)、25mg/(kg・d)、100mg/(kg・d) 和 400mg/(kg・d) 的百菌清(纯度 98%)。400mg/(kg・d) 剂量组观察到母体毒性，包括死亡、腹泻、脱发、体重增长减缓和食物消耗减少。母体毒性导致胚胎早期死亡的植入后丢失。母体毒性 NOAEL 为 100mg/(kg・d)，发育毒性 NOAEL＞400mg/(kg・d)[7]。

**(4) 致突变性与致癌性**

鼠伤寒沙门氏菌回复突变(Ames) 试验在 $S_9$ 代谢活化的条件下显示，百菌清具有致突变性；小鼠骨髓嗜多染红细胞微核试验表明，在 4400mg/kg 的暴露剂量下，微核率与对照组相比有显著差异；青蛙微核试验、鳙鱼外周血有核红细胞微核试验和洋葱头染色体畸变试验结果均表明，在一定的暴露剂量下，百菌清具有致突变性[8]。百菌清对小鼠显性致死的研究结果表明，百菌清属低毒农药，有明显的蓄积性作用，并能诱发小鼠骨髓淋巴细胞姐妹染色单体交换(SCE) 率增加，初步认为是一种致突变的化学物质[9]。

一项研究表明，小鼠两年暴露试验发现高剂量组小鼠发生前胃部肿瘤，且仅在雌性小鼠中发现。研究组认为，肿瘤的发生和化合物本身的刺激作用有关。他们推测，啮齿类动物的前胃部肿瘤是由细胞增生所致。但是由于人类缺乏鼠的前胃器官，这些数据并不适用于人类[10]。

## 【人类健康效应】

肝脏、心脏、甲状腺、肾脏毒物，可能的人类致癌物(USEPA)[1]。

百菌清对人体损害最常见的表现为皮肤和黏膜损害，人体接触后可引起轻度皮炎，如日光性皮炎反应，重度皮炎可有局部肿胀、脱皮，痒甚者抓后可有糜烂。百菌清对眼睛刺激性较大，眼睛接触后立即会感觉到疼痛、发红，少数人有过敏反应，临床症状表现为支气管刺激、皮疹、眼结膜和眼睑充血。吸入对气管、支气管和肺组织刺激较大，可造成肺部轻度间质性炎症病变[11]。

## 【危害分类与管制情况】

| 序号 | 毒性指标 | PPDB 分类 | PAN 分类[4] |
|---|---|---|---|
| 1 | 高毒 | 否 | 是 |
| 2 | 致癌性 | 是 | 是(2B，IARC) |
| 3 | 致突变性 | 否 | — |

续表

| 序号 | 毒性指标 | PPDB 分类 | PAN 分类[4] |
|---|---|---|---|
| 4 | 内分泌干扰性 | 疑似 | 无有效证据 |
| 5 | 生殖发育毒性 | 是 | 无有效证据 |
| 6 | 胆碱酯酶抑制性 | 否 | 否 |
| 7 | 神经毒性 | 否 | — |
| 8 | 呼吸道刺激性 | 是 | — |
| 9 | 皮肤刺激性 | 是 | — |
| 10 | 皮肤致敏性 | 是 | — |
| 11 | 眼刺激性 | 是 | — |
| 12 | 地下水污染 | — | 潜在影响 |
| 13 | 国际公约或优控名录 | 列入 PAN 名录、加利福尼亚州 65 种已知致癌物名录 | |

注：PPDB 数据库由英国赫特福德郡大学农业与环境研究所开发；PAN 数据库来自北美农药行动网（PANNA）；“—”表示无此项。

## 【限值标准】

每日允许摄入量（ADI）为 0.015mg/（kg bw・d），急性参考剂量（ARfD）为 0.6mg/（kg bw・d），操作者允许接触水平（AOEL）为 0.009mg/（kg bw・d）[1]。美国国家饮用水标准与健康基准最大污染限值（MCL）为 0μg/L，参考剂量为 15.0μg/（kg・d）[2]。

## 参考文献

[1] PPDB: Pesticide Properties DataBase. http://sitem.herts.ac.uk/aeru/ppdb/en/Reports/150.htm[2017-07-19].

[2] 郝乙杰，向月琴，方华，等. 百菌清在土壤中的降解及对土壤微生物多样性的影响. 农业环境科学学报，2007, 26(5): 1672-1676.

[3] Chaves A, Shea D, Cope W G. Environmental fate of chlorothalonil in a Costa Rican banana plantation. Chemosphere, 2007, 69(7): 1166-1174.

[4] PAN Pesticides Database—Chemicals..http://www.pesticideinfo.org/Detail_Chemical.jsp?Rec_Id=PC34550 [2017-07-19].

[5] 李学德，花日茂，岳永德，等. 百菌清水解的影响因素研究. 安徽农业大学学报, 2004, 31(2): 131-134.

[6] 李学德，花日茂，岳永德，等. 百菌清(chlorothalonil)在水中的光化学降解. 应用生态学报，2006, 17(6): 1091-1094.

[7] California Environmental Protection Agency/Department of Pesticide Regulation. Toxicology Data Review Summary for Chlorothalonil(1897-45-6)p. 20. http://www.cdpr.ca.gov/docs/risk/toxsums/toxsumlist.htm[2014-09-23].

[8] 唐明德，易义珍，陈毓玲. 农药百菌清的致突变作用. 环境与健康杂志, 1989, (5): 37-38.

[9] 陈毓玲，唐明德，易义珍. 农药百菌清对小鼠显性致死的研究. 环境与健康杂志, 1988, (2): 39.

[10] Sullivan J B, Krieger G R. Clinical Environmental Health and Toxic Exposures. 2nd ed. Philadelphia: Lippincott Williams and Wilkins, 1999: 1111.

[11] 彭运卿. 农药百菌清引起皮肤粘膜损害 8 例报告. 中国职业医学, 1998, (1): 31.

# 苯菌灵(benomyl)

## 【基本信息】

**化学名称**：1-正丁氨基甲酰-2-苯并咪唑氨基甲酸甲酯
**其他名称**：苯来特
**CAS 号**：17804-35-2
**分子式**：$C_{14}H_{18}N_4O_3$
**相对分子质量**：290.32
**SMILES**：O=C(n1c2ccccc2nc1NC(=O)OC)NCCCC
**类别**：苯并咪唑类杀真菌剂
**结构式**：

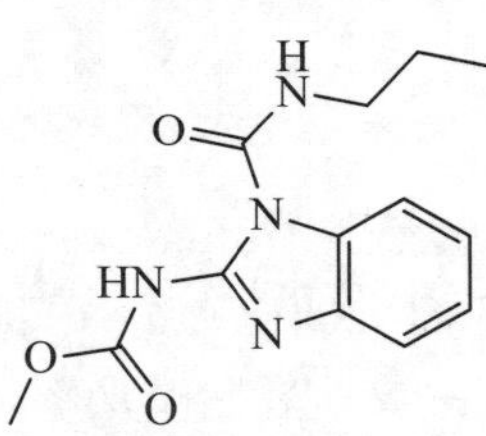

## 【理化性质】

褐色晶体，溶解前分解，饱和蒸气压 0.005mPa(25℃)。水溶解度(20℃)为2mg/L。有机溶剂溶解度(20℃)：氯仿，94000mg/L；丙酮，18000mg/L；二甲苯，10000mg/L；乙醇，4000mg/L。辛醇/水分配系数 $\lg K_{ow}$=1.4(pH=7,20℃)。

## 【环境行为】

**(1)环境生物降解性**

好氧：土壤中降解半衰期($DT_{50}$)典型条件下为 67d，实验室 20℃条件下为0.8d；其余文献报道为 0.1～100d，大多数报道为 3～12 个月[1]；PAN 数据库报道的降解半衰期为 4.51d[2]。

**(2)环境非生物降解性**

在 20℃、pH 为 7 的条件下，水解半衰期为 0.8d；PAN 数据库报道为 0.79d[2]。

**(3) 环境生物蓄积性**

全鱼生物富集系数 BCF 为 27，提示苯菌灵生物蓄积性弱[1]。

**(4) 土壤吸附/移动性**

吸附系数 $K_{oc}$ 为 1900[1]和 1910[2]，提示苯菌灵在土壤中有轻微移动性。

## 【生态毒理学】

鸟类（绿头鸭）急性 $LD_{50}$=1000mg/kg，鱼类（虹鳟）96h $LC_{50}$=0.17mg/L、21d NOEC=0.011mg/L，溞类（大型溞）48h $EC_{50}$=0.28mg/L、21d NOEC=0.025mg/L，藻类（*Raphidocelis subcapitata*）72h $EC_{50}$=2mg/L，蜜蜂接触 48h $LD_{50}$=10μg/蜜蜂，蚯蚓（赤子爱胜蚓）14d $LC_{50}$=10.5mg/kg[1]。

## 【毒理学】

**(1) 一般毒性**

大鼠急性经口 $LD_{50}$＞10000mg/kg，兔子急性经皮 $LD_{50}$＞5000mg/kg bw，大鼠急性吸入 $LC_{50}$=2.0mg/L，大鼠短期膳食暴露 NOAEL=125mg/kg[1]。

**(2) 神经毒性**

无信息。

**(3) 发育与生殖毒性**

大鼠喂食暴露 5000mg/kg[相当于 373mg/(kg·d)]苯菌灵无胚胎毒性和致畸性。兔子喂食暴露 500mg/kg[相当于 20mg/(kg·d)]的苯菌灵，无致畸性。动物灌胃暴露超过 62.5mg/(kg·d)的苯菌灵，胚胎畸形率显著增加[3]。

实验动物暴露于苯菌灵，出现睾丸质量降低，精子数量减少，生育率下降，这些影响伴随着一般的其他毒性指标，且在暴露停止后不良效应可以逆转。大鼠三代繁殖试验结果表明，母代及子代 NOAEL 为 500mg/kg[相当于 20～30mg/(kg·d)]。3000mg/(kg·d)和 10000mg/(kg·d)组出现体重降低、睾丸质量降低和精子数量减少，但是未观察到与剂量相关的生育、交配行为和妊娠期的改变。苯菌灵被认为对生殖系统无选择性毒性，生殖毒性发生的同时伴随着整体毒性[3]。

**(4) 致突变性与致癌性**

大鼠急性经口毒性和急性经皮毒性试验结果表明，经口和经皮毒性均为低等毒性，对新西兰白兔皮肤及眼黏膜无刺激作用，Ames 试验和小鼠睾丸初级精母细胞染色体畸变试验均为阴性，小鼠微核率在 0.2g/kg bw、1.0g/kg bw 和 4.0g/kg bw 剂量组均高于对照组，差异有显著性（$P<0.01$）[4]。

小鼠喂食暴露苯菌灵两年，结果发现：1500mg/kg 组雄性和 5000mg/kg 组雌性的红细胞计数略有下降，1500mg/kg 组雄性血红蛋白浓度和红细胞比容也略有下降。1500mg/kg、5000mg/kg 剂量组雄性和 1500mg/kg 剂量组雌性小鼠的绝对和相对肝脏质量显著改变，5000mg/kg 雄性小鼠同时也表现出绝对睾丸质量下降。5000mg/kg 剂量组雄性小鼠非肿瘤性器官的变化主要发生在肝脏(变性、色素聚集、生成巨细胞)、胸腺(萎缩)、睾丸和附睾(生精小管萎缩、无精症、变性、肿胀及前列腺腺泡)。5000mg/kg 剂量组雌性小鼠的脾脏含铁血黄素沉着显著增加，5000mg/kg 剂量组气管黏膜下淋巴细胞浸润。雌性小鼠肝细胞癌和腺瘤的发生率呈剂量依赖性，雄性小鼠肝细胞癌与腺瘤的发生率在 500mg/kg 和 1500mg/kg 剂量下显著增加，但 5000mg/kg 剂量组无显著改变[5]。

## 【人类健康效应】

可能会导致新生儿缺陷，如无眼；可引起接触性皮炎、皮肤致敏；引起内分泌问题，如雌激素分泌增加和芳香化酶活性增加[1]。

工人皮肤接触苯菌灵可导致接触性皮炎和皮肤损伤，未见系统中毒的报道[6, 7]。

## 【危害分类与管制情况】

| 序号 | 毒性指标 | PPDB 分类 | PAN 分类[2] |
|---|---|---|---|
| 1 | 高毒 | 否 | 否 |
| 2 | 致癌性性 | 可能 | 可能(C 类，EPA) |
| 3 | 致突变性 | 是 | — |
| 4 | 内分泌干扰性 | 疑似 | 疑似 |
| 5 | 生殖发育毒性 | 是 | 是 |
| 6 | 胆碱酯酶抑制性 | 否 | 否 |
| 7 | 呼吸道刺激性 | 是 | — |
| 8 | 皮肤刺激性 | 是 | — |
| 9 | 皮肤致敏性 | 疑似 | |
| 10 | 眼刺激性 | 否 | — |
| 11 | 国际公约或优控名录 | 列入 PAN 名录、加利福尼亚州 65 种已知致癌物名录、美国有毒物排放(TRI)清单、欧盟优先控制污染物（内分泌干扰性）名录 | |

注：PPDB 数据库由英国赫特福德郡大学农业与环境研究所开发；PAN 数据库来自北美农药行动网(PANNA)；“—”表示无此项。

## 【限值标准】

每日允许摄入量(ADI)为 0.1mg/(kg bw・d)[1]。

## 参考文献

[1] PPDB: Pesticide Properties DataBase. http://sitem.herts.ac.uk/aeru/ppdb/en/Reports/66.htm [2017-07-19].

[2] PAN Pesticides Database—Chemicals. http://www.pesticideinfo.org/Detail_Chemical.jsp?Rec_Id=PC32865 [2017-07-19].

[3] Clayton G D, Clayton F E. Patty's Industrial Hygiene and Toxicology. Vol. 2A, 2B, 2C, 2D, 2E, 2F: Toxicology. 4th ed. New York: John Wiley & Sons Inc., 1993—1994: 3343.

[4] 李小宁, 胡启之, 刘协, 等. 95%苯菌灵原药的毒性研究. 上海预防医学, 1998, (11): 501-502.

[5] WHO. Environmental Health Criteria 148: Benomyl. 1993: 64.

[6] Hayes W J, Laws E R. Handbook of Pesticide Toxicology. Vol. 3: Classes of Pesticides. New York: Academic Press, 1991: 1454.

[7] U. S. Environmental Protection Agency/Office of Prevention, Pesticides, and Toxic Substances. EPA Document No. EPA 735-R-98-00. p. 152. http://www.epa.gov/pesticides/safety/healthcare [2017-07-19].

# 苯醚甲环唑(difenoconazole)

## 【基本信息】

**化学名称：** 顺,反-3-氯-4-[4-甲基-2-(1*H*-1,2,4-三唑-1-基甲基)-1,3-二噁戊烷-2-基]苯基-4-氯苯基醚(顺反质量比约为 45∶55)

**其他名称：** 思科、世高

**CAS 号：** 119446-68-3

**分子式：** $C_{19}H_{17}Cl_2N_3O_3$

**相对分子质量：** 406.26

**SMILES:** O1C[C@@H](C)O[C@@]1(Cn1ncnc1)c1c(Cl)cc(Oc2ccc(Cl)cc2)cc1

**类别：** 三唑类杀真菌剂

**结构式：**

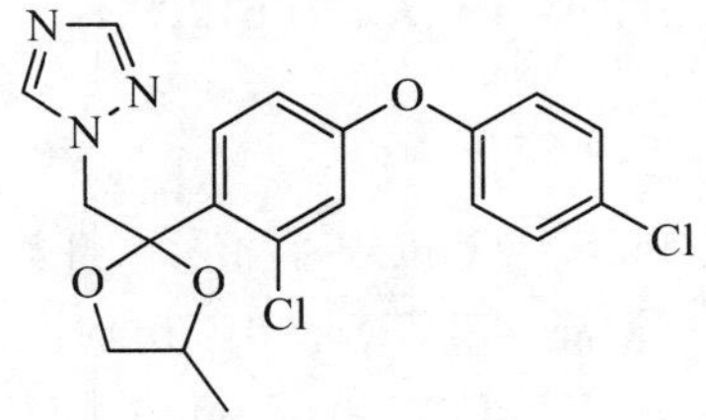

N N N O O O Cl Cl

## 【理化性质】

白色晶体，密度 1.37g/mL，熔点 82.5℃，沸点 101℃，饱和蒸气压 $3.33\times10^{-5}$mPa(25℃)。水溶解度(20℃)为 15.0mg/L。有机溶剂溶解度(20℃)：乙醇，330000mg/L；丙酮，610000mg/L；甲苯，500000mg/L；正己烷，3400mg/L。辛醇/水分配系数 $\lg K_{ow}$=4.36(pH=7,20℃)。

## 【环境行为】

### (1)环境生物降解性

好氧：土壤中降解半衰期($DT_{50}$)典型条件下为 130d，实验室 20℃条件下为 130d，田间 85d；欧盟登记资料显示，实验室 10 种土壤中 $DT_{50}$ 为 53～456d，田间为 20～265d，其他文献报道 $DT_{50}$ 为 49d[1]；PAN 数据库报道的降解半衰期为 318d[2]。

研究表明，按高剂量（112.5g/hm$^2$）施药 1 次后，苯醚甲环唑在不同种植区域水稻植株、稻田水和土壤中的降解半衰期分别为 6.1～8.9d、5.3～6.2d 和 3.8～4.1d[3]。刘纲华等[4]研究表明，苯醚甲环唑在黄瓜和黄瓜地土壤中的降解半衰期为 6.46～9.94d，表明苯醚甲环唑在黄瓜地中属于较易降解农药。

厌氧：$DT_{50}$ 为 361d[2]。

**(2) 环境非生物降解性**

在 pH 为 7 的条件下，水溶液中不发生光解；在 20℃、pH 为 5～9 的条件下，水溶液中稳定[1]。PAN 数据库报道的水解半衰期为 1730d[2]。水解研究表明，苯醚甲环唑是稳定的农药，在不同温度和不同 pH 的研究条件下水解半衰期均大于 166d，碱性条件更有利于苯醚甲环唑的水解[5]。

**(3) 环境生物蓄积性**

生物富集系数 BCF 为 330，清除半衰期（$CT_{50}$）为 1.0d，提示苯醚甲环唑有潜在的生物蓄积性[1]。

**(4) 土壤吸附/移动性**

弗罗因德利希（Freundlich）吸附系数 $K_f$ 为 41.0，$K_{foc}$ 为 3760，欧盟登记资料显示 8 种土壤中的 $K_f$ 为 2.1～97.8，$K_{foc}$ 为 400～7730[1]，提示苯醚甲环唑在土壤中有轻微移动性。PAN 数据库报道的 $K_{oc}$ 为 6120[2]。

## 【生态毒理学】

鸟类（绿头鸭）急性 $LD_{50}$＞2150mg/kg，鱼类（虹鳟）96h $LC_{50}$=1.1mg/L、21d NOEC=0.011mg/L，溞类（大型溞）48h $EC_{50}$=0.77mg/L、21d NOEC=0.0056mg/L，藻类（*Scenedemus subspicatus*）72h $EC_{50}$=0.032mg/L，蜜蜂接触 48h $LD_{50}$＞100μg/蜜蜂，蚯蚓（赤子爱胜蚓）14d $LC_{50}$＞610mg/kg[1]。

## 【毒理学】

**(1) 一般毒性**

大鼠急性经口 $LD_{50}$=1453mg/kg，兔子急性经皮 $LD_{50}$＞2010mg/kg bw，大鼠急性吸入 $LC_{50}$＞3.3mg/L，大鼠短期膳食暴露 NOAEL=20mg/kg[1]。

经口急性毒性试验动物的中毒症状主要表现为精神萎靡、被毛蓬松、口鼻有血性分泌物。雌性动物 $LD_{50}$ 为 2000mg/kg，雄性动物 $LD_{50}$ 为 1710mg/kg；经皮急性毒性试验连续观察 14d，各剂量组动物无明显中毒症状，无死亡发生。雌、雄性动物急性经皮 $LD_{50}$ 均大于 4640mg/kg[6]。

苯醚甲环唑原药对大鼠的亚慢性毒性试验结果表明，高剂量组（2700mg/kg）雌性大鼠体重总增加量、总摄食量、总食物利用率低于对照组，肝/体比、肾/体比高于对照组，雄性大鼠肝/体比高于对照组，红细胞计数、血红蛋白水平、红细胞比容、球蛋白水平低于对照组，碱性磷酸酶(ALP)活性高于对照组，上述观察指标均存在剂量-效应关系。苯醚甲环唑原药的 NOAEL 为：雄性大鼠，(20.94±2.64) mg/(kg·d)，雌性大鼠，(24.54±1.35) mg/(kg·d)[7]。

**(2) 神经毒性**

无信息。

**(3) 发育与生殖毒性**

无信息。

**(4) 致突变性与致癌性**

小鼠睾丸初级精母细胞染色体畸变试验、小鼠骨髓嗜多染红细胞微核试验、Ames 试验结果均为阴性，结果表明在短期给药条件下，苯醚甲环唑无致突变作用[7]。

## 【人类健康效应】

无信息。

## 【危害分类与管制情况】

| 序号 | 毒性指标 | PPDB 分类 | PAN 分类[2] |
|---|---|---|---|
| 1 | 高毒 | 否 | 否 |
| 2 | 致癌性 | 可能 | 可能(C 类，EPA) |
| 3 | 致突变性 | — | — |
| 4 | 内分泌干扰性 | 否 | 疑似 |
| 5 | 生殖发育毒性 | 疑似 | 无充分证据 |
| 6 | 胆碱酯酶抑制性 | 否 | — |
| 7 | 神经毒性 | 否 | 否 |
| 8 | 呼吸道刺激性 | 否 | — |
| 9 | 皮肤刺激性 | 是 | — |
| 10 | 眼刺激性 | 是 | — |
| 11 | 国际公约或优控名录 | 欧盟优先控制污染物名录 | |

注：PPDB 数据库由英国赫特福德郡大学农业与环境研究所开发；PAN 数据库来自北美农药行动网(PANNA)；“—”表示无此项。

## 【限值标准】

每日允许摄入量(ADI)为 0.01mg/(kg bw·d)[1]，急性参考剂量(ARfD)为 0.16mg/(kg bw·d)，操作者允许接触水平(AOEL)为 0.16mg/(kg bw·d)，皮肤渗透系数为 2%～4%[1]。

## 参 考 文 献

[1] PPDB: Pesticide Properties DataBase. http://sitem.herts.ac.uk/aeru/ppdb/en/Reports/230.htm[2017-07-19].

[2] PAN Pesticides Database—Chemicals. http://www.pesticideinfo.org/Detail_Chemical.jsp?Rec_Id=PC35904[2017-07-19].

[3] 张志勇, 王冬兰, 张存政, 等. 苯醚甲环唑在水稻和稻田中的残留. 中国水稻科学, 2011, 25(3): 339-342.

[4] 刘纲华, 龚道新, 黄雪. 苯醚甲环唑在黄瓜及土壤中的残留消解行为研究. 作物研究, 2013, 27(1): 40-45.

[5] 初春, 王志华, 秦冬梅, 等. 苯醚甲环唑在芹菜及其土壤中的残留测定和消解动态研究. 中国科学: 化学, 2011, (1): 129-135.

[6] 王筱芬, 谢琳, 史岩. 苯醚甲环唑的毒性及致突变性试验研究. 职业与健康, 2005, 21(12): 1953-1954.

[7] 朱丽秋, 顾刘金, 杨校华, 等. 苯醚甲环唑的亚慢性经口毒性. 职业与健康, 2006, 22(15): 1137-1139.

# 苯霜灵(benalaxyl)

## 【基本信息】

**化学名称**：*N*-苯乙酰基-*N*-2,6-二甲苯基-DL-丙氨酸甲酯
**其他名称**：灭菌安、本达乐
**CAS 号**：71626-11-4
**分子式**：$C_{20}H_{23}NO_3$
**相对分子质量**：325.40
**SMILES**：O=C(N(c1c(cccc1C)C)C(C(=O)OC)C)Cc2ccccc2
**类别**：酰基氨基酸类杀真菌剂
**结构式**：

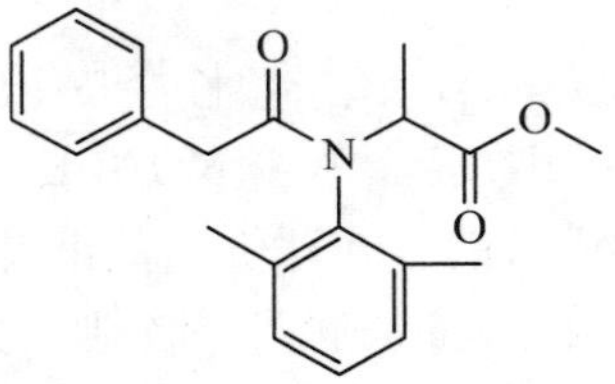

## 【理化性质】

无色固体，密度 1.18g/mL，熔点 76.8℃，沸腾前分解，饱和蒸气压 0.572mPa (25℃)。水溶解度(20℃)为 28.6mg/L。有机溶剂溶解度(20℃)：正庚烷，19400mg/L；甲醇，250000mg/L；丙酮，250000mg/L；乙酸乙酯，250000mg/L。辛醇/水分配系数 $\lg K_{ow}$=3.54(pH=7,20℃)。

## 【环境行为】

**(1)环境生物降解性**

好氧：土壤中降解半衰期($DT_{50}$)实验室 20℃条件下为 33.2d，田间 66.8d；欧盟登记资料显示，实验室 14 种土壤中 $DT_{50}$ 为 18.1～57.8d，田间 5 种土壤中为 26.6～127.6d[1]；PAN 数据库报道的 $DT_{50}$ 为 49.0d[2]。

**(2)环境非生物降解性**

在 pH 为 7 的水溶液中不发生光解。在 20℃、pH 为 7 的条件下，水解半衰期为 365d；在 pH 为 4～7 的条件下，水溶液中稳定；pH 为 9、20℃的条件

下，水解半衰期为157d，25℃条件下为86d，50℃条件下为55d，70℃条件下小于1d[1]。

**(3) 环境生物蓄积性**

生物富集系数BCF为57，提示苯霜灵生物蓄积性较弱[1]。

**(4) 土壤吸附/移动性**

吸附系数$K_{oc}$为4998；欧盟登记资料显示3种土壤中$K_{oc}$为2728～7173[1]，提示苯霜灵在土壤中不发生移动。

## 【生态毒理学】

鸟类（未指定种属）急性$LD_{50}$=4600mg/kg，鱼类（虹鳟）96h $LC_{50}$=3.75mg/L、21d NOEC=0.49mg/L，溞类（大型溞）48h $EC_{50}$=0.59mg/L、21d NOEC=0.03mg/L，藻类（*Raphidocelis subcapitata*）72h $EC_{50}$=2.4mg/L，蜜蜂经口48h $LD_{50}$＞100μg/蜜蜂，蚯蚓（赤子爱胜蚓）14d $LC_{50}$=180mg/kg[1]。

## 【毒理学】

**(1) 一般毒性**

小鼠急性经口$LD_{50}$=680mg/kg，兔子急性经皮$LD_{50}$＞2000mg/kg bw，大鼠急性吸入$LC_{50}$＞4.2mg/L，大鼠短期膳食暴露NOAEL=100ppm（1ppm=$10^{-6}$）[1]。

王新茹[3]通过30d连续灌胃的方式评价了苯霜灵对小鼠的亚慢性毒性效应，组织病理切片结果显示苯霜灵没有造成肝脏和肾脏的明显损伤；从酶的层面得出的对氧化损伤的评价结果显示，苯霜灵引起了小鼠肾脏和肝脏中丙二醛（MDA）含量的显著上调及过氧化氢酶（CAT）活性一定程度的上调；代谢物层面上，基于$^1$H NMR的非靶向代谢组学研究结果表明，苯霜灵主要影响了小鼠能量代谢、脂质代谢、维生素B代谢、尿素循环及氨基酸代谢的稳态；基于液相色谱-质谱（LC-MS）的靶向代谢组学研究结果表明，苯霜灵引起了血浆中天冬酰胺浓度的显著上调及组氨酸、赖氨酸和天冬氨酸的显著下调。

**(2) 神经毒性**

无信息。

**(3) 发育与生殖毒性**

无信息。

**(4) 致突变性与致癌性**

无信息。

## 【人类健康效应】

可能具有肝脏毒性[1]。

## 【危害分类与管制情况】

| 序号 | 毒性指标 | PPDB 分类 | PAN 分类[2] |
| --- | --- | --- | --- |
| 1 | 高毒 | 否 | 是 |
| 2 | 致癌性 | 否 | 否 |
| 3 | 致突变性 | 否 | — |
| 4 | 内分泌干扰性 | 否 | 无有效证据 |
| 5 | 生殖发育毒性 | 疑似 | 无有效证据 |
| 6 | 胆碱酯酶抑制性 | 否 | 否 |
| 7 | 神经毒性 | 否 | — |
| 8 | 呼吸道刺激性 | 否 | — |
| 9 | 皮肤刺激性 | 否 | — |
| 10 | 皮肤致敏性 | 否 | |
| 11 | 眼刺激性 | 否 | — |
| 12 | 地下水污染 | — | 无有效证据 |
| 13 | 国际公约或优控名录 | 无 | |

注：PPDB 数据库由英国赫特福德郡大学农业与环境研究所开发；PAN 数据库来自北美农药行动网(PANNA)；“—”表示无此项。

## 【限值标准】

每日允许摄入量(ADI)为 0.04mg/(kg bw·d)，操作者允许接触水平(AOEL)为 0.06mg/(kg bw·d)，皮肤渗透系数为 0.7%～18%[1]。

### 参 考 文 献

[1] PPDB: Pesticide Properties DataBase. http://sitem.herts.ac.uk/aeru/ppdb/en/Reports/59.htm[2017-07-19].

[2] PAN Pesticides Database—Chemicals. http://www.pesticideinfo.org/Detail_Chemical.jsp?Rec_Id=PC37460[2017-07-19].

[3] 王新茹. 两种酰胺类手性农药在动物体内及体外的代谢及毒性研究.北京：中国农业大学, 2016.

# 苯锈啶(fenpropidin)

## 【基本信息】

化学名称：(*RS*)-1-[3-(4-特丁基苯基)-2-甲基丙基]哌啶
其他名称：1-(3-(4-特丁基苯基)-2-甲基丙基)哌啶
**CAS 号**：67306-00-7
分子式：$C_{19}H_{31}N$
相对分子质量：273.46
**SMILES**：c1cc(ccc1CC(CN2CCCCC2)C)C(C)(C)C
类别：哌啶类内吸性杀菌剂
结构式：

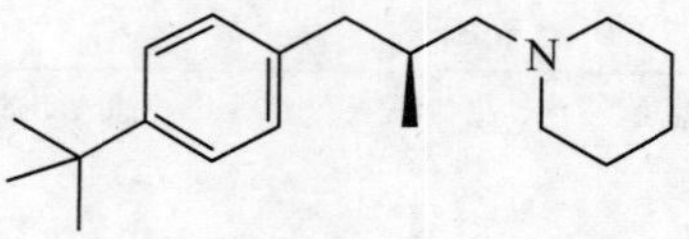

## 【理化性质】

淡黄色黏稠液体，密度 0.91g/mL，熔点−64.6℃，沸腾前分解，饱和蒸气压 17.0mPa(25℃)。水溶解度(20℃)为 530mg/L。有机溶剂溶解度(20℃)：庚烷，250000mg/L；二甲苯，250000mg/L；丙酮，250000mg/L；乙酸乙酯，250000mg/L。辛醇/水分配系数 $\lg K_{ow}$=2.6(pH=7,20℃)，亨利常数为 10.7Pa・$m^3$/mol(25℃)。

## 【环境行为】

**(1)环境生物降解性**

好氧：土壤中降解半衰期为 90d（实验室和田间试验平均值），实验室土壤中降解半衰期为 109d (20℃)，田间土壤中降解半衰期为 49.2d；欧盟档案记录实验室土壤中降解半衰期为 58～217d，$DT_{90}$ 值为 192～365d，田间土壤中降解半衰期为 7～116d；其他研究显示实验室土壤中降解半衰期为 87～98d(20℃)，田间土壤中降解半衰期为 89～112d[1]。

**(2)环境非生物降解性**

pH 为 7 时，水中光解稳定，说明光解不是主要降解途径，pH 为 7 时，水中 20℃稳定，pH 为 3～9 时，水中 50℃稳定[1]。

**(3) 环境生物蓄积性**

BCF 值为 163，提示苯锈啶具有潜在的生物蓄积性[1]。

**(4) 土壤吸附/移动性**

在 Freundlich 吸附模型中，$K_f$ 为 51.1，$K_{foc}$ 为 3808，$1/n$ 为 0.71，表明苯锈啶在土壤中具有轻微移动性；欧盟登记资料显示 $K_f$ 为 17.4～117.1，$K_{foc}$ 为 2105～5194，$1/n$ 为 0.56～0.80[1]。

## 【生态毒理学】

鸟类(绿头鸭)急性 $LD_{50}$=1899mg/kg、短期摄食 $LD_{50}$＞1417mg/kg，鱼类(蓝鳃太阳鱼)96h $LC_{50}$=1.9mg/L、21d NOEC=0.32mg/L，溞类(大型溞)48h $EC_{50}$=0.54mg/L、21d NOEC=0.32mg/L，底栖生物摇蚊幼虫(水相)28d NOEC=1.0mg/kg，底栖生物摇蚊幼虫(沉积物)28d NOEC=40mg/kg，藻类(硅藻)72h $EC_{50}$=0.0057mg/L、96h NOEC=0.0014mg/L，蜜蜂经口 48h $LD_{50}$＞10μg/蜜蜂，蚯蚓 14d $LC_{50}$＞500mg/kg[1]。

## 【毒理学】

**(1) 一般毒性**

大鼠急性经口 $LD_{50}$=1452mg/kg，大鼠急性经皮 $LD_{50}$＞4000mg/kg bw，大鼠急性吸入 $LC_{50}$=1.22mg/L，大鼠短期膳食暴露 NOAEL=20mg/kg [1]。

**(2) 神经毒性**

不具有神经毒性[1]。

**(3) 发育与生殖毒性**

不具有生殖毒性[1]。

**(4) 致突变性与致癌性**

无信息。

## 【人类健康效应】

吸入、接触皮肤及吞食对人体有毒；美国 EPA：可能人类致癌物[1]。

## 【危害分类与管制情况】

| 序号 | 毒性指标 | PPDB 分类 | PAN 分类[2] |
| --- | --- | --- | --- |
| 1 | 高毒 | 否 | 否 |
| 2 | 致癌性 | 可能 | 可能 |
| 3 | 内分泌干扰性 | 无数据 | 无有效证据 |
| 4 | 生殖发育毒性 | 否 | 无有效证据 |

续表

| 序号 | 毒性指标 | PPDB 分类 | PAN 分类[2] |
|---|---|---|---|
| 5 | 胆碱酯酶抑制性 | 否 | 否 |
| 6 | 神经毒性 | 否 | — |
| 7 | 呼吸道刺激性 | 否 | — |
| 8 | 皮肤刺激性 | 是 | — |
| 9 | 皮肤致敏性 | 是 | — |
| 10 | 眼刺激性 | 否 | — |
| 11 | 地下水污染 | — | 无有效证据 |
| 12 | 国际公约或优控名录 | — | |

注：PPDB 数据库由英国赫特福德郡大学农业与环境研究所开发；PAN 数据库来自北美农药行动网（PANNA）；“—”表示无此项。

## 【限值标准】

每日允许摄入量（ADI）为 0.02mg/（kg bw·d），急性参考剂量（ARfD）为 0.02mg/（kg bw·d），操作者允许接触水平（AOEL）为 0.02mg/（kg bw·d）[1]。

## 参 考 文 献

[1] PPDB: Pesticide Properties DataBase. http://sitem.herts.ac.uk/aeru/ppdb/en/Reports/307.htm[2017-3-27].

[2] PAN Pesticides Database—Chemicals.http://www.pesticideinfo.org/Detail_Chemical.jsp?Rec_Id=PC35816 [2017-03-27].

# 吡唑醚菌酯(pyraclostrobin)

## 【基本信息】

**化学名称**：*N*-[2-[[1-(4-氯苯基)吡唑-3-基]氧甲基]苯基]-*N*-甲氧基氨基甲酸甲酯

**其他名称**：百克敏

**CAS 号**：175013-18-0

**分子式**：$C_{19}H_{18}ClN_3O_4$

**相对分子质量**：387.8

**SMILES**：O=C(OC)N(OC)c1ccccc1COc3nn(c2ccc(Cl)cc2)cc3

**类别**：Strobin 类杀菌剂

**结构式**：

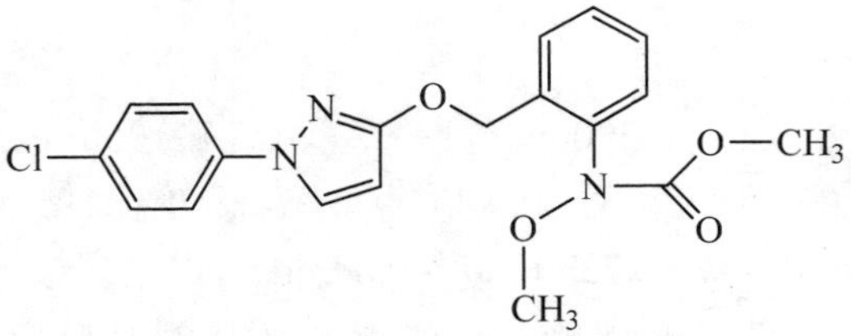

## 【理化性质】

白色至浅米色结晶固体，密度 1.37g/mL，熔点 64.5℃，沸腾前分解，饱和蒸气压 $2.60 \times 10^{-5}$mPa(25℃)。水溶解度(20℃)为 1.9mg/L。有机溶剂溶解度(20℃)：正庚烷，3700mg/L；辛醇，24200mg/L；丙酮，500000mg/L；甲醇，100800mg/L。辛醇/水分配系数 $\lg K_{ow}$=3.99(pH=7,20℃)。

## 【环境行为】

### (1)环境生物降解性

好氧：土壤中降解半衰期($DT_{50}$)实验室 20℃条件下为 62d，田间 32d；欧盟登记资料显示，实验室 5 种土壤中 $DT_{50}$ 为 12～101d，田间 8～55d[1]；PAN 数据库报道土壤中 $DT_{50}$ 为 136d[2]。

北京田间试验得到的吡唑醚菌酯在土壤中的降解半衰期为 19.0d[3]。李瑞娟等[4]研究表明，吡唑醚菌酯在葡萄和土壤中降解较快，其半衰期分别为 3.7～3.8d 和 8.7～10.2d。

厌氧：$DT_{50}$ 为 3d[2]。

**(2) 环境非生物降解性**

水溶液中光解半衰期为 1.7d; 在 25℃、pH 为 5～9 的条件下，水中保持稳定[1]。

以 pH 为 5、7、9 的三种缓冲溶液为反应介质，用高压汞灯作为实验模拟光源的情况下，得到吡唑醚菌酯在上述三种不同缓冲溶液中的光解半衰期分别为 29.45min、12.37min 和 10.80min。以 pH 为 5、7、9 的缓冲溶液为反应介质，得到水解半衰期分别为 7.7d、8.7d 和 10.4d。在室温 25℃时，吡唑醚菌酯的水解速率最快，其水解半衰期为 8.5d，15℃时的水解半衰期为 12d，35℃时的水解半衰期为 15.5d，45℃时的水解半衰期为 19.6d[5]。

**(3) 环境生物蓄积性**

全鱼生物富集系数 BCF 为 706，提示吡唑醚菌酯有潜在的生物蓄积性[1]。

**(4) 土壤吸附/移动性**

吸附系数 $K_{oc}$ 为 9304，欧盟登记资料显示 6 种土壤中 $K_{oc}$ 为 6000～16000[1]，提示吡唑醚菌酯在土壤中不发生移动。

## 【生态毒理学】

鸟类（鹌鹑）急性 $LD_{50}$＞2000mg/kg，鱼类（虹鳟）96h $LC_{50}$=0.006mg/L、21d NOEC=0.005mg/L，溞类（大型溞）48h $EC_{50}$=0.016mg/L、21d NOEC=0.004mg/L，藻类（*Raphidocelis subcapitata*）72h $EC_{50}$＞0.843mg/L，蜜蜂接触 48h $LD_{50}$＞100μg/蜜蜂、经口 48h $LD_{50}$＞73.1μg/蜜蜂，蚯蚓（赤子爱胜蚓）14d $LC_{50}$=567mg/kg[1]。

## 【毒理学】

**(1) 一般毒性**

大鼠急性经口 $LD_{50}$＞5000mg/kg，大鼠急性经皮 $LD_{50}$＞2000mg/kg bw，大鼠急性吸入 $LC_{50}$=0.69mg/L[1]。

**(2) 神经毒性**

大鼠喂食暴露吡唑醚菌酯 0mg/kg、50mg/kg、250mg/kg、750mg/kg（雄性）和 1500mg/kg（雌性），暴露周期为三个月，未发现神经毒性作用[6]。

**(3) 发育与生殖毒性**

大鼠繁殖试验中，暴露剂量为 0mg/kg、25mg/kg、75mg/kg 和 300mg/kg。结果表明，母代 NOAEL 为 75mg/kg。F0 代大鼠表现出适度的体重降低和食物消耗减少，腺泡周围肝脏脂肪浸润发生率和浸润程度减小（特别是雌性）。生殖效应的 NOAEL 为 300mg/kg，发育毒性 NOAEL 为 75mg/kg。两代子代体重增长率显著降低，雌性阴道开放明显延迟。F2 代断乳大鼠的脑重显著降低，与生长延迟现象一致；F1 代和 F2 代大鼠的胸腺和脾脏质量明显降低，但是 F1 代大鼠成年后恢复正常[6]。

**(4)致突变性与致癌性**

大鼠喂食暴露 0mg/kg、25mg/kg、75mg/kg 和 200mg/kg 的吡唑醚菌酯两年，结果表明，基于200mg/kg 组体重降低的NOAEL 为75mg/kg[相当于雄性 3.4 mg/(kg·d)，雌性 4.7mg/(kg·d)]。200mg/kg 组雄性大鼠肝细胞坏死可能与暴露有关[6]。

大鼠喂食暴露 0mg/kg、10mg/kg、30mg/kg、120mg/kg 和 180mg/kg 的吡唑醚菌酯 18 个月，结果表明，120mg/kg 组雄性大鼠和 180mg/kg 组雌性大鼠体重降低，因此基于体重降低的 NOAEL 为：雄性，4.1mg/(kg·d)，雌性，20.5mg/(kg·d)[6]。

Ames 试验、小鼠骨髓细胞微核试验结果均为阴性[6]。

## 【人类健康效应】

吞食可能致命，可造成严重但暂时性的眼损伤，引起皮肤刺激[7]。

## 【危害分类与管制情况】

| 序号 | 毒性指标 | PPDB 分类 | PAN 分类[2] |
|---|---|---|---|
| 1 | 高毒 | 否 | 否 |
| 2 | 致癌性 | 否 | 否 |
| 3 | 致突变性 | — | — |
| 4 | 内分泌干扰性 | — | 无有效证据 |
| 5 | 生殖发育毒性 | 疑似 | 无有效证据 |
| 6 | 胆碱酯酶抑制性 | 否 | 否 |
| 7 | 神经毒性 | 否 | — |
| 8 | 呼吸道刺激性 | 是 | — |
| 9 | 皮肤刺激性 | 是 | — |
| 10 | 皮肤致敏性 | — | |
| 11 | 眼刺激性 | 疑似 | — |
| 12 | 地下水污染 | — | 潜在影响 |
| 13 | 国际公约或优控名录 | 列入 PAN 名录、加利福尼亚州 65 种已知致癌物名录 | |

注：PPDB 数据库由英国赫特福德郡大学农业与环境研究所开发；PAN 数据库来自北美农药行动网(PANNA)；“—”表示无此项。

## 【限值标准】

每日允许摄入量(ADI)为 0.03mg/(kg bw·d)，急性参考剂量(ARfD)为 0.03mg/(kg bw·d)，操作者允许接触水平(AOEL)为 0.015mg/(kg bw·d)[1]。

## 参考文献

[1] PPDB: Pesticide Properties DataBase. http://sitem.herts.ac.uk/aeru/ppdb/en/Reports/564.htm[2017-07-19].

[2] PAN Pesticides Database—Chemicals. http://www.pesticideinfo.org/Detail_Chemical.jsp?Rec_Id=PC38957 [2017-07-19].

[3] 吴迪, 聂向云, 张希跃, 等. 土壤中吡唑醚菌酯的残留分析方法和消解动态研究. 农药科学与管理, 2012, 33(7): 25-28.

[4] 李瑞娟, 于建垒, 宋国春, 等. 60%唑醚·代森联水分散粒剂中吡唑醚菌酯在葡萄和土壤中的残留分析. 环境化学, 2010, 29(4): 619-622.

[5] 马腾达. 吡唑醚菌酯的光解与水解特性研究. 长春: 吉林农业大学, 2012.

[6] California Environmental Protection Agency/Department of Pesticide Regulation. Pyraclostrobin Summary of Toxicological Data(2001). http://www.cdpr.ca.gov/docs/toxsums/pdfs/5759.pdf[2007-02-07].

[7] BASF Agricultural Products. Product Label for Headline Fungicide(EPA Reg. No. 7969-186). p. 32. http://www.cdms.net/ldat/ld62L030.pdf[2007-02-21].

# 吡唑萘菌胺(isopyrazam)

## 【基本信息】

**化学名称**：3-(二氟甲基)-1-甲基-*N*-[1,2,3,4-四氢-9-(1-甲基乙基)-1,4-亚甲基萘-5-基]-1*H*-吡唑-4-甲酰胺

**其他名称**：—

**CAS 号**：881685-58-1

**分子式**：$C_{20}H_{23}F_2N_3O$

**相对分子质量**：359.4

**SMILES**：FC(F)C1=NN(C)C=C1C(NC2=CC=C(C4CCC3C4C(C)C)C3=C2)=O

**类别**：吡唑类杀菌剂

**结构式**：

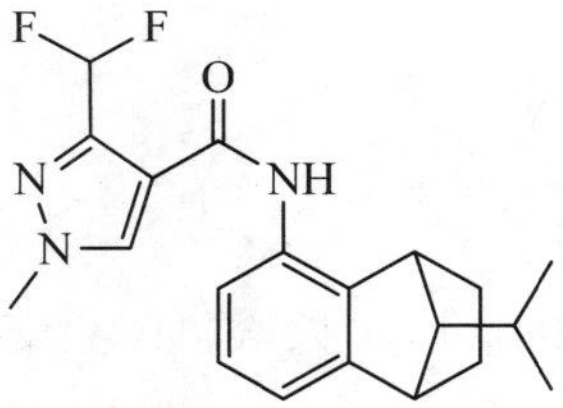

## 【理化性质】

白色固体，熔点 137℃，沸点 267℃，饱和蒸气压 $1.3\times10^{-4}$mPa(25℃)。水溶解度(20℃)为 0.55mg/L。有机溶剂溶解度(20℃)：丙酮，314000mg/L；二氯甲烷，303111mg/L；己烷，1170mg/L；甲苯，77100mg/L。辛醇/水分配系数 $\lg K_{ow}$=4.25(pH=7,20℃)，亨利常数为 $1.14\times10^{-4}$Pa·$m^3$/mol(25℃)。

## 【环境行为】

### (1)环境生物降解性

好氧：实验室土壤中降解半衰期为 244d (20℃)，$DT_{90}$值为 811d，田间土壤中降解半衰期为 72d，$DT_{90}$值为 543d；欧盟档案记录实验室土壤中降解半衰期为 29.8～976d，$DT_{90}$值为 132～1000d，田间土壤中降解半衰期为 9.11～173d，$DT_{90}$值为 63.5～2089d[1]。

**(2) 环境非生物降解性**

pH 为 7 时，水中光解半衰期为 54.3d（自然光 12h，30～50°N），在任何 pH 条件下，水环境中稳定[1]。

**(3) 环境生物蓄积性**

无信息。

**(4) 土壤吸附/移动性**

在 Freundlich 吸附模型中，$K_f$ 为 30.3，$K_{foc}$ 为 2416，$1/n$ 为 0.942，提示吡唑萘菌胺在土壤中具有轻微移动性；欧盟登记资料显示，$K_f$ 范围为 11.56～51.83，$K_{foc}$ 范围为 1732～2491，$1/n$ 范围为 0.92～097[1]。

## 【生态毒理学】

鸟类（山齿鹑）急性 $LD_{50}$＞2000mg/kg、短期摄食 $LD_{50}$=5620mg/kg，鱼类（鲤科）96h $LC_{50}$=0.0258mg/L、21d NOEC=0.00287mg/L，溞类（大型溞）48h $EC_{50}$=0.044mg/L、21d NOEC=0.013mg/L，摇蚊幼虫 28d NOEC=1.0mg/L，浮萍 7d $EC_{50}$＞0.5mg/L，藻类（羊角月牙藻）72h $EC_{50}$=2.2mg/L，蜜蜂接触 48h $LD_{50}$＞200μg/蜜蜂、经口 48h $LD_{50}$＞192.3μg/蜜蜂，蚯蚓 14d $LC_{50}$＞500mg/kg、14d NOEC=60mg/kg[1]。

## 【毒理学】

**(1) 一般毒性**

大鼠急性经口 $LD_{50}$=2000mg/kg，大鼠急性经皮 $LD_{50}$＞5000mg/kg bw，大鼠急性吸入 $LC_{50}$＞5.28mg/L[1]。

**(2) 神经毒性**

无信息。

**(3) 发育与生殖毒性**

具有生殖毒性[1]。

**(4) 致突变性与致癌性**

不具有致突变性[1]。

## 【人类健康效应】

对人体肝脏可能有毒性；美国 EPA：可能人类致癌物[1]。

## 【危害分类与管制情况】

| 序号 | 毒性指标 | PPDB 分类 | PAN 分类[2] |
|---|---|---|---|
| 1 | 高毒 | 否 | 无有效证据 |

续表

| 序号 | 毒性指标 | PPDB 分类 | PAN 分类[2] |
|---|---|---|---|
| 2 | 致癌性 | 是 | 是 |
| 3 | 致突变性 | 否 | — |
| 4 | 内分泌干扰性 | 无数据 | 无有效证据 |
| 5 | 生殖发育毒性 | 是 | 无有效证据 |
| 6 | 胆碱酯酶抑制性 | 否 | 否 |
| 7 | 皮肤刺激性 | 可能 | — |
| 8 | 皮肤致敏性 | 可能 | — |
| 9 | 眼刺激性 | 否 | — |
| 10 | 地下水污染 | — | 无有效证据 |
| 11 | 国际公约或优控名录 | 列入 PAN 名录 | |

注：PPDB 数据库由英国赫特福德郡大学农业与环境研究所开发；PAN 数据库来自北美农药行动网（PANNA）；“—”表示无此项。

## 【限值标准】

每日允许摄入量（ADI）为 0.03mg/（kg bw·d），急性参考剂量（ARfD）为 0.2mg/（kg bw·d），操作者允许接触水平（AOEL）为 0.05mg/（kg bw·d）[1]。

## 参 考 文 献

[1] PPDB: Pesticide Properties DataBase. http://sitem.herts.ac.uk/aeru/ppdb/en/Reports/1449.htm[2017-3-29].

[2] PAN Pesticides Database—Chemicals. http://www.pesticideinfo.org/Detail_Chemical.jsp?Rec_Id=PC35816 [2017-03-29].

# 丙环唑(propiconazole)

## 【基本信息】

**化学名称**：1-[2-(2,4-二氯苯基)-4-丙基-1,3-二氧戊环-2-甲基]-1*H*-1,2,4-三唑

**其他名称**：丙唑灵、敌力脱

**CAS 号**：60207-90-1

**分子式**：$C_{15}H_{17}Cl_2N_3O_2$

**相对分子质量**：342.22

**SMILES**：Clc1ccc(c(Cl)c1)C2(OCC(O2)CCC)Cn3ncnc3

**类别**：三唑类杀菌剂

**结构式**：

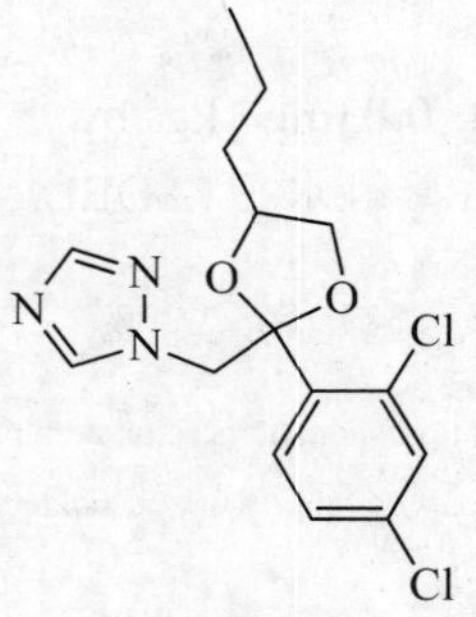

## 【理化性质】

清澈的淡黄色黏稠液体(黏度取决于异构体的质量比)，密度 1.09g/mL，熔点 −23℃，沸腾前分解，饱和蒸气压 0.056mPa(25℃)。水溶解度(20℃)为 150mg/L。有机溶剂溶解度(20℃)：正庚烷，1585mg/L；不溶于甲醇、丙酮和二甲苯。辛醇/水分配系数 $\lg K_{ow}$=3.72(pH=7,20℃)。

## 【环境行为】

**(1)环境生物降解性**

好氧：土壤中降解半衰期($DT_{50}$)，实验室 20℃条件下为 71.8d，田间 35.2d；欧盟登记资料显示，实验室 12 种土壤中 $DT_{50}$ 为 26.6～115d，田间 6 种土壤中 $DT_{50}$ 为 15.3～96.3d[1]。PAN 数据库报道土壤中 $DT_{50}$ 为 72d[2]。

丙环唑土壤降解影响因素研究结果表明，丙环唑在土壤中的降解半衰期为13.3d(含水率为36%)、16.1d(含水率为24%)、23.9d(含水率为12%)，故水分能够促进丙环唑在土壤中降解[3]。丙环唑在稻田水、稻田土壤和水稻植株中的平均降解半衰期分别为6.57d、7.87d和6.04d[4]。

厌氧：$DT_{50}$为211d[2]。

**(2)环境非生物降解性**

水溶液中不发生光解；在20℃、pH为7的条件下，水解半衰期为53.5d[1]。

**(3)环境生物蓄积性**

全鱼生物富集系数BCF为116，清除半衰期($CT_{50}$)为8d，提示丙环唑有潜在的生物蓄积性[1]。

**(4)土壤吸附/移动性**

吸附系数$K_{oc}$值为1086，欧盟登记资料显示9种土壤中$K_{oc}$为382～1789[1]，提示丙环唑在土壤中有轻微移动性。

## 【生态毒理学】

鸟类(绿头鸭)急性 $LD_{50}$＞2510mg/kg，鱼类(黄尾平口石首鱼)96h $LC_{50}$=2.6mg/L、21d NOEC(虹鳟)=0.068mg/L，溞类(大型溞)48h $EC_{50}$=10.2mg/L、21d NOEC=0.31mg/L，藻类(*Navicula seminulum*)72h $EC_{50}$=0.093mg/L、藻类(未指定种属)96h NOEC=0.32mg/L，蜜蜂接触48h $LD_{50}$＞100μg/蜜蜂、经口48h $LD_{50}$＞100μg/蜜蜂，蚯蚓(赤子爱胜蚓)14d $LC_{50}$=686mg/kg[1]。

## 【毒理学】

**(1)一般毒性**

大鼠急性经口$LD_{50}$=550mg/kg，大鼠急性经皮$LD_{50}$＞4000mg/kg bw，大鼠急性吸入$LC_{50}$＞5.8mg/L，大鼠短期膳食暴露NOAEL=2.7mg/kg[1]。

大鼠口服暴露0mg/kg bw、50mg/kg bw、150mg/kg bw和450mg/kg bw的丙环唑28d，实验结果表明：实验动物体重未受影响，最高剂量组雌性大鼠食物消耗量减少，这些动物在暴露的第一周出现活动抑制、呼吸困难和毛发皱褶。除了450mg/kg bw剂量组雌性大鼠血糖浓度增加和氯离子浓度降低外，其余动物的临床化学测定和尿常规均无异常变化。150mg/kg bw和450mg/kg bw剂量组雄性和所有剂量组雌性大鼠肝脏绝对质量和相对质量增加。450 mg/kg bw剂量组所有动物组织病理学检查均显示肝细胞轻度至中度肥大，最高剂量组雌性大鼠有30%出现肝实质区坏死[5]。

**(2)神经毒性**

无信息。

**(3) 发育与生殖毒性**

大鼠在怀孕的6～15d灌胃暴露0mg/kg bw、300mg/kg bw丙环唑，怀孕的第20天处死所有大鼠。结果发现，暴露组观察到母体毒性，毒性症状包括共济失调、昏迷、呼吸困难、嗜睡、衰弱、上睑下垂、流涎、流泪，以及4只大鼠死亡；体重、体重增长率和食物消耗量下降；存活的胎鼠数量和平均胎鼠质量显著降低。暴露组中有0.1%的胎鼠观察到腭裂，而对照组无此现象[5]。

大鼠经口暴露151.7mg/kg bw和75.85mg/kg bw丙环唑，形态学检查显示胚胎植入后死亡，胚胎吸收率和胎儿体重下降。胎儿内脏畸形，胸腺发育不全，肺、心脏肥大和肾盂扩张。骨骼畸形，颅骨、肋骨、胸椎不完全骨化，以及尾椎和趾骨缺失[6]。

**(4) 致突变性与致癌性**

小鼠喂食暴露0mg/kg、100mg/kg、500mg/kg和850mg/kg的丙环唑18个月。实验结果发现，500mg/kg和850mg/kg剂量组，动物肝细胞肥大、体重增长迟缓、肝脏脏器系数增加，基于此NOAEL=100mg/kg。高剂量组，腺瘤(良性)的发生率显著增加，但肿瘤(癌)的发生率未明显增加[7]。

比格犬喂食暴露0mg/kg、5mg/kg、50mg/kg和250mg/kg的丙环唑12个月，未发现和暴露相关的死亡、器官或体重及食物消耗量、临床试验参数的变化。在最高剂量组，组织病理学检查发现雄性大鼠的胃受到轻微刺激[8]。

## 【人类健康效应】

USEPA数据显示，丙环唑为可能的人类致癌物，可能具有肝毒性，可能引起弱雌激素水平和芳香化酶活性抑制等内分泌问题[1]。

## 【危害分类与管制情况】

| 序号 | 毒性指标 | PPDB 分类 | PAN 分类[2] |
|---|---|---|---|
| 1 | 高毒 | 否 | 否 |
| 2 | 致癌性 | 可能 | 可能(C类，USEPA) |
| 3 | 致突变性 | 否 | — |
| 4 | 内分泌干扰性 | 疑似 | 疑似 |
| 5 | 生殖发育毒性 | 疑似 | 是 |
| 6 | 胆碱酯酶抑制性 | — | 否 |
| 7 | 神经毒性 | — | — |
| 8 | 呼吸道刺激性 | 是 | — |
| 9 | 皮肤刺激性 | 否 | — |
| 10 | 皮肤致敏性 | 疑似 | — |

续表

| 序号 | 毒性指标 | PPDB 分类 | PAN 分类[2] |
|---|---|---|---|
| 11 | 眼刺激性 | 否 | — |
| 12 | 地下水污染 | — | 潜在影响 |
| 13 | 国际公约或优控名录 | 列入 PAN 名录、美国有毒物质(生殖发育毒性)排放(TRI)清单、欧盟优先控制污染物(内分泌干扰性)名录 | |

注：PPDB 数据库由英国赫特福德郡大学农业与环境研究所开发；PAN 数据库来自北美农药行动网(PANNA)；“—”表示无此项。

## 【限值标准】

每日允许摄入量(ADI)为 0.04mg/(kg bw·d)，急性参考剂量(ARfD)为 0.3mg/(kg bw·d)；操作者允许接触水平(AOEL)为 9～14mg/(kg bw·d)，皮肤渗透系数为 0.9%～2.4%[1]。

## 参考文献

[1] PPDB: Pesticide Properties DataBase. http://sitem.herts.ac.uk/aeru/ppdb/en/Reports/551.htm[2017-07-20].

[2] PAN Pesticides Database—Chemicals. http://www.pesticideinfo.org/Detail_Chemical.jsp?Rec_Id=PC34271 [2017-07-20].

[3] 崔滢, 王晓环, 姚加加, 等. 丙环唑土壤降解影响因素研究. 广州化工, 2015, 43(9): 115-117.

[4] 胡瑞兰. 苯醚甲环唑和丙环唑在稻田中的残留消解与吸附. 长沙: 湖南农业大学, 2010.

[5] WHO/FAO.Joint Meeting on Pesticide Residues on Propiconazole(60207-90-1). http://www.inchem.org/pages/jmpr.html [2006-07-05].

[6] TOXNET(Toxicology Data Network). https://toxnet.nlm.nih.gov/cgi-bin/sis/search2/f?./temp/～Lt7s0h:3[2017-07-20].

[7] California Environmental Protection Agency/Department of Pesticide Regulation. Toxicology Data Review Summaries on Propiconazole(60207-90-1). http://www.cdpr.ca.gov/docs/toxsums/toxsumlist.htm[2006-07-05].

[8] USEPA. U. S. Environmental Protection Agency's Integrated Risk Information System(IRIS)on Propiconazole (60207-90-1). http://www.epa.gov/iris/index.html[2006-07-05].

# 春雷霉素(kasugamycin)

## 【基本信息】

**化学名称**：5-氨基-2-甲基-6-(2,3,4,5,6-羰基环己基氧代)吡喃-3-基氨基-*α*-亚氨醋酸

**其他名称**：加收米、春日霉素、开斯明

**CAS 号**：6980-18-3

**分子式**：$C_{14}H_{25}N_3O_9$

**相对分子质量**：379.37

**SMILES**：O([C@H]1[C@@H]([C@@H](O)[C@H]([C@@H]([C@@H]1O)O)O)O)[C@@H]1[C@H](C[C@@H]([C@H](O1)C)NC(=N)C(=O)O)N

**类别**：微生物农药、杀菌剂

**结构式**：

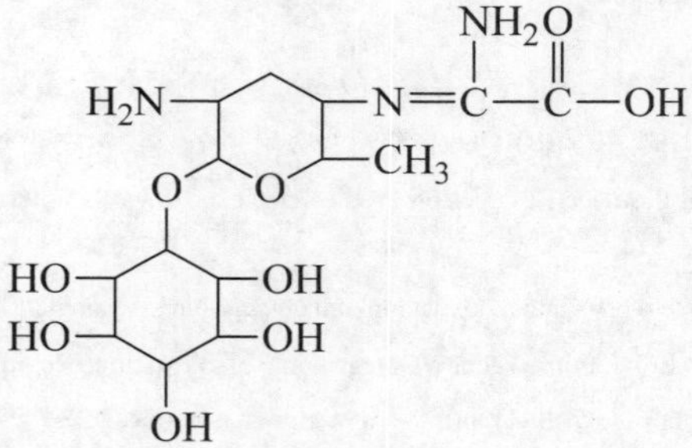

## 【理化性质】

纯品为白色结晶，盐酸盐为白色针状或片状结晶，有甜味，密度 0.43g/mL(24.5℃)，熔点 202～230℃，饱和蒸气压＜$1.3\times10^{-4}$mmHg①(25℃)。水溶解度(25℃)为 $10^6$mg/L。有机溶剂溶解度(20℃)：甲醇，744g/100mL；己烷、乙腈、二氯甲烷，＜$10^5$g/100mL。辛醇/水分配系数 $\lg K_{ow}$=−5.75(估计值)[1]。

## 【环境行为】

**(1)环境生物降解性**

研究表明，春雷霉素在水稻田水及土壤中的降解动态曲线均符合一级动力学

---

① 1mmHg = $1.01325\times10^5$Pa。

方程；在田水中降解迅速，半衰期分别为 2.88d(广东)、2.52d(广西)和 2.68d(湖北)；在土壤中的降解速率比水中慢，半衰期分别为 4.12(广东)、5.41d(广西)和 4.89d(湖北)，表明春雷霉素属于易降解农药($DT_{50}$＜/30d)[2]。在河南、黑龙江和江苏三地进行的残留试验结果表明，春雷霉素在水稻田水和植株中的降解半衰期分别为 0.97～2.70d 和 1.00～2.18d[3]。

**(2)环境非生物降解性**

由于缺少可水解的基团，春雷霉素预计在水中不发生水解；由于缺少紫外吸收基团，春雷霉素预计不易发生光解[1]。

**(3)环境生物蓄积性**

基于辛醇/水分配系数 $\lg K_{ow}$=–5.75，BCF 预测值为 3，提示春雷霉素生物蓄积性弱[1]。

**(4)土壤吸附/移动性**

$K_{oc}$ 预测值为 10，提示春雷霉素在土壤中移动性强[1]。

## 【生态毒理学】

鸟类(日本鹌鹑)急性 $LD_{50}$＞4000mg/kg，鱼类(鲤鱼)48h $LC_{50}$＞40mg/L，溞类(水蚤)6h $LC_{50}$＞40mg/L，蜜蜂接触 48h $LD_{50}$＞40μg/蜜蜂[1]。

## 【毒理学】

**(1)一般毒性**

小鼠急性经口 $LD_{50}$=21000mg/kg，小鼠急性经皮 $LD_{50}$＞10g/kg，大鼠急性经口 $LD_{50}$＞11400mg/kg，大鼠急性经皮 $LD_{50}$＞4000mg/kg[1]。

**(2)神经毒性**

无信息。

**(3)发育与生殖毒性**

新西兰白兔在孕期的 6～19d 经口暴露 0mg/(kg bw・d)、1mg/(kg bw・d)、3 mg/(kg bw・d)、10 mg/(kg bw・d)春雷霉素盐酸盐，在孕期第 29 天处死。结果未发现与暴露相关的母体死亡率、临床体征、体重、食物消耗或病理学改变，因此母体 NOAEL 为 10mg/(kg bw・d)。同时，实验也未发现与暴露相关的胎盘质量、胎儿体重、性别比例、胚胎植入后丢失，或产仔数、胎儿存活数的改变，因此发育 NOAEL 为 10mg/(kg bw・d)[4]。

**(4)致突变性与致癌性**

Ames 试验、宿主介导分析(host-mediated assay)试验、哺乳动物细胞基因突变检测、骨髓微核试验结果均为阴性[4]。

小鼠喂食暴露 0mg/kg、50mg/kg、300mg/kg、1500mg/kg 的春雷霉素盐酸盐

78 周，结果未发现与暴露相关的死亡率、体重、体重增加、食物消耗、食物利用效率、血液学、器官质量、组织病理(非肿瘤或肿瘤)的改变[4]。

## 【人类健康效应】

无信息。

## 【危害分类与管制情况】

| 序号 | 毒性指标 | PPDB 分类[5] | PAN 分类[6] |
| --- | --- | --- | --- |
| 1 | 高毒 | 否 | 否 |
| 2 | 致癌性 | 否 | 否 |
| 3 | 致突变性 | 否 | — |
| 4 | 内分泌干扰性 | 否 | 无充分证据 |
| 5 | 生殖发育毒性 | 疑似 | 无充分证据 |
| 6 | 胆碱酯酶抑制性 | — | 否 |
| 7 | 神经毒性 | — | — |
| 8 | 呼吸道刺激性 | — | — |
| 9 | 皮肤刺激性 | 否 | — |
| 10 | 眼刺激性 | 疑似 | — |
| 11 | 地下水污染 | — | 无充分证据 |
| 12 | 国际公约或优控名录 | 无 | |

注：PPDB 数据库由英国赫特福德郡大学农业与环境研究所开发；PAN 数据库来自北美农药行动网(PANNA)；“—”表示无此项。

## 【限值标准】

每日允许摄入量(ADI)为 0.01 mg/(kg bw • d)[1]，急性参考剂量(ARfD)为 0.16mg/(kg bw • d)，操作者允许接触水平(AOEL)为 0.16mg/(kg bw • d)，皮肤渗透系数为 2%～4%[1]。

## 参 考 文 献

[1] TOXNET(Toxicology Data Network). https://toxnet.nlm.nih.gov/cgi-bin/sis/search2/f?./temp/～6Eon8T: 3 [2017-7-20].

[2] 张清鹏，周游，唐亮，等. 春雷霉素在水稻田水和土壤中的残留及消解动态. 农药学学报，2012，14(5): 533-538.

[3] 刘进玺，钟红舰，吴绪金，等. 春雷霉素在水稻上的残留与消解动态研究. 现代农药, 2013, (6): 37-39.

[4] USEPA/Health Effects Division. Human Health Risk Assessment for Proposed Food Uses of the Fungicide Kasugamycin on Importing Fruiting Vegetables(Group 8)(August 2005). http://www.regulations.gov/fdmspublic/component/main[2006-11-09].

[5] PPDB: Pesticide Properties DataBase. http://sitem.herts.ac.uk/aeru/ppdb/en/Reports/2195.htm[2017-07-20].

[6] PAN Pesticides Database—Chemicals. http://www.pesticideinfo.org/Detail_Chemical.jsp?Rec_Id=PC37757[2017-07-20].

# 代森锰(maneb)

## 【基本信息】

**化学名称**：乙撑双二硫代氨基甲酸锰

**其他名称**：百乐、大生

**CAS 号**：12427-38-2

**分子式**：$C_4H_6MnN_2S_4$

**相对分子质量**：265.3

**SMILES**：[Mn+2].[S–]C(=S)NCCNC(=S)[S–]

**类别**：双二硫代氨基甲酸酯类杀真菌剂

**结构式**：

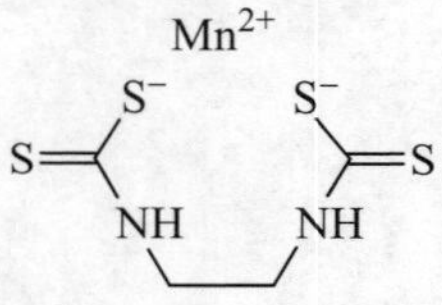

## 【理化性质】

黄色粉末，溶解前分解，饱和蒸气压 0.014mPa(25℃)。水溶解度(20℃)为 178mg/L。有机溶剂溶解度(20℃)：乙酸乙酯，10mg/L；丙酮，10mg/L；正庚烷，10mg/L；辛醇，1.4mg/L。辛醇/水分配系数 $\lg K_{ow}=-0.45$(pH=7,20℃)。

## 【环境行为】

**(1)环境生物降解性**

好氧：土壤中降解半衰期($DT_{50}$)典型条件下为 1d，实验室 20℃条件下为 0.1d，田间试验为 7d；欧盟登记资料显示，实验室条件下 $DT_{50}$ 为 2～3.5h，田间试验为小于 1 周[1]；PAN 数据库报道的降解半衰期为 5d[2]。

**(2)环境非生物降解性**

pH 为 7 的条件下，水溶液中发生光解；在 20℃、pH 为 7 的条件下，水解半衰期为 1d；PAN 数据库报道的水解半衰期为 1d[2]。

**(3)环境生物蓄积性**

基于 $\lg K_{ow}<3$，代森锰生物蓄积性弱[1]。

**(4)土壤吸附/移动性**

吸附系数 $K_{oc}$ 值为 2000[1]和 1310[2]，预测代森锰在土壤中有轻微移动性。

## 【生态毒理学】

鸟类(绿头鸭)急性 $LD_{50}$＞1467mg/kg，鱼类(虹鳟)96h $LC_{50}$=0.2mg/L、21d NOEC(黑头呆鱼)=0.0065mg/L，溞类(大型溞)48h $EC_{50}$=0.0021mg/L、21d NOEC=0.0023mg/L，藻类(*Pseudokirchneriella subcapitata*)72 h $EC_{50}$=0.007mg/L，蜜蜂接触 48 h $LD_{50}$＞100μg/蜜蜂，蚯蚓(赤子爱胜蚓)14d $LC_{50}$=840mg/kg[1]。

## 【毒理学】

**(1)一般毒性**

大鼠急性经口 $LD_{50}$＞5000mg/kg，大鼠急性经皮 $LD_{50}$＞2000mg/kg bw，大鼠急性吸入 $LC_{50}$=5.34mg/L[1]。

代森锰原药对大鼠 90d 饲喂毒性实验结果表明，给予 90%代森锰原药 900mg/kg 饲料则可引起受试动物食欲降低、体重增长抑制毒性反应。给予 90%代森锰原药 2700mg/kg 饲料不但引起受试动物食欲降低、体重增长受抑制，还引起受试动物双后肢麻痹。根据实验结果可知，以 90%代森锰原药对 SD 大鼠 90d 喂饲给药，最大无作用剂量：雄性，(24.2±1.7)mg/(kg bw·d)；雌性，(24.9±1.5)mg/(kg bw·d)[3]。

猕猴喂食暴露 0mg/kg、100mg/kg、300mg/kg 和 3000mg/kg 的代森锰(90%纯度)6 个月，3000mg/kg 剂量组与暴露相关的毒性作用包括甲状腺质量增加，甲状腺 $^{131}I$ 摄取减少，与蛋白质结合的 $^{131}I$ 含量降低。300mg/kg 剂量组，甲状腺质量增加。全身毒性的 NOAEL 为 100mg/kg 或 5mg/(kg·d)[4]。

**(2)神经毒性**

无信息。

**(3)发育与生殖毒性**

大鼠每周暴露 14～700mg/kg bw 的代森锰两次，持续 4.5 个月，结果发现大鼠生殖和内分泌结构改变[5]。

SD 大鼠在孕期 7～16d 暴露 0mg/kg bw、120mg/kg bw、240mg/kg bw 和 480mg/kg bw 的代森锰，最高剂量组(480mg/kg bw)出现胎儿毒性(胎儿体重减轻、骨化减少、脑积水)[5]。

**(4)致突变性与致癌性**

小鼠骨髓多染红细胞微核试验、小鼠睾丸精母细胞染色体畸变试验和鼠伤寒沙门氏菌回复突变试验(Ames 试验)在所选剂量范围内的结果均为阴性，表明代森锰原药未呈现致突变性[6]。

雌雄各25只大鼠喂食暴露剂量为25mg/kg、250mg/kg、1250mg/kg和2500mg/kg的代森锰两年，结果表明，1250mg/kg剂量组大鼠表现为抑郁、食物消耗减少和死亡率增加。在实验后期，1250mg/kg剂量组大鼠肝/体比增加，2500mg/kg剂量组大鼠出现甲状腺增生和结节性甲状腺肿大[5]。

小鼠喂食暴露纯度为89.5%的代森锰0mg/kg、60mg/kg、240mg/kg和2400mg/kg达18个月，结果表明系统NOAEL为60mg/kg。2400mg/kg剂量组，雌雄小鼠食物消耗量减少、体重增长迟缓，雌雄小鼠红细胞数量、血红蛋白浓度和红细胞比容减少，甲状腺素放射免疫分析值(RIA)明显下降。240mg/kg剂量组雄性小鼠和2400mg/kg剂量组雌雄小鼠肝脏肿块发生率增加；2400mg/kg雌雄小鼠绝对和相对甲状腺质量、相对心脏、肝脏、肾脏质量增加。240mg/kg剂量组雌性小鼠相对和绝对大脑质量增加，240mg/kg剂量组雄性小鼠睾丸质量增加。致癌NOAEL为240mg/(kg·d)。2400mg/kg组，雌雄小鼠肝细胞和肺泡腺瘤发生率增加。综上可得，代森锰可能的有害效应包括甲状腺功能改变(甲状腺质量增加和甲状腺素放射免疫分析值减小)和肝细胞腺瘤、肺泡腺瘤发生率增加[7]。

## 【人类健康效应】

三名志愿者的斑贴试验结果表明，代森锰具有皮肤致敏性[7]。皮肤反复接触可引起过敏和皮疹[8]。高剂量或多次暴露可能影响甲状腺功能(引起甲状腺肿)，损害中枢神经系统，影响肝功能或导致肾脏损害[9]。

## 【危害分类与管制情况】

| 序号 | 毒性指标 | PPDB 分类 | PAN 分类[2] |
|---|---|---|---|
| 1 | 高毒 | 否 | 否 |
| 2 | 致癌性 | 可能(3类，IARC分类) | 可能(B2，EPA) |
| 3 | 致突变性 | 否 | — |
| 4 | 内分泌干扰性 | 疑似 | 疑似 |
| 5 | 生殖发育毒性 | 是 | 是 |
| 6 | 胆碱酯酶抑制性 | 否 | 否 |
| 7 | 神经毒性 | 否 | — |
| 8 | 呼吸道刺激性 | 是 | — |
| 9 | 皮肤刺激性 | 是 | — |
| 10 | 皮肤致敏性 | 是 | — |
| 11 | 眼刺激性 | 是 | — |
| 12 | 国际公约或优控名录 | 列入PAN名录、加利福尼亚州65种已知致癌物名录、美国有毒物质(生殖发育毒性)排放清单、欧盟优先控制污染物(内分泌干扰性)名录 | |

注：PPDB数据库由英国赫特福德郡大学农业与环境研究所开发；PAN数据库来自北美农药行动网(PANNA)；“—”表示无此项。

## 【限值标准】

每日允许摄入量(ADI)为 0.05mg/(kg bw·d)，急性参考剂量(ARfD)为 0.2mg/(kg bw·d)，操作者允许接触水平(AOEL)为 0.03mg/(kg bw·d)，皮肤渗透系数为 0.2%～0.4%[1]。

## 参 考 文 献


[1] PPDB: Pesticide Properties DataBase. http://sitem.herts.ac.uk/aeru/ppdb/en/Reports/426.htm[2017-07-24].

[2] PAN Pesticides Database—Chemicals. http://www.pesticideinfo.org/Detail_Chemical.jsp?Rec_Id=PC32909 [2017-07-24].

[3] 由宇润, 邢立国, 胡翠清. 代森锰原药对大鼠 90d 饲喂毒性. 农药, 2010, 49(10): 744-747.

[4] USEPA. Maneb in Integrated Research Information System(IRIS). http://toxnet.nlm.nih.gov/cgi-bin/sis/search/r?dbs+iris:@term+@rn+12427-38-2[2010-03-26].

[5] WHO. Environmental Health Criteria 78: Dithiocarbamate Pesticides, Ethylenethiourea and Propylenethiourea(1988). http://www.inchem.org/pages/ehc.html[2010-03-04].

[6] 左派欣, 徐颖, 姜红, 等. 代森锰原药的致突变性试验研究. 安徽农业科学, 2010, 38(2): 748-749.

[7] California Environmental Protection Agency/Department of Pesticide Regulation. Summary of Toxicology Data on Maneb. p. 7(1986). http://www.cdpr.ca.gov/docs/risk/toxsums/toxsumlist.htm[2010-03-08].

[8] WHO/FAO. Data Sheets on Pesticides No. 94 for Dithiocarbamates(1996). http://www.inchem.org/pages/pds.html [2010-03-05].

[9] Sittig M. Handbook of Toxic and Hazardous Chemicals and Carcinogens, Vol. 1: A-H. 4th ed. Norwich NY: Noyes Publications, 2002: 1443.

# 代森锰锌(mancozeb)

## 【基本信息】

**化学名称：** 乙撑双二硫代氨基甲酰锰和锌的络盐

**其他名称：** —

**CAS 号：** 8018-01-7

**分子式：** $(C_4H_6MnN_2S_4)_x(Zn)_y(x:y=1:0.091)$

**相对分子质量：** 271.3

**SMILES：** [Mn+2].[Zn+2].[S−]C(=S)NCCNC(=S)[S−].[S−]C(=S)NCCNC([S−])=S

**类别：** 双二硫代氨基甲酸酯类杀真菌剂

**结构式：**

$Mn^{2+}$ $S^-$ $S^-$ S S NH NH　　$Zn^{2+}$ $S^-$ $S^-$ S S NH NH

## 【理化性质】

灰色至黄色粉末，溶解前分解，密度 1.98g/mL，饱和蒸气压 0.005mPa(25℃)。水溶解度(20℃)为 6.2mg/L，不溶解于大多数有机溶剂。辛醇/水分配系数 $\lg K_{ow}$=1.33(pH=7,20℃)，亨利常数为 $5.90\times10^{-4}$ Pa·$m^3$/mol。

## 【环境行为】

**(1)环境生物降解性**

好氧：实验室 20℃条件下土壤中降解半衰期($DT_{50}$)为 0.1d，野外田间试验为 18d；欧盟登记资料显示，$DT_{50}$ 为 1～3h[1]；PAN 数据库报道的降解半衰期为 2d[2]。

研究表明，代森锰锌在土壤中的降解半衰期为 3.85～11.44d[3]、5.26～7.71d[4]、5.63～9.88d[5]、4.01～4.65d[6]。北京、山东和河南三地两年的残留数据结果表明，代森锰锌在土壤中的降解半衰期为 0.19～8.3d[7]。

**(2)环境非生物降解性**

pH 为 7 的条件下，水溶液中不发生光解；在 20℃、pH 为 7 的条件下，水解半衰期为 1.3d；PAN 数据库报道为 166d[2]。

**(3) 环境生物蓄积性**

生物富集系数 BCF 为 3.2，提示代森锰锌生物蓄积性弱[1]。

**(4) 土壤吸附/移动性**

吸附系数 $K_{oc}$ 值为 998[1]和 6000[2]，欧盟登记资料显示 4 种土壤中的 $K_{oc}$ 值为 363～2334[1]，提示代森锰锌在土壤中有轻微移动性。

## 【生态毒理学】

鸟类(跨物种)急性 $LD_{50}$＞2000mg/kg，鸟类(山齿鹑)短期喂食 $LC_{50}/LD_{50}$＞860mg/(kg bw・d)，鱼类(虹鳟)96h $LC_{50}$=0.074mg/L、34d NOEC(虹鳟)=0.0022mg/L，溞类(大型溞)48h $EC_{50}$=0.073mg/L、21d NOEC=0.0073mg/L，藻类(*Pseudokirchneriella subcapitata*)72h $EC_{50}$=0.044mg/L，蜜蜂接触 48h $LD_{50}$=161.7 μg/蜜蜂，蚯蚓(赤子爱胜蚓)14d $LC_{50}$＞299.1mg/kg[1]。

## 【毒理学】

**(1) 一般毒性**

大鼠急性经口 $LD_{50}$＞5000mg/kg，兔子急性经皮 $LD_{50}$＞2000mg/kg bw，大鼠急性吸入 $LC_{50}$＞5.14mg/L。动物研究结果表明，代森锰锌急性毒性较低，暴露后引起接触性皮炎和甲状腺增生[8]。

大鼠喂食暴露剂量为 0mg/kg、10mg/kg、50mg/kg、72mg/kg、113mg/kg、169 mg/kg、253mg/kg 和 379mg/kg，暴露 12 周。结果发现，169mg/kg、253mg/kg、379mg/kg 剂量组大鼠体重增长减缓，食物利用率随着剂量的增大而减小；最高剂量组，1/3 的大鼠在暴露 6 周后死亡；各剂量组血液学参数和血糖水平(葡萄糖负荷后)无差异。72mg/kg 或更高剂量组，相对肝脏和甲状腺质量显著增加；253mg/kg、379mg/kg 剂量组，肾脏、睾丸和肾上腺相对质量显著增加。组织学检查显示，甲状腺出现剂量依赖性增生。253mg/kg、379mg/kg 剂量组，大鼠甲状腺上皮细胞增殖增加，细胞核肿胀。50mg/kg 或更高的剂量组，甲状腺碘含量显著降低。169mg/kg、253mg/kg、379mg/kg 剂量组，大鼠血清胆碱酯酶活性显著升高。113mg/kg、169mg/kg、253mg/kg 剂量组，肝脏甘油三酯水平显著升高。253mg/kg、379mg/kg 剂量组，大鼠氨基比林脱甲基酶活性和苯胺羟化酶活性显著降低，但细胞色素 P450 水平未受影响[9]。

**(2) 神经毒性**

一组大鼠喂食暴露剂量为 0mg/kg、20mg/kg、125mg/kg、750mg/kg，暴露周期为 90d；另外一组暴露剂量为 5000mg/kg，暴露周期为 14d。5000mg/kg 剂量组，雄性大鼠表现出不正常的步态或活动性，后肢活动受限，运动减少，后肢肌肉明显受到影响；雌性大鼠后肢活动也明显受到影响。病理学检查发现，5000mg/kg剂量组雄性大鼠出现神经脱髓、髓鞘增厚、髓鞘泡沫和神经组织神经原纤维变性，此外还出现后大腿肌肉明显萎缩。750mg/kg 剂量组，雄性大鼠出现髓鞘气泡、髓鞘吞噬和施万细胞增殖发生率增加[10]。

**(3) 发育与生殖毒性**

大鼠在孕期的 6～15d 吸入暴露 0mg/$m^3$、1mg/$m^3$、17mg/$m^3$、55mg/$m^3$、110mg/$m^3$、890mg/$m^3$ 和 1890mg/$m^3$ 的代森锰锌，每天暴露 6h。母体 NOAEL=17 mg/$m^3$(55～1890mg/$m^3$ 剂量组出现体重下降、下肢无力、乏力)；发育毒性 NOAEL=17mg/$m^3$(胚胎吸收增加、外出血和波浪状肋骨)[10]。

新西兰白兔在孕期的 7～19d 灌胃暴露 0mg/kg、10mg/kg、30mg/kg 和 80mg/kg 的代森锰锌，母体 NOAEL=30mg/kg(80mg/kg 剂量组出现 2 只死亡和 5 只流产，其余症状包括脱发、厌食、很少或没有粪便、共济失调、无尿)，发育毒性 NOAEL＞80mg/kg(未发现和暴露相关的胎儿毒性)[10]。

**(4) 致突变性与致癌性**

小鼠经皮暴露 100mg/kg 的代森锰锌，每周暴露 3 次，共暴露 3 周。结果发现，50d 后实验组 20 只小鼠中有 9 只出现局部皮肤肿瘤，对照组无小鼠发生皮肤肿瘤。肿瘤种类包括良性鳞状细胞乳头状瘤、混合鳞状细胞乳头状瘤和角化棘皮瘤[11]。

大鼠喂食暴露剂量为 0mg/kg、50mg/kg、60mg/kg、125mg/kg、750mg/kg，暴露 24 个月。结果发现，最高剂量组雄性大鼠体重增长减缓；雌雄大鼠甲状腺肿大，表现为滤泡细胞癌、腺瘤和结节性增生；T4 水平降低、T3 和促甲状腺素(TSH)水平升高及眼部异常(双侧视网膜病变)。125mg/kg 和 750mg/kg 剂量组，大鼠肾脏可见球状色素[10]。

## 【人类健康效应】

可能引起卵巢肥大，可能具有甲状腺毒性，可能的人类致癌物(USEPA)[1]。

一位 61 岁的葡萄园工人在处理了喷洒过代森锰锌的幼苗后，三次出现了前臂皮疹和眼睑发炎[12]。一名工人因喷洒代森锰锌入院治疗，中毒症状包括无力、头痛、恶心、疲劳和强直阵挛性惊厥，脑电图观察到可逆性改变，经对症治疗后全面康复[13]。

## 【危害分类与管制情况】

| 序号 | 毒性指标 | PPDB 分类 | PAN 分类[2] |
|---|---|---|---|
| 1 | 高毒 | 否 | 否 |
| 2 | 致癌性 | 可能 | 可能(B2，EPA) |
| 3 | 致突变性 | 疑似 | — |

续表

| 序号 | 毒性指标 | PPDB 分类 | PAN 分类[2] |
| --- | --- | --- | --- |
| 4 | 内分泌干扰性 | 疑似 | 疑似 |
| 5 | 生殖发育毒性 | 是 | 是 |
| 6 | 胆碱酯酶抑制性 | 否 | 否 |
| 7 | 神经毒性 | 否 | — |
| 8 | 呼吸道刺激性 | 是 | — |
| 9 | 皮肤刺激性 | 疑似 | — |
| 10 | 眼刺激性 | 是 | — |
| 11 | 地下水污染 | — | 潜在可能 |
| 12 | 国际公约或优控名录 | 列入 PAN 名录、加利福尼亚州 65 种已知致癌物名录、美国有毒物质(生殖发育毒性)排放清单、欧盟优先控制污染物名录 | |

注：PPDB 数据库由英国赫特福德郡大学农业与环境研究所开发；PAN 数据库来自北美农药行动网(PANNA)；“—”表示无此项。

## 【限值标准】

每日允许摄入量(ADI)为 0.05mg/(kg bw·d)[1]，急性参考剂量(ARfD)为 0.6mg/(kg bw·d)，操作者允许接触水平(AOEL)为 0.035mg/(kg bw·d)，皮肤渗透系数为 0.11%～0.24%[1]。

## 参考文献


[1] PPDB: Pesticide Properties DataBase. http: //sitem.herts.ac.uk/aeru/ppdb/en/Reports/424.htm[2017-07-25].

[2] PAN Pesticides Database—Chemicals.http://www.pesticideinfo.org/Detail_Chemical.jsp?Rec_Id=PC35080 [2017-07-25].

[3] 杨周宁, 杨仁斌, 简韬, 等. 代森锰锌在黄瓜和土壤中的残留动态. 中国农学通报, 2011, 27(2): 167-170.

[4] 秦冬梅, 徐应明, 黄永春, 等. 代森锰锌及其代谢物乙撑硫脲在马铃薯和土壤中的残留动态. 环境化学, 2008, 27(3): 305-309.

[5] 金怡, 石利利, 单正军, 等. 代森锰锌及其代谢产物在荔枝与土壤中的残留动态. 生态与农村环境学报, 2005, 21(2): 58-61.

[6] 简韬, 杨仁斌, 杨周宁, 等. 代森锰锌在辣椒和土壤中的残留动态. 安徽农业科学, 2011, 39(23): 14167-14169.

[7] 陈武瑛. 代森锰锌及其代谢物乙撑硫脲在苹果和土壤中的动态研究. 长沙: 湖南农业大学, 2010.

[8] Ellenhorn M J, Barceloux D G. Medical Toxicology—Diagnosis and Treatment of Human Poisoning. New York: Elsevier Science Publishing Co., Inc., 1988: 1100.

[9] Szépvölgyi J, Nagy K, Sajgóné Vukán K, et al. Subacute toxicological examination of dithane M-45. Food and Chemical Toxicology, 1989, 27(8): 531-538.

[10] California Environmental Protection Agency/Department of Pesticide Regulation. Toxicology Data Review Summaries: Mancozeb.http://www.cdpr.ca.gov/docs/risk/toxsums/toxsumlist.htm[2010-02-18].

[11] Mehrotra N K, Kumar S, Shukla Y. Tumour initiating activity of mancozeb—A carbamate fungicide in mouse skin. Cancer Letters, 1987, 36(3): 283-287.

[12] Hayes W J, Laws E R. Handbook of Pesticide Toxicology. Vol. 3: Classes of Pesticides. New York: Academic Press, 1991: 1451.

[13] WHO/FAO Data Sheets on Pesticides No. 94 for Dithiocarbamates(1996). http://www.inchem.org/pages/pds.html [2010-03-05].

# 代森锌(zineb)

## 【基本信息】

**化学名称**：乙撑双(二硫代氨基甲酸锌)
**其他名称**：—
**CAS 号**：12122-67-7
**分子式**：$C_4H_6N_2S_4Zn$
**相对分子质量**：275.78
**SMILES**：[Zn+2].[S–]C(=S)NCCNC(=S)[S–]
**类别**：双二硫代氨基甲酸酯类杀真菌剂
**结构式**：

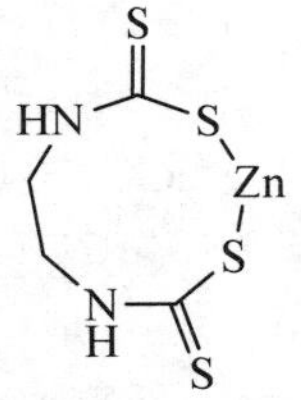

## 【理化性质】

灰白色粉末，溶解前分解，饱和蒸气压 0.008mPa(25℃)。水溶解度(20℃)为 10mg/L，不溶解于大多数有机溶剂。辛醇/水分配系数 $\lg K_{ow}$=1.3(pH=7,20℃)，亨利常数为 $2.76\times10^{-4}$ Pa · $m^3$/mol。

## 【环境行为】

**(1) 环境生物降解性**

好氧：土壤中降解半衰期($DT_{50}$)典型条件下 30d，野外田间试验为 19.5d；国际统一化学品信息数据库(IUCLID)中 $DT_{50}$ 为 16～23d[1]；PAN 数据库报道的降解半衰期为 30d[2]。

代森锌在芦笋及土壤中的降解动态符合一级动力学方程，在芦笋中的半衰期为 2.3～4.5d，在土壤中的半衰期为 8.3～11.7d[3]。

**(2) 环境非生物降解性**

pH 为 7 的条件下，水溶液中不发生光解；在 20℃、pH 为 7 的条件下，水解半衰期为 8.6d；PAN 数据库报道的水解半衰期为 8.6d[2]。

**(3) 环境生物蓄积性**

生物富集系数 BCF 为 20，提示代森锌生物蓄积性低[1]。

**(4) 土壤吸附/移动性**

吸附系数 $K_{oc}$ 值为 1000[1, 2]，提示代森锌在土壤中有轻微移动性。

## 【生态毒理学】

鸟类(绿头鸭)急性 $LD_{50}$=2000mg/kg，鱼类(虹鳟)96h $LC_{50}$=0.074mg/L、34d NOEC=20.8mg/L，溞类(大型溞)48h $EC_{50}$=40mg/L，藻类(*Scenedesmus acutus*)72h $EC_{50}$=0.51mg/L，蜜蜂接触 48h $LD_{50}$=13.1μg/蜜蜂，蚯蚓(赤子爱胜蚓)14d $LC_{50}$=960mg/kg[1]。

## 【毒理学】

**(1) 一般毒性**

大鼠急性经口 $LD_{50}$＞5200mg/kg，大鼠急性经皮 $LD_{50}$＞6000mg/kg bw，大鼠急性吸入 $LC_{50}$=0.8mg/L[1]。

**(2) 神经毒性**

0.0025μmol/L、0.005μmol/L、0.01μmol/L、0.02μmol/L、0.03μmol/L、0.05μmol/L、0.1μmol/L 和 1.0μmol/L 代森锌染毒未引起斑马鱼明显死亡，但脊索却发生了明显的弯曲，弯曲比例分别为 1.42%、10.5%、5.27%、26.25%、44.11%、66.25%、100% 和 100%，这种特异的弯曲与胶原蛋白无明显关联[4]。

**(3) 发育与生殖毒性**

研究表明，代森锰、代森锌、代森锰锌可剂量依赖性地损伤雌雄大鼠的性腺。实验动物分别每周两次暴露于 96～960mg/kg bw 的代森锌、140～1400mg/kg bw 的代森锰锌和 140～1400mg/kg bw 的代森锰，持续 4.5 个月，结果发现所有剂量组动物的生殖和内分泌结构受到影响，生殖功能下降[5]。大鼠暴露于 100mg/$m^3$ 的代森锌和代森锰，持续 4 个月，大鼠睾丸提取物中的乳酸脱氢酶 LDH2 和 LDH4 水平升高[5]。大鼠暴露 100mg/kg bw 的代森锌，暴露周期分别为 2、4、6 个月，大鼠出现延迟受精、不孕、胎儿吸收和发育异常[5]。

**(4) 致突变性与致癌性**

大鼠两年慢性暴露试验，暴露剂量为 0mg/kg、500mg/kg、1000mg/kg、2500mg/kg、5000mg/kg 和 10000mg/kg，结果未观察到生长和死亡方面的影响，血液学检查也未发现异常改变。500mg/kg 组，50%的大鼠出现甲状腺肿大，1000mg/kg 及以上剂量组，甲状腺肿效应更为明显。组织学检查未发现恶性肿瘤的证据。最高剂量组可观察到肾损害(充血、肾炎等)。杂种犬喂食暴露 20mg/kg、

2000mg/kg 或 10000mg/kg 的代森锌 1 年，血液指标未明显改变，最高剂量组大鼠的甲状腺肿大，出现增生性改变[5]。

101 品系和 C57BL 品系小鼠经口暴露 3500mg/kg bw 的代森锌 6 周，结果发现分别有 35%(101 品系)和 8%(C57BL 品系)的小鼠发生肺腺瘤，而对照组分别有 30%(101 品系)和 0%(C57BL 品系)的小鼠发生肺腺瘤。C57BL 品系的小鼠通过灌胃给予 1750mg/kg bw 的代森锌 11 周，7%的小鼠发生肺腺瘤，而对照组无小鼠发生肺腺瘤[6]。

## 【人类健康效应】

具有甲状腺、肝脏和肾脏毒性，3 类致癌物(IARC)[1]。

具有皮肤、眼睛和呼吸道刺激性，皮肤致敏性；职业暴露工人观察到慢性皮肤病[2]。

职业暴露(吸入)于代森锌可导致肝脏酶活性发生改变，肝功能受到影响；导致中度贫血及其他血液指标的改变，如淋巴细胞的染色体交换发生率增加；怀孕期间暴露，中毒症状的发病率增加[7]。

在西红柿田喷洒代森锌的工人中，工作 2～15d 的工人有 86 名出现皮炎，青少年和年轻妇女更敏感。工作 5～15d 的工人，皮肤出现充血、水泡疹、水肿。41 名生产代森锌的男性工人(工作 1～6 个月)，在呼吸速率、每分钟呼吸量、储备系数和耗氧量方面都发生改变，提示暴露于代森锌可能会减小支气管通道的直径[8]。

## 【危害分类与管制情况】

| 序号 | 毒性指标 | PPDB 分类 | PAN 分类[2] |
|---|---|---|---|
| 1 | 高毒 | 否 | 否 |
| 2 | 致癌性 | 可能 | 未分类 |
| 3 | 致突变性 | 疑似 | — |
| 4 | 内分泌干扰性 | 疑似 | 疑似 |
| 5 | 生殖发育毒性 | 是 | 是 |
| 6 | 胆碱酯酶抑制性 | — | 否 |
| 7 | 神经毒性 | — | — |
| 8 | 呼吸道刺激性 | 是 | — |
| 9 | 皮肤刺激性 | 是 | — |
| 10 | 皮肤致敏性 | 疑似 | — |
| 11 | 眼刺激性 | 是 | — |
| 12 | 国际公约或优控名录 | 列入 PAN 名录、欧盟优先控制污染物(内分泌干扰性)名录、美国有毒物质(生殖发育毒性)排放清单 | |

注：PPDB 数据库由英国赫特福德郡大学农业与环境研究所开发；PAN 数据库来自北美农药行动网(PANNA)；“—”表示无此项。

## 【限值标准】

每日允许摄入量(ADI)为 0.03mg/(kg bw · d)[1]。

## 参 考 文 献


[1] PPDB: Pesticide Properties DataBase. http://sitem.herts.ac.uk/aeru/ppdb/en/Reports/683.htm[2017-7-25].

[2] PAN Pesticides Database—Chemicals. http://www.pesticideinfo.org/Detail_Chemical.jsp?Rec_Id=PC34732 [2017-7-25].

[3] 王新，全朱亚，红吴珉，等. 代森锌在芦笋及土壤中的残留分析方法及消解动态. 农药，2009, 48(11): 818-820.

[4] 于永利，巴雅斯胡，杨景峰，等. 农药代森锌对斑马鱼胚胎脊索发育的影响. 环境卫生学杂志，2014, (5): 438-440.

[5] WHO. Environmental Health Criteria 78: Dithiocarbamate Pesticides, Ethylenethiourea and Propylenethiourea (1988). http://www.inchem.org/pages/ehc.html[2010-03-04].

[6] IARC. Monographs on the Evaluation of the Carcinogenic Risk of Chemicals to Humans. Geneva: World Health Organization, International Agency for Research on Cancer, 1972-PRESENT. (Multivolume Work). Vol. 12. p. 249(1976).http://monographs.iarc.fr/ENG/Classification/index.php [2017-7-25].

[7] Extension Toxicological Network(Extoxnet). Pesticide Information Profile for Zineb(1993). http://pmep.cce.cornell.edu/profiles/extoxnet/index.html[2010-03-08].

[8] Hayes W J. Pesticides Studied in Man. Baltimore/London: Williams and Wilkins, 1982: 610.

# 稻瘟灵(isoprothiolane)

## 【基本信息】

**化学名称**：1,3-二硫戊烷-2-叉丙二酸二异丙酯

**其他名称**：—

**CAS 号**：50512-35-1

**分子式**：$C_{12}H_{18}O_4S_2$

**相对分子质量**：290.4

**SMILES**：O=C(OC(C)C)C(\C(=O)OC(C)C)=C1/SCCS1

**类别**：硫代磷酸酯类杀真菌剂

**结构式**：

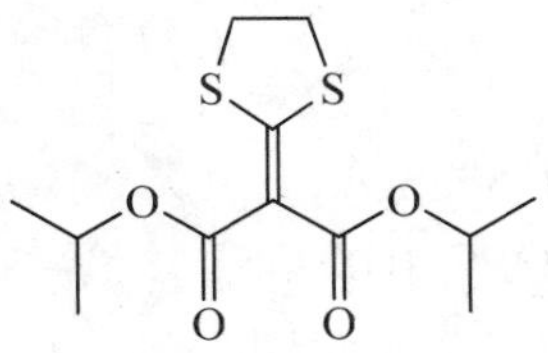

## 【理化性质】

无色晶体，熔点 54.9℃，密度 1.04g/mL，饱和蒸气压 18.8mPa(25℃)。水溶解度(20℃)为 54mg/L。有机溶剂溶解度(20℃)：甲醇，1512000mg/L；乙醇，761000mg/L；丙酮，4061000mg/L；正己烷，10000mg/L。辛醇/水分配系数 $\lg K_{ow}$=3.3(pH=7,20℃)，亨利常数为 0.1Pa・$m^3$/mol。

## 【环境行为】

### (1)环境生物降解性

研究表明，稻瘟灵在湖南长沙和贵州两地烟草和土壤中消解较快，半衰期分别为 4.46～5.01d 和 5.30～6.29d[1]。刘慧琳等[2]研究表明，稻瘟灵在湖南省和浙江省水稻植株中的半衰期分别为 5.81d、5.29d，在稻田水中的半衰期分别为 7.72d、8.79 d，在稻田土中的半衰期分别为 11.73d、14.68 d。王梅等[3]研究表明，稻瘟灵在水稻植株、田水和土壤中的半衰期分别为 4.2d、5.2d、15.6 d。

在未灭菌土壤中，稻瘟灵的降解半衰期为 14.7d；在灭菌土壤中，稻瘟灵的降

解半衰期为 36.1d；灭菌土壤中稻瘟灵的降解半衰期是未灭菌的 2.46 倍。这说明稻瘟灵在土壤中的降解速率主要由微生物决定，微生物的存在能加快土壤中稻瘟灵的降解，从而使其降解半衰期变短[4]。

**(2) 环境非生物降解性**

稻瘟灵的光解速率在汞灯下较快，在太阳光下很慢。溶液的 pH 对稻瘟灵在水溶液中的光解有明显影响，光解速率随着溶液的 pH 升高或降低而加快[1]。

**(3) 环境生物蓄积性**

生物富集系数 BCF 为 354，提示稻瘟灵有潜在的生物蓄积性[5]。

**(4) 土壤吸附/移动性**

吸附系数 $K_{oc}$ 值为 1352[5, 6]，提示稻瘟灵在土壤中有轻微移动性。土壤对稻瘟灵的吸附时间较短，且由于供试土壤理化性质的差异，不同土壤对它的吸附性明显不同。稻瘟灵在土壤中的吸附可以用 Fruendlich 公式来描述，相关系数为 0.9717～0.9835。三种土壤对稻瘟灵的吸附性：杭州水稻土＞长沙红壤＞贵州黄壤，pH 升高或降低都会减少土壤对稻瘟灵的吸附量；温度升高会减少土壤对稻瘟灵的吸附量[1]。

## 【生态毒理学】

鸟类（鹌鹑）急性 $LD_{50}$＞4180 mg/kg，鱼类（虹鳟）96h $LC_{50}$=6.8 mg/L，溞类（大型溞）48h $EC_{50}$=62mg/L、21d NOEC=0.0073mg/L，藻类（*Pseudokirchneriella subcapitata*）72h $EC_{50}$=4.58mg/L，蚯蚓（赤子爱胜蚓）14d $LC_{50}$＞91.95 mg/kg[5]。

## 【毒理学】

**(1) 一般毒性**

大鼠急性经口 $LD_{50}$=1190mg/kg，兔子急性经皮 $LD_{50}$＞10250mg/kg bw，大鼠急性吸入 $LC_{50}$=2.7mg/L[5]。

**(2) 神经毒性**

无信息。

**(3) 发育与生殖毒性**

无信息。

**(4) 致突变性与致癌性**

稻瘟灵各浓度组均未观察到叙利亚地鼠胚胎(SHE)细胞发生形态转化克隆，说明稻瘟灵致癌可能性小[7]。

## 【人类健康效应】

一名 20 岁的女性农民误服 40%稻瘟灵 50mL，半小时后出现恶心、呕吐、出汗、头昏、头痛，继而出现手足麻木、小便困难、视物不清。入院体检症状：体温36.5℃，脉搏92次/分，呼吸20次/分，血压130mmHg/80mmHg，神志尚清，说话吐字不清，四肢发冷，双侧瞳孔轻度扩大，对光反应迟钝，复视，颈部无抵抗，心肺无异常，腹软，肝脾未触及，肠鸣音亢进，无病理反射。经反复催吐、硫酸镁导泻、静脉滴注葡萄糖溶液、利尿、护肝、服用大量维生素C及能量合剂，并内服甘草绿豆汤，住院两天后症状消失并出院[8]。

## 【危害分类与管制情况】

| 序号 | 毒性指标 | PPDB 分类[5] | PAN 分类[6] |
|---|---|---|---|
| 1 | 高毒 | 否 | 否 |
| 2 | 致癌性 | — | 无充分证据 |
| 3 | 致突变性 | — | — |
| 4 | 内分泌干扰性 | — | 无充分证据 |
| 5 | 生殖发育毒性 | — | 无充分证据 |
| 6 | 胆碱酯酶抑制性 | 否 | 否 |
| 7 | 神经毒性 | — | — |
| 8 | 呼吸道刺激性 | — | — |
| 9 | 皮肤刺激性 | — | — |
| 10 | 眼刺激性 | — | — |
| 11 | 地下水污染 | — | 无充分证据 |
| 12 | 国际公约或优控名录 | 无 | |

注：PPDB数据库由英国赫特福德郡大学农业与环境研究所开发；PAN数据库来自北美农药行动网(PANNA)；“—”表示无此项。

## 【限值标准】

无信息。

## 参考文献

[1] 黄尧. 稻瘟灵在烟田中的残留及其土壤吸附和光降解研究. 长沙: 湖南农业大学, 2013.

[2] 刘慧琳, 郭正元, 谭智勇, 等. 稻瘟灵在稻田环境中的消解动态. 湖南农业科学, 2011, (11): 97-99.

[3] 王梅, 段劲生, 孙明娜, 等. 30%稻瘟灵展膜油剂在水稻、田水及土壤中的残留与消解动态分析. 农药, 2014, 53(1): 38-41.

[4] 刘玥垠, 李明. 稻瘟灵在土壤中的降解及其影响因子. 广东农业科学, 2012, 39(24): 177-180.

[5] PPDB: Pesticide Properties DataBase. http://sitem.herts.ac.uk/aeru/ppdb/en/Reports/408.htm[2017-7-26].

[6] PAN Pesticides Database—Chemicals. http://www.pesticideinfo.org/Detail_Chemical.jsp?Rec_Id=PC38536[2017-7-26].

[7] 张遵真, 曾祥贵, 过基同, 等. 农药叶枯灵、稻瘟灵及煤烟苯提取物的地鼠胚胎细胞转化试验. 四川大学学报(医学版), 1989, (1): 96-98.

[8] 杨子元. 稻瘟灵中毒 1 例报告. 中国医刊, 1984, (8): 36.

# 敌菌灵(anilazine)

## 【基本信息】

**化学名称**：2,4-二氯-6-(邻氯代苯胺基)均三氮苯

**其他名称**：—

**CAS 号**：101-05-3

**分子式**：$C_9H_5Cl_3N_4$

**相对分子质量**：275.53

**SMILES**：Clc1nc(nc(Cl)n1)Nc2ccccc2Cl

**类别**：三嗪类杀真菌剂

**结构式**：

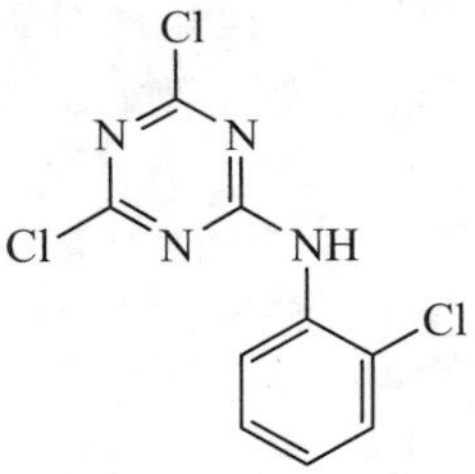

Cl
N N
Cl N NH
Cl

## 【理化性质】

白色至浅棕色晶体，密度 1.7g/mL，熔点 159℃，沸腾前分解，饱和蒸气压 $8.20\times10^{-4}$mPa(25℃)。水溶解度(20℃)为 8mg/L。有机溶剂溶解度(20℃)：二氯甲烷，90000 mg/L；正己烷，1700 mg/L；甲苯，40000 mg/L；异丙醇，8000 mg/L。辛醇/水分配系数 $\lg K_{ow}$=3.02(pH=7,20℃)。

## 【环境行为】

**(1)环境生物降解性**

好氧：土壤中降解半衰期($DT_{50}$)实验室 20℃条件下为 1d[1, 2]；另有研究，实验室条件下为 15h 或 34h[1]。

厌氧：$DT_{50}$ 为 41d[2]。

**(2)环境非生物降解性**

在 pH 为 7 的无菌缓冲溶液中的光解半衰期为 180d。在 20℃、pH 为 7 的条

件下，水解半衰期为 15d。另有研究，水解半衰期为 19d[2]。

**(3) 环境生物蓄积性**

生物富集系数 BCF 为 210，提示敌菌灵有潜在的生物蓄积性[1]。

**(4) 土壤吸附/移动性**

吸附系数 $K_{oc}$ 值为 2000[1]、2210[2]，提示敌菌灵在土壤中有轻微移动性。

## 【生态毒理学】

鸟类（鹌鹑）急性 $LD_{50}$＞2000mg/kg，鱼类（虹鳟）96h $LC_{50}$=0.095mg/L，溞类（大型溞）48h $EC_{50}$=0.56mg/L、21d NOEC=0.099mg/L，藻类（*Scenedemus subspicatus*）72 h $EC_{50}$=1.02mg/L、藻类（未指定种属）96h NOEC=1mg/L，蜜蜂经口 48h $LD_{50}$=100μg/蜜蜂，蚯蚓（赤子爱胜蚓）14d $LC_{50}$=1000 mg/kg[1]。

## 【毒理学】

**(1) 一般毒性**

大鼠急性经口 $LD_{50}$=4570mg/kg，兔子急性经皮 $LD_{50}$＞5000mg/kg bw，大鼠急性吸入 $LC_{50}$=0.25 mg/L，大鼠短期膳食暴露 NOAEL=42 mg/kg[1]。

绵羊和牛急性中毒表现出肌肉痉挛、震颤、步态僵硬和呼吸率增加，以及肾上腺变性、肺肝肾充血[3]。

**(2) 神经毒性**

无信息。

**(3) 发育与生殖毒性**

无信息。

**(4) 致突变性与致癌性**

Fischer 344 大鼠和 B6C3F1 小鼠喂食暴露剂量为 500mg/kg、1000mg/kg，暴露周期为 103 周，结果未显示出致癌效应[4]。

## 【人类健康效应】

除非大量摄入，敌菌灵一般不会引起全身急性毒性，可刺激眼睛、皮肤和呼吸道[2]。

## 【危害分类与管制情况】

| 序号 | 毒性指标 | PPDB 分类[1] | PAN 分类[2] |
| --- | --- | --- | --- |
| 1 | 高毒 | 否 | 是 |
| 2 | 致癌性 | 否 | 无有效证据 |
| 3 | 致突变性 | — | — |

续表

| 序号 | 毒性指标 | PPDB 分类[1] | PAN 分类[2] |
|---|---|---|---|
| 4 | 内分泌干扰性 | — | 无有效证据 |
| 5 | 生殖发育毒性 | 疑似 | 是 |
| 6 | 胆碱酯酶抑制性 | 否 | 否 |
| 7 | 神经毒性 | 否 | — |
| 8 | 呼吸道刺激性 | — | — |
| 9 | 皮肤刺激性 | 是 | — |
| 10 | 皮肤致敏性 | 是 | — |
| 11 | 眼刺激性 | 是 | — |
| 12 | 地下水污染 | — | 潜在影响 |
| 13 | 国际公约或优控名录 | 列入 PAN 名录、美国有毒物质(生殖发育毒性)排放清单 | |

注：PPDB 数据库由英国赫特福德郡大学农业与环境研究所开发；PAN 数据库来自北美农药行动网(PANNA)；“—”表示无此项。

## 【限值标准】

每日允许摄入量(ADI)为 0.1mg/(kg bw · d)。

## 参考文献

[1] PPDB: Pesticide Properties DataBase. http://sitem.herts.ac.uk/aeru/ppdb/en/Reports/39.htm[2017-07-26].

[2] PAN Pesticides Database—Chemicals. http://www.pesticideinfo.org/Detail_Chemical.jsp?Rec_Id=PC33442 [2017-07-26].

[3] Gosselin R E, Smith R P, Hodge H C. Clinical Toxicology of Commercial Products. 5th ed. Baltimore: Williams and Wilkins, 1984.

[4] TOXNET(Toxicology Data Network). https://toxnet.nlm.nih.gov/cgi-bin/sis/search2/f?./temp/~Hq5dBC:3[2017-07-26].

# 敌枯双(bis-A-DTA)

## 【基本信息】

**化学名称**：亚甲基双(2-氨基-1,3,4-噻二唑)、*N*, *N'*-甲撑双(2-氨基)-1,3,4-噻二唑

**其他名称**：叶枯双、抑枯双

**CAS 号**：26907-37-9

**分子式**：$C_5H_6N_6S_2$

**相对分子质量**：214.29

**SMILES**：C1(NCNC2=NN=CS2)=NN=CS1

**类别**：噻二唑类杀菌剂

**结构式**：

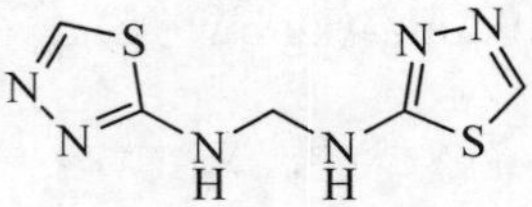

## 【理化性质】

白色短针状晶体，熔点 197～198℃，难溶于水(0.026%,25℃)，可溶于甲醇(0.1%,20℃)，易溶于二甲亚砜(＞5%)[1]。

## 【环境行为】

**(1)环境生物降解性**

无信息。

**(2)环境非生物降解性**

中性水溶液或碱性条件下稳定，酸性条件下可分解为二分子敌枯唑和一分子甲醛，结晶状态在室温下储存稳定[1]。

**(3)环境生物蓄积性**

陆其明等[2]用剂量递增法和固定法进行了蓄积试验，结果小鼠腹腔注射的蓄积系数分别为 0.7 和 0.8，大鼠灌胃分别为 0.57 和 0.32。

每日以不同剂量敌枯双对雌鼠进行四周的腹腔注射，5mg/kg 组平均存活期为 6.7d，累计药量为 268mg[1]。

**(4) 土壤吸附/移动性**

无信息。

## 【生态毒理学】

无信息。

## 【毒理学】

**(1) 一般毒性**

大鼠急性经口 $LD_{50}$=260mg/kg；小鼠急性经口 $LD_{50}$=2250mg/kg，急性经皮 $LD_{50}$=145mg/kg bw(雌鼠)，急性经皮 $LD_{50}$=150mg/kg bw(雄鼠)[3]。

**(2) 神经毒性**

体重 200～270g 未经产雌性 SD 大鼠合笼交配后，于第 10 天上午 9～10 时灌服 1%敌枯双-花生油混悬液(10mg/kg bw)，对照组灌服等量花生油。结果表明，实验组神经管畸形发生率为 52.9%，主要表现为脑膨出和脑膜膨出。神经管畸形发生的形态学研究结果显示，实验组出现部分神经上皮细胞变性坏死；线粒体肿胀，嵴模糊，甚至消失；细胞游离面出现一些大的球形突起；有的细胞逸出至管腔；细胞分裂指数明显降低；中胚层细胞空泡变性，分布稀疏、数量减少，细胞移动减慢。敌枯双对神经上皮和中胚层的损伤是造成神经管畸形的重要原因[4]。

**(3) 发育与生殖毒性**

将野生型果蝇分别培养于含 0mg/L、10mg/L、100mg/L、150mg/L、200mg/L、250mg/L、350mg/L、500mg/L、700mg/L、1000mg/L 敌枯双的果蝇培养基上，在 25℃交配、产卵 6d。子代成蝇羽化后，每天检查其外部畸形情况并计数。解毒实验组加烟酰胺(NA)、敌枯双(bis-A-TDA)各 200mg/L 于培养基中。实验结果表明：①敌枯双对果蝇的胚胎毒性随剂量增加而上升；②烟酰胺能部分解除敌枯双对果蝇的胚胎毒性；③低剂量敌枯双(10～100mg/L)处理能增加子代成蝇的羽化数，具有促进作用[5]。

四川大学生命科学学院(原为生物系)敌枯双科研组对敌枯双煮沸水溶液的催畸效应进行研究的结果表明：敌枯双煮沸水溶液对妊娠大白鼠胎儿所致畸形，在外形上以尾部和四肺叶畸形为主，其次是脊膜膨出。腭裂在 5mg/kg 组占 4.1%，其余如肢体缺失、脑膜膨出和脐疝只占 2%左右。神经系统和感官畸形以两侧脑室积水和脊髓萎缩最为常见，其次是双眼缺失(1mg/kg 和 5mg/kg)。30mg/kg 剂量组的损伤更为严重，除了造成两侧脑室积水外，还出现了脊髓空洞。1mg/kg 剂量组见两侧脑室积水，未见脊髓萎缩，另有双眼缺失；而 5mg/kg 剂量组两侧脑室积水、脊髓萎缩与单(双)眼缺失均出现。从总的比例看，敌枯双煮沸水溶液对妊娠大白鼠胎儿的神经系统和感官所造成的损伤最为严重。这是因为大白鼠在胚胎发育的第 9 天出现神经板，第 10 天形成神经沟，第 11 天神经沟封闭。在内脏畸形上以肾脏畸形出现的频率较高，而且 5mg/kg 组出现肾脏发育不全和肾移位，30mg/kg 组则出现了单肾缺失的严重损伤，肾脏畸形比较明显地反映出与剂量有关。骨骼畸形以胸骨骨化异常为主，其次是头骨骨化延迟、脊椎裂和肋骨愈合、减数。付肋、胸椎与肋骨关节愈合发生频率显著降低。敌枯双(唑)致畸的机理可能是干扰了辅酶 I 的合成和利用，阻碍了胚胎 DNA 的合成，甚至杀死胚胎细胞[6]。

研究者研究了敌枯双不同给药途径对大鼠胚胎发育的影响。将 30 只清洁级妊娠 SD 大鼠随机分成对照组、经口染毒组、腹腔注射组，每组 10 只，称重并编号，孕鼠于妊娠 7～16d 染毒，妊娠 20d 处死，分析胚胎发育指标与胎仔发育指标，检查有无外观畸形和骨骼畸形。结果表明，各组间着床数无显著性差异($P>0.05$)；对于孕鼠第 20 天增重，以及胎鼠体重、体长、尾长、活胎数、吸收胎率指标，经口染毒组、腹腔注射组与对照组相比有极显著差异($P<0.01$)；对于死胎率，腹腔注射组与对照组相比有极显著差异($P<0.01$)，经口染毒组与对照组相比有显著差异($P<0.05$)；在死胎率、吸收胎率指标上，腹腔注射组高于经口染毒组，具有极显著差异($P<0.01$)。对于骨骼畸形率和内脏畸形率，腹腔注射组、经口染毒组与对照组相比有极显著差异($P<0.01$)，但腹腔注射组和经口染毒组之间无显著差异。综上，敌枯双腹腔注射对大鼠母体毒性、胚胎毒性、发育毒性和致畸方面的作用比经口染毒更明显[7]。

**(4) 致突变性与致癌性**

对于骨髓细胞染色体畸变试验，每天按 0.5mg/kg、1mg/kg、50mg/kg、75mg/kg、150mg/kg 灌胃，连续给药 5d，于第 6 天处死，按常规方法制作骨髓细胞染色体标本。敌枯双所致小鼠畸变细胞发生率有明显的剂量依赖关系，当剂量低到 0.5mg/kg 时，畸变率达到 2.5%。敌枯双引起染色体畸变的类型很多，除了双着丝点未发现外，几乎各类型均可见到，染色体型与染色单体型均有，1mg/kg 组尚可见染色体粉碎化，有近 160 个染色体的多倍体。实验结果表明敌枯双是一种强烈的诱变剂[8]。

## 【人类健康效应】

生产敌枯双的一组女工在 6 年间共生育 26 名婴儿(该期间接触女工共怀孕 28 人次，其中有一人为外伤性流产，一人为人工流产)，在他们出生后进行了三次随访。结果表明，孕期接触敌枯双的平均浓度为 0.45mg/m$^3$(0.013～3.97mg/m$^3$)，接触时间最短 3 个月(妊娠前 3 个月)和最长 9 个月(妊娠全过程)，所生子女未见外观畸形，其他检查，如心电图、一般内科检查、长骨摄片、智商测验和实验室检查等，与对照组比较无明显改变[9]。

## 【危害分类与管制情况】

无信息。

## 【限值标准】

无信息。

## 参考文献


[1] 付立杰, 顾学箕. 敌枯双的毒理学研究. 中华劳动卫生职业病杂志, 1987, (5):55-58.

[2] 陆其明, 任道凤, 林惠芬, 等. 敌枯双对小鼠和大鼠的急性和蓄积毒性研究. 毒理学杂志, 1989, (3):194.

[3] 叶松柏, 方治平, 杨正苑, 等. “敌枯双”的急性毒性与解毒研究. 四川大学学报医学版, 1981, (4):345-350.

[4] 徐向阳, 高英茂, 张汇泉. 敌枯双致神经管畸形的形态学研究.解剖学报, 1990, 21:215-218.

[5] 曾凡亚, 王方元, 肖勇立, 等. 敌枯双(Bis-A-TDA)对果蝇(*Drosophila melanogaster*)的胚胎毒性及烟酰胺的解毒作用. 四川大学学报(自然科学版), 1990, (3):96-100.

[6] 四川大学生物系敌枯双科研组. 敌枯双[*N*, *N'*-甲撑-双-(2-氨基-1, 3, 4-噻二唑)]煮沸水溶液对妊娠大白鼠的催畸效应. 四川大学学报自然科学版, 1978, (Z1):105-116.

[7] 周文江, 潘华, 杨华. 敌枯双不同途径给药对大鼠胚胎发育的影响. 实验动物与比较医学, 2005, 25(4):240-242.

[8] 黄幸纾, 徐帷安, 祝慧娟. 敌枯双致畸、致突变试验小结. 浙江医大农药研究室, 1979, 1:8-10.

[9] 林惠芬, 沈光祖, 金锡鹏, 等. 职业性接触敌枯双对女工子代健康的影响. 职业医学, 1991, 4:210-211.

# 丁酰肼(daminozide)

## 【基本信息】

**化学名称**：4-(2,2-二甲基酰肼)-4-氧代丁酸

**其他名称**：比久、B9、调节剂九九五、B995、Alar-85

**CAS 号**：1596-84-5

**分子式**：$C_6H_{12}N_2O_3$

**相对分子质量**：160.17

**SMILES**：O=C(NN(C)C)CCC(=O)O

**类别**：植物生长调节剂

**结构式**：

## 【理化性质】

无色或白色晶体，密度 1.3g/mL，熔点 157℃，沸腾前分解，降解点 142℃，饱和蒸气压 0.0127mPa(25℃)。水溶解度(20℃)为 180000mg/L。有机溶剂溶解度(20℃)：乙酸乙酯，720mg/L；丙酮，1470mg/L；正己烷，20mg/L；甲醇，50000mg/L。辛醇/水分配系数 $\lg K_{ow}$=−1.512(pH=7,20℃)，亨利常数为 $1.43\times10^{-2}$Pa・$m^3$/mol(25℃)。

## 【环境行为】

**(1)环境生物降解性**

好氧温室条件下，施用于 4 种土壤后，微生物降解是其在土壤中发生的主要降解途径，半衰期为 3～4d，主要降解产物为 $CO_2$[1]。

好氧条件下，实验室土壤中降解半衰期为 0.6d（20℃），欧盟档案记录实验室土壤中降解半衰期小于 1d，$DT_{90}$ 值为 2～3d[2]。

在土壤培养的研究中，对于灭菌和未灭菌砂质壤土，未灭菌土壤中丁酰肼的

降解速率更快，表明微生物降解是其在土壤中的主要降解途径。在灭菌土壤中，10d 培养后仅 0.2%的丁酰肼生成 $CO_2$，而未灭菌土壤中 14d 培养后，生成 $CO_2$ 的丁酰肼占 75.4%[3]。

厌氧条件下，土壤中丁酰肼的半衰期为 9.5h[4]。

**(2)环境非生物降解性**

研究发现，丁酰肼可以通过单线态氧进行敏化光氧化，在甲醇溶液中经光氧化生成琥珀酸酐和 *N*,*N*-二甲基亚硝胺[5]。

pH 为 7 时，水中光解半衰期为 149d(不是主要降解途径)，pH 为 5～9 时，水环境中稳定(20℃)[2]。

在 pH 为 5、7、9 条件下 30d 未观察到可测量的水解情况，但是该化合物在 pH 为 1 时缓慢降解(半衰期大于 30d)，降解产物为 1,1-二甲基酰肼[3]。

**(3)环境生物蓄积性**

BCF 估值为 3，提示丁酰肼的生物蓄积性较弱[6]。

**(4)土壤吸附/移动性**

$K_{oc}$ 值为 4，提示丁酰肼在土壤中具有非常高的移动性[6]。

## 【生态毒理学】

鸟类急性 $LD_{50}$＞2250mg/kg，鱼类(蓝鳃太阳鱼)96h $LC_{50}$=149mg/L，溞类(大型溞)48h $EC_{50}$=75.5mg/L，浮萍 7d $EC_{50}$＞127mg/L，藻类(小球藻)72h $EC_{50}$=180mg/L，蜜蜂急性 48h $LD_{50}$＞200μg/蜜蜂，蚯蚓 14d $LC_{50}$＞1000mg/kg[6]。

## 【毒理学】

**(1)一般毒性**

大鼠急性经口 $LD_{50}$＞5000mg/kg，兔子急性经皮 $LD_{50}$＞5000mg/kg bw，大鼠急性吸入 $LC_{50}$＞2.1mg/L，大鼠短期膳食暴露 NOAEL=80.5mg/kg[2]。

**(2)神经毒性**

不具有神经毒性[2]。

**(3)发育与生殖毒性**

以哺乳期大鼠开展的三代发育生殖毒性研究中，300mg/kg 饲喂浓度下，生育力或繁殖能力未出现显著效应，在 500mg/kg 浓度(受试最高浓度)下产生畸形[7]。

对 25 只 SD 大鼠 F0 和 F1 代给予 0mg/kg、100mg/kg、1000mg/kg、10000mg/kg 饲喂浓度，F1 和 F2 代通过宫内和哺乳暴露，F2 代鼠龄为 21d 时结束实验，最高剂量组未见 F0 和 F1 代毒性[8]。

**(4)致突变性与致癌性**

在大肠杆菌 WP-2、WP-67、CM-871 菌株中，通过有 $S_9$ 和无 $S_9$ 激活测试其

DNA 损伤和修复能力，结果显示，在高达 10000μg/mL 浓度下，DNA 修复过程未见显著变化[9]。

中国仓鼠卵巢细胞（CHO-K）在有和无代谢激活的条件下检测丁酰肼对染色体畸变的作用，浓度分别为 0μg/mL、250μg/mL、500μg/mL、1000μg/mL 和 2000μg/mL，未见有害效应[8]。

美国联合通讯社 1989 年 2 月 2 日报道，美国环境保护局建议禁用丁酰肼，因为这种化学物质有致癌作用。果农多用丁酰肼来使苹果鲜艳并减少腐坏[10]。

## 【人类健康效应】

美国 EPA：B2 类人类疑似致癌物[2, 11]。

丁酰肼的职业暴露方式主要是皮肤接触和吸入，特别是对于施药的工人。丁酰肼具有皮肤和眼睛刺激性，高剂量时会改变肝功能，扩大卵巢和胆管[12]。

## 【危害分类与管制情况】

| 序号 | 毒性指标 | PPDB 分类 | PAN 分类 |
|---|---|---|---|
| 1 | 高毒 | 否 | 否 |
| 2 | 致癌性 | 可能 | 是 |
| 3 | 致突变性 | 否 | — |
| 4 | 内分泌干扰性 | 无数据 | 无有效证据 |
| 5 | 生殖发育毒性 | 否 | 无有效证据 |
| 6 | 胆碱酯酶抑制性 | 否 | 否 |
| 7 | 神经毒性 | 否 | — |
| 8 | 皮肤刺激性 | 是 | — |
| 9 | 眼刺激性 | 是 | — |
| 10 | 国际公约或优控名录 | 列入 PAN 名录 | |

注：PPDB 数据库由英国赫特福德郡大学农业与环境研究所开发；PAN 数据库来自北美农药行动网（PANNA）；“—”表示无此项。

## 【限值标准】

每日允许摄入量（ADI）为 0.45mg/（kg bw · d），操作者允许接触水平（AOEL）为 0.16 mg/（kg bw · d）[2]。

## 参 考 文 献

[1] Menzie C M. Metabolism of Pesticides, An Update. U.S. Department of the Interior, Fish, Wildlife Service, Special Scientific Report—Wildlife No. 184. Washington DC: U.S. Government Printing Office, 1978: 1.

[2] PPDB: Pesticide Properties DataBase.http://sitem.herts.ac.uk/aeru/ppdb/en/Reports/202.htm[2017-03-14].

[3] Dannals L E, Puhl R J, Kucharczyk N. Dissipation and degradation of ALAR® in soils under greenhouse conditions. Arch Environ Contam Toxicol, 1974, 2(3): 213-221.

[4] USEPA. Registration Eligibility Decision(RED)Daminozide. http://www.epa.gov/pesticides/reregistration/status.htm [2017-03-14].

[5] Brown M A, Casida J E. Daminozide: oxidation by photochemically generated singlet oxygen to dimethylnitrosamine and succinic anhydride. J Agric Food Chem, 1988, 36(5): 1064-1066.

[6] Tomlin C. The Pesticide Manual.11th ed. Cambridge: The Royal Society of Chemistry, 1997: 333.

[7] Worthing C R, Walker S B. The Pesticide Manual. 8th ed. Suffolk: Lavenham Press, 1987.

[8] California Environmental Protection Agency/Department of Pesticide Regulation. Toxicology Data Review Summaries. 2004.

[9] USEPA/Office of Pesticide Programs. Reregistration Eligibility Decision Document—Daminozide. EPA 738-R-93-007.1993. http://www.epa.gov/pesticides/reregistration/status.htm[2004-04-13].

[10] 陆. 丁酰肼有致癌作用.浙江化工, 1989, 2: 64.

[11] USEPA Office of Pesticide Programs, Health Effects Division, Science Information Management Branch. Chemicals Evaluated for Carcinogenic Potential. 2006.

[12] PAN: Pesticides Database—Chemicals.http://www.pesticideinfo.org/Detail_Chemical.jsp?Rec_Id=PC33492 [2017-03-14].

# 多果定(dodine)

## 【基本信息】

化学名称：*N*-十二烷基醋酸胍

其他名称：多宁、多乐果、多果乐

**CAS** 号：2439-10-3

分子式：$C_{15}H_{33}N_3O_2$

相对分子质量：287.44

**SMILES**：O=C(O)C.N(=C(\N)N)\CCCCCCCCCCCC

类别：胍类杀真菌剂

结构式：

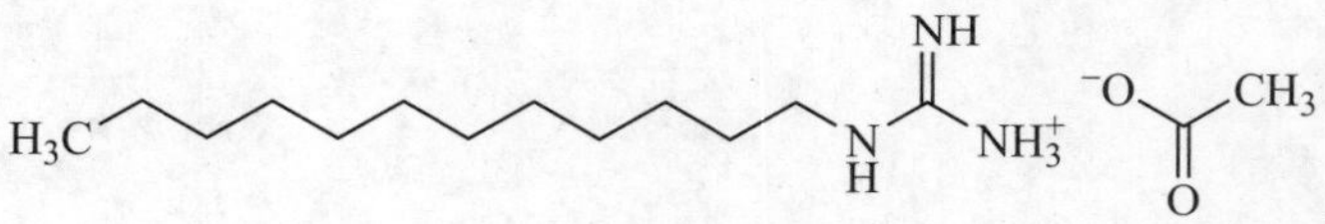

## 【理化性质】

无色至黄色蜡状粉末，产品可能是液体。熔点 132.2℃，沸腾前分解，饱和蒸气压 $5.49\times10^{-3}$mPa(25℃)。水溶解度(20℃)为 930mg/L。有机溶剂溶解度(20℃)：正庚烷，18mg/L；二甲苯，4mg/L；丙酮，48mg/L；乙醇，57000mg/L。辛醇/水分配系数 $\lg K_{ow}$=1.25(pH=7,20℃)，亨利常数为 $6.97\times10^{-10}$Pa·$m^3$/mol(25℃)。

## 【环境行为】

**(1)环境生物降解性**

无色杆菌和黄杆菌在土壤中都很常见，可以以多果定作为唯一碳源生长[1]。

好氧条件下，实验室土壤中降解半衰期为 4.8d(20℃)，$DT_{90}$ 值为 17.8d；田间土壤中降解半衰期为 13.3d，$DT_{90}$ 值为 60.1d；欧盟档案记录实验室土壤中降解半衰期为 2.6～8.2d，$DT_{90}$ 值为 10.5～27.2d，田间土壤中降解半衰期为 6.7～18.6d，$DT_{90}$ 值为 22.1～108.3d[2]。

**(2)环境非生物降解性**

多果定的 $pK_a$ 为 9，表明该物质在环境中主要以阳离子形式存在[3]。

pH 为 7 时，水中光解半衰期为 12.6d，水解半衰期为 914d(20℃)，多果定对 pH 敏感，pH 为 5、9 时，水解半衰期分别为 576d、1198d(25℃)[3]。

**(3) 环境生物蓄积性**

BCF 估值为 16，提示多果定的生物蓄积性较弱[3]。

**(4) 土壤吸附/移动性**

土壤中多果定的 $K_{oc}$ 为 4236500，提示其在土壤中不可移动，欧盟登记资料显示分配系数 $K_d$ 范围值为 2202～18019，$K_{oc}$ 范围值为 $5.51\times10^5$～$1.29\times10^7$[3]。

## 【生态毒理学】

鸟类(绿头鸭)急性 $LD_{50}$=857mg/kg，鱼类(虹鳟鱼)96h $LC_{50}$=0.57mg/L、21d NOEC=0.099mg/L，溞类(大型溞)48h $EC_{50}$=0.018mg/L、21d NOEC=0.0044mg/L，甲壳纲类 96h LC50=1.7mg/L，底栖生物(摇蚊幼虫)28d NOEC=3.2mg/L，藻类(月牙藻)72h $EC_{50}$=0.0028mg/L，蜜蜂急性接触 48h $LD_{50}$＞100μg/蜜蜂、经口 48h $LD_{50}$＞200μg/蜜蜂，蚯蚓 14d $LC_{50}$=547mg/kg[2]。

## 【毒理学】

**(1) 一般毒性**

大鼠急性经口 $LD_{50}$=851mg/kg，大鼠急性经皮 $LD_{50}$＞5000mg/kg bw，大鼠急性吸入 $LC_{50}$＞0.45mg/L，大鼠短期膳食暴露 NOAEL=800mg/kg[2]。

**(2) 神经毒性**

不具有神经毒性[2]。

**(3) 发育与生殖毒性**

给喂大鼠 1000mg/kg 多果定，引起大鼠体重减轻、腹泻、体内蛋白质含量减少，形态学改变包括腺窝高度、绒毛长度和隐窝深度的显著减小及肠道变化[4]。

**(4) 致突变性与致癌性**

细胞遗传毒性试验结果显示，多果定(80mg/kg)对细胞色素 P450 同工酶的活性无影响[5]。

## 【人类健康效应】

高毒，对眼睛毒性很大[2]。直接摄入引起呕吐、腹泻。环境中带有仲胺基和叔胺基的物质(包括农药)，在人类胃部等低 pH 环境下容易生成具有致癌性的亚硝酸盐，从而对人体产生潜在危害，多果定即属于此类。高浓度溶液可引起严重的皮肤刺激和眼部刺激[1]。

## 【危害分类与管制情况】

| 序号 | 毒性指标 | PPDB 分类 | PAN 分类 |
|---|---|---|---|
| 1 | 高毒 | 是 | 是 |
| 2 | 致癌性 | 否 | 否 |
| 3 | 致突变性 | 否 | — |
| 4 | 内分泌干扰性 | — | 无有效证据 |
| 5 | 生殖发育毒性 | 可能 | 无有效证据 |
| 6 | 胆碱酯酶抑制性 | 否 | 否 |
| 7 | 神经毒性 | 否 | — |
| 8 | 皮肤刺激性 | 是 | — |
| 9 | 眼刺激性 | 是 | — |
| 10 | 国际公约或优控名录 | 列入 PAN 名录 | |

注：PPDB 数据库由英国赫特福德郡大学农业与环境研究所开发；PAN 数据库来自北美农药行动网（PANNA）；“—”表示无此项。

## 【限值标准】

每日允许摄入量（ADI）为 0.1mg/(kg bw · d)，急性参考剂量（ARfD）为 0.1mg/(kg bw · d)，操作者允许接触水平（AOEL）为 0.045mg/(kg bw · d)[3]。

## 参 考 文 献


[1] TOXNET(Toxicology Data Network). https://toxnet.nlm.nih.gov/cgi-bin/sis/search2/f?./temp/~Z0u6Ze:3[2017-03-14].

[2] PPDB: Pesticide Properties DataBase. http://sitem.herts.ac.uk/aeru/ppdb/en/Reports/263.htm[2017-03-14].

[3] Tomlin C D S. The Pesticide Manual: A World Compendium. 11th ed. Surrey: British Crop Protection Council, 1997.

[4] Mitjans M, Vinardell M P. Alterations of male Wistar rat jejunum induced by dodine(*n*-dodecylguanidine acetate). J Toxicol Environ Health, 1997, 52(6): 545-556.

[5] Rahden-Staron I, Czeczot H, Szumilo M. Induction of rat liver cytochrome P450 isoenzymes CYP 1A and CYP 2B by different fungicides, nitrofurans, and quercetin. Mutat Res, 2001, 498(1-2): 57-66.

# 多菌灵(carbendazim)

## 【基本信息】

**化学名称**：甲基-1*H*-苯并咪唑-2-基-氨基甲酸酯

**其他名称**：2-(甲氧基氨基甲酰)苯并咪唑、苯并咪唑 44

**CAS 号**：10605-21-7

**分子式**：$C_9H_9N_3O_2$

**相对分子质量**：191.21

**SMILES**：COC(=O)NC1=NC2=CC=CC=C2N1

**类别**：苯并咪唑类杀菌剂

**结构式**：

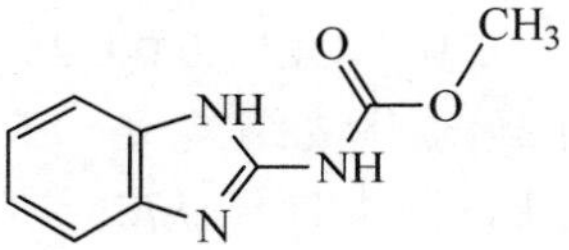

## 【理化性质】

白色晶体，密度 1.45g/mL，熔点 305℃，沸腾前分解，饱和蒸气压 0.09mPa (25℃)。水溶解度(20℃)为 8.0mg/L。有机溶剂溶解度(20℃)：乙醇，300mg/L；苯，36mg/L；乙酸乙酯，135mg/L；氯仿，100mg/L。辛醇/水分配系数 $\lg K_{ow}$=1.48 (pH=7,20℃)，亨利常数为 $8.82\times10^{-7}Pa\cdot m^3/mol$(25℃)。

## 【环境行为】

**(1)环境生物降解性**

好氧条件下，100mg/L 多菌灵在 30mg/L 活性污泥下开展固有生物降解性试验(MITI)，4 周后理论生化需氧量(BOD)值为 0%[1]。10g/mL 多菌灵在以杀真菌剂处理后的土壤中施用混合细菌植株培养 5d 后，完全降解，在未污染土壤中 21d 仅降解了 45%[2]。基于以上数据，预计多菌灵在天然环境条件下的土壤中生物降解缓慢，而在预处理土壤中的降解将得到加强。

好氧条件下，实验室土壤中降解半衰期为 34.3d (20℃)，$DT_{90}$ 值为 132.5d；田间土壤中降解半衰期为 22d，$DT_{90}$ 值为 115d；欧盟档案记录实验室土壤中降解半衰期为 20～40d，田间土壤中降解半衰期为 11～78d[3]。

**(2) 环境非生物降解性**

22℃条件下，多菌灵在 pH 为 5～7 时的水解半衰期大于 350d，pH 为 9 时，水解半衰期为 124d[4]。盐度水平为 0mEq①/L、20mEq/L、40mEq/L、60mEq/L 电解质时，多菌灵的水解半衰期分别为 111.4d、85.6d、66.9d、49.2d[5]。夏季欧洲天然水体中，多菌灵的水解半衰期为 12.5d[6]。

**(3) 环境生物蓄积性**

BCF 值为 25，提示多菌灵在水中生物蓄积性弱[3]。

**(4) 土壤吸附/移动性**

土壤中，多菌灵的 $K_{oc}$ 为 122.3～2805[4, 5, 7]，表明其在一些土壤中具有高移动性，而随着黏土和有机碳含量的增加，其移动性逐渐降低。

在 Freundlich 吸附模型中，$K_f$ 为 3.4，$K_{foc}$ 为 225，$1/n$ 为 0.967；欧盟登记资料显示，$K_f$ 范围值为 1.6～6.3，$K_{foc}$ 范围值为 200～246，$1/n$ 范围值为 0.87～1.12[3]。

## 【生态毒理学】

鸟类（山齿鹑）急性 $LD_{50}$＞2250mg/kg，短期膳食 $LC_{50}$=615mg/(kg bw·d)，鱼类（虹鳟鱼）96h $LC_{50}$=0.19mg/L、21d NOEC=0.0032mg/L，溞类（大型溞）48h $EC_{50}$=0.15mg/L、21d NOEC=0.0015mg/L，甲壳纲类 96h LC50=0.086mg/L，底栖生物（摇蚊幼虫）28d NOEC=0.0133mg/L，藻类（栅藻）72h $EC_{50}$＞7.7mg/L，蜜蜂急性接触 48h $LD_{50}$＞50μg/蜜蜂、经口 48h $LD_{50}$＞756μg/蜜蜂，蚯蚓 14d $LC_{50}$=5.4mg/kg、14d NOEC=1.0mg/kg[3]。

## 【毒理学】

**(1) 一般毒性**

大鼠急性经口 $LD_{50}$＞10000mg/kg，大鼠急性经皮 $LD_{50}$＞2000mg/kg，大鼠急性吸入 $LC_{50}$＞5.8mg/L，大鼠短期膳食暴露 NOAEL＞10mg/kg[3, 8]。

**(2) 神经毒性**

采用 MTT 法、流式细胞计数法测得用质量浓度为 50μg/mL、100μg/mL 和 200μg/mL 的多菌灵药液分别与鼠源神经细胞 PC12 共同孵育 48h 后，可极显著抑制 PC12 细胞的增殖（$P$＜0.01），诱导 PC12 细胞凋亡，特别是早期凋亡（$P$＜0.01）。实时荧光定量聚合酶链反应（PCR）检测经 50μg/mL 多菌灵药液处理后培养 48h 的 PC12 细胞内，促凋亡蛋白基因 Bax 和凋亡相关基因 Cyt-C、Fas、Caspase-8、Caspase-9 的表达水平极显著上调（$P$＜0.01）；同时检测到 50μg/mL 多菌灵药液处理组 PC12 细胞中 Caspase-3 的酶活性也极显著提高（$P$＜0.01）。研究结果显示，

① 毫克当量（mEq）表示某物质和 1mg 氢的化学活性或化合力相当的量；1mEq 相当于 23mg 钠。

50～200μg/mL 多菌灵药液对哺乳动物神经细胞具有一定的毒性作用，推测其可能通过启动死亡受体介导途径和线粒体介导途径诱导神经细胞凋亡[9]。

**(3) 发育与生殖毒性**

体外试验结果显示，3T3 细胞和胚胎干细胞(ESC)的存活率随着多菌灵浓度的增加而显著降低，ESC 对多菌灵毒性更敏感；1nmol/L 多菌灵使 Oct4 的表达量显著升高，而 2.5nmol/L、5nmol/L、10nmol/L 和 20nmol/L 多菌灵使 Oct4 的表达量显著降低；随着多菌灵浓度的增加，$\alpha$-MHC 基因表达量逐渐降低，呈剂量-效应关系。多菌灵经 EST 评价为强胚胎毒性化合物，其对 ESC 活性及多能性基因的影响显著可能是其作用的机制之一[10]。

多菌灵可引起雄性生殖毒性，10μg/mL、100μg/mL 剂量组多菌灵能抑制睾丸支持细胞增殖，同时抑制睾丸支持细胞波形蛋白、$\alpha$-微管蛋白和 $\beta$-微管蛋白的表达，影响睾丸支持细胞的骨架结构，睾丸支持细胞可能是多菌灵引起雄性大鼠生殖毒性的效应靶点[11]。

**(4) 致突变性与致癌性**

研究者分别使用土壤培养法和血细胞微核试验测定多菌灵及其杂质(2,3-二氨基酚嗪和 2-氨基-3-羟基酚嗪)和代谢物(2-氨基苯并咪唑)对赤子爱胜蚓的急性毒性和遗传毒性。土壤培养法结果表明：多菌灵、2,3-二氨基酚嗪、2-氨基-3-羟基酚嗪和 2-氨基苯并咪唑对赤子爱胜蚓 7d 的 $LC_{50}$ 分别为 8.60mg/kg、14.84mg/kg、18.92mg/kg 和 27.72mg/kg，多菌灵对蚯蚓的毒性为中毒，其他三种化合物为低毒。微核试验结果表明：多菌灵能明显诱导赤子爱胜蚓血细胞产生微核，并且随着暴露剂量和暴露时间的延长，微核率增加；其他三种物质在测定剂量和测定时间下，微核率与空白对照差异不显著[12]。

## 【人类健康效应】

能够诱导肝酶，对肝脏可能具有毒性；美国 EPA：C 类人类可能致癌物；增加雌激素水平和芳香化酶的活性[7, 13]。皮肤接触为中等毒性，摄入毒性温和[14]。眼睛接触引起眼睛发红[15]。

## 【危害分类与管制情况】

| 序号 | 毒性指标 | PPDB 分类 | PAN 分类 |
|---|---|---|---|
| 1 | 高毒 | 否 | 否 |
| 2 | 致癌性 | 可能 | 可能 |
| 3 | 致突变性 | 是 | — |

续表

| 序号 | 毒性指标 | PPDB 分类 | PAN 分类 |
| --- | --- | --- | --- |
| 4 | 内分泌干扰性 | 可能 | 疑似 |
| 5 | 生殖发育毒性 | 是 | 无有效证据 |
| 6 | 胆碱酯酶抑制性 | 否 | 否 |
| 7 | 神经毒性 | 否 | — |
| 8 | 呼吸道刺激性 | 否 | — |
| 9 | 皮肤刺激性 | 否 | — |
| 10 | 眼刺激性 | 否 | — |
| 11 | 国际公约或优控名录 | 列入欧盟内分泌干扰物名录 | |

注：PPDB 数据库由英国赫特福德郡大学农业与环境研究所开发；PAN 数据库来自北美农药行动网（PANNA）；“—”表示无此项。

## 【限值标准】

每日允许摄入量（ADI）为 0.02mg/（kg bw · d），急性参考剂量（ARfD）为 0.02mg/（kg bw · d），操作者允许接触水平（AOEL）为 0.02mg/（kg bw · d）[8]。

## 参 考 文 献


[1] NITE. Chemical Risk Information Platform(CHRIP). Biodegradation and Bioconcentration. Tokyo: Natl Inst Tech Eval, 2016.

[2] Racke K D, Coats J R. Enhanced biodegradation of pesticides in the environment. AJP Cell Physiology, 1990, 291(5): 68-81.

[3] PPDB: Pesticide Properties DataBase. http://sitem.herts.ac.uk/aeru/ppdb/en/Reports/116.htm [2017-03-14].

[4] MacBean C. e-Pesticide Manual. 15th ed. Ver. 5. 1. Alton: British Crop Protection Council, 2008—2010.

[5] TOXNET(Toxicology Data Network). https://toxnet.nlm.nih.gov/cgi-bin/sis/search2/f?./temp/~pEtEGD: 1[2017-03-14].

[6] Boudina A, Emmelin C, Baaliouamer A, et al. Photochemical behaviour of carbendazim in aqueous solution. Chemosphere, 2003, 50(5): 649-655.

[7] Nemeth-Konda L, Füleky G, Morovjan G, et al. Sorption behaviour of acetochlor, atrazine, carbendazim, diazinon, imidacloprid and isoproturon on Hungarian agricultural soil. Chemosphere, 2002, 48(5): 545-552.

[8] Willoughby O H. Crop Protection Handbook. Vol. 100. Willoughby:Meister Media Worldwide, 2014: 159.

[9] 朱俭勋，钟石，王新全，等. 桑园常用杀菌剂多菌灵诱导鼠源神经细胞 PC12 凋亡的研究. 蚕业科学，2016, (4): 668-673.

[10] 周韧，程薇，冯艳，等. 应用胚胎干细胞试验对多菌灵胚胎毒性的初步评价. 毒理学杂志, 2014, (2): 128-131.

[11] 宋远超. 多菌灵对雄性大鼠生殖毒性机制的研究. 济南：济南大学, 2011.

[12] 郇志博，罗金辉. 多菌灵及其杂质和代谢物对赤子爱胜蚯蚓的急性毒性和遗传毒性. 热带农业科学，2014,

34(10): 78-81.

[13] USEPA Office of Pesticide Programs, Health Effects Division, Science Information Management Branch. Chemicals Evaluated for Carcinogenic Potential. 2006.

[14] Lewis R J. Sax's Dangerous Properties of Industrial Materials. 11th ed. Hoboken: Wiley & Sons, 2004: 2390.

[15] PAN Pesticides Database—Chemicals. http://www.pesticideinfo.org/Detail_Chemical.jsp?Rec_Id=PC32862 [2017-03-14].

# 多抗霉素 B(polyoxin B)

## 【基本信息】

**化学名称**：多抗霉素 B

**其他名称**：多氧清、多氧霉素

**CAS 号**：19396-06-6

**分子式**：$C_{17}H_{25}N_5O_{13}$

**相对分子质量**：507.41

**SMILES**：C1=C(CO)C(=O)NC(=O)N1C2C(O)C(O)C(C(C(=O)O)NC(=O)C(N)C(O)C(O)COC(=O)N)O2

**类别**：肽嘧啶核苷类杀真菌剂

**结构式**：

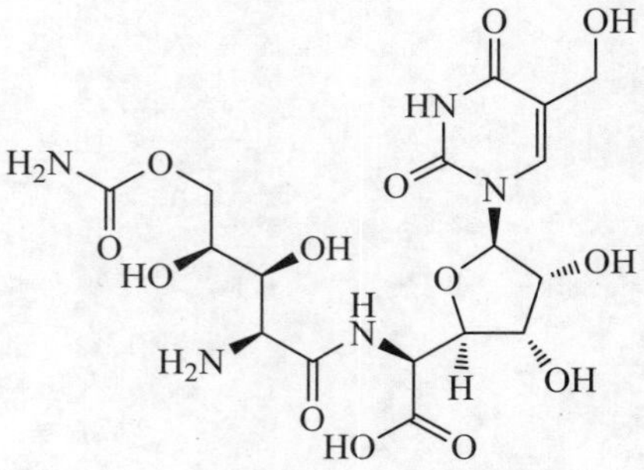

## 【理化性质】

无色针状晶体，密度 1.774g/mL，熔点 180℃，溶于水，不溶于甲醇、乙醇、丙酮、氯仿、苯、酯等有机溶剂。

## 【环境行为】

**(1) 环境生物降解性**

在湖南长沙进行多抗霉素 B 在烟田中的残留检测实验，结果表明多抗霉素 B 在植烟土壤中和鲜烟叶中的降解过程遵循一级化学反应动力学方程，降解速率呈逐渐减小的趋势，在鲜烟叶中的降解速率要比在植烟土壤中快，多抗霉素 B 在植烟土壤中的降解半衰期为 10.34d，多抗霉素 B 在鲜烟叶的降解半衰期为 4.98d[1]。

用多抗霉素 B 3.5%水剂按有效成分 67.2g/$hm^2$ 和 100.8g/$hm^2$ 分别兑水(每亩用水量为 50kg)稀释后，分别施药 2 次和 3 次，每次施药间隔 7 天。多抗霉素 B 在植烟土壤中的残留量为在最后一次施药后 7d 时为 LOD(未检出，小于 0.05mg/kg)～0.132mg/kg 之间，14d 时为 LOD～0.071mg/kg 之间，21d 时均为 LOD[1]。

**(2) 环境非生物降解性**

无信息。

**(3) 环境生物蓄积性**

无蓄积作用[2]。

**(4) 土壤吸附/移动性**

无信息。

## 【生态毒理学】

多抗霉素 B 对鱼和水生生物的毒性较低，鲤鱼 $LC_{50}$＞40mg/kg(48h)，大型溞 $LC_{50}$＞40mg/kg(3h)。对蜜蜂低毒，$LD_{50}$＞1000mg/蜜蜂。按我国农药毒性分级标准属低毒农药[2]。

## 【毒理学】

**(1) 一般毒性**

多抗霉素 B 属低毒杀菌剂。原药小鼠和大鼠急性经口 $LD_{50}$＞20000mg/kg，大鼠急性经皮 $LD_{50}$＞1200mg/kg，大鼠急性吸入 $LC_{50}$＞10mg/kg。对兔皮肤和眼睛无刺激作用，对豚鼠皮肤未引起过敏反应。在试验动物体内无蓄积，能很快排出体外。两年慢性饲喂试验无作用剂量：大鼠为 2943mg/(kg · d) (雄) 和 3146mg/(kg · d) (雌)，小鼠为 6372mg/(kg · d) (雄) 和 6748mg/(kg · d) (雌) [2]。

**(2) 神经毒性**

神经毒性试验未见异常[2]。

**(3) 发育与生殖毒性**

两代繁殖试验未见异常[2]。

**(4) 致突变性与致癌性**

在试验剂量内对试验动物无致突变、致畸和致癌作用[2]。

## 【人类健康效应】

无信息。

## 【危害分类与管制情况】

| 序号 | 毒性指标 | PPDB 分类 | PAN 分类 |
| --- | --- | --- | --- |
| 1 | 高毒 | — | 无有效证据 |
| 2 | 致癌性 | — | 无有效证据 |
| 3 | 内分泌干扰性 | — | 无有效证据 |
| 4 | 生殖发育毒性 | — | 无有效证据 |
| 5 | 胆碱酯酶抑制性 | — | 否 |
| 6 | 国际公约或优控名录 | 无 | |

注：PPDB 数据库由英国赫特福德郡大学农业与环境研究所开发；PAN 数据库来自北美农药行动网（PANNA）；“—”表示无此项。

## 【限值标准】

日本制定的多抗霉素 B 在大米（糙米）中的最大残留限量（MRL）为 0.06mg/kg[3]。

## 参 考 文 献

[1] 陶宁. 多抗霉素在烟田生态系统中的残留降解及生态效应. 长沙:湖南农业大学, 2012.

[2] 福建省农村科技信息资源共享与服务平台. http://www.agrolib.org/NZDetail.aspx?id=930100210005.

[3] The Japan Food Chemical Research Foundation. Table of MRLs for Agricultural Chemicals. http://www.m5.ws001.squarestart.ne.jp/foundation/agrdtl.php?a.inq=72400.

# 多杀霉素(spinosad)

## 【基本信息】

**化学名称**：多杀霉素 A、多杀霉素 D

**其他名称**：多杀霉素、多杀菌素

**CAS 号**：多杀霉素 A，168316-95-8；多杀霉素 D，131929-60-7

**分子式**：多杀霉素A，$C_{41}H_{65}NO_{10}$；多杀霉素D，$C_{42}H_{67}NO_{10}$

**相对分子质量**：多杀霉素 A，732；多杀霉素 D，746

**SMILES**：多杀霉素 A，CC[C@H]1CCC[C@H]（O[C@H]2CC[C@@H]（[C@@H]（C）O2）N（C）C）[C@@H]（C）C（=O）C3=C[C@H]4[C@@H]5C[C@@H]（C[C@H]5C=C[C@H]4[C@@H]3CC（=O）O1）O[C@@H]6O[C@@H]（C）[C@H]（OC）[C@@H]（OC）[C@H]6OC

**类别**：大环内酯类杀菌剂

**结构式**：

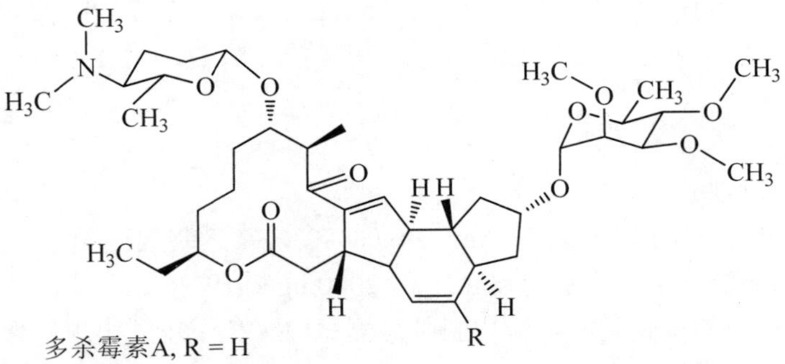

多杀霉素A, R = H
多杀霉素D, R = $CH_3$

## 【理化性质】

浅灰色至白色晶体，熔点为 84～99.5℃，饱和蒸气压为 $3\times10^{-5}$mPa（25℃）。水溶解度（20℃）为 89.4mg/L。有机溶剂溶解度（20℃）：丙酮，16800000mg/L；甲醇，19000000mg/L。辛醇/水分配系数 $\lg K_{ow}$=2.8（pH=5,20℃）。

## 【环境行为】

**(1) 环境生物降解性**

好氧条件下土壤中降解半衰期为14.0d[1]。25%多杀霉素悬浮剂在甘蓝中降解半衰期为1.7～2.6d，在土壤中降解半衰期为1.6～2.3d。按剂量200g/hm$^2$、300g/hm$^2$施药3～4次，间隔7d，末次施药后7d，在甘蓝中的残留量小于0.08mg/kg，在土壤中的残留量小于0.05mg/kg，甘蓝收获时多杀霉素残留量低于中国规定的最大残留限量(MRL)[2]。

**(2)环境非生物降解性**

无信息。

**(3)环境生物蓄积性**

无信息。

**(4)土壤吸附/移动性**

$K_{oc}$值为34600，提示多杀霉素在土壤中不可移动[1]。多杀霉素在3种土壤中的吸附性能符合线性模型和Freundlic方程，吸附常数为130.0～202.4，在吉林黑土中易吸附，在浙江红壤和河北潮土中较易吸附；多杀霉素在3种供试土壤中不易移动或不移动，因此，土壤有机质含量和黏粒含量越高，对多杀霉素的吸附作用越大[3]。

## 【生态毒理学】

杂色鳉急性$LD_{50}$=7.87mg/L，蓝鳃太阳鱼96h $LC_{50}$=5.94mg/L，虹鳟鱼96h $LC_{50}$=30.0mg/L，小长臂虾96h $LC_{50}$＞9.76mg/L，黑斑蚊$LD_{50}$=0.00039mg/L，蜜蜂48h急性接触$LD_{50}$=0.0029μg/蜜蜂[2]，北美鹌鹑经口$LD_{50}$＞1333mg/kg[4]。

## 【毒理学】

**(1)一般毒性**

雄性大鼠急性经口$LD_{50}$=3738mg/kg(94%多杀霉素制剂)，雌性大鼠急性经口$LD_{50}$＞5000mg/kg，兔子急性经皮$LD_{50}$＞2000mg/kg(94%多杀霉素制剂)[4]。对兔子眼睛具有轻微的结膜刺激。兔皮肤刺激测试中，兔子皮肤出现轻微短暂的红斑和水肿，多杀霉素为非皮肤致敏剂。

**(2)神经毒性**

无信息。

**(3)发育与生殖毒性**

怀孕大鼠孕期6～15d饲喂多杀霉素，剂量分别为0mg/(kg · d)、10mg/(kg · d)、50mg/(kg · d)、200mg/(kg · d)，另对新西兰白兔孕期7～19d饲喂多杀霉素，剂量分别为0mg/(kg · d)、2.5mg/(kg · d)、10mg/(kg · d)、50mg/(kg · d)，观测大鼠和兔子的临床毒性症状和体重增量。在孕期21d(大鼠)和28d(兔子)评估了器官质量、生殖参数、胎儿体重，以及胎儿内脏和骨骼结构。与对照组相比，200mg/(kg · d)

剂量组大鼠的体重在孕期 12d 时降低了 4%。对于大鼠，10mg/(kg·d)或 50mg/(kg·d)剂量组未出现母体毒性，所有剂量下均未出现发育毒性。对于兔子，50mg/(kg·d)组在开始给药期间(孕期 7～10d)表现出摄食量下降、排便减少、体重降低等现象，在孕期 7～20d 表现出非统计学显著(31%)的体重增量降低；由于孕期营养不足，两个子代流产；较低剂量时未出现母体效应，任何剂量下均未出现发育毒性症状。因此，对于大鼠和兔子，母体 NOAEL 分别为 50mg/(kg·d)和 10mg/(kg·d)，胚胎/胎儿 NOAEL 分别为 200mg/(kg·d)和 50mg/(kg·d)[5]。

**(4)致突变性与致癌性**

小鼠淋巴细胞致突变试验结果表明，多杀霉素不具有诱变性。多杀霉素不能诱导 ICR 小鼠骨髓微核反应。多杀霉素未诱导大鼠肝脏细胞的 DNA 修复合成[4]。

多杀霉素的潜在毒性和致癌效应：以每组 10 只 CD-1 小鼠开展的 13 周毒性研究中，多杀霉素的膳食浓度分别为 0%、0.005%、0.015%、0.045%、0.12%，0.12%组在 44d 时由于出现小鼠死亡和其他明显的临床毒性症状而终止测试。在浓度高于 0.015%的组别中，小鼠组织细胞内形成空泡，13 周的研究中 NOAEL 值为 0.005%[6mg/(kg·d)]。在 0.005%水平上，多杀霉素不具有致癌性，两年 NOAEL 为 0.005%[2.4mg/(kg·d)][6]。

## 【人类健康效应】

致癌性分类：不太可能对人类致癌[7]。

## 【危害分类与管制情况】

| 序号 | 毒性指标 | PPDB 分类 | PAN 分类 |
| --- | --- | --- | --- |
| 1 | 高毒 | — | 否 |
| 2 | 致癌性 | — | 否 |
| 3 | 致突变性 | — | — |
| 4 | 内分泌干扰性 | — | 无有效证据 |
| 5 | 生殖发育毒性 | — | 无有效证据 |
| 6 | 胆碱酯酶抑制性 | — | 否 |
| 7 | 国际公约或优控名录 | — | |

注：PPDB 数据库由英国赫特福德郡大学农业与环境研究所开发；PAN 数据库来自北美农药行动网(PANNA)；“—”表示无此项。

## 【限值标准】

无信息。

### 参 考 文 献

[1] PAN: Pesticides Database—Chemicals. http://www.pesticideinfo.org/Detail_Chemical.jsp?Rec_Id=PC35758 [2017-03-14].

[2] 简秋，朱光艳，郑尊涛. 多杀霉素在甘蓝和土壤中的残留分析及消解动态. 农药,2015,54(1): 51-52.

[3] 刘慧君，王会利，郭宝元，等. 多杀霉素在土壤中的吸附和淋溶行为.农药，2013,3:204-206.

[4] USEPA. Pesticide Fact Sheet. Spinosad. New Chemical/First Food Use(Cotton). February 1997. Washington DC: USEPA，Off Prev Pest Tox Sub(7501C),2002.

[5] Breslin W J, Marty M S, Vedula U V, et al. Developmental toxicity of Spinosad administered by gavage to CD rats and New Zealand white rabbits. Food Chem Toxicol，2000，38(12): 1103-1112.

[6] Stebbins K E，Bond D M，Novilla M N，et al. Spinosad insecticide: subchronic and chronic toxicity and lack of carcinogenicity in CD-1 mice. Toxicol Sci，2002,65(2): 276-287.

[7] USEPA, Office of Pesticide Programs, Health Effects Division, Science Information Management Branch. Chemicals Evaluated for Carcinogenic Potential. 2006.

# 噁霜灵(oxadixyl)

## 【基本信息】

**化学名称**：2-甲氧基-*N*-(2-氧代-1,3-噁唑烷-3-基)乙酰-2′,6′-二甲基苯胺
**其他名称**：噁唑烷酮、噁酰胺、恶霜灵
**CAS 号**：77732-09-3
**分子式**：$C_{14}H_{18}N_2O_4$
**相对分子质量**：278.3
**SMILES**：O=C2OCCN2N(C(=O)COC)c1c(cccc1C)C
**类别**：苯酰胺类杀真菌剂
**结构式**：

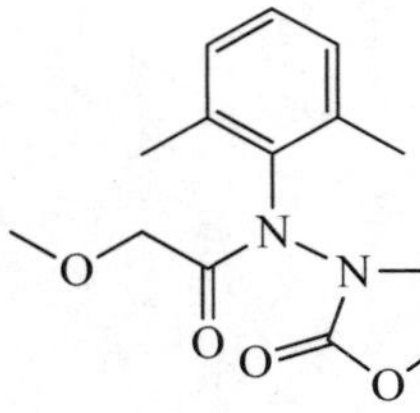

## 【理化性质】

无色晶体，密度 0.5g/mL，熔点 104℃，饱和蒸气压 0.0033mPa(25℃)。水溶解度(20℃)为 3400mg/L。有机溶剂溶解度(20℃)：丙酮，344000mg/L；甲醇，112000mg/L；乙醇，50000mg/L；二甲苯，17000mg/L。辛醇/水分配系数 $\lg K_{ow}=0.65$(pH=7,20℃)，亨利常数为 $2.70\times10^{-7}Pa\cdot m^3/mol$(25℃)。

## 【环境行为】

**(1)环境生物降解性**

好氧条件下，实验室土壤中降解半衰期为 225d(20℃)，田间土壤中降解半衰期为 75d。水-沉积物中降解半衰期为 21d，天然水相中降解半衰期为 25d[1]。

**(2)环境非生物降解性**

pH 为 7、光照条件下，未发现光解，在水中稳定；pH 为 7、20℃时，不水解，在水中稳定[1]。

**(3) 环境生物蓄积性**

BCF 估值为 0.8，提示噁霜灵生物蓄积性弱[1]。

**(4) 土壤吸附/移动性**

$K_{oc}$ 值为 36.0，提示噁霜灵在土壤中移动性强[1]。

## 【生态毒理学】

鸟类(绿头鸭)急性 $LD_{50}$=2510mg/kg，鱼类(鲤鱼)96h $LC_{50}$=300mg/L，溞类(大型溞)48h $EC_{50}$=530mg/L，藻类(栅藻)72h $EC_{50}$=46mg/L，蜜蜂急性经口 48h $LD_{50}$=200μg/蜜蜂，蚯蚓 14d $LC_{50}$=1000mg/kg[1]。

## 【毒理学】

**(1) 一般毒性**

大鼠急性经口 $LD_{50}$=1860mg/kg，大鼠急性经皮 $LD_{50}$＞2000mg/kg bw，大鼠急性吸入 $LC_{50}$=5.6mg/L[1]。

**(2) 神经毒性**

无信息。

**(3) 发育与生殖毒性**

无信息。

**(4) 致突变性与致癌性**

无信息。

## 【人类健康效应】

对人体肝脏可能具有毒性；美国 EPA：疑似人类致癌物[1]。

## 【危害分类与管制情况】

| 序号 | 毒性指标 | PPDB 分类 | PAN 分类[2] |
|---|---|---|---|
| 1 | 高毒 | 否 | 否 |
| 2 | 致癌性 | 疑似 | 可能 |
| 3 | 内分泌干扰性 | 无数据 | 无有效证据 |
| 4 | 生殖发育毒性 | 无数据 | 无有效证据 |
| 5 | 胆碱酯酶抑制性 | 否 | 否 |
| 6 | 呼吸道刺激性 | 否 | — |

续表

| 序号 | 毒性指标 | PPDB 分类 | PAN 分类[2] |
| --- | --- | --- | --- |
| 7 | 皮肤刺激性 | 否 | — |
| 8 | 眼刺激性 | 是 | — |
| 9 | 国际公约或优控名录 | — | |

注：PPDB 数据库由英国赫特福德郡大学农业与环境研究所开发；PAN 数据库来自北美农药行动网（PANNA）；"—"表示无此项。

## 【限值标准】

无信息。

## 参 考 文 献

[1] PPDB: Pesticide Properties DataBase. http://sitem.herts.ac.uk/aeru/ppdb/en/Reports/497.htm[2017-03-14].

[2] PAN: Pesticides Database—Chemicals. http://www.pesticideinfo.org/Detail_Chemical.jsp?Rec_Id=PC16[2017-03-14].

# 噁唑菌酮（famoxadone）

## 【基本信息】

**化学名称：**（*RS*）-3-苯胺基-5-甲基-5-（4-苯氧基苯基）-1,3-唑烷-2,4-二酮

**其他名称：**噁唑菌酮、唑菌酮

**CAS 号：**131807-57-3

**分子式：**$C_{22}H_{18}N_2O_4$

**相对分子质量：**374.39

**SMILES：**O=C2OC（C（=O）N2Nc1ccccc1）（c4ccc（Oc3ccccc3）cc4）C

**类别：**噁唑类杀真菌剂

**结构式：**

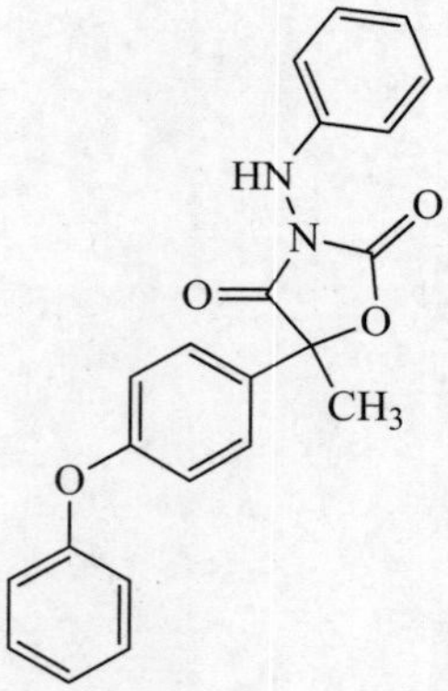

## 【理化性质】

浅灰黄色粉末，密度 1.31g/mL，熔点 141.3℃，沸腾前分解，饱和蒸气压 0.00064mPa（25℃）。水溶解度（20℃）为 0.059mg/L。有机溶剂溶解度（20℃）：丙酮，274000mg/L；甲苯，13300mg/L；正己烷，48mg/L；乙酸乙酯，125000mg/L。辛醇/水分配系数 $\lg K_{ow}$=4.65（pH=7,20℃）；亨利常数为 $8.86\times10^{-7}$ Pa·$m^3$/mol（25℃）。

## 【环境行为】

### （1）环境生物降解性

在好氧土壤中，噁唑菌酮的生物降解和水解是竞争反应过程[1]。好氧条件下，

噁唑菌酮在土壤中的降解半衰期为 6d，田间降解半衰期为 6.5～32.9d[2]。好氧条件下，水中沉积物代谢半衰期小于 1d[1]。

在厌氧土壤中，噁唑菌酮的生物降解和水解也是竞争反应过程[1]。厌氧条件下，噁唑菌酮在土壤中降解半衰期为 28d[1]。

好氧条件下，实验室土壤中降解半衰期为 41.1d(20℃)，田间土壤中降解半衰期为 20d，欧盟档案记录的实验室土壤中降解半衰期为 8.0～104.3d，$DT_{90}$ 值为 27.5～214d[3]。

**(2) 环境非生物降解性**

pH 为 5 条件下，噁唑菌酮的水解半衰期为 31～41d，pH 为 7 条件下的水解半衰期为 2～2.7d，pH 为 9 条件下的水解半衰期为 1.55～1.8d[1,2,4]。照射过的土壤中，噁唑菌酮的光解半衰期为 3.3～4.9d，以黑暗对照校正后，等效于日常阳光下光解半衰期为 9.5～16.2d[2]。

pH 为 7 时，水中光解半衰期为 1.9d，水解半衰期为 2d(20℃)，水解过程对 pH 敏感，pH 为 5、9 时的水解半衰期分别为 41d、1.5h(25℃)[3]。

**(3) 环境生物蓄积性**

蓝鳃太阳鱼可食用的组织中 BCF 值为 971～1286，不可食用组织中的 BCF 值为 3327～3608，整鱼组织的 BCF 值为 2434～3425，表明噁唑菌酮的生物蓄积性非常高[2]。

**(4) 土壤吸附/移动性**

$K_{oc}$ 值为 3847[2]，提示噁唑菌酮在土壤中具有轻微移动性；欧盟登记资料显示 $K_d$ 值为 23.4～89.1，$K_{oc}$ 值为 3307～4950[3]。

## 【生态毒理学】

鸟类(山齿鹑)急性 $LD_{50}$＞2250mg/kg、短期膳食暴露 $LD_{50}$＞5620mg/kg，鱼类(虹鳟鱼)96h $LC_{50}$=0.011mg/L、21d NOEC=0.0014mg/L，溞类(大型溞)48h $EC_{50}$=0.033mg/L、21d NOEC=0.0037mg/L，底栖生物(摇蚊幼虫)28d NOEC＞0.007mg/L，浮萍 7d $EC_{50}$=0.0081mg/L，藻类(月牙藻)72h $EC_{50}$=0.00308mg/L，蜜蜂急性接触 48h $LD_{50}$＞25μg/蜜蜂、经口 48h $LD_{50}$＞1.0μg/蜜蜂，蚯蚓(赤子爱胜蚓)14d $LC_{50}$=235mg/kg、14d NOEC=8.15mg/kg[3]。

## 【毒理学】

**(1) 一般毒性**

大鼠急性经口 $LD_{50}$＞5000mg/kg，大鼠急性经皮 $LD_{50}$＞2000mg/kg bw，大鼠急性吸入 $LC_{50}$＞5.3mg/L，大鼠短期膳食暴露 NOAEL=3.3mg/kg[3]。

(2) 神经毒性

大鼠急性神经毒性研究中，在极限剂量 2000mg/kg 下，观察到噁唑菌酮可能具有轻微的神经毒性效应，但证据并不明晰[5]。

大鼠急性神经毒性研究中，暴露剂量分别为 0mg/kg、500mg/kg、1000mg/kg、2000mg/kg，宏观和微观检查均未发现与暴露相关的异常[6]。

(3) 发育与生殖毒性

在一项大鼠发育毒性的研究中，未观察到发育毒性。在另一项兔子的发育毒性试验中，观测到流产率增加。在引起流产的剂量条件下，兔子的体重、体重增量和食物摄入量也显著降低，所以无法判断引起流产的原因是母体毒性还是生殖/发育毒性机制。这两个发育毒性研究结果表明，没有定量或定性的证据证明噁唑菌酮的胎儿/幼崽的易感性比成年人高。发育 NOAEL=350mg/(kg · d)，LOAEL=1000mg/(kg · d)[5]。

一项两代的大鼠生殖研究中，在哺乳期观测到 F1 和 F2 代体重降低，但未见生殖毒性。子代毒性 LOAEL 为 800mg/L[雄性，44.7mg/(kg · d)；雌性，53.3mg/(kg · d)]，生殖毒性的 LOAEL 未观测到，生殖毒性的 NOAEL 为 800mg/L。研究结果表明，没有定量或定性的证据证明噁唑菌酮的胎儿/幼崽的易感性比成年人高[5]。

(4) 致突变性与致癌性

以中国仓鼠卵巢细胞(CHO-K1-BH4)开展的实验中，浓度为 0μg/mL、75μg/mL、100μg/mL、150μg/mL、175μg/mL、200μg/mL、250μg/mL、300μg/mL、350μg/mL、400μg/mL、450μg/mL、500μg/mL、600μg/mL，染毒 4h，未见 HGPRT 基因正向突变增加[6]。

对 62 只 Crl:CD BR 大鼠给喂噁唑菌酮 0mg/L、10mg/L、40mg/L、200mg/L、400mg/L 进行两年致癌性试验，结果显示，400mg/L 引起脾脏增大、肝细胞肥大，无剂量相关肝脏肿瘤发生，无致癌性[6]。

## 【人类健康效应】

肝脏、脾脏和红细胞毒物，反复接触可能导致长期的眼部损伤[4]，非人类致癌剂[7]。

## 【危害分类与管制情况】

| 序号 | 毒性指标 | PPDB 分类 | PAN 分类 |
|---|---|---|---|
| 1 | 高毒 | 否 | 否 |
| 2 | 致癌性 | 否 | 否 |
| 3 | 内分泌干扰性 | — | 无有效证据 |
| 4 | 生殖发育毒性 | 可能 | 无有效证据 |

续表

| 序号 | 毒性指标 | PPDB 分类 | PAN 分类 |
| --- | --- | --- | --- |
| 5 | 胆碱酯酶抑制性 | 否 | 否 |
| 6 | 神经毒性 | 可能 | — |
| 7 | 皮肤刺激性 | 否 | — |
| 8 | 眼刺激性 | 否 | — |
| 9 | 国际公约或优控名录 | — | |

注：PPDB 数据库由英国赫特福德郡大学农业与环境研究所开发；PAN 数据库来自北美农药行动网（PANNA）；“—”表示无此项。

## 【限值标准】

每日允许摄入量（ADI）为 0.012mg/（kg bw · d），急性参考剂量（ARfD）为 0.2mg/（kg bw · d），操作者允许接触水平（AOEL）为 0.0048mg/（kg bw · d）[4]。

## 参考文献

[1] Jernberg K M, Lee P W. Fate of famoxadone in the environment. Pest Manage Sci, 1999, 55(5): 587-589.
[2] USEPA/OPPTS. Pesticide Fact Sheet: Famoxadone.Washington, DC: Environmental Protection Agency, Office of Prevention, Pesticides, and Toxic Substances, 2003.
[3] PPDB: Pesticide Properties DataBase. http://sitem.herts.ac.uk/aeru/ppdb/en/Reports/287.htm[2017-03-14].
[4] Katagi T. Abiotic hydrolysis of pesticides in the aquatic environment. Rev Environ Contam Toxicol, 2002, 175: 79-261.
[5] USEPA/Office of Pesticide Programs. Pesticide Fact Sheet—Famoxadone.2003.
[6] California Environmental Protection Agency/Department of Pesticide Regulation. Toxicology Data Review Summaries. 2004.
[7] USEPA Office of Pesticide Programs, Health Effects Division, Science Information Management Branch. Chemicals Evaluated for Carcinogenic Potential. 2006.

# 恶霉灵(hymexazol)

## 【基本信息】

化学名称：3-羟基-5-甲基异恶唑

其他名称：土菌消

**CAS 号**：10004-44-1

分子式：$C_4H_5NO_2$

相对分子质量：99.15

**SMILES**：Cc1cc(=O)[nH]o1

类别：杀菌剂

结构式：

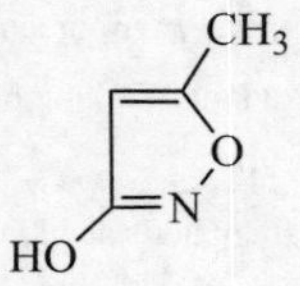

## 【理化性质】

白色晶体，密度 1.48g/mL，熔点 86℃，饱和蒸气压 0.1333Pa(25℃)。水溶解度(20℃)为 65100mg/L。有机溶剂溶解度(20℃)：甲醇，968000mg/L；丙酮，730000mg/L；苯：200000mg/L；己烷，12200mg/L。辛醇/水分配系数 $\lg K_{ow}$=0.3。

## 【环境行为】

**(1)环境生物降解性**

好氧条件下，20℃实验室条件下土壤中降解半衰期为 14.8d，田间土壤中降解半衰期 11.1d，20℃实验室条件下土壤中降解 $DT_{90}$ 为 113.4d，田间土壤中降解 $DT_{90}$ 为 136.8d。欧盟档案记录的实验室土壤中降解半衰期为 6.6～31.5d，$DT_{90}$ 为 26.2～335d，田间土壤中降解半衰期为 3.5～26d[1]。

**(2)环境非生物降解性**

pH 为 7 时，水中光解稳定；20℃、pH 为 5～9 时，水解稳定，在水-沉积物中降解半衰期为 5.9d，水相中降解半衰期为 5.8d[1]。

**(3) 环境生物蓄积性**

BCF 为 0.49L/kg，提示恶霉灵生物蓄积性弱[1]。

**(4) 土壤吸附/移动性**

$K_{foc}$ 为 56.5，提示恶霉灵在碱性土壤中吸附性较弱[1]。

## 【生态毒理学】

鸟类(鹌鹑)急性 $LD_{50}$＞1085mg/kg，鸟类短期喂食 $LC_{50}/LD_{50}$＞5200mg/kg，鱼类(虹鳟鱼)96h $LC_{50}$＞100mg/L、慢性 21d NOEC＞100mg/L，溞类(大型溞)48h $EC_{50}$=28mg/L、慢性 21d NOEC=0.8mg/L，沉积物生物(摇蚊幼虫)慢性 28d NOEC=1.6mg/L，浮萍 7d $EC_{50}$=8.8mg/L，藻类(月牙藻)急性 72h EC50=36mg/L，蚯蚓 14d $LC_{50}$=281.9mg/L，蜜蜂急性经口 48h $LD_{50}$＞100μg/蜜蜂[1]。

## 【毒理学】

**(1) 一般毒性**

大鼠急性经口 $LD_{50}$ 为 1600mg/kg，大鼠吸入 LC50＞0.65mg/kg，大鼠短期经口 NOAEL 为 19mg/kg，兔子急性经皮 $LD_{50}$＞2000mg/kg[1]。

**(2) 神经毒性**

无。

**(3) 发育与生殖毒性**

无信息。

**(4) 致突变性与致癌性**

无信息。

## 【人类健康效应】

高毒，具有严重损伤眼睛的风险，损伤肝脏、甲状腺及肾脏[1]。

## 【危害分类与管制情况】

| 序号 | 毒性指标 | PPDB 分类 | PAN 分类[2] |
|---|---|---|---|
| 1 | 高毒 | 是 | 是 |
| 2 | 致癌性 | 否 | 不太可能 |
| 3 | 致突变性 | 无数据 | 无数据 |
| 4 | 内分泌干扰性 | 无数据 | 无有效证据 |
| 5 | 生殖发育毒性 | 是 | 无有效证据 |
| 6 | 胆碱酯酶抑制性 | 否 | 否 |
| 7 | 呼吸道刺激性 | 无数据 | — |

续表

| 序号 | 毒性指标 | PPDB 分类 | PAN 分类[2] |
|---|---|---|---|
| 8 | 皮肤刺激性 | 否 | — |
| 9 | 眼刺激性 | 是 | — |
| 10 | 地下水污染 | 无数据 | 潜在影响 |
| 11 | 国际公约或优控名录 | 无 | |

注：PPDB 数据库由英国赫特福德郡大学农业与环境研究所开发；PAN 数据库来自北美农药行动网（PANNA）；"—"表示无此项。

## 【限值标准】

大鼠每日允许摄入量（ADI）为 0.17mg/（kg bw · d）[1]。

## 参考文献

[1] PPDB: Pesticide Properties DataBase. http://sitem.herts.ac.uk/aeru/ppdb/en/Reports/388.htm[2017-04-28].

[2] PAN Pesticides Database—Chemicals. http://www.pesticideinfo.org/Detail_Chemical.jsp?Rec_Id=PC35813[2017-04-28].

# 二苯胺(diphenylamine)

## 【基本信息】

**化学名称：** 二苯胺

**其他名称：** *N*-苯基苯胺、氨基二苯、*N*,*N*-二苯胺、苯胺苯

**CAS 号：** 122-39-4

**分子式：** $C_{12}H_{11}N$

**相对分子质量：** 169.23

**SMILES：** c1(Nc2ccccc2)ccccc1

**类别：** 胺类杀真菌剂、杀虫剂、植物生长调节剂

**结构式：**

## 【理化性质】

白色至棕褐色结晶粉末，密度 1.18g/mL，熔点 53℃，沸点 298.8℃，饱和蒸气压 0.852mPa(25℃)。水溶解度(20℃)为 25.8mg/L。有机溶剂溶解度(20℃)：正己烷，37000mg/L；甲醇，450000mg/L；丙酮，1000000mg/L；乙酸乙酯，1000000mg/L。辛醇/水分配系数 $\lg K_{ow}=3.82$(pH=7,20℃)，亨利常数为 0.321Pa • $m^3$/mol(25℃)。

## 【环境行为】

**(1)环境生物降解性**

好氧：日本 MITI 试验中，活性污泥浓度为 100mg/L，二苯胺浓度为 30mg/L，2 周后其理论 BOD 值降为 0%[1]。

**(2)环境非生物降解性**

二苯胺在环境中不水解，因为其缺少水解基团，也不会发生光解，因为其在环境紫外光谱范围(＞290nm)内无吸收[2]。

**(3)环境生物蓄积性**

BCF 值为 51～253，提示二苯胺具有中等生物蓄积性[1]。

**(4) 土壤吸附/移动性**

$K_{oc}$ 估值为 4104，提示二苯胺在土壤中不移动，文献中报道 $K_{oc}$ 估值为 1212～6590[3]。

## 【生态毒理学】

鸟类（山齿鹑）急性 $LD_{50}$＞2250mg/kg，鱼类（虹鳟鱼）96h $LC_{50}$=2.2mg/L、21d NOEC=0.71mg/L，溞类（大型溞）48h $EC_{50}$=1.2mg/L、21d NOEC＞0.38mg/L，藻类（月牙藻）72h $EC_{50}$=0.30mg/L，藻类（羊角月牙藻）96h NOEC=0.04mg/L[3]。

## 【毒理学】

**(1) 一般毒性**

大鼠急性经口 $LD_{50}$＞15000mg/kg，大鼠急性经皮 $LD_{50}$＞7500mg/kg bw[3]。

**(2) 神经毒性**

无信息。

**(3) 发育与生殖毒性**

孕期最后 6d，在大鼠的食物中添加 2.5%的二苯胺，引起肾收集管囊性扩张和胎儿近端小管退化[4]。

**(4) 致突变性与致癌性**

未发现二苯胺对鼠伤寒沙门氏菌（*Salmonella typhimurium*）具有致突变性[5]。沙门氏菌/微粒体致突变性试验中未见二苯胺的致突变性[6]。二苯胺作为 *N*-亚硝基二苯胺的降解产物，在加入共致突变剂去甲哈尔满时，对鼠伤寒沙门氏菌 TA98 具有致突变性[7]。

## 【人类健康效应】

对人体胃肠道、心血管、肾脏和肝脏具有毒性；可能引起高铁血红蛋白血症；可能引起脾脏阻塞[3]。

非人类健康致癌剂[8]，吸入后，导致嘴唇、指甲和皮肤变蓝，抽搐，咳嗽，头晕，头痛，恶心，喉咙痛，意识混乱或无意识。皮肤接触后会吸收入体内，引起皮肤变红，嘴唇或指甲变蓝，眼睛接触后引起眼睛发红[9]。

## 【危害分类与管制情况】

| 序号 | 毒性指标 | PPDB 分类 | PAN 分类 |
| --- | --- | --- | --- |
| 1 | 高毒 | 否 | 否 |
| 2 | 致癌性 | 否 | 否 |
| 3 | 致突变性 | 否 | — |

续表

| 序号 | 毒性指标 | PPDB 分类 | PAN 分类 |
|---|---|---|---|
| 4 | 内分泌干扰性 | — | 无有效证据 |
| 5 | 生殖发育毒性 | 是 | 无有效证据 |
| 6 | 胆碱酯酶抑制性 | 否 | 否 |
| 7 | 神经毒性 | 可能 | — |
| 8 | 呼吸道刺激性 | 是 | — |
| 9 | 皮肤刺激性 | 是 | — |
| 10 | 眼刺激性 | 是 | — |
| 11 | 国际公约或优控名录 | — | |

注：PPDB 数据库由英国赫特福德郡大学农业与环境研究所开发；PAN 数据库来自北美农药行动网(PANNA)；“—”表示无此项。

## 【限值标准】

每日允许摄入量(ADI)为 0.075mg/(kg bw·d)，操作者允许接触水平(AOEL)为 0.1mg/(kg bw·d)[5]。

## 参考文献

[1] Chemicals Inspection and Testing Institute. Biodegradation and Bioaccumulation Data of Existing Chemicals based on the CSCL Japan. 1992.

[2] Lyman W J. Handbook of Chemical Property Estimation Methods. Washington DC: American Chemical Society,1990.

[3] PPDB: Pesticide Properties DataBase. http://sitem.herts.ac.uk/aeru/ppdb/en/Reports/1335.htm[2017-03-14].

[4] Sheftel V O. Indirect Food Additives and Polymers.: Migration and Toxicology. Boca Raton:CRC Press,2000: 348.

[5] Florin I, Rutberg L,Curvall M,et al. Screening of tobacco smoke constituents for mutagenicity using the Ames' test. Toxicology,1980,15(3): 219-232.

[6] Ferretti J J, Lu W, Liu M B. Mutagenicity of benzidine and related compounds employed in the detection of hemoglobin. Am J Clin Pathol,1977, 67(6): 526-527.

[7] Wakabayashi K, Nagao M, Kawachi T,et al. Mechanism of appearance of mutagenicity of *N*-nitrosodiphenylamine with norharman. IARC Sci Publ,1982 (41): 695-707.

[8] USEPA Office of Pesticide Programs, Health Effects Division, Science Information Management Branch. Chemicals Evaluated for Carcinogenic Potential. 2006.

[9] PAN: Pesticides Database—Chemicals. http://www.pesticideinfo.org/Detail_Chemical.jsp?Rec_Id=PC33315 [2017-03-14].

# 二氰蒽醌(dithianon)

## 【基本信息】

化学名称：5,10-二氢-5,10-二氧萘基[2,3-b]-1,4-二硫杂环-2,3-二腈

其他名称：2,3-二腈基-1,4-二硫代蒽醌、2,3-二氰基-1,4-二硫代蒽醌

**CAS 号**：3347-22-6

分子式：$C_{14}H_4N_2O_2S_2$

相对分子质量：296.32

**SMILES**：N#CC=1S\C2=C(/SC=1C#N)C(=O)c3c(C2=O)cccc3

类别：醌类杀真菌剂

结构式：

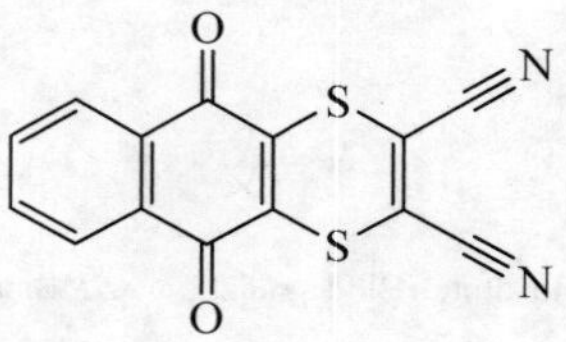

## 【理化性质】

深棕色纤维状晶体，密度 1.58g/mL，熔点 215℃，饱和蒸气压 $1.0\times10^{-7}$mPa(25℃)。水溶解度(20℃)为 0.22mg/L。有机溶剂溶解度(20℃)：甲苯，14700mg/L；丙酮，22200mg/L；乙酸乙酯，10600mg/L；正己烷，8.77mg/L。辛醇/水分配系数 $\lg K_{ow}$=3.2(pH=7,20℃)，亨利常数为 $1.347\times10^{-7}$Pa·m$^3$/mol(25℃)。

## 【环境行为】

**(1)环境生物降解性**

好氧条件下，实验室土壤中降解半衰期为 10.5d（20℃），田间土壤中降解半衰期为 35d，欧盟登记资料显示实验室土壤中降解半衰期为 2.6～33.3d，$DT_{90}$ 值为 8.5～135d[1]。

**(2)环境非生物降解性**

二氰蒽醌在水中的水解半衰期范围为 1～12.3d，而光解半衰期为 19.2h，温度和 pH 未给出详细信息[2]。3.85mg 二氰蒽醌施用于 15cm×15cm×15cm 的碱性砂壤土中心(pH=8～9)，该物质在碱性条件下不稳定，10d 后损失率为 63%～100%[3]。

pH 为 7 时，水中光解半衰期为 0.01d，pH 为 7 时，水解半衰期为 0.6d(20℃)，对 pH 敏感，pH 为 5 和 9 时，水解半衰期分别为 10.7d、9.9min(20℃)[1]。

**(3) 环境生物蓄积性**

BCF 估值为 27，提示二氰蒽醌具有低等生物蓄积性[1]。

**(4) 土壤吸附/移动性**

$K_{oc}$ 估值为 3627，提示二氰蒽醌在土壤中移动性较低，欧盟登记资料中 $K_d$ 为 9～157，$K_{oc}$ 为 1167～6004[1]。

## 【生态毒理学】

鸟类(山齿鹑)急性 $LD_{50}$=309mg/kg、短期膳食暴露 $LC_{50}/LD_{50}$＞1198.5mg/(kg bw · d)，鱼类(虹鳟鱼)96h $LC_{50}$=0.07mg/L、21d NOEC=0.02mg/L，溞类(大型溞)48h $EC_{50}$=0.26mg/L、21d NOEC=0.05mg/L，藻类(月牙藻)72h $EC_{50}$=0.09mg/L，底栖生物(摇蚊幼虫)96h $LC_{50}$＞0.5mg/L、28d NOEC＞0.125mg/L，藻类(月牙藻)慢性 96h NOEC=0.025 mg/L，蜜蜂急性接触 48h $LD_{50}$＞100μg/蜜蜂、经口 48h $LD_{50}$＞25.4μg/蜜蜂，蚯蚓 14d $LC_{50}$=578mg/kg、慢性 14d 繁殖 NOEC=22.3mg/kg[1]。

## 【毒理学】

**(1) 一般毒性**

大鼠急性经口 $LD_{50}$=300mg/kg，大鼠急性经皮 $LD_{50}$＞2000mg/kg bw，大鼠急性吸入 $LC_{50}$=0.31mg/L，大鼠短期膳食暴露 NOAEL=20mg/kg[1]。

**(2) 神经毒性**

无信息。

**(3) 发育与生殖毒性**

10 只雄性和 20 只雌性大鼠在初次交配前饲喂二氰蒽醌 100d，饲喂浓度分别为 0mg/L、20mg/L、200mg/L、500mg/L。500mg/L 剂量组，所有大鼠的体重增量降低；200mg/L 剂量组，F2b 代体重增量下降。出生时的子代大小未见影响，但对于子代整体而言，断奶前死亡的较多，这导致与对照组相比，染毒组的平均子代大小受到影响(无剂量相关性)。F1b 代交配中，500mg/L 剂量组，子代死亡率增加。对于整体三个代际而言，500mg/L 剂量组，出生时和断奶前的体重均值均低于对照组。500mg/L 剂量组的 F3b 代大鼠肝脏和肾脏质量增加，200mg/L 剂量组的肾脏质量也有所增加。NOAEL 为 20mg/L，相当于 1mg/(kg bw · d)[4]。

**(4) 致突变性与致癌性**

$S_9$ 存在条件下，二氰蒽醌表现出细胞毒性活性。二氰蒽醌可诱导 BALB/c 3T3 细胞转化[5, 6]。

两年致癌性试验中，每日给喂大鼠 20mg/kg 和狗 40mg/kg，无毒性效应产生[7]。

50 只大鼠每日给喂二氰蒽醌 0mg/L、20mg/L、120mg/L、600mg/L，持续 104 周，600mg/L 引起大鼠体重降低、摄食量减少、肾脏和肝脏质量增加、肾脏增殖小管，以及雌鼠腺瘤和癌的发病率增加，120mg/L 剂量组有肾脏病变发生，因此，NOAEL=20mg/L[4]。

## 【人类健康效应】

对人体肝肾可能有毒；摄入可能会导致恶心、呕吐和腹泻；美国 EPA：可能人类致癌物[1]。

## 【危害分类与管制情况】

| 序号 | 毒性指标 | PPDB 分类[1] | PAN 分类[8] |
|---|---|---|---|
| 1 | 高毒 | 否 | 否 |
| 2 | 致癌性 | 可能 | 可能 |
| 3 | 内分泌干扰性 | 无数据 | 无有效证据 |
| 4 | 生殖发育毒性 | 可能 | 无有效证据 |
| 5 | 胆碱酯酶抑制性 | 否 | 否 |
| 6 | 神经毒性 | 否 | — |
| 7 | 皮肤刺激性 | 否 | — |
| 8 | 眼刺激性 | 是 | — |
| 9 | 国际公约或优控名录 | 无 | |

注：PPDB 数据库由英国赫特福德郡大学农业与环境研究所开发；PAN 数据库来自北美农药行动网（PANNA）；“—”表示无此项。

## 【限值标准】

每日允许摄入量（ADI）为 0.01mg/（kg bw · d），急性参考剂量（ARfD）为 0.12mg/（kg bw · d），操作者允许接触水平（AOEL）为 0.0135mg/（kg bw · d）[1]。

## 参考文献

[1] PPDB: Pesticide Properties DataBase. http://sitem.herts.ac.uk/aeru/ppdb/en/Reports/258.htm[2017-03-14].

[2] Canton J H, Linders J B H J, Tuinstra J, et al. Catch-up Operation on Old Pesticides: An Integration. RIVM-678801002. (NTIS PB92-105063). Bilthoven: Rijkinst Volksgezondh Milieuhyg, 1991: 149.

[3] Ueoka M, Allinson G, Kelsall Y, et al. Environmental fate of pesticides used in Australian viticulture: behaviour of dithianon and vinclozolin in the soils of the South Australian Riverland. Chemosphere, 1997, 35(12): 2915-2924.

[4] FAO/WHO. JMPR Pesticide Residues in Food. Part II. Toxicology—Dithianon .1992.

[5] Perocco P, Colacci A, Grilli S. *In vitro* cytotoxic and cell transforming activities exerted by the pesticides cyanazine, dithianon, diflubenzuron, procymidone, and vinclozolin on BALB/c 3T3 cells. Environ Mol Mutagen, 1993, 21(1): 81-86.

[6] Koch P. Occupational allergic contact dermatitis and airborne contact dermatitis from 5 fungicides in a vineyard worker. Cross-reactions between fungicides of the dithiocarbamate group? Contact Dermatitis, 1996, 34(5): 324-329.

[7] Worthing C R, Walker S B.. The Pesticide Manual—A World Compendium. 7th ed. Suffolk: The Lavenham Press Limited, 1983: 225.

[8] PAN: Pesticides Database—Chemicals. http://www.pesticideinfo.org/Detail_Chemical.jsp?Rec_Id=PC33315[2017-03-14]

# 氟啶胺(fluazinam)

## 【基本信息】

**化学名称**：3-氯-*N*-(3-氯-5-三氟甲基-2-吡啶基)-*α*,*α*,*α*-三氟-2,6-二硝基对甲苯胺

**其他名称**：*N*-[3-氯-5-(三氟甲基)-2-吡啶基]-3-氯-4-(三氟甲基)-2,6-二硝基苯胺

**CAS 号**：79622-59-6

**分子式**：$C_{13}H_4Cl_2F_6N_4O_4$

**相对分子质量**：465.14

**SMILES**：[O–][N+](=O)c1c(c([N+]([O–])=O)c(Cl)c(c1)C(F)(F)F)Nc2ncc(cc2Cl)C(F)(F)F

**类别**：苯基吡啶胺类杀菌剂、杀螨剂

**结构式**：

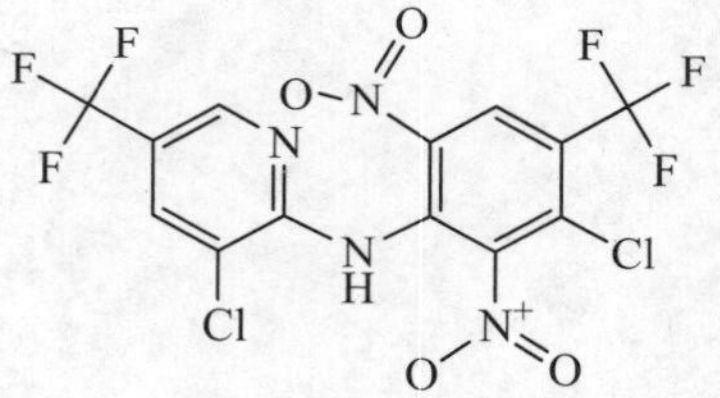

## 【理化性质】

浅黄色晶体，密度 1.81g/mL，熔点 117℃，饱和蒸气压 7.5mPa(25℃)。水溶解度(20℃)为 0.135mg/L。有机溶剂溶解度(20℃)：正己烷，8000mg/L；甲醇，192000mg/L；甲苯，451000mg/L；丙酮，853000mg/L。辛醇/水分配系数 lg$K_{ow}$=4.03(pH=7,20℃)，亨利常数为 25.9Pa・$m^3$/mol(25℃)。

## 【环境行为】

**(1)环境生物降解性**

好氧：氟啶胺田间耗散试验中的降解半衰期为 9～49d[1]。一项砂壤土土壤生物降解研究中，氟啶胺的降解半衰期小于等于 30d。361d 后，6.8%和 9.5%的氟啶胺仍残留于土壤中，该研究中未发现主要的降解产物。好氧条件下测定的氟啶胺在水中的降解半衰期小于等于 8h[1]。

厌氧：氟啶胺在水中降解半衰期小于等于 8h[1]。厌氧砂壤土(无好氧预培养)中，氟啶胺的降解半衰期为 4.5d[2]。

好氧条件下，土壤中降解半衰期为 11d(典型值)，实验室土壤中降解半衰期为 72.5d(20℃)，田间土壤中降解半衰期为 16.4d；欧盟档案记录实验室土壤中降解半衰期为 17～263d，田间土壤中降解半衰期为 67～254d；其他研究报道实验室土壤中降解半衰期为 37～224d，田间土壤中降解半衰期为 6～15d[3]。

**(2) 环境非生物降解性**

pH 为 7 条件下，水解半衰期为 42d，pH 为 9 条件下，水解半衰期为 6d[1, 4]。氟啶胺在土壤中的光解半衰期为 22d，无光对照组为 69d[5]。

pH 为 7 时，水中光解半衰期为 2.5d，白天降解，黑暗环境中稳定；对 pH 敏感，pH 为 4 时，水中稳定，pH 为 7 时，水解半衰期为 3.6d(20℃)，pH 为 9，水解半衰期为 3.7d[3]。

**(3) 环境生物蓄积性**

BCF 值为 1025，提示氟啶胺具有潜在的生物蓄积性[3]。

**(4) 土壤吸附/移动性**

$K_{oc}$ 为 16430，提示氟啶胺在土壤中不具有移动性，欧盟登记资料显示 $K_d$ 为 126～264，$K_{oc}$ 为 10245～26250[3]。

## 【生态毒理学】

鸟类(山齿鹑)急性 $LD_{50}$=1782mg/kg、短期膳食暴露 $LC_{50}$/$LD_{50}$＞1230mg/(kg bw·d)，鱼类(蓝鳃太阳鱼)96h $LC_{50}$=0.055mg/L、鱼类(虹鳟鱼)21d NOEC=0.012mg/L，溞类(大型溞)48h $EC_{50}$=0.22mg/L、21d NOEC=0.0125mg/L，底栖生物(摇蚊幼虫)28d NOEC=0.00625mg/L，浮萍 7d $EC_{50}$=53.6mg/L，藻类(月牙藻)72h $EC_{50}$= 0.16mg/L、藻类 96h NOEC=0.048mg/L，蜜蜂急性接触 48h $LD_{50}$＞200μg/蜜蜂、经口 48h $LD_{50}$＞100μg/蜜蜂，蚯蚓(赤子爱胜蚓)14d $LC_{50}$＞500mg/kg、14d NOEC＜0.48mg/kg[3]。

## 【毒理学】

**(1) 一般毒性**

大鼠急性经口 $LD_{50}$＞4100mg/kg，大鼠急性经皮 $LD_{50}$＞2000mg/kg bw，大鼠急性吸入 $LC_{50}$=0.463mg/L，大鼠短期膳食暴露 NOAEL＞3.48mg/kg[3]。

**(2) 神经毒性**

氟啶胺制剂造成的一种神经毒性损伤，即大脑白质或颈脊髓的空泡形成，最初见于长期(1～2 年)针对小鼠和狗的慢性研究中，之后又开展了中枢神经系统(CNS)复查，更短时期(4 周至 90d)的亚慢性毒性研究中也可见此现象。虽然这种损伤也见于对照动物组，但是损伤的发生率和严重程度具有明显的施用相关性和剂量相关性。进一步的研究结果表明，大鼠中也可产生此类损伤。但氟啶胺本身不是引起该损伤的物质。结果显示，其中一种杂质引起了该类损伤，该类损伤在物种间(大鼠、小鼠、狗)不存在显著性差异，在性别中也不存在显著性差异。以氟啶胺制剂进行染毒的小鼠白质(小脑)电镜结果表明，该制剂仅对髓鞘有影响，停药后5d髓鞘完全恢复。LOAEL为0.1mg/(kg bw・d)，NOAEL为0.02mg/(kg bw・d)[1]。

**(3)发育与生殖毒性**

在一项有关大鼠发育毒性的研究中发现了氟啶胺增加胎儿易感性的定性证据。在母体毒性最小的情况下，观察到胎儿面部/腭裂和其他罕见畸形的发生率增加。在一项兔子发育毒性研究和一项大鼠两代繁殖试验中，未发现氟啶胺增加胎儿易感性的相关证据[1]。

**(4)致突变性与致癌性**

一系列的致突变试验结果表明，氟啶胺不具有基因毒性。细菌回复突变试验(Ames测试)：有无$S_9$存在条件下，结果均为阴性。体外哺乳动物基因突变试验：无$S_9$活化及$S_9$浓度为9μg/mL时，结果均为阴性。哺乳动物红细胞微核测试：24h后杀死检查(500mg/kg、1000mg/kg、2000mg/kg)，结果为阴性；24h、48h和72h后杀死检查(2000mg/kg)，结果为阴性[1]。

在大鼠的致癌性研究中，40mg/(kg・d)组雄鼠甲状腺滤泡细胞瘤的发病率增加，雌鼠肿瘤发病率增加与剂量无关，没有足够的数据确定是否甲状腺肿瘤是由于甲状腺-垂体平衡的破坏[1]。

## 【人类健康效应】

潜在的肝脏致毒剂；可能导致过敏性、接触性皮炎和职业性哮喘；美国EPA：可能人类致癌物[3]。

农业上使用时反复接触，可造成皮肤刺激和皮肤过敏[6-8]。

## 【危害分类与管制情况】

| 序号 | 毒性指标 | PPDB分类 | PAN分类 |
|---|---|---|---|
| 1 | 高毒 | 否 | 无有效证据 |
| 2 | 致癌性 | 可能 | 可能 |
| 3 | 内分泌干扰性 | 可能 | 无有效证据 |
| 4 | 生殖发育毒性 | 可能 | 无有效证据 |
| 5 | 胆碱酯酶抑制性 | — | 否 |
| 6 | 神经毒性 | 否 | — |

续表

| 序号 | 毒性指标 | PPDB 分类 | PAN 分类 |
|---|---|---|---|
| 7 | 皮肤刺激性 | 是 | — |
| 8 | 皮肤致敏性 | 是 | — |
| 9 | 眼刺激性 | 是 | — |
| 10 | 国际公约或优控名录 | 无 | |

注：PPDB 数据库由英国赫特福德郡大学农业与环境研究所开发；PAN 数据库来自北美农药行动网(PANNA)；“—”表示无此项。

## 【限值标准】

每日允许摄入量(ADI)为 0.01mg/(kg bw·d)，急性参考剂量(ARfD)为0.07mg/(kg bw·d)，操作者允许接触水平(AOEL)为 0.004mg/(kg bw·d)[5]。

## 参 考 文 献


[1] USEPA/OPPTS. Pesticide Fact Sheet: Fluazinam. Washington DC: Environmental Protection Agency, Office of Prevention, Pesticides, and Toxic Substances, 2003.

[2] PMRA. Regulatory Note: Fluazinam REG2003-12. Ottowa: Health Canada, Pest Management Regulatory Agency, Alternative Strategies Regulatory Affairs Division,2003.

[3] Tomlin C D S. The e-Pesticide Manual. 13th ed. Ver. 3.1. Surrey: British Crop Protection Council, 2004.

[4] USEPA/Office of Pesticide Programs. Pesticide Fact Sheet—Fluazinam.2001.

[5] PPDB: Pesticide Properties DataBase. http://sitem.herts.ac.uk/aeru/ppdb/en/Reports/325.htm[2017-03-14].

[6] Krieger R. Handbook of Pesticide Toxicology. Vol. 2. 2nd ed. San Diego: Academic Press, 2001: 1244.

[7] Bruynzeel D P, Tafelkruijer J, Wilks M F. Contact dermatitis due to a new fungicide used in the tulip bulb industry. Contact Dermatitis, 1995, 33(1): 8-11.

[8] van Ginkel C J, Sabapathy N N. Allergic contact dermatitis from the newly introduced fungicide fluazinam. Contact Dermatitis, 1995, 32(3): 160-162.

# 氟硅唑(flusilazole)

## 【基本信息】

化学名称：双(4-氟苯基)-(1*H*-1,2,4-三唑-1-基甲基)甲硅烷

其他名称：克菌星、福星、护矽得

**CAS 号**：85509-19-9

分子式：$C_{16}H_{15}F_2N_3Si$

相对分子质量：315.39

**SMILES**：n1(cncn1)C[Si](c1ccc(F)cc1)(C)c1ccc(cc1)F

类别：三唑类杀真菌剂

结构式：

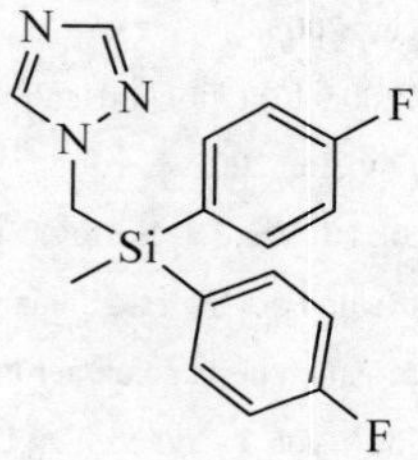

## 【理化性质】

白色至棕色晶体，密度 1.31g/mL，熔点 53.2℃，沸点 393℃，饱和蒸气压 0.0387mPa(25℃)。水溶解度(20℃)为 41.9mg/L。有机溶剂溶解度(20℃)：正己烷，85000mg/L；乙酸乙酯，200000mg/L；二甲苯，200000mg/L。辛醇/水分配系数 $\lg K_{ow}$=3.87(pH=7,20℃)，亨利常数为 $2.70\times10^{-4}$Pa・$m^3$/mol(25℃)。

## 【环境行为】

### (1)环境生物降解性

好氧条件下，土壤中降解半衰期 $DT_{50}$=300d(典型值)；土壤中降解半衰期 $DT_{50}$=427d(实验室 20℃条件下)，土壤中降解半衰期 $DT_{50}$=94d(田间条件下)；欧盟档案记录实验室土壤中降解半衰期约 14 个月，田间土壤中降解半衰期为 63～240d[1]。

**(2) 环境非生物降解性**

pH 为 7 时，氟硅唑光解半衰期为 70d。pH 为 5～9、25℃条件下，34d 后，氟硅唑在水中仍旧稳定[1]。

**(3) 环境生物蓄积性**

BCF 为 250，提示氟硅唑具有潜在的生物蓄积性[1]。

**(4) 土壤吸附/移动性**

$K_{oc}$ 值为 1664，提示氟硅唑在土壤中移动性弱[1]。

## 【生态毒理学】

鸟类(绿头鸭)急性 $LD_{50}$＞1590mg/kg、短期膳食暴露 $LC_{50}/LD_{50}$=1584mg/L，鱼类(虹鳟鱼)96h $LC_{50}$=1.2mg/L、21d NOEC=0.023mg/L，溞类(大型溞)48h $EC_{50}$=3.4mg/L、21d NOEC=0.27mg/L，底栖生物(摇蚊幼虫)28d NOEC≥0.001mg/L，藻类(羊角月牙藻)72h $EC_{50}$=6.4mg/L、藻类 96h NOEC=1mg/L，蜜蜂急性接触 48h $LD_{50}$＞165μg/蜜蜂、经口 48h $LD_{50}$=33.8μg/蜜蜂，蚯蚓 14d $LC_{50}$= 388mg/kg、慢性 14d NOEC=8.82mg/kg[1]。

## 【毒理学】

**(1) 一般毒性**

大鼠急性经口 $LD_{50}$=674mg/kg，大鼠急性经皮 $LD_{50}$＞2000mg/kg bw，大鼠急性吸入 $LC_{50}$=2.7mg/L，大鼠短期膳食暴露 NOAEL＞6.25mg/kg[1]。

**(2) 神经毒性**

无神经毒性[1]。

**(3) 发育与生殖毒性**

具有发育与生殖毒性[1]。

妊娠大鼠 6～15d 给喂氟硅唑 0mg/(kg·d)、10mg/(kg·d)、20mg/(kg·d)、40mg/(kg·d)，中高剂量组引起孕鼠体重减轻和中毒症状，未见大鼠死亡，胎鼠外部或内脏畸形的发生率无显著增加，20mg/(kg·d)和 40mg/(kg·d)剂量组引起骨骼畸形，因此，高剂量组引起母体毒性、胎鼠生长发育迟缓和骨骼畸形。发育毒性 NOAEL=10mg/(kg·d)[2]。

**(4) 致突变性与致癌性**

无信息。

## 【人类健康效应】

内分泌问题：抑制芳香化酶活性，减少雌激素的产生[1]。

## 【危害分类与管制情况】

| 序号 | 毒性指标 | PPDB 分类 | PAN 分类 |
|---|---|---|---|
| 1 | 高毒 | 否 | 否 |
| 2 | 致癌性 | 可能 | 未分类 |
| 3 | 内分泌干扰性 | 可能 | 无有效证据 |
| 4 | 生殖发育毒性 | 是 | 无有效证据 |
| 5 | 胆碱酯酶抑制性 | 否 | 否 |
| 6 | 神经毒性 | 否 | — |
| 7 | 呼吸道刺激性 | 可能 | — |
| 8 | 皮肤刺激性 | 可能 | — |
| 9 | 眼刺激性 | 可能 | — |
| 10 | 国际公约或优控名录 | 无 | |

注：PPDB 数据库由英国赫特福德郡大学农业与环境研究所开发；PAN 数据库来自北美农药行动网（PANNA）；“—”表示无此项。

## 【限值标准】

每日允许摄入量（ADI）为 0.002mg/（kg bw·d），急性参考剂量（ARfD）0.005mg/（kg bw·d），操作者允许接触水平（AOEL）为 0.005mg/（kg bw·d）[1]。

## 参 考 文 献


[1] PPDB: Pesticide Properties DataBase. http://sitem.herts.ac.uk/aeru/ppdb/en/Reports/350.htm[2017-03-14].

[2] Farag A T, Ibrahim H H. Developmental toxic effects of antifungal flusilazole administered by gavage to mice. Birth Defects Res B Dev Reprod Toxicol, 2007, 80(1): 12-17.

# 氟环唑(epoxiconazole)

## 【基本信息】

**化学名称：**（2*RS*，3*RS*）-1-（3-（2-氯苯基）-2,3-环氧-2-（4-氟苯基）丙基）-1*H*-1,2,4-三唑

**其他名称：**环氧菌唑

**CAS 号：**135319-73-2

**分子式：**$C_{17}H_{13}ClFN_3O$

**相对分子质量：**329.76

**SMILES：**Fc1ccc(cc1)C3(OC3c2ccccc2Cl)Cn4ncnc4

**类别：**三唑类杀菌剂

**结构式：**

Cl O F CH2 N N N

## 【理化性质】

无色晶体，密度 1.38g/mL，熔点 136.7℃，沸腾前分解，饱和蒸气压 0.02mPa（25℃）。水溶解度（20℃）为 7.1mg/L。有机溶剂溶解度（20℃）：乙酸乙酯，100000mg/L；丙酮，1400000mg/L；乙醇，28800mg/L；甲苯，40000mg/L。辛醇/水分配系数 $\lg K_{ow}$=3.3（pH=7,20℃），亨利常数为 $4.71\times10^{-4}$Pa·$m^3$/mol（25℃）。

## 【环境行为】

**（1）环境生物降解性**

好氧条件下，土壤中降解半衰期为 354d（典型值），实验室土壤中降解半衰期为 226d（20℃），田间土壤中降解半衰期为 120d；欧盟档案记录的实验室土壤中降

解半衰期为98～649d，田间土壤中降解半衰期为44～124d；其他研究报道实验室土壤中降解半衰期为224～2236d，田间土壤中降解半衰期为52～226d[1]。

**(2) 环境非生物降解性**

pH为7时，水中光解半衰期为52d；pH为7时，水环境中稳定(20℃)，pH为5～9时，水环境中稳定(25℃)，温度升高，氟环唑部分水解[1]。

**(3) 环境生物蓄积性**

BCF值为70，提示氟环唑具有低生物蓄积性[1]。

**(4) 土壤吸附/移动性**

在Freundlich吸附模型中，$K_f$为12.18，$K_{foc}$为1073，$1/n$为0.836；欧盟登记资料显示，$K_f$范围值为4.79～21.78，$K_{foc}$范围值为280～2647，$1/n$范围值为0.766～0.91[1]。

## 【生态毒理学】

鸟类(山齿鹑)急性$LD_{50}$＞2000mg/kg、短期膳食暴露$LD_{50}$＞907mg/(kg bw・d)，鱼类(虹鳟鱼)96h $LC_{50}$=3.14mg/L、21d NOEC=0.01mg/L，溞类(大型溞)48h $EC_{50}$=8.69mg/L、21d NOEC=0.63mg/L，摇蚊幼虫96h $LC_{50}$=0.0625mg/L、28d NOEC=0.0625mg/L，浮萍7d $EC_{50}$=0.014mg/L，藻类(月牙藻)72h $EC_{50}$=1.19mg/L、96h NOEC=0.0078mg/L，蜜蜂接触48h $LD_{50}$＞100μg/蜜蜂、经口48h $LD_{50}$＞83μg/蜜蜂，蚯蚓14d $LC_{50}$＞500mg/kg、14d NOEC=0.084mg/kg[1]。

## 【毒理学】

**(1) 一般毒性**

大鼠急性经口$LD_{50}$=3160mg/kg，大鼠急性经皮$LD_{50}$＞2000mg/kg bw，大鼠急性吸入$LC_{50}$＞5.3mg/L，大鼠短期膳食暴露NOAEL=7.5mg/kg[1]。

**(2) 神经毒性**

无信息。

**(3) 发育与生殖毒性**

每日给喂大鼠氟环唑23mg/kg、50mg/kg，结果显示，引起大鼠胎盘剂量相关性变性，母窦囊状扩张、椎弓间膜破裂、胞管系变性、胚胎再吸收增加[2]。

给喂妊娠期孕鼠50mg/(kg bw・d)剂量的氟环唑，引起孕晚期胎鼠死亡率显著增加、亲鼠体重减轻、孕晚期胎鼠再吸收、孕鼠贫血和雌二醇水平显著降低[3]。

**(4) 致突变性与致癌性**

对小鼠给喂氟环唑30d，引起小鼠肝肿大、肝细胞肥大、血清胆固醇水平降低、肝细胞增殖增加，并具有致癌性[4]。

(5) 内分泌干扰性

50mg/(kg bw・d)氟环唑具有明显的胎鼠毒性，15mg/(kg bw・d)剂量引起出生胎鼠体重增加(由于孕鼠体内睾丸激素水平显著增加)。唑类杀菌剂的共同点是使孕鼠妊娠期增长，雌性幼鼠雄性化，并且影响胎鼠体内类固醇激素水平[5]。

## 【人类健康效应】

对肝脏可能具有毒性；美国 EPA：可能的人类致癌物；内分泌干扰性：抑制芳香化酶活性，减少雌激素的产生[1]。

## 【危害分类与管制情况】

| 序号 | 毒性指标 | PPDB 分类 | PAN 分类[6] |
|---|---|---|---|
| 1 | 高毒 | 否 | 否 |
| 2 | 致癌性 | 可能 | 是 |
| 3 | 内分泌干扰性 | 可能 | 疑似 |
| 4 | 生殖发育毒性 | 可能 | 无有效证据 |
| 5 | 胆碱酯酶抑制性 | 否 | 否 |
| 6 | 神经毒性 | 否 | — |
| 7 | 呼吸道刺激性 | 否 | — |
| 8 | 皮肤刺激性 | 否 | — |
| 9 | 眼刺激性 | 否 | — |
| 10 | 地下水污染 | — | 无有效证据 |
| 11 | 国际公约或优控名录 | 列入 PAN 名录、欧盟内分泌干扰物名录 | |

注：PPDB 数据库由英国赫特福德郡大学农业与环境研究所开发；PAN 数据库来自北美农药行动网(PANNA)；“—”表示无此项。

## 【限值标准】

每日允许摄入量(ADI)为 0.008mg/(kg bw・d)，急性参考剂量(ARfD)为 0.023mg/(kg bw・d)，操作者允许接触水平(AOEL)为 0.008mg/(kg bw・d)[1]。

## 参 考 文 献


[1] PPDB: Pesticide Properties DataBase. http://sitem.herts.ac.uk/aeru/ppdb/en/Reports/267.htm[2017-03-20].

[2] Rey-Moreno M C, Fussell K C, Gröters S, et al. Epoxiconazole-induced degeneration in rat placenta and the effects of estradiol supplementation. Birth Defects Res B Dev Reprod Toxicol, 2013, 98(3): 208-221.

[3] Stinchcombe S, Schneider S, Fegert I, et al. Effects of estrogen coadministration on epoxiconazole toxicity in rats. Birth Defects Res B Dev Reprod Toxicol, 2013, 98(3): 247-259.

[4] Hester S, Moore T, Padgett W T, et al. The hepatocarcinogenic conazoles: cyproconazole, epoxiconazole, and propiconazole induce a common set of toxicological and transcriptional responses. Toxicol Sci, 2012, 127(1): 54-65.

[5] Taxvig C, Hass U, Axelstad M, et al. Endocrine-disrupting activities *in vivo* of the fungicides tebuconazole and epoxiconazole. Toxicol Sci, 2007, 100(2): 464-473.

[6] PAN Pesticides Database—Chemicals. http://www.pesticideinfo.org/Detail_Chemical.jsp?Rec_Id=PC37441 [2017-03-20].

# 氟菌唑(triflumizole)

## 【基本信息】

**化学名称**：(*E*)-1-(1-((4-氯-2-(三氟甲基)苯基)亚氨)-2-丙氧乙基)-1*H*-咪唑
**其他名称**：(*E*)-4-氯-a,a,a-三氟-*N*-(1-咪唑-1-基-2-丙氧亚乙基)-邻甲苯胺
**CAS 号**：68694-11-1
**分子式**：$C_{15}H_{15}ClF_3N_3O$
**相对分子质量**：345.75
**SMILES**：FC(F)(F)c2c(\N=C(\n1ccnc1)COCCC)ccc(Cl)c2
**类别**：咪唑类杀菌剂
**结构式**：

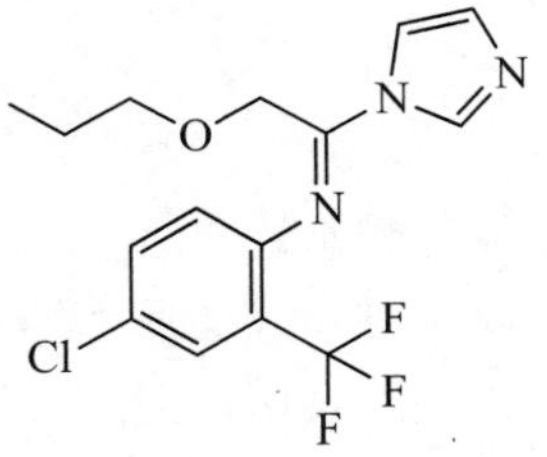

## 【理化性质】

白色颗粒，密度 1.35g/mL，熔点 63℃，沸腾前分解，饱和蒸气压 0.191mPa(25℃)。水溶解度(20℃)为10.5mg/L。有机溶剂溶解度(20℃)：乙酸乙酯，1486000mg/L；正己烷，17600mg/L；甲醇，496000mg/L；丙酮，1440000mg/L。辛醇/水分配系数 $\lg K_{ow}$=4.77(pH=7,20℃)，亨利常数为 $6.29\times10^{-3}$Pa・$m^3$/mol(25℃)。

## 【环境行为】

**(1)环境生物降解性**

好氧条件下，土壤中降解半衰期为 13d[1]，厌氧条件下土壤中降解半衰期为 67d[2]。

**(2)环境非生物降解性**

pH 为 7 时，水中光解半衰期为 5.9d，pH 为 7 时，水解半衰期为 68.2d(20℃)，对 pH 敏感，pH 为 3、9 时，水解半衰期分别为 18.5h 和 4.6d(20℃)[1]。

**(3) 环境生物蓄积性**

BCF 值为 1417，提示氟菌唑生物蓄积性高[1]。

**(4) 土壤吸附/移动性**

吸附系数 $K_{oc}$ 值为 1373，提示氟菌唑在土壤中具有轻微移动性[1]。

## 【生态毒理学】

鸟类（山齿鹑）急性 $LD_{50}$＞2510mg/kg，绿头鸭短期摄食 $LD_{50}$＞1428mg/(kg bw · d)，鱼类（虹鳟鱼）96h $LC_{50}$=0.57mg/L、21d NOEC=0.044mg/L，溞类（大型溞）48h $EC_{50}$=2.11mg/L、21d NOEC=0.18mg/L，藻类（硅藻）72h $EC_{50}$=1.66mg/L，蜜蜂急性接触 48h $LD_{50}$=20μg/蜜蜂、急性经口 48h $LD_{50}$=14μg/蜜蜂[1]。

## 【毒理学】

**(1) 一般毒性**

大鼠急性经口 $LD_{50}$=1057mg/kg，大鼠急性经皮 $LD_{50}$＞5000mg/kg bw，大鼠急性吸入 $LC_{50}$＞3.6mg/L，大鼠短期膳食暴露 NOAEL=4.1mg/kg[1]。

**(2) 神经毒性**

无信息。

**(3) 发育与生殖毒性**

氟菌唑诱导人骨髓间质干细胞和小鼠 3T3-L1 前脂肪细胞系的脂肪细胞生成，未观察到不良效应；产前暴露氟菌唑引起脂肪库质量增加；氟菌唑引起间质干细胞脂肪基因表达增加，抑制生骨基因表达，因此，氟菌唑是一种致肥胖激素[3]。

**(4) 致突变性与致癌性**

小鼠骨髓嗜多染红细胞微核试验、小鼠睾丸精母细胞染色体畸变试验和 Ames 试验对氟菌唑原药均显示阴性[4]。

## 【人类健康效应】

氟菌唑对肝脏可能具有毒性[1]。

## 【危害分类与管制情况】

| 序号 | 毒性指标 | PPDB 分类 | PAN 分类 |
|---|---|---|---|
| 1 | 高毒 | 否 | 否 |
| 2 | 致癌性 | 否 | 否 |
| 3 | 内分泌干扰性 | 无数据 | 无有效证据 |
| 4 | 生殖发育毒性 | 可能 | 无有效证据 |
| 5 | 胆碱酯酶抑制性 | 否 | 否 |

续表

| 序号 | 毒性指标 | PPDB 分类 | PAN 分类 |
|---|---|---|---|
| 6 | 神经毒性 | 否 | — |
| 7 | 呼吸道刺激性 | 否 | — |
| 8 | 皮肤刺激性 | 否 | — |
| 9 | 皮肤致敏性 | 是 | |
| 10 | 眼刺激性 | 否 | — |
| 11 | 地下水污染 | — | 潜在影响 |
| 12 | 国际公约或优控名录 | 无 | |

注：PPDB 数据库由英国赫特福德郡大学农业与环境研究所开发；PAN 数据库来自北美农药行动网（PANNA）；"—"表示无此项。

## 【限值标准】

每日允许摄入量（ADI）为 0.05mg/（kg bw・d），急性参考剂量（ARfD）为 0.1mg/（kg bw・d），操作者允许接触水平（AOEL）为 0.05mg/（kg bw・d）[1]。

## 参 考 文 献


[1] PPDB: Pesticide Properties DataBase. http://sitem.herts.ac.uk/aeru/ppdb/en/Reports/665.htm[2017-3-20].

[2] PAN Pesticides Database—Chemicals. http://www.pesticideinfo.org/Detail_Chemical.jsp?Rec_Id=PC34923 [2017-03-20].

[3] Li X, Pham H T, Janesick A S, et al. Triflumizole is an obesogen in mice that acts through peroxisome proliferator activated receptor gamma(PPARγ). Environ Health Perspect, 2012, 120(12): 1720-1726.

[4] 纪磊，上官小来，岑江杰，等. 氟菌唑的致突变性及亚慢性毒性研究. 浙江化工, 2007, 10: 28-30.

# 氟乐灵(trifluralin)

## 【基本信息】

化学名称：2,6-二硝基-*N*,*N*-二丙基-4-三氟甲基苯胺

其他名称：氟利克、氟乐宁、氟特力、茄科宁、特氟力

**CAS 号**：1582-09-8

分子式：$C_{13}H_{16}F_3N_3O_4$

相对分子质量：335.28

**SMILES**：[O–][N+](=O)c1cc(cc([N+]([O–])=O)c1N(CCC)CCC)C(F)(F)F

类别：二硝基苯胺类杀菌剂

结构式：

## 【理化性质】

橙黄色晶体，密度 1.36g/mL，熔点 47.2℃，沸腾前分解，饱和蒸气压 9.5mPa(25℃)。水溶解度(20℃)为 0.221mg/L。有机溶剂溶解度(20℃)：己烷，250000mg/L；甲苯，250000mg/L；丙酮，250000mg/L；甲醇，142000mg/L。辛醇/水分配系数 $\lg K_{ow}$=5.27(pH=7,20℃)，亨利常数为 $4.0\times10^{-2}$Pa・$m^3$/mol(25℃)。

## 【环境行为】

### (1)环境生物降解性

好氧条件下，实验室土壤中降解半衰期为 181d(20℃)，田间土壤中降解半衰期为 170d，$DT_{90}$ 值为 602d；欧盟档案记录实验室土壤中降解半衰期为 81～356d，田间土壤中降解半衰期为 35～375d；其他资料记录的土壤中降解半衰期为 57～126d、169d(25℃)[1]。

好氧条件下，氟乐灵在砂壤土、黏壤土和壤土中的降解半衰期分别为 189d、202d 和 116d[2]。实验室研究发现，1000mg/L 的氟乐灵在土壤中的降解半衰期约为 405d[3]。氟乐灵作为农药施加到土壤中，157d 内可发生降解[4]。

厌氧条件下，氟乐灵在土壤中的降解速率比好氧条件下要快[5]。在砂壤土、壤土和黏壤土中的降解半衰期为 22～59d[2]。实验室研究发现，1000mg/L 的氟乐灵在土壤中的降解半衰期约为 211d[3]。

**(2) 环境非生物降解性**

pH 为 7 时，水中光解半衰期为 0.4d，pH 为 7～9 时，水环境中稳定(20℃)，pH 为 4 时，5d 后水解 5%(20℃)[1]。气态氟乐灵与光化学反应产生的羟基自由基反应的速率常数约为 $2.4\times10^{-11}cm^3/(mol\cdot s)$ (25℃)，大气中羟基自由基的浓度为 $5\times10^5cm^{-3}$ 时，光解半衰期约为 16h[6]。土壤薄层中的氟乐灵在 7 月份的阳光下暴露 6d 后，有 10%～15%被降解[5]。有研究发现，改变 pH 不会改变氟乐灵在土壤中的降解速率[7]。在北纬 40°的夏天，氟乐灵在接近地表水处直接光解半衰期为 22min[8]。

**(3) 环境生物蓄积性**

BCF 值为 5674，提示氟乐灵具有高生物蓄积性[1]。据报道，氟乐灵在一品种不明的鱼体内的 BCF 值为 4570[9]，在黑头呆鱼体内的 BCF 值为 3162[10]。暴露 0.0059mg/L 氟乐灵的蓝腮太阳鱼体内 BCF 均值分别为 2041(可食用部分)、9586(非食用部分)和 5674(整体)[2]。

**(4) 土壤吸附/移动性**

氟乐灵的 $K_{oc}$ 值为 15800，表明氟乐灵在土壤中不移动[1]。

## 【生态毒理学】

鸟类(山齿鹑)急性 $LD_{50}$＞2250mg/kg、短期摄食 $LD_{50}$=573.9mg/(kg bw · d)，鱼类(虹鳟鱼)96h $LC_{50}$=0.088mg/L、黑头呆鱼 21d NOEC=10mg/L，溞类(大型溞)48h $EC_{50}$=0.245mg/L、21d NOEC=0.051mg/L，甲壳纲类(糠虾)96h $LC_{50}$=0.074mg/L，摇蚊幼虫 96h $LC_{50}$=1.0mg/L、28d NOEC(水相)=0.25mg/L，浮萍 7d $EC_{50}$=0.043mg/L，藻类 72h $EC_{50}$=0.0122mg/L、96hNOEC=0.005mg/L，蜜蜂接触 48h $LD_{50}$＞100μg/蜜蜂、蜜蜂经口 48h $LD_{50}$＞100μg/蜜蜂，蚯蚓 14d $LC_{50}$＞500mg/kg、14d NOEC=14.19mg/kg[1]。

## 【毒理学】

**(1) 一般毒性**

大鼠急性经口 $LD_{50}$＞5000mg/kg，大鼠急性经皮 $LD_{50}$＞2000mg/kg bw，大鼠急性吸入 $LC_{50}$＞1.252mg/L，大鼠短期膳食暴露 NOAEL=2.4mg/L[1]。

**(2) 神经毒性**

急性迟发性神经毒性试验：每日灌胃给喂母鸡0mg/kg、5000mg/kg氟乐灵，组织病理检查显示，脑、脊髓和坐骨神经并没有表现出任何神经毒性作用，5000mg/kg氟乐灵没有产生急性迟发性神经毒性[11]。

**(3) 发育与生殖毒性**

对孕期6～15d的大鼠灌胃暴露0mg/(kg·d)、100mg/(kg·d)、225mg/(kg·d)、475mg/(kg·d)和1000mg/(kg·d)的氟乐灵，母体毒性表现为475mg/(kg·d)和1000mg/(kg·d)剂量组体重降低、饮食量下降。胎儿生存率和形态方面没有受到任何不良影响，1000mg/(kg·d)剂量组胎鼠体重下降[11]。

**(4) 致突变性与致癌性**

中国仓鼠每日灌胃给喂200mg/kg、300mg/kg、400mg/kg、500mg/kg氟乐灵，400mg/kg剂量组引起细胞毒性，细胞遗传毒性无显著剂量相关性，无致突变性[12]。

对大鼠每日给喂0mg/L、813mg/L、3250mg/L、6500mg/L氟乐灵，3250mg/L和6500mg/L剂量组引起红细胞性贫血、肾盂上皮细胞和膀胱细胞癌、甲状腺滤泡腺瘤与甲状腺癌。基于大鼠体重减轻的系统毒性NOAEL=813mg/L，慢性毒性NOAEL＜813mg/L[13]。

## 【人类健康效应】

对人体血液、肝、肾具有毒性；可能引起呼吸抑制；国际癌症研究机构：3类致癌物；美国EPA：可能人类致癌物；内分泌干扰性：与孕烷X受体相互作用[1]。

吸入氟乐灵会造成呼吸道刺激(咳嗽、有痰)和胸闷；氟乐灵散发到空气中会对眼睛和皮肤产生刺激性；皮肤接触会产生皮疹，暴露在阳光下还会加重[14]。

34例患者均是某农场工人，工种有配药、喷药、耙地、播种等，工作时间约16h，一般在停止工作后10h左右发病。主要症状有头晕(27例，占79.4%)、无力(29例，占85.3%)、肌肉酸痛(24例，占70.6%)、腹痛(24例，占0.6%)、恶心(28例，占52.4%)、呕吐(17例，占50%)、尿频尿急(22例，占64.7%)、发绀(25例，占73.5%)、多汗(29例，占85.3%)。另外，有胸闷、气短、视物模糊等。此外，尚有肾区叩痛、腓肠肌压痛等。化验：在住院的9例患者中4例末梢血白细胞超过10000个/$mm^3$，6例患者体内谷丙转氨酶(GPT)水平升高，部分患者的尿液呈酱紫色[15]。

## 【危害分类与管制情况】

| 序号 | 毒性指标 | PPDB分类 | PAN分类[16] |
| --- | --- | --- | --- |
| 1 | 高毒 | 否 | 否 |
| 2 | 致癌性 | 可能 | 可能 |

续表

| 序号 | 毒性指标 | PPDB 分类 | PAN 分类[16] |
|---|---|---|---|
| 3 | 致突变性 | 否 | — |
| 4 | 内分泌干扰性 | 是 | 疑似 |
| 5 | 生殖发育毒性 | 是 | 无有效证据 |
| 6 | 胆碱酯酶抑制性 | 否 | 否 |
| 7 | 呼吸道刺激性 | 是 | — |
| 8 | 皮肤刺激性 | 可能 | — |
| 9 | 皮肤致敏性 | 是 | — |
| 10 | 眼刺激性 | 否 | — |
| 11 | 地下水污染 | — | 无有效证据 |
| 12 | 国际公约或优控名录 | 列入欧盟内分泌干扰物名录 | |

注：PPDB 数据库由英国赫特福德郡大学农业与环境研究所开发；PAN 数据库来自北美农药行动网(PANNA)；“—”表示无此项。

## 【限值标准】

每日允许摄入量(ADI)为 0.015mg/(kg bw • d)，操作者允许接触水平(AOEL)为 0.026mg/(kg bw • d)[1]。

## 参 考 文 献


[1] PPDB: Pesticide Properties DataBase. http://sitem.herts.ac.uk/aeru/ppdb/en/Reports/667.htm[2017-3-22].

[2] USEPA/OPPTS.Reregistration Eligibility Decisions(REDs)Database on Trifluralin(1582-09-8).http://www.epa.gov/pesticides/reregistration/status.htm[2012-02-19].

[3] Winterlin N, Seiber J N, Craigmill A, et al. Degradation of pesticide waste taken from a highly contaminated soil evaporation pit in California.Arch Environ Contam Toxicol, 1989, 18: 734-747.

[4] Camper N D. Microbial degradative activity in pesticide pretreated soil.J Environ Sci Heal B, 1991, 26(1): 1-14.

[5] Helling C S. Dinitroaniline herbicides in soils1.J Environ Qual, 1976, 5(1): 366 - 367.

[6] Meylan W M, Howard P H. Computer estimation of the atmospheric gas-phase reaction rate of organic compounds with hydroxyl radicals and ozone. Chemosphere, 1993, 26(12): 2293-2299.

[7] Corbin F T, Upchurch R P. Influence of pH on detoxication of herbicides in soil. Weeds, 1967, 15(4): 370-377.

[8] Zepp R C, Cline D M. Rates of direct photolysis in aquatic environment.Environ Sci Tech, 1977, 11: 359-366 .

[9] Kenaga E E. Predicted bioconcentration factors and soil sorption coefficients of pesticides and other chemicals. Ecotoxicol Environ Saf, 1980, 4(1): 26-38.

[10] Devillers J, Bintein S, Domine D. Comparison of BCF models based on log*P*. Chemosphere, 1996, 33(6): 1047-1065.

[11] USEPA/OPPTS.Trifluralin(PC code: 036101)Toxicology Disciplinary Chapter for the Tolerance Reassessment Eligibility Decision Document.2003.

[12] U.S. National Library of Medicine. Toxnet HSDB.http://toxnet.nlm.nih.gov/newtoxnet/hsdb.htm)[2017-03-22].

[13] California Environmental Protection Agency/Department of Pesticide Regulation. Toxicology Data Review Summary for Trifluralin(1582-09-8).1987.

[14] Sittig M. Handbook of Toxic and Hazardous Chemicals and Carcinogens. 5th ed. Norwich, NY:William Andrew, 2002.

[15] 陶国利.氟乐灵农药急性中毒 34 例报告.中国农村医学, 1985, 2: 4-5.

[16] PAN Pesticides Database—Chemicals. http://www.pesticideinfo.org/Detail_Chemical.jsp?Rec_Id=PC35146 [2017-03-22].

# 氟吗啉(flumorph)

## 【基本信息】

**化学名称：**(*E,Z*) 4-[3-(3,4-二甲氧基苯基)-3-(4-氟苯基) 丙烯酰]吗啉

**其他名称：**福吗啉

**CAS 号：**211867-47-9

**分子式：**$C_{21}H_{22}FNO_4$

**相对分子质量：**371.40

**SMILES：**O=C(\C=C(\c1ccc(F)cc1)c2ccc(OC)c(OC)c2)N3CCOCC3

**类别：**吗啉类杀菌剂

**结构式：**

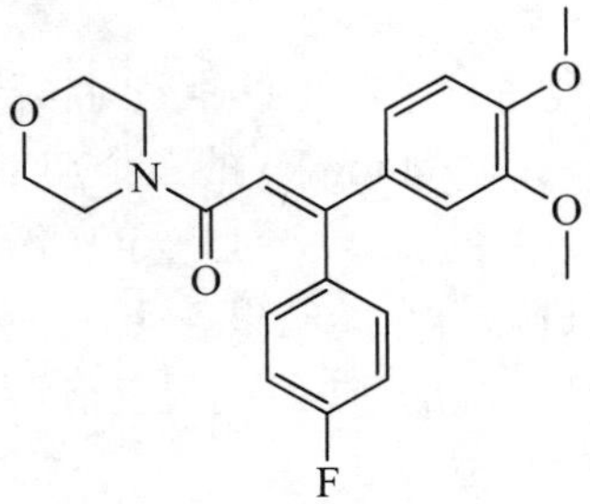

O N O F O O

## 【理化性质】

无色晶体，密度 1.21g/mL，熔点 107.5℃，沸点 556℃。辛醇/水分配系数 $\lg K_{ow}$=2.2(pH=7,20℃)。

## 【环境行为】

**(1) 环境生物降解性**

好氧条件下，采用经济合作与发展组织(OECD)实验总则 301 中提到的改良斯特姆法，对氟吗啉的生物降解性进行测试，结果显示，在 28d 的实验周期中，氟吗啉降解速率缓慢，28d 实验结束后生物降解率仅为 6.34%，因此，按照 OECD 完全生物降解实验对有机物的分级标准，氟吗啉属于不可完全生物降解有机物[1]。

**(2) 环境非生物降解性**

pH 为 7 时，在水中光解稳定；pH 为 7 时，在水中不发生水解(20℃)[2]。

**(3) 环境生物蓄积性**

基于 $\lg K_{ow}<3$，氟吗啉具有低等生物蓄积性[2]。

**(4) 土壤吸附/移动**

$K_{oc}$ 值为 1299，提示氟吗啉在土壤中具有轻微移动性[2]。

## 【生态毒理学】

鸟类（日本鹌鹑）急性 $LD_{50}$=5000mg/kg，鱼类（鲤科）96h $LC_{50}$=45.12mg/L，蜜蜂接触 48h $LD_{50}$=170μg/蜜蜂[2]。

## 【毒理学】

**(1) 一般毒性**

大鼠急性经口 $LD_{50}$=2710mg/kg，大鼠急性经皮 $LD_{50}$＞2150mg/kg bw，大鼠短期膳食暴露 NOAEL=16.65mg/kg[2]。

**(2) 神经毒性**

无信息。

**(3) 发育与生殖毒性**

以 Wistar 大鼠为实验动物进行了氟吗啉原药对该品系大鼠的致畸性毒性研究。设计剂量为 30mg/kg、132mg/kg、300mg/kg 的三个剂量组，一个阴性对照组和一个阳性对照组（敌枯双），对妊娠大鼠于第 6～15 天染毒。在动物怀孕第 20 天将妊娠大鼠脱颈椎处死，取出胎鼠进行检查。结果表明，在本实验条件下，对 Wistar 妊娠大鼠经口给予 300mg/kg 剂量，可产生较明显的胚胎毒性作用，但没有出现致畸作用[3]。

**(4) 致突变性与致癌性**

以氟吗啉原药对 SD 大鼠进行了两年喂饲慢性毒性与致癌合并试验。剂量为 0mg/kg、40mg/kg、200mg/kg 和 1000mg/kg，每组雌雄动物均为 80 只，高剂量组（1000mg/kg）雌鼠体重增长受到明显抑制，食物利用率明显降低。13、26、52、78 周暴露组大鼠平均体重与对照组差异非常显著，104 周平均体重降低 9.9%，其他各项指标无明显变化；雄鼠各项指标无明显变化，无致癌性作用[4]。

**(5) 内分泌干扰性**

研究氟吗啉对人乳腺癌 MCF-7 细胞增殖的影响。实验中设定溶剂对照组、雌激素组（$10^{-12}$～$10^{-7}$mol/L）和氟吗啉各剂量组（$10^{-9}$～$10^{-5}$mol/L），染毒 7d，采用噻唑蓝（MTT）法对 MCF-7 细胞增殖情况进行分析，以酶标仪检测吸光度（490nm）。氟吗啉各剂量组的细胞增殖率为 87.1%～129%，与溶剂对照组相比均无显著性差异。氟吗啉可能不具有拟雌激素样活性[5]。

## 【人类健康效应】

无信息。

## 【危害分类与管制情况】

| 序号 | 毒性指标 | PPDB 分类 | PAN 分类 |
| --- | --- | --- | --- |
| 1 | 高毒 | 否 | — |
| 2 | 生殖发育毒性 | 是 | — |
| 3 | 皮肤刺激性 | 是 | — |
| 4 | 国际公约或优控名录 | — | |

注：PPDB 数据库由英国赫特福德郡大学农业与环境研究所开发；PAN 数据库来自北美农药行动网（PANNA）；“—”表示无此项。

## 【限值标准】

无信息。

## 参考文献

[1] PPDB: Pesticide Properties DataBase. http://sitem.herts.ac.uk/aeru/ppdb/en/Reports/1217.htm[2017-3-28].

[2] 王姝婷, 金铨, 杨忠乔, 等. 农药氟吗啉的生物降解性测定. 中国卫生检验杂志, 2009, 7: 1479-1480.

[3] 廖雪, 姚桂琴, 鲍清. 氟吗啉原药对 Wistar 大鼠致畸性毒性研究.农药, 2000, 11: 26-28.

[4] 李凤珍, 王捷, 姚宝玉, 等. 氟吗啉原药大鼠慢性毒性与致癌试验. 毒理学杂志, 2005, S1: 260-261.

[5] 赵剑, 蔡磊明, 王捷, 等.氟吗啉对人乳腺癌细胞株 MCF-7 细胞增殖的影响.农药, 2010, 49(3)：199-200.

# 氟酰胺(flutolanil)

## 【基本信息】

**化学名称**：*N*-(3′-异丙氧基苯基)-2-三氟甲基苯甲酰胺

**其他名称**：氟担菌宁

**CAS 号**：66332-96-5

**分子式**：$C_{17}H_{16}F_3NO_2$

**相对分子质量**：323.31

**SMILES**：CC(C)OC1=CC=CC(=C1)NC(=O)C2=CC=CC=C2C(F)(F)F

**类别**：苯胺杀菌剂

**结构式**：

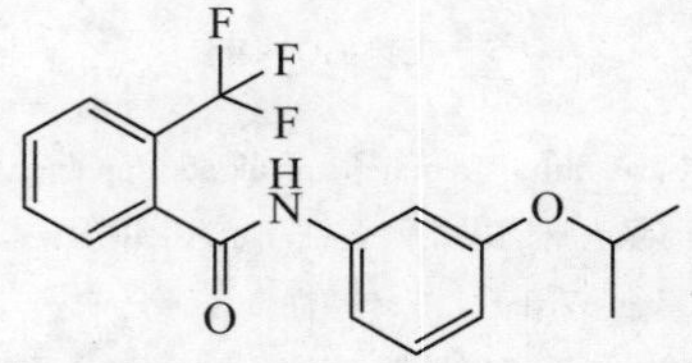

## 【理化性质】

白色粉末，密度 1.32g/mL，熔点 104.6℃，饱和蒸气压 $4.1\times10^{-4}$mPa(25℃)。水溶解度为 8.01mg/L(20℃)。有机溶剂溶解度：丙酮，606000mg/L，乙酸乙酯，365000mg/L，甲醇，322000mg/L，甲苯，35000mg/L。辛醇/水分配系数 $\lg K_{ow}$=3.17，亨利常数为 $1.65\times10^{-5}$Pa·m$^3$/mol(25℃)。

## 【环境行为】

**(1)环境生物降解性**

好氧：氟酰胺在水稻植株中的降解半衰期为 1.9～5.3d，在土壤中降解半衰期为 4.8～7.7d[1]。欧盟档案记录实验室 20℃条件下土壤中降解半衰期为 119～412d，平均为 231d；田间条件下土壤中降解半衰期为 87～303d，平均为 234d[2]。

厌氧：土壤中厌氧降解半衰期为 5650d[3]。

**(2)环境非生物降解性**

水溶液中光解半衰期(pH=7)为 277d；20℃、pH 为 5～7 的条件下水中稳定[2]。

在田水中降解半衰期为1.8～5.1d[1]。在pH为3～9的水溶液中稳定，在100℃下加热5h或50℃下放置14d无分解，说明氟酰胺具有较好的热稳定性。在日光灯(17000lx、96h)照射下分解率为1%，说明氟酰胺对光具有耐久性[4]。

**(3)环境生物蓄积性**

全鱼BCF为100，清除半衰期($CT_{50}$)为0.5d，提示氟酰胺生物蓄积性中等偏低[2]。

**(4)土壤吸附/移动性**

无信息。

## 【生态毒理学】

鸟类(绿头鸭)急性 $LD_{50}$＞2000mg/kg、短期膳食暴露 $LC_{50}/LD_{50}$=1249mg/(kg bw·d)，鱼类(蓝鳃太阳鱼)96h $LC_{50}$=5.4mg/L、鱼类(黑头呆鱼)慢性21d NOEC=2.33mg/L，溞类(大型溞)48h $EC_{50}$＞6.8mg/L，蜜蜂48h $LD_{50}$＞200μg/蜜蜂[2]。

## 【毒理学】

**(1)一般毒性**

大鼠急性经口 $LD_{50}$＞10000mg/kg，大鼠急性经皮 $LD_{50}$＞5000mg/kg，大鼠急性吸入 $LC_{50}$＞5.98mg/L[2]。

**(2)神经毒性**

无信息。

**(3)发育与生殖毒性**

大鼠喂食暴露剂量为0mg/kg、1000mg/kg和10000mg/kg，持续三代。结果显示：未出现与暴露相关的临床中毒症状、死亡和食物消耗量或饮水量的改变；未出现和暴露相关的交配行为、怀孕时间和产仔数的变化；10000mg/kg剂量组全部三代雌雄大鼠的绝对和相对肝脏质量增加。两个剂量组都观察到生殖毒性作用，表现为雌雄大鼠在哺乳期和成年期体重增长率降低；10000mg/kg剂量组，胚胎死亡率增加，肾盂增大[5]。

**(4)致突变性与致癌性**

无信息。

## 【人类健康效应】

易感者接触氟酰胺可引起轻微红斑，同时氟酰胺可能是甲状腺、肝脏和脾脏毒物[2]。

## 【危害分类与管制情况】

| 序号 | 毒性指标 | PPDB 分类 | PAN 分类[3] |
| --- | --- | --- | --- |
| 1 | 高毒 | 是 | 是 |
| 2 | 致癌性 | 否 | 可能 |
| 3 | 内分泌干扰性 | — | 无充分证据 |
| 4 | 生殖发育毒性 | 否 | 无充分证据 |
| 5 | 胆碱酯酶抑制性 | 否 | 否 |
| 6 | 神经毒性 | — | — |
| 7 | 皮肤刺激性 | 否 | — |
| 8 | 呼吸道刺激性 | 疑似 | — |
| 9 | 眼刺激性 | 疑似 | — |
| 10 | 地下水污染 | — | 潜在影响 |
| 11 | 国际公约或优控名录 | 无 | |

注：PPDB 数据库由英国赫特福德郡大学农业与环境研究所开发；PAN 数据库来自北美农药行动网（PANNA）；“—”表示无此项。

## 【限值标准】

每日允许摄入量（ADI）为 0.09mg/（kg bw・d），操作者允许接触水平（AOEL）为 0.56mg/（kg bw・d），饮用水最大容许浓度（MAC）为 0.1μg/L[2]。

### 参 考 文 献

[1] 董旭，段劲生，王梅，等. 氟酰胺在稻田环境中的残留行为及安全性评价. 农药, 2014, (10): 746-750.

[2] PPDB: Pesticide Properties DataBase. http://sitem.herts.ac.uk/aeru/ppdb/en/Reports/352.htm[2017-01-22].

[3] PAN Pesticides Database—Chemicals. http://www.pesticideinfo.org/List_Chemicals.jsp?[2017-01-22].

[4] 薛振祥. 新杀菌剂氟担菌宁. 农药, 1986, (3): 52-54.

[5] TOXNET(Toxicology Data Network).https://toxnet.nlm.nih.gov/cgi-bin/sis/search2/f?./temp/~dZOviM:3[2017-01-22] .

# 氟唑环菌胺(sedaxane)

## 【基本信息】

**化学名称**：2′-[（1*RS*,2*RS*）-1,1′-联环丙烯-2-基]-3-二氟-1-甲基吡唑-4-羧酸苯胺

**其他名称**：环苯吡菌胺

**CAS 号**：874967-67-6

**分子式**：$C_{18}H_{19}F_2N_3O$

**相对分子质量**：331.4

**SMILES**：n1cc（c（n1）C（F）F）C（=O）Nc2ccccc2C3CC3C4CC4，Cn1cc（c（n1）C（F）F）C（=O）Nc2ccccc2C3CC3C4CC4，Cn1cc（c（n1）C（F）F）C（=O）Nc2ccccc2C3CC3C4CC4，Cn1cc（c（n1）C（F）F）C（=O）Nc2ccccc2C3CC3C4CC4

**类别**：吡唑类杀菌剂

**结构式**：

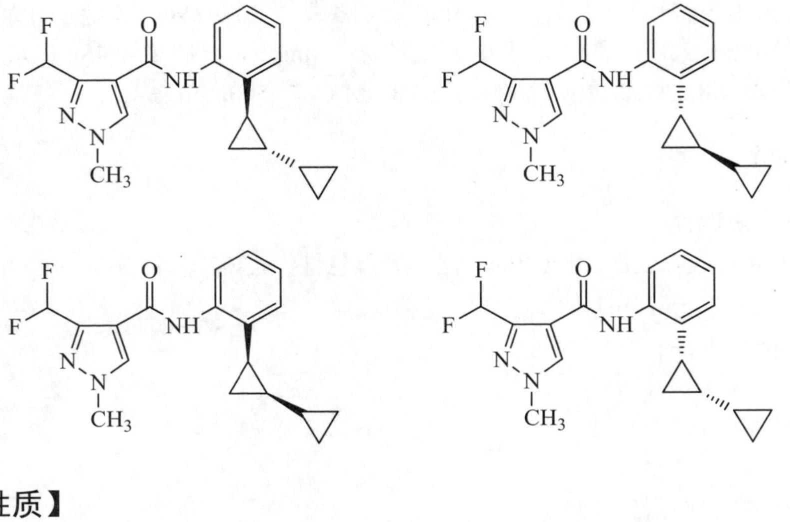

## 【理化性质】

熔点 121.4℃，沸点大于 270℃，分解点为 270℃，饱和蒸气压 $6.5\times10^{-5}$mPa（25℃）。水溶解度（20℃）为 14.0mg/L。有机溶剂溶解度（20℃）：丙酮，410000mg/L；二氯甲烷，500000mg/L；乙酸乙酯，2000mg/L；甲苯，70000mg/L。辛醇/水分配系数 $\lg K_{ow}$=3.3（pH=7,20℃），亨利常数为 $4.0\times10^{-6}$Pa · $m^3$/mol（25℃）。

## 【环境行为】

**(1) 环境生物降解性**

好氧条件下，实验室土壤中降解半衰期为 108d(20℃)，$DT_{90}$ 值为 361d，田间土壤中降解半衰期为 100d，$DT_{90}$ 值为 170d；欧盟档案记录实验室土壤中降解半衰期为 52.4～1000d，$DT_{90}$ 值为 174～301d，田间土壤中降解半衰期为 54.6～188d，$DT_{90}$ 值为 413～1000d[1]。

**(2) 环境非生物降解性**

无信息。

**(3) 环境生物蓄积性**

无信息。

**(4) 土壤吸附/移动性**

在 Freundlich 吸附模型中，$K_f$ 为 7.9，$K_{foc}$ 为 534，$1/n$ 为 0.87，提示氟唑环菌胺具有轻微移动性；欧盟登记资料显示，$K_f$ 范围值为 2.00～16.7，$K_{foc}$ 范围值为 202～666，$1/n$ 范围值为 0.81～0.91[1]。

## 【生态毒理学】

鸟类(山齿鹑)急性 $LD_{50}$＞1068mg/kg，鱼类(虹鳟鱼)96h $LC_{50}$=1.1mg/L，溞类(大型溞)48h $EC_{50}$=6.1mg/L，绿藻 72h $EC_{50}$=1.9mg/L，蜜蜂接触 48h $LD_{50}$＞100μg/蜜蜂、经口 48h $LD_{50}$＞4μg/蜜蜂，蚯蚓 14d $LC_{50}$＞500mg/kg[1]。

## 【毒理学】

**(1) 一般毒性**

大鼠急性经口 $LD_{50}$＞2000mg/kg，大鼠急性经皮 $LD_{50}$＞5000mg/kg bw，大鼠急性吸入 $LC_{50}$＞5.25mg/L[1]。

**(2) 神经毒性**

不具有神经毒性[1]。

**(3) 发育与生殖毒性**

无信息。

**(4) 致突变性与致癌性**

无信息。

## 【人类健康效应】

对肝脏和甲状腺可能有毒，可能引起体重减轻；美国 EPA：可能人类致癌物[1]。

## 【危害分类与管制情况】

| 序号 | 毒性指标 | PPDB 分类 | PAN 分类[2] |
|---|---|---|---|
| 1 | 高毒 | 否 | 否 |
| 2 | 致癌性 | 是 | 是 |
| 3 | 内分泌干扰性 | 无数据 | 无有效证据 |
| 4 | 生殖发育毒性 | 可能 | 无有效证据 |
| 5 | 胆碱酯酶抑制性 | 否 | 否 |
| 6 | 神经毒性 | 否 | — |
| 7 | 呼吸道刺激性 | 否 | — |
| 8 | 皮肤刺激性 | 否 | — |
| 9 | 眼刺激性 | 否 | — |
| 10 | 地下水污染 | — | 无有效证据 |
| 11 | 国际公约或优控名录 | 列入 PAN 名录 | |

注：PPDB 数据库由英国赫特福德郡大学农业与环境研究所开发；PAN 数据库来自北美农药行动网（PANNA）；“—”表示无此项。

## 【限值标准】

每日允许摄入量（ADI）为 0.11mg/(kg bw·d)，急性参考剂量（ARfD）为 0.28mg/(kg bw·d)，操作者允许接触水平（AOEL）为 0.3mg/(kg bw·d)[1]。

## 参 考 文 献

[1] PPDB: Pesticide Properties DataBase. http://sitem.herts.ac.uk/aeru/ppdb/en/Reports/1665.htm[2017-3-31].

[2] PAN Pesticides Database—Chemicals.http://www.pesticideinfo.org/Detail_Chemical.jsp?Rec_Id=PC43920 [2017-03-31].

# 氟唑菌酰胺(fluxapyroxad)

## 【基本信息】

**化学名称**：3-(二氟甲基)-1-甲基-*N*-(3,4,5-三氟[1,1-双苯]-2-基))-1*H*-吡唑-4-甲酰胺

**其他名称**：氟苯吡菌胺

**CAS 号**：907204-31-3

**分子式**：$C_{18}H_{12}F_5N_3O$

**相对分子质量**：381.30

**SMILES**：c1(c(cccc1)c1cc(c(c(c1)F)F)F)NC(=O)c1cn(nc1C(F)F)C

**类别**：吡唑类杀菌剂

**结构式**：

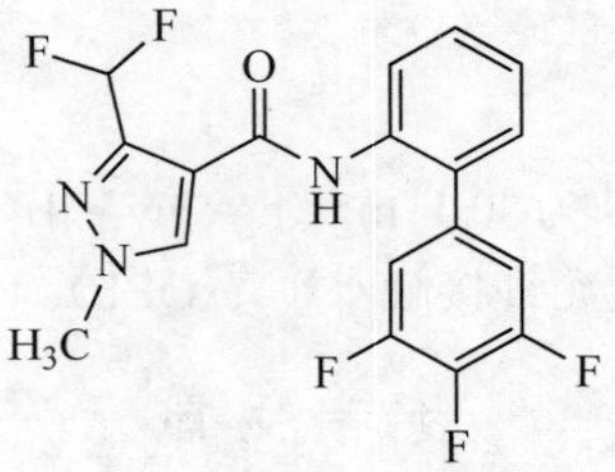

## 【理化性质】

结晶性粉末，密度 1.42g/mL，熔点 156.8℃，沸腾前分解，饱和蒸气压 $2.7\times10^{-6}$mPa(25℃)。水溶解度(20℃)为 3.44mg/L。有机溶剂溶解度(20℃)：丙酮，250000mg/L；甲醇，53400mg/L；乙酸乙酯，123300mg/L；甲苯，20000mg/L。辛醇/水分配系数 $\lg K_{ow}$=3.13(pH=7,20℃)，亨利常数为 $3.03\times10^{-7}$Pa・$m^3$/mol(25℃)。

## 【环境行为】

**(1)环境生物降解性**

好氧条件下，实验室土壤中降解半衰期为 183d (20℃)，$DT_{90}$ 值为 650d，欧盟档案记录实验室土壤中降解半衰期为 53～424d，$DT_{90}$ 值为 229~1000d[1]。

**(2)环境非生物降解性**

无信息。

**(3) 环境生物蓄积性**

BCF 值为 36，提示氟唑菌酰胺具有低等生物蓄积性[1]。

**(4) 土壤吸附/移动性**

在 Freundlich 吸附模型中，$K_f$ 为 8.3，$K_{foc}$ 为 728，1/*n* 为 0.914；欧盟登记资料显示，$K_f$ 范围值为 2.5～17.9，$K_{foc}$ 范围值为 320～1101，1/*n* 范围值为 0.875～0.942[1]。

## 【生态毒理学】

鸟类(山齿鹑)急性 $LD_{50}$＞2000mg/kg、短期摄食 $LD_{50}$＞912mg/(kg·d)，鱼类(虹鳟鱼)96h $LC_{50}$=0.546mg/L、鱼类(黑体呆鱼)21d NOEC=0.036mg/L，溞类(大型溞)48h $EC_{50}$=6.78mg/L、21d NOEC=0.5mg/L，水生生物(浮萍)7d $EC_{50}$=3.43mg/L，藻类(羊角月牙藻)72h $EC_{50}$=0.7mg/L，蜜蜂接触 48h $LD_{50}$＞100μg/蜜蜂、经口 48h $LD_{50}$＞110.9μg/蜜蜂，蚯蚓 14d $LC_{50}$＞1000mg/kg[1]。

## 【毒理学】

**(1) 一般毒性**

大鼠急性经口 $LD_{50}$＞2000mg/kg，大鼠急性经皮 $LD_{50}$＞2000mg/kg bw，大鼠急性吸入 $LC_{50}$＞5.31mg/L[1]。

**(2) 神经毒性**

不具有神经毒性[1]。

**(3) 发育与生殖毒性**

无信息。

**(4) 致突变性与致癌性**

无信息。

## 【人类健康效应】

氟唑菌酰胺对肝脏、甲状腺可能具有毒性，使身体衰竭[1]。

## 【危害分类与管制情况】

| 序号 | 毒性指标 | PPDB 分类 | PAN 分类[2] |
|---|---|---|---|
| 1 | 高毒 | 否 | 否 |
| 2 | 致癌性 | 否 | 否 |
| 3 | 内分泌干扰性 | 无数据 | 无有效证据 |
| 4 | 生殖发育毒性 | 可能 | 无有效证据 |

续表

| 序号 | 毒性指标 | PPDB 分类 | PAN 分类[2] |
|---|---|---|---|
| 5 | 胆碱酯酶抑制性 | 无数据 | 否 |
| 6 | 神经毒性 | 否 | — |
| 7 | 皮肤刺激性 | 否 | — |
| 8 | 眼刺激性 | 否 | — |
| 9 | 地下水污染 | — | 无有效证据 |
| 10 | 国际公约或优控名录 | — | |

注：PPDB 数据库由英国赫特福德郡大学农业与环境研究所开发；PAN 数据库来自北美农药行动网（PANNA）；"—"表示无此项。

## 【限值标准】

每日允许摄入量（ADI）为 0.02mg/(kg bw·d)，急性参考剂量（ARfD）为 0.25mg/(kg bw·d)，操作者允许接触水平（AOEL）为 0.04mg/(kg bw·d)[1]。

## 参 考 文 献

[1] PPDB: Pesticide Properties DataBase. http://sitem.herts.ac.uk/aeru/ppdb/en/Reports/2002.htm[2017-04-02].

[2] PAN Pesticides Database-Chemicals. http://www.pesticideinfo.org/Detail_Chemical.jsp?Rec_Id=PC43921[2017-04-02].

# 福美双(thiram)

## 【基本信息】

**化学名称**：二硫化四甲基秋兰姆
**其他名称**：秋兰姆
**CAS 号**：137-26-8
**分子式**：$C_6H_{12}N_2S_4$
**相对分子质量**：240.43
**SMILES**：S=C(SSC(=S)N(C)C)N(C)C
**类别**：氨基甲酸酯类杀菌剂
**结构式**：

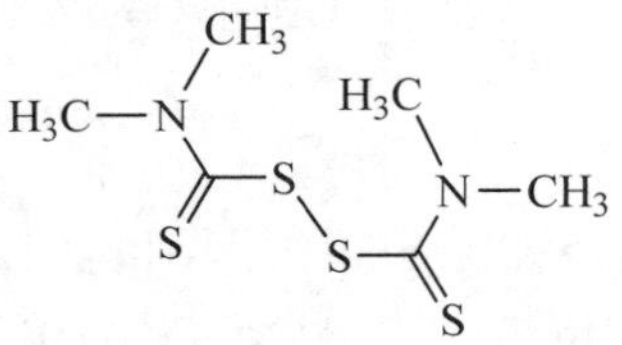

## 【理化性质】

白色至黄色结晶粉末，密度 1.36g/mL，熔点 145℃，沸腾前分解，饱和蒸气压 0.02mPa(25℃)。水溶解度(20℃)为 18mg/L。有机溶剂溶解度(20℃)：丙酮，21000mg/L；己烷，93mg/L；二甲苯，8300mg/L；乙酸乙酯，8530mg/L。辛醇/水分配系数 $\lg K_{ow}$=1.73(pH=7,20℃)，亨利常数为 $1.39\times10^{-4}$Pa・$m^3$/mol(25℃)。

## 【环境行为】

### (1)环境生物降解性

好氧条件下，实验室土壤中降解半衰期为 4.89d(20℃)，田间土壤中降解半衰期为 15d，$DT_{90}$ 值为 17.7d(20℃)；欧盟档案记录实验室土壤中降解半衰期为 2.2～20.4d，$DT_{90}$ 值为 9.05～79.89d[1]。好氧条件下，25℃、pH 为 7 时，100mg/L 的福美双在活性污泥中两周内的降解量小于 30%[2]；在未灭菌的土壤中的降解速率大于在灭菌的土壤中的降解速率[3]。在河流冲积层砂壤土中，蒸压和非蒸压处理两种条件下，300mg/L 的福美双 24d 后分别降解了 20%和25%(pH=7.3)[4]；福美双在土壤中的主要降解产物为二甲基二硫代氨基甲酸盐、二硫代氨基甲酸盐、二甲胺和二硫化碳[5]。

**(2) 环境非生物降解性**

pH 为 5 时，水中光解半衰期为 0.4d(25℃)，福美双水解对 pH 敏感，pH 为 5、7、9 时，水解半衰期分别为 68.5d、3.5d 和 6.9h(25℃)[1]。气态福美双与光化学反应产生的羟基自由基反应的速率常数约为 $3.62\times10^{-10}cm^3/(mol \cdot s)$(25℃)，大气中羟基自由基的浓度为 $5\times10^5cm^{-3}$ 时，光解半衰期约为 1h[6]。据报道，福美双在土壤和水中的光解速率常数分别为 $0.0346d^{-1}$ 和 $3.8d^{-1}$，对应的半衰期分别为 20d 和 4.3h[7]。

**(3) 环境生物蓄积性**

25μg/L 和 2.5μg/L 福美双在鲤鱼体内的 BCF 值分别为 1.1～4.4 和＜3.4[8]，表明福美双在水生生物体内的蓄积性较弱[9]。

**(4) 土壤吸附/移动性**

福美双的 $K_{oc}$ 为 676[10]，表明其在土壤中移动性低[11]。

## 【生态毒理学】

鸟类(山齿鹑)急性 $LD_{50}$＞930mg/kg、短期摄食 $LD_{50}$＞947mg/(kg bw·d)，鱼类(虹鳟鱼)96h $LC_{50}$=0.171mg/L、21d NOEC=0.012mg/L，溞类(大型溞)48h $EC_{50}$=0.139mg/L、21d NOEC=0.008mg/L，甲壳纲类(糠虾)96h $LC_{50}$=0.0033mg/L，浮萍 7d $EC_{50}$=1.6mg/L，藻类(月牙藻)72h $EC_{50}$＞0.141mg/L、96h NOEC=0.029mg/L，蜜蜂接触 48h $LD_{50}$＞100μg/蜜蜂、经口 48h $LD_{50}$＞106.8μg/蜜蜂，蚯蚓(赤子爱胜蚓)14d $LC_{50}$=540mg/kg、14d NOEC=8.54mg/kg[1]。

## 【毒理学】

**(1) 一般毒性**

大鼠急性经口 $LD_{50}$＞1800mg/kg，大鼠急性经皮 $LD_{50}$＞25000mg/kg bw，大鼠急性吸入 $LC_{50}$=3.46mg/L，大鼠短期膳食暴露 NOAEL＞1800mg/L[1]。

**(2) 神经毒性**

对大鼠喂食福美双，66.9mg/kg 剂量组大鼠在 5 至 19 个月之间出现共济失调和后肢瘫痪的症状[12]。

**(3) 发育与生殖毒性**

对雌性大鼠在发情前期注射 50mg/kg 的福美双，并在当天黄昏使其交配，发现怀孕的雌鼠数量和产仔数量都有明显下降[13]。

120 羽 1 日龄健康 AA 肉鸡预饲一周后随即分为两组，对照组饲以基础日粮，试验组饲以基础日粮添加 100mg/kg 福美双，进行了肉鸡胫骨长度、生长板厚度、肉鸡胫骨软骨发育不良(TD)指数及 TD 发病率等指标的检测，并进行了形态学和组织病理学观察。结果显示：患病鸡胫骨长度、生长板厚度和 TD 指数均有显著变化($P<0.01$)，TD 发病率显著上升($P<0.05$)；病鸡胫骨近端的纵切面有玉白色楔状软骨团块深入干骺端甚至骨髓腔，呈现典型的胫骨软骨发育不良病理学变化。因此，100mg/L 福美双可显著提高肉鸡 TD 发病率，并引起相应的组织病理学变化[14]。

(4) 致突变性与致癌性

福美双能够诱发小鼠骨髓中的微核形成，并造成小鼠精母细胞染色体畸变和精子形态异常[15]。

## 【人类健康效应】

高剂量可能会引起多动、共济失调、肌肉无力、呼吸困难和抽搐；对皮肤、眼睛、呼吸道和黏膜具有刺激性，可引起接触性皮炎和致敏。国际癌症研究机构(IARC)：三类人类致癌物；EPA：非人类致癌物；对肝脏可能有毒性[1]。

暴露于福美双中，人类会出现以下症状：面色潮红、心悸、脉搏跳动频率加快、头晕和低血压[16]。据调查，223 名从事福美双合成的工人(20～50 岁)，工作超过三年后表现出的症状包括眼部刺激、咳嗽、胸痛、心动过速、鼻出血、皮肤病变、肝功能不全、甲状腺肿大[17]。

## 【危害分类与管制情况】

| 序号 | 毒性指标 | PPDB 分类 | PAN 分类[18] |
|---|---|---|---|
| 1 | 高毒 | 否 | 否 |
| 2 | 致癌性 | 可能 | 未分类 |
| 3 | 致突变性 | 可能 | — |
| 4 | 内分泌干扰性 | 可能 | 疑似 |
| 5 | 生殖发育毒性 | 可能 | 是 |
| 6 | 胆碱酯酶抑制性 | 否 | 否 |
| 7 | 神经毒性 | 可能 | — |
| 8 | 呼吸道刺激性 | 可能 | — |
| 9 | 皮肤刺激性 | 是 | — |
| 10 | 皮肤致敏性 | 是 | — |

续表

| 序号 | 毒性指标 | PPDB 分类 | PAN 分类[18] |
| --- | --- | --- | --- |
| 11 | 眼刺激性 | 可能 | — |
| 12 | 地下水污染 | — | 无有效证据 |
| 13 | 国际公约或优控名录 | 列入 PAN 名录、欧盟内分泌干扰物名录和美国有毒物质排放（TRI）清单 | |

注：PPDB 数据库由英国赫特福德郡大学农业与环境研究所开发；PAN 数据库来自北美农药行动网（PANNA）；“—”表示无此项。

## 【限值标准】

每日允许摄入量（ADI）为 0.01mg/（kg bw · d），急性参考剂量（ARfD）为 0.6mg/（kg bw · d），操作者允许接触水平（AOEL）为 0.02mg/（kg bw · d）[9]。

## 参考文献

[1] PPDB: Pesticide Properties DataBase.http://sitem.herts.ac.uk/aeru/ppdb/en/Reports/642.htm[2017-03-24].

[2] Kawasaki M. Experiences with the test scheme under the chemical control law of Japan: an approach to structure-activity correlations. Ecotoxicol Environ Saf, 1980, 4 (4): 444-454.

[3] Rajagopal B S, Brahmaprakash G P, Reddy B R, et al. Effect and persistence of selected carbamate pesticides in soil. Rev Environ Contam T, 1984, 93 (4): 87-203.

[4] Shirko C K, Gupta K G. Accelerated tetramethylthiuram disulfide (TMTD) degradation in soil by inoculation with TMTD-utilizing bacteria. Bull Environ Contam Toxicol, 1985, 35: 354-361.

[5] Maeda K, Tonomura K.Kogyo Gijutsuin Hakko Kenkyusho Kenkyu Hokoku.1968.

[6] Meylan W M, Howard P H. Computer estimation of the atmospheric gas-phase reaction-rate of organic-compounds with hydroxyl radicals and ozone. Chemosphere, 1993, 26 (12): 2293-2299.

[7] USDA. ARS Pesticide Properties Database on Thiram (137-26-8). 2005.

[8] Chemicals Inspection and Testing Institute. Biodegradation and Bioaccumulation Data of Existing Chemicals Based on the CSCL Japan. Tokyo: Japan Chemical Industry Ecology-Toxicology and Information Center, 1992.

[9] Meylan W M, Howard P H, Boethling R S, et al. Improved method for estimating bioconcentration/ bioaccumulation factor from octanol/water partition coefficient. Environ Toxicol Chem, 1999, 18 (4): 664-672.

[10] Huuskonen J. Prediction of soil sorption coefficient of organic pesticides from the atom-type electrotopological state indices. Environ Toxicol Chem, 2003, 22 (4): 816-820.

[11] Swann R L, Laskowski D A, Mccall P J, et al. A rapid method for the estimation of the environmental parameters octanol water partition-coefficient, soil sorption constant, water to air ratio, and water solubility. Res Rev, 1983, 85: 17-28.

[12] O'Donoghue J L. Neurotoxicity of Industrial and Commercial Chemicals. Vol. II. Boca Raton: CRC Press Inc., 1985: 47.

[13] Stoker T E, Cooper R L, Goldman J M, et al. Characterization of pregnancy outcome following thiram-induced ovulatory delay in the female rat. Neurotoxicol Teratol, 1996, 18 (3): 277-282.

[14] 李家奎, 田文霞, 毕丁仁, 等. 福美双诱发肉鸡胫骨软骨发育不良的组织病理学变化观察. 中国畜牧兽医学会会议论文集, 2006: 358-362.

[15] IARC. Monographs on the Evaluation of the Carcinogenic Risk of Chemicals to Humans. Geneva: World Health Organization, International Agency for Research on Cancer, 1991.

[16] Sittig M. Handbook of Toxic and Hazardous Chemicals and Carcinogens. 2nd ed. Park Ridge: Noyes Data Corporation, 1985: 860.

[17] IARC. Monographs on the Evaluation of the Carcinogenic Risk of Chemicals to Humans. Geneva: World Health Organization, International Agency for Research on Cancer, 1972.

[18] PAN Pesticides Database—Chemicals. http://www.pesticideinfo.org/Detail_Chemical.jsp?Rec_Id=PC34574 [2017-03-24].

# 福美铁(ferbam)

## 【基本信息】

**化学名称**：三(*N*,*N*-二甲基二硫代氨基甲酸)铁
**其他名称**：福美特
**CAS 号**：14484-64-1
**分子式**：$C_9H_{18}FeN_3S_6$
**相对分子质量**：416.49
**SMILES**：[Fe+3].S=C([S-])N(C)C.[S-]C(=S)N(C)C.[S-]C(=S)N(C)C
**类别**：二硫代氨基甲酸酯类杀菌剂
**结构式**：

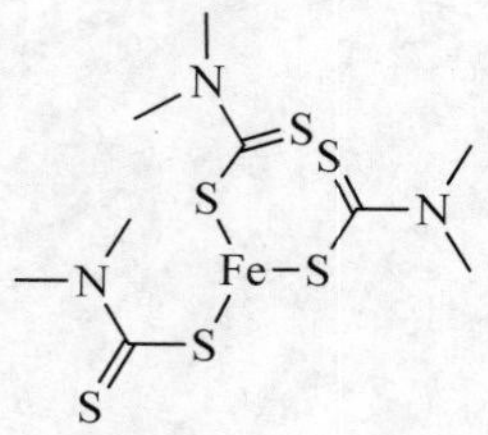

## 【理化性质】

黑色粉末，密度 0.21g/mL，熔点 120℃，沸腾前分解，饱和蒸气压 0.012mPa (25℃)。水溶解度为(20℃)130mg/L，辛醇/水分配系数 $\lg K_{ow}$=-1.6(pH=7,20℃)。

## 【环境行为】

**(1)环境生物降解性**
好氧条件下，土壤中降解半衰期为 17d[1]。
**(2)环境非生物降解性**
pH 为 5 时，水中光解半衰期为 0.3d；pH 为 7 时，水解半衰期为 2d[1]。
**(3)环境生物蓄积性**
BCF 值为 0.95，提示福美铁具有低生物蓄积性[1]。
**(4)土壤吸附/移动性**
福美铁的 $K_{oc}$ 值为 300，提示其具有中等土壤移动性[1]。

## 【生态毒理学】

鸟类(日本鹌鹑)急性 $LD_{50}$=2000mg/kg，鱼类(鲤科)96h $LC_{50}$=0.09mg/L，溞类(大型溞)48h $EC_{50}$=0.09mg/L，藻类(小球藻)72h $EC_{50}$=2.4mg/L，蜜蜂接触 48h $LD_{50}$=12.1μg/蜜蜂，蚯蚓 14d $LC_{50}$=625mg/kg[1]。

## 【毒理学】

(1)一般毒性

大鼠急性经口 $LD_{50}$＞4000mg/kg，兔子急性经皮 $LD_{50}$＞4000mg/kg，大鼠急性吸入 $LC_{50}$=0.4mg/L，大鼠短期膳食暴露 NOAEL=250mg/L[1]。

(2)神经毒性

对 12 只雄性大鼠和 12 只雌性大鼠进行 8.5mg/kg、34mg/kg 和 87mg/kg 的饮食暴露，结果显示，福美铁对大鼠的神经毒性低于福美双，只有 3 只大鼠在最高剂量组时出现共济失调和瘫痪的症状[2]。

(3)发育与生殖毒性

对怀孕 6～15d 的大鼠进行 159mg/kg 的饮食暴露，出现胎儿死亡、胎儿体重下降，以及胎儿软组织和骨骼异常的症状[3]。

(4)致突变性与致癌性

福美铁是诱导鼠伤寒沙门氏菌 TA100 突变的物质[4]。

## 【人类健康效应】

IARC：三类人类致癌物[1]。

对皮肤、眼睛、呼吸道和黏膜具有刺激性；具有皮肤致敏性；职业暴露引起工人慢性皮肤病[5]。

福美铁的中毒症状主要包括：恶心、呕吐、腹泻、厌食、体重减轻、头痛、嗜睡、头晕、共济失调、意识混乱、情绪不稳和昏迷[6]。

## 【危害分类与管制情况】

| 序号 | 毒性指标 | PPDB 分类 | PAN 分类[5] |
|---|---|---|---|
| 1 | 高毒 | 否 | 否 |
| 2 | 致癌性 | 可能 | 是 |
| 3 | 内分泌干扰性 | 可能 | 无有效证据 |
| 4 | 生殖发育毒性 | 可能 | 无有效证据 |
| 5 | 胆碱酯酶抑制性 | 无数据 | 否 |

续表

| 序号 | 毒性指标 | PPDB 分类 | PAN 分类[5] |
|---|---|---|---|
| 6 | 神经毒性 | 可能 | — |
| 7 | 呼吸道刺激性 | 是 | — |
| 8 | 皮肤刺激性 | 是 | — |
| 9 | 眼刺激性 | 否 | — |
| 10 | 地下水污染 | — | 无有效证据 |
| 11 | 国际公约或优控名录 | 列入 PAN 名录 | |

注：PPDB 数据库由英国赫特福德郡大学农业与环境研究所开发；PAN 数据库来自北美农药行动网（PANNA）；“—”表示无此项。

## 【限值标准】

每日允许摄入量（ADI）为 0.003mg/（kg bw · d）[1]。

## 参 考 文 献


[1] PPDB: Pesticide Properties DataBase.http://sitem.herts.ac.uk/aeru/ppdb/en/Reports/315.htm[2017-03-25].

[2] WHO.Environmental Health Criteria 78: Dithiocarbamate Pesticides.1988.

[3] IARC. Monographs on the Evaluation of the Carcinogenic Risk of Chemicals to Humans. Geneva: World Health Organization, International Agency for Research on Cancer, 1972.

[4] U.S. National Library of Medicine. Toxnet HSDB.http://toxnet.nlm.nih.gov/newtoxnet/hsdb.htm[2017-03-25].

[5] PAN Pesticides Database—Chemicals. http://www.pesticideinfo.org/Detail_Chemical.jsp?Rec_Id=PC34681 [2017-02-25].

[6] Gosselin R E, Smith R P, Hodge H C. Clinical Toxicology of Commercial Products. 5th ed. Baltimore: Williams and Wilkins, 1984.

# 福美锌(ziram)

## 【基本信息】

**化学名称：**二甲基二硫代氨基甲酸锌

**其他名称：**硫化促进剂 ZDMC

**CAS 号：**137-30-4

**分子式：**$C_6H_{12}ZnN_2S_4$

**相对分子质量：**305.84

**SMILES：**[Zn+2].S=C([S-])N(C)C.[S-]C(=S)N(C)C

**类别：**氨基甲酸酯类杀菌剂

**结构式：**

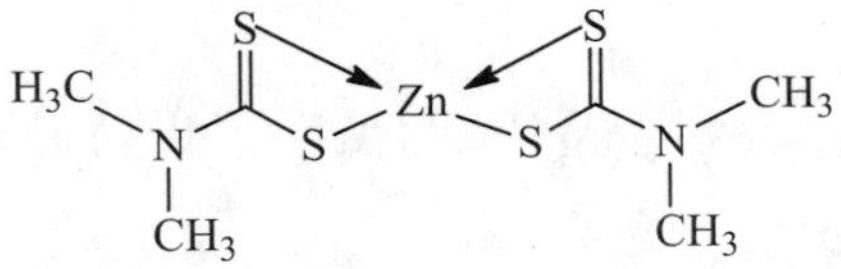

## 【理化性质】

白色粉末，密度 1.71g/mL，熔点 251℃，饱和蒸气压 0.018mPa(25℃)。水溶解度(20℃)为 0.967mg/L。有机溶剂溶解度(20℃)：乙酸乙酯，1010mg/L；二甲苯，900mg/L；丙酮，2300mg/L；甲醇，110mg/L。辛醇/水分配系数 lg$K_{ow}$=1.65(pH=7,20℃)，亨利常数为 $5.7\times10^{-3}$Pa·$m^3$/mol(25℃)。

## 【环境行为】

**(1)环境生物降解性**

好氧条件下，土壤中降解半衰期为 30d(典型值)，实验室土壤中降解半衰期为 0.05d(20℃)，田间土壤中降解半衰期为 6.3d，$DT_{90}$ 值为 2.8d[1]。福美锌在土壤中电离，生成二甲基二硫代氨基甲酸根离子，发生生物降解，释放二氧化碳，并形成二甲胺[2]。

**(2)环境非生物降解性**

pH 为 7 时，水中光解半衰期为 0.3d(25℃)，对 pH 敏感，pH 为 7 时，水解半衰期为 0.7d(20℃)，pH 为 4、9 时，水解半衰期分别为 10.4min 和 6.3d(25℃)[1]。据报道，福美锌在水环境中的水解半衰期为 2～18d，pH 为 7 时，水解半衰期为 121h[3, 4]。

**(3) 环境生物蓄积性**

福美锌的 BCF 值为 470，提示其具有潜在的生物蓄积性[1]。

**(4) 土壤吸附/移动性**

在 Freundlich 吸附模型中，$K_f$ 为 21.6，$K_{foc}$ 为 3007，1/$n$ 为 0.708，提示福美锌在土壤中具有轻微移动性；欧盟登记资料显示，$K_f$ 范围值为 2.9～68.1，$K_{foc}$ 范围值为 314～12010，1/$n$ 范围值为 0.343～0.948[1]。

## 【生态毒理学】

鸟类(山齿鹑)急性 $LD_{50}$=97mg/kg、短期摄食 $LD_{50}$＞5200mg/kg，鱼类(蓝鳃太阳鱼)96h $LC_{50}$=0.00097mg/L、21d NOEC=0.189mg/L，溞类(大型溞)48h $EC_{50}$=0.048mg/L、溞类 21d NOEC=0.01mg/L，底栖生物(摇蚊幼虫)28d NOEC=0.242mg/L，藻类(月牙藻)72h $EC_{50}$=0.066mg/L，蜜蜂接触 48h $LD_{50}$＞100μg/蜜蜂，蚯蚓 14d $LC_{50}$=140mg/kg[1]。

## 【毒理学】

**(1) 一般毒性**

大鼠急性经口 $LD_{50}$=267mg/kg，大鼠急性经皮 $LD_{50}$＞2000mg/kg，大鼠急性吸入 $LC_{50}$ 0.06mg/L[1]。

**(2) 神经毒性**

以福美锌饲喂大鼠两个月以上，其诱导大鼠神经系统的变化(后足异常行为)，组织病理学检查未见神经组织损害。据报道，福美锌可能引起神经毒性，因为福美锌是神经化学氧化剂[5]。

**(3) 发育与生殖毒性**

大鼠服用 50mg/(kg·d)的福美锌，持续两个月或更久，一些大鼠出现不孕不育的症状，还有一些生出的胎儿尾巴异常。服用 10mg/(kg·d)福美锌的大鼠在生殖方面则没有明显影响[6]。

**(4) 致突变性与致癌性**

对 9 种不同遗传特异性的菌株进行细菌致突变性试验，包括鼠伤寒沙门氏菌(TA1535、TA1537、TA98、TA100、TA102、TA1950 和 TA1975)和大肠杆菌(WP2 和 WP2 *uvrA*)。结果显示，福美锌对 TA1535、TA100 和 WP2 *uvrA* 三种菌株具有致突变性，具体表现为 DNA 切除修复系统的缺陷[7]。

## 【人类健康效应】

IARC：三类人类致癌物；美国 EPA：可能人类致癌物；抑制乙醇代谢，对甲状腺具有毒性，可能致甲状腺肿大；具有致突变性[1]。

对皮肤、眼睛和呼吸道具有刺激性；长期吸入可引起神经和视觉障碍；1 例患者发生溶血反应致命[8]。

摄入 0.5L 的福美锌溶液在几小时内是致命的，中毒症状包括：小肠黏膜充血、水肿、急性肺气肿、肺泡和支气管上皮细胞脱落[7]。

## 【危害分类与管制情况】

| 序号 | 毒性指标 | PPDB 分类 | PAN 分类[8] |
|---|---|---|---|
| 1 | 高毒 | 否 | 否 |
| 2 | 致癌性 | 可能 | 可能 |
| 3 | 致突变性 | 是 | — |
| 4 | 内分泌干扰性 | 可能 | 疑似 |
| 5 | 生殖发育毒性 | 无数据 | 是 |
| 6 | 胆碱酯酶抑制性 | 否 | 否 |
| 7 | 呼吸道刺激性 | 是 | — |
| 8 | 皮肤刺激性 | 是 | — |
| 9 | 皮肤致敏性 | 是 | — |
| 10 | 眼刺激性 | 是 | — |
| 11 | 地下水污染 | — | 无有效证据 |
| 12 | 国际公约或优控名录 | 列入 PAN 名录、欧盟内分泌干扰物名录、美国 TRI 名录 | |

注：PPDB 数据库由英国赫特福德郡大学农业与环境研究所开发；PAN 数据库来自北美农药行动网（PANNA）；“—”表示无此项。

## 【限值标准】

每日允许摄入量（ADI）为 0.006mg/(kg bw·d)，急性参考剂量（ARfD）为 0.08mg/(kg bw·d)，操作者允许接触水平（AOEL）为 0.015mg/(kg bw·d)[1]。

## 参考文献

[1] PPDB: Pesticide Properties DataBase.http://sitem.herts.ac.uk/aeru/ppdb/en/Reports/684.htm[2017-03-26].

[2] Rajagopal B S, Brahmaprakash G P, Reddy B R, et al. Effect and persistence of selected carbamate pesticides in soil. Rev Environ Contam T, 1984, 93 (4): 87-203.

[3] Canton J H, Linders J B H J, Tuinstra J, et al . Catch-up Operation on Old Pesticdes: An Integration. RIVM-678801002. (NTIS PB92-105063). Bilthoven: Rijk Volk Milieuhyg, 1991.

[4] Verschueren K. Handbook of Environmental Data on Organic Chemicals. 2001.

[5] USEPA/OPP. The Determination of Whether Dithiocarbamate Pesticides Share a Common Mechanism of Toxicity.2001.

[6] Hayes W J, Laws E R. Handbook of Pesticide Toxicology. Vol.3: Classes of Pesticides. New York: Academic Press, 1991.

[7] Crebelli R, Zijno A, Conti L, et al. Further *in vitro* and *in vivo* mutagenicity assays with thiram and ziram fungicides: bacterial reversion assays and mouse micronucleus test. Teratogen Carcin Mut, 1992, 12 (3): 97-112.

[8] PAN Pesticides Database—Chemicals. http://www.pesticideinfo.org/Detail_Chemical.jsp?Rec_Id=PC34731 [2017-03-26].

# 腐霉利(procymidone)

## 【基本信息】

**化学名称**：*N*-(3,5-二氯苯基)-1,2-二甲基环丙烷-1,2-二甲酰基亚胺
**其他名称**：速克灵、二甲菌核利、杀霉利、腐霉利烟剂
**CAS 号**：32809-16-8
**分子式**：$C_{13}H_{11}Cl_2NO_2$
**相对分子质量**：284.14
**SMILES**：Clc1cc(cc(Cl)c1)N2C(=O)C3(CC3(C2=O)C)C
**类别**：二甲酰亚胺类杀菌剂
**结构式**：

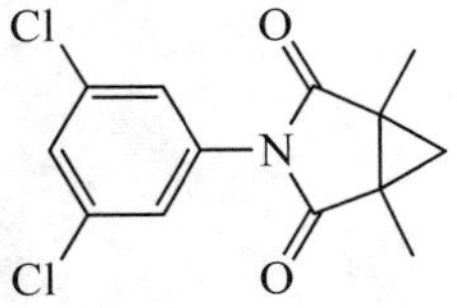

## 【理化性质】

白色颗粒粉末，密度 1.43g/mL，熔点 164.5℃，沸点 478℃，饱和蒸气压 0.023mPa(25℃)。水溶解度(20℃)为 2.46mg/L。有机溶剂溶解度(20℃)：环己酮，148000mg/L；甲苯，66000mg/L；丙酮，180000mg/L；甲醇，16000mg/L。辛醇/水分配系数 $\lg K_{ow}$=3.3(pH=7,20℃)，亨利常数为 $2.65\times10^{-3}$Pa・$m^3$/mol(25℃)。

## 【环境行为】

**(1)环境生物降解性**

好氧条件下，土壤中降解半衰期为 7d(典型值)，实验室土壤中降解半衰期为 784.5d(20℃)，$DT_{90}$ 值为 872d，田间土壤中降解半衰期为 208.3d；欧盟档案记录实验室土壤中降解半衰期为 48～189d(中性或碱性土壤)、520～2381d(酸性土壤)，$DT_{90}$ 值为 675～1068d，田间土壤中降解半衰期为 17～158d(中性或碱性土壤、161～497d(酸性土壤)，$DT_{90}$ 值为 56～525d[1]。

**(2) 环境非生物降解性**

pH 为 5 时，水中光解半衰期为 8d，水中光解不是主要降解途径，对 pH 和温度敏感，pH 为 4 时，水解半衰期为 93d(25℃)、135d(20℃)，pH 为 5 时，水解半衰期为 62d(30℃)，pH 为 7 时，水解半衰期为 24.7d(20℃)、17d(25℃)，pH 为 9 时，水解半衰期为 0.06d(25℃)、0.09d(20℃)[1]。

**(3) 环境生物蓄积性**

BCF 估测值为 46.95，提示腐霉利具有低等生物蓄积性[1]。

**(4) 土壤吸附/移动性**

吸附系数 $K_{oc}$ 为 378，提示腐霉利在土壤中具有中等移动性，欧盟登记资料显示 $K_{oc}$ 为 199～513，其他资料显示 $K_{oc}$ 为 1500[1]。

## 【生态毒理学】

鸟类(山齿鹑)急性 $LD_{50}$＞4092mg/kg、短期摄食 $LD_{50}$＞5200mg/kg，鱼类(虹鳟鱼)96h $LC_{50}$=7.22g/L、21d NOEC=0.48mg/L，溞类(大型溞)48h $EC_{50}$＞1.8mg/L、21d NOEC=0.99mg/L，沉积物生物(摇蚊幼虫)慢性 28d NOEC=0.12mg/L，藻类(栅藻)72h $EC_{50}$=2.6mg/L，蜜蜂接触 48h $LD_{50}$＞100μg/蜜蜂、经口 48h $LD_{50}$＞100μg/蜜蜂，蚯蚓 14d $LC_{50}$＞1000mg/kg[1]。

## 【毒理学】

**(1) 一般毒性**

大鼠急性经口 $LD_{50}$＞5000mg/kg，大鼠急性经皮 $LD_{50}$＞5000mg/kg，大鼠急性吸入 $LC_{50}$＞1.5mg/L，大鼠短期膳食暴露 NOAEL＞1000mg/L[1]。

**(2) 神经毒性**

无信息。

**(3) 发育与生殖毒性**

每日给喂孕兔腐霉利 125mg/kg，持续 6～28d，结果显示，母兔体重减轻，对雄性胎兔外生殖器发育无影响，但存在性别分化[2]。

**(4) 致突变性与致癌性**

无信息。

**(5) 内分泌干扰性**

每日给喂大鼠抗雄激素腐霉利 100mg/kg，结果显示，对 F1 代雄鼠精子形成和发育没有影响，F0 代雄鼠精子形成、精子的生育力和 DNA 甲基化状态无异常[3]。

腐霉利是一种具有抗雄激素作用的杀菌剂，长期喂食腐霉利可对大鼠垂体-性腺轴产生影响，促进睾丸间质细胞分泌睾丸激素[4]。

## 【人类健康效应】

对肝脏和睾丸具有毒性，具有抗雄激素效应；美国 EPA：可能人类致癌物；具有内分泌干扰性：与雄激素受体发生竞争性结合[1]。

## 【危害分类与管制情况】

| 序号 | 毒性指标 | PPDB 分类 | PAN 分类[5] |
|---|---|---|---|
| 1 | 高毒 | 否 | 否 |
| 2 | 致癌性 | 是 | 是 |
| 3 | 内分泌干扰性 | 是 | 疑似 |
| 4 | 生殖发育毒性 | 是 | 无有效证据 |
| 5 | 胆碱酯酶抑制性 | 否 | 否 |
| 6 | 呼吸道刺激性 | 可能 | — |
| 7 | 皮肤刺激性 | 否 | — |
| 8 | 眼刺激性 | 否 | — |
| 9 | 地下水污染 | — | 无有效证据 |
| 10 | 国际公约或优控名录 | 列入 PAN 名录、欧盟内分泌干扰物名录 | |

注：PPDB 数据库由英国赫特福德郡大学农业与环境研究所开发；PAN 数据库来自北美农药行动网（PANNA）；“—”表示无此项。

## 【限值标准】

每日允许摄入量（ADI）为 0.0028mg/(kg bw・d)，急性参考剂量（ARfD）为 0.012mg/(kg bw・d)，操作者允许接触水平（AOEL）为 0.012mg/(kg bw・d)[1]。

## 参 考 文 献

[1] PPDB: Pesticide Properties DataBase.http://sitem.herts.ac.uk/aeru/ppdb/en/Reports/537.htm[2017-03-26].

[2] Inawaka K, Kishimoto N, Higuchi H, et al. Maternal exposure to procymidone has no effects on fetal external genitalia development in male rabbit fetuses in a modified developmental toxicity study. J Toxicol Sci, 2010, 35 (3): 299-307.

[3] Inawaka K, Kawabe M, Takahashi S, et al. Maternal exposure to anti-androgenic compounds, vinclozolin, flutamide and procymidone, has no effects on spermatogenesis and DNA methylation in male rats of subsequent generations. Toxicol Appl Pharmacol, 2009, 237 (2): 178-187.

[4] Svechnikov K, Supornsilchai V, Strand M L, et al. Influence of long-term dietary administration of procymidone, a fungicide with anti-androgenic effects, or the phytoestrogen genistein to rats on the pituitary-gonadal axis and leydig cell steroidogenesis. J Endocrinol, 2005, 187 (1): 117-124.

[5] PAN Pesticides Database—Chemicals. http://www.pesticideinfo.org/Detail_Chemical.jsp?Rec_Id=PC34603 [2017-03-26].

# 咯菌腈(fludioxonil)

## 【基本信息】

**化学名称**：4-(2,2-二氟-1,3-苯并二氧-4-基)吡咯-3-腈、4-(2,2-二氟-1,3-苯并二氧戊环-4-基)吡咯-3-腈

**其他名称**：氟咯菌腈、适乐时

**CAS 号**：131341-86-1

**分子式**：$C_{12}H_6F_2N_2O_2$

**相对分子质量**：248.19

**SMILES**：N#Cc3cncc3c1cccc2OC(F)(F)Oc12

**类别**：苯基吡咯类杀菌剂

**结构式**：

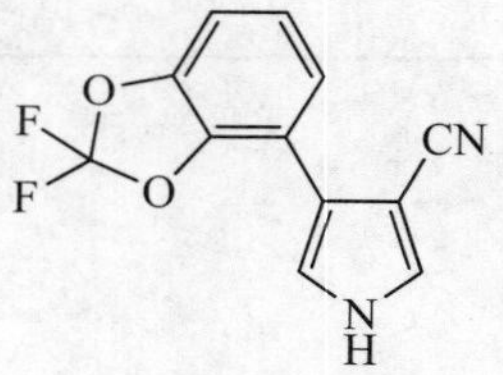

## 【理化性质】

黄色晶体，密度 1.54g/mL，熔点 199.8℃，沸腾前分解，饱和蒸气压 $3.9\times10^{-4}$mPa(25℃)。水溶解度(20℃)为 1.8mg/L。有机溶剂溶解度(20℃)：辛醇，20000mg/L；甲苯，2700mg/L；丙酮，190000mg/L；甲醇，42000mg/L。辛醇/水分配系数 $\lg K_{ow}$=4.12(pH=7，20℃)，亨利常数为 $2.15\times10^{-8}$Pa·$m^3$/mol(25℃)。

## 【环境行为】

### (1)环境生物降解性

好氧条件下，土壤中降解半衰期为 164d(典型值)，实验室土壤中降解半衰期为 239d(20℃)，田间土壤中降解半衰期为 20.5d，欧盟档案记录实验室土壤中降解半衰期为 119～365d，田间土壤中降解半衰期为 8～43d[1]。另有报道，好氧条件下，咯菌腈在实验室土壤中的降解半衰期为 143～365d，而在田间土壤中的降

解半衰期为87～228d，在实验室水中的降解半衰期为473～718d[2]。

厌氧条件下，咯菌腈是稳定的[1]。

**(2) 环境非生物降解性**

pH为7时，水中光解半衰期为10d，pH为5～9时，水中稳定，不发生水解[1]。由于缺少水解官能团，咯菌腈在环境中基本不会发生水解[3]。

**(3) 环境生物蓄积性**

整鱼体内BCF值为366[1]。基于lg$K_{ow}$为4.12，咯菌腈在鱼体内的BCF值为240[4]，提示咯菌腈具有较高生物蓄积性[5]。

**(4) 土壤吸附/移动性**

吸附系数$K_{oc}$估测值为145600，提示咯菌腈在土壤中不移动[1]。据报道，咯菌腈在土壤中的$K_{oc}$值为1671～5785[6]、991～2440[2]，提示咯菌腈具有较低或无土壤移动性[7]。

## 【生态毒理学】

鸟类(山齿鹑)急性$LD_{50}$＞2000mg/kg、短期摄食$LD_{50}$＞833mg/(kg bw・d)，鱼类(虹鳟鱼)96h $LC_{50}$=0.23mg/L、21d NOEC=0.04mg/L，溞类(大型溞)48h $EC_{50}$=0.4mg/L、21d NOEC=0.005mg/L，水生甲壳动物(糠虾)急性96h $LC_{50}$=0.27mg/L，底栖生物(摇蚊幼虫)慢性28d $NOEC_{水相}$=0.2mg/L，底栖生物(摇蚊幼虫)慢性28d $NOEC_{底泥}$=40mg/L，浮萍7d $EC_{50}$=0.92mg/L，藻类(淡水藻)72h $EC_{50}$=0.024mg/L，蜜蜂接触48h $LD_{50}$＞100μg/蜜蜂、经口48h $LD_{50}$＞100μg/蜜蜂，蚯蚓14d $LC_{50}$＞1000mg/kg、14d NOEC=20mg/kg[1]。

## 【毒理学】

**(1) 一般毒性**

大鼠急性经口$LD_{50}$＞5000mg/kg，大鼠急性经皮$LD_{50}$＞2000mg/kg，大鼠急性吸入$LC_{50}$＞2.6mg/L，大鼠短期膳食暴露NOAEL=10mg/kg[1]。

**(2) 神经毒性**

无信息。

**(3) 发育与生殖毒性**

对兔子和大鼠进行生殖毒性研究，发现300mg/(kg bw・d)和1000mg/(kg bw・d)咯菌腈对兔子和大鼠没有造成致畸作用，对胎儿也无毒性，300mg/(kg bw・d)和1000mg/(kg bw・d)对兔子和大鼠母体的毒性表现为体重减轻[8]。

**(4) 致突变性与致癌性**

咯菌腈在鼠伤寒沙门氏菌和大肠杆菌回复突变试验、大鼠肝细胞的非程序

DNA 合成研究、小鼠骨髓嗜多染红细胞微核试验，以及中国仓鼠体内染色体畸变研究中均显示阴性结果，提示其无致突变性[9]。

## 【人类健康效应】

对人体肝脏和肾脏可能具有毒性[1]。

## 【危害分类与管制情况】

| 序号 | 毒性指标 | PPDB 分类 | PAN 分类[9] |
| --- | --- | --- | --- |
| 1 | 高毒 | 否 | 否 |
| 2 | 致癌性 | 可能 | 未分类 |
| 3 | 内分泌干扰性 | 无数据 | 无有效证据 |
| 4 | 生殖发育毒性 | 可能 | 无有效证据 |
| 5 | 胆碱酯酶抑制性 | 否 | 否 |
| 6 | 神经毒性 | 否 | — |
| 7 | 呼吸道刺激性 | 否 | — |
| 8 | 皮肤刺激性 | 是 | — |
| 9 | 眼刺激性 | 是 | — |
| 10 | 地下水污染 | — | 潜在影响 |
| 11 | 国际公约或优控名录 | — | |

注：PPDB 数据库由英国赫特福德郡大学农业与环境研究所开发；PAN 数据库来自北美农药行动网（PANNA）；“—”表示无此项。

## 【限值标准】

每日允许摄入量（ADI）为 0.37mg/(kg bw・d)，操作者允许接触水平（AOEL）为 0.59mg/(kg bw・d)[1]。

## 参考文献

[1] PPDB: Pesticide Properties DataBase.http://sitem.herts.ac.uk/aeru/ppdb/en/Reports/330.htm[2017-03-26].

[2] USEPA/OPPTS. Pesticide Fact Sheet: Fludioxonil. Washington DC: Environmental Protection Agency, Office of Prevention, Pesticides, and Toxic Substances, 2012.

[3] Lyman W J, Reehl W F, Rosenblatt D H. Handbook of Chemical Property Estimation Methods: Environmental of Organic Compounds. Washington DC: American Chemical Society, 1990.

[4] MacBean C. e-Pesticide Manual. 15th ed. Ver. 5.1. Alton: British Crop Protection Council, 2008—2010.

[5] Franke C, Studinger G, Berger G, et al. The assessment of bioaccumulation. Chemosphere, 1994, 29 (7): 1501-1514.

[6] Arias M, Torrente A C, López E, et al. Adsorption-desorption dynamics of cyprodinil and fludioxonil in vineyard soils. J Agr Food Chem 2005, 53 (14): 5675-5681.

[7] Swann R L, Laskowski D A, Mccall P J, et al. A rapid method for the estimation of the environmental parameters octanol water partition-coefficient, soil sorption constant, water to air ratio, and water solubility. Res Rev, 1983, 85: 17-28.

[8] WHO/FAO. Pesticide Residues in Food: Fludioxonil (131341-86-1). Joint Meeting on Pesticide Residues, 2004.

[9] PAN Pesticides Database—Chemicals.http://www.pesticideinfo.org/Detail_Chemical.jsp?Rec_Id=PC35910 [2013-03-26].

# 己唑醇(hexaconazole)

## 【基本信息】

**化学名称**：(*RS*)-2-(2,4-二氯苯基)-1-(1*H*-1,2,4-三唑-1-基)-己-2-醇、(*RS*)-2-(2,4-二氯苯基)-1-(1*H*-1,2,4-三唑-4-基)-己-2-醇

**其他名称**：盖虫散

**CAS 号**：79983-71-4

**分子式**：$C_{14}H_{17}Cl_2N_3O$

**相对分子质量**：314.21

**SMILES**：Clc1ccc(c(Cl)c1)C(O)(CCCC)Cn2ncnc2

**类别**：三唑类杀菌剂

**结构式**：

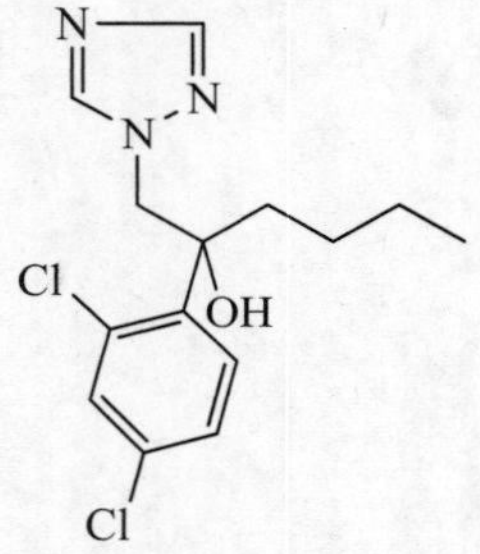

## 【理化性质】

白色晶体，密度 1.29g/mL，熔点 111℃，饱和蒸气压 0.018mPa(25℃)。水溶解度(20℃)为 18mg/L。有机溶剂溶解度(20℃)：乙酸乙酯，120000mg/L；己烷，810mg/L；丙酮，164000mg/L；甲醇，246000mg/L。辛醇/水分配系数 $\lg K_{ow}$=3.9(pH=7,20℃)，亨利常数为 $1.4\times10^{-7}Pa\cdot m^3/mol$(25℃)。

## 【环境行为】

### (1)环境生物降解性

好氧条件下，实验室土壤中降解半衰期为 122d，田间土壤中降解半衰期为 225d，砂壤土中降解半衰期约为 10 个月，黏壤土中降解半衰期约为 5 个月，文献资料中报道的土壤中降解半衰期为 49～200d[1]。

**(2) 环境非生物降解性**

pH 为 7 时，水中光解半衰期为 10d，pH 为 7 时，水中不水解，对 pH 不是非常敏感[1]。

**(3) 环境生物蓄积性**

BCF 预测值为 412，提示己唑醇具有潜在的生物蓄积性[1]。

**(4) 土壤吸附/移动性**

吸附系数 $K_{oc}$ 值为 1040，提示己唑醇在土壤中具有轻微移动性[1]。

## 【生态毒理学】

鸟类(绿头鸭)急性 $LD_{50}$＞4000mg/kg，鱼类(虹鳟鱼)96h $LC_{50}$=3.4mg/L，溞类(大型溞)48h $EC_{50}$＞2.9mg/L，绿藻 72h $EC_{50}$＞1.7mg/L，蜜蜂经口 48h $LD_{50}$＞100μg/蜜蜂，蚯蚓 14d $LC_{50}$=414mg/kg[1]。

## 【毒理学】

**(1) 一般毒性**

大鼠急性经口 $LD_{50}$=2189mg/kg，大鼠急性经皮 $LD_{50}$＞2000mg/kg，大鼠急性吸入 $LC_{50}$＞5.9mg/L，大鼠短期膳食暴露 NOAEL=5mg/kg[1]。

**(2) 神经毒性**

无信息。

**(3) 发育与生殖毒性**

无信息。

**(4) 致突变性与致癌性**

无信息。

**(5) 内分泌干扰性**

己唑醇能改变斑马鱼幼鱼下丘脑-垂体-甲状腺(HPT)轴的基因转录，并改变甲状腺激素水平[2]。

## 【人类健康效应】

美国 EPA：人类可能致癌物；内分泌干扰性：抑制芳香化酶活性，减少雌激素形成[1]。

己唑醇具有一定腐蚀性，除可以引起消化道灼伤外，还可引起肺毛细血管内皮和(或)肺泡上皮损害，造成间质肺水肿，影响弥散功能，另外，引起动静脉分流，导致难以纠正的低氧血症及中毒性多脏器功能障碍综合征(MODS)[3]。

## 【危害分类与管制情况】

| 序号 | 毒性指标 | PPDB 分类 | PAN 分类[4] |
|---|---|---|---|
| 1 | 高毒 | 否 | 否 |
| 2 | 致癌性 | 可能 | 可能 |
| 3 | 内分泌干扰性 | 可能 | 无有效证据 |
| 4 | 生殖发育毒性 | 无数据 | 无有效证据 |
| 5 | 胆碱酯酶抑制性 | 否 | 否 |
| 6 | 神经毒性 | 否 | — |
| 7 | 皮肤刺激性 | 是 | — |
| 8 | 皮肤致敏性 | 是 | — |
| 9 | 眼刺激性 | 是 | — |
| 10 | 地下水污染 | — | 无有效证据 |
| 11 | 国际公约或优控名录 | — | |

注：PPDB 数据库由英国赫特福德郡大学农业与环境研究所开发；PAN 数据库来自北美农药行动网（PANNA）；“—”表示无此项。

## 【限值标准】

每日允许摄入量(ADI)为 0.005mg/(kg bw · d)[1]。

## 参 考 文 献

[1] PPDB: Pesticide Properties DataBase.http://sitem.herts.ac.uk/aeru/ppdb/en/Reports/382.htm[2017-03-26].

[2] Yu L, Chen M, Liu Y, et al. Thyroid endocrine disruption in zebrafish larvae following exposure to hexaconazole and tebuconazole. Aquat Toxicol, 2013, 15 (138-139): 35-42.

[3] 蔡玉峰, 王彦昌. 己唑醇中毒 1 例报告. 中国工业医学杂志 2016, 29 (6): 407.

[4] PAN Pesticides Database—Chemicals.http://www.pesticideinfo.org/Detail_Chemical.jsp?Rec_Id=PC36343 [2017-03-26].

# 甲苯氟磺胺(tolylfluanid)

## 【基本信息】

**化学名称：** *N'*-二氯氟甲硫代-*N*,*N*-二甲基-*N'*-(4-甲苯基)亚磺酰胺

**其他名称：** 对甲抑菌灵

**CAS 号：** 731-27-1

**分子式：** $C_{10}H_{13}Cl_2FN_2O_2S_2$

**相对分子质量：** 347.26

**SMILES：** O=S(=O)(N(SC(Cl)(Cl)F)c1ccc(cc1)C)N(C)C

**类别：** 磺酰胺杀菌剂

**结构式：**

$CH_3$
$CH_3$ >N—$SO_2$—N—S—$CCl_2F$
$CH_3$

## 【理化性质】

无色至淡黄色晶状粉末，密度 1.52g/mL，熔点 93℃，沸腾前分解，饱和蒸气压 0.2mPa(25℃)。水溶解度(20℃)为 0.9mg/L。有机溶剂溶解度(20℃)：正庚烷，54000mg/L；二甲苯，190000mg/L；丙酮，250000mg/L；乙酸乙酯，250000mg/L。辛醇/水分配系数 lg$K_{ow}$=3.9(pH=7,20℃)。

## 【环境行为】

**(1) 环境生物降解性**

好氧条件下，土壤中降解半衰期为 2d[1]、1.8d(20℃,实验室)[2]。

**(2) 环境非生物降解性**

20℃,pH 分别为 4、7 和 9 的条件下,水解半衰期分别为 12d、29h 和＜10min[3]，也有报道显示水解半衰期为 2d[1]。pH 为 7 时，水中甲苯氟磺胺对光稳定[2]。

**(3) 环境生物蓄积性**

BCF 预测值为 540[3]，提示甲苯氟磺胺的潜在生物蓄积性较高[4]。

**(4) 土壤吸附/移动性**

$K_{oc}$ 预测值为 3200[3]，提示甲苯氟磺胺在土壤中有轻微移动性[5]。

## 【生态毒理学】

鸟类（日本鹌鹑）急性 $LD_{50}$＞2000mg/kg、短期摄食 $LD_{50}$＞5000mg kg，鱼类（虹鳟鱼）96h $LC_{50}$=0.045mg/L、21d NOEC=0.0098mg/L，溞类（大型溞）48h $EC_{50}$=0.19mg/L、21d NOEC=0.1mg/L，藻类 72h $EC_{50}$=1.5mg/L、96h NOEC=0.1mg/L，蜜蜂接触 48h $LD_{50}$＞196mg/蜜蜂、经口 48h $LD_{50}$＞197mg/蜜蜂，蚯蚓（赤子爱胜蚓）14d $LC_{50}$＞1000mg/kg[2]。

## 【毒理学】

**(1) 一般毒性**

大鼠急性经口 $LD_{50}$＞5000mg/kg，大鼠急性经皮 $LD_{50}$＞5000mg/kg，大鼠急性吸入 $LC_{50}$＞1.04mg/m$^3$，大鼠短期膳食暴露 NOAEL＞50mg/kg[2]。

**(2) 神经毒性**

大鼠喂食暴露剂量为 0mg/kg、300mg/kg、1650mg/kg、9000mg/kg 的甲苯氟磺胺，均未发现前后肢握力变化、脚张开、体温变化、运动活性变化、脑质量变化等症状，说明甲苯氟磺胺对大鼠无神经毒性[6]。

**(3) 发育与生殖毒性**

大鼠喂食暴露剂量为 0mg/kg、15mg/kg、75mg/kg、380mg/kg 的甲苯氟磺胺。母代（F0 代）无异常临床症状和行为变化，雄鼠（75mg/kg、380mg/kg）、雌鼠（380mg/kg）体重下降。F1b 代幼鼠（380mg/kg）5d 存活率略有下降；哺乳期 F1a 代幼鼠（380mg/kg）存活率下降，而 F1b 代幼鼠（380mg/kg）高于对照组；F1a 代幼鼠与 F1b 代幼鼠（380mg/kg）出生时的体重与体重增加量都明显下降；F1 代幼鼠均没有出现畸形症状。哺乳期 F2a 代幼鼠（380mg/kg）与 F2b 代幼鼠（75mg/kg、380mg/kg）存活率下降；F2a 代幼鼠与 F2b 代幼鼠（380mg/kg）出生时的体重与体重增加量都明显下降；F2 代幼鼠均没有出现畸形症状[6]。

**(4) 致突变性与致癌性**

甲苯氟磺胺在鼠伤寒沙门氏菌株 TA98、TA100、TA1535、TA1537 中的潜在诱导反向突变试验结果显示，TA100 中呈现弱阳性。

## 【人类健康效应】

致癌性：可能对人类造成致癌性（美国 EPA 分类）。具有肝脏和甲状腺毒性，可诱发胰岛素抵抗[2]。

6名男性志愿者皮肤接触甲苯氟磺胺24h，没有观察到皮肤刺激症状[6]。职业暴露于甲苯氟磺胺出现2例过敏性皮肤病，在脱离接触后都有所好转。第1例工人在包装甲苯氟磺胺后，两只前臂都出现脓疱性病变；第2例工人在包装间停留一段时间后，脸部和颈部起疹[6]。

职业暴露方式：在甲苯氟磺胺生产和使用过程中吸入和皮肤接触。一般人类可能通过摄取食物暴露于该化合物。

## 【危害分类与管制情况】

| 序号 | 毒性指标 | PPDB 分类 | PAN 分类 |
|---|---|---|---|
| 1 | 高毒 | 否 | 否 |
| 2 | 致癌性 | 可能 | 可能(USEPA 分类) |
| 3 | 致突变性 | 无数据 | — |
| 4 | 内分泌干扰性 | 无数据 | 无有效证据 |
| 5 | 生殖发育毒性 | 否 | 无有效证据 |
| 6 | 胆碱酯酶抑制性 | 否 | 否 |
| 7 | 神经毒性 | 否 | — |
| 8 | 呼吸道刺激性 | 无数据 | — |
| 9 | 皮肤刺激性 | 疑似 | — |
| 10 | 眼刺激性 | 是 | — |
| 11 | 地下水污染 | — | 无有效证据 |
| 12 | 国际公约或优控名录 | 列入 PAN 名录 | |

注：PPDB数据库由英国赫特福德郡大学农业与环境研究所开发；PAN数据库来自北美农药行动网(PANNA)；“—”表示无此项。

## 【限值标准】

每日允许摄入量(ADI)为 0.1mg/(kg bw·d)，急性参考剂量(ARfD)为 0.25mg/(kg bw·d)，操作者允许接触水平(AOEL)为0.3mg/(kg bw·d)[6]。

## 参考文献

[1] Canton J H, Linders J B H J, Tuinstra J, et al. Catch-up Operation on Old Pesticides: An Integration. RIVM-678801002. (NTIS PB92-105063). Bilthoven: Rijkinst Volksgezondh Milieuhyg, 1991: 149.

[2] PPDB: Pesticide Properties DataBase.http://sitem.herts.ac.uk/aeru/ppdb/en/Reports/645.htm[2016-05-20].

[3] Tomlin C D S. The e-Pesticide Manual. 13th ed.Ver.3.0.Surrey: British Crop Protection Council, 2003.

[4] Franke C, Studinger G, Berger G, et al. The assessment of bioaccumulation. Chemosphere, 1994, 29 (7): 1501-1514.

[5] Swann R L, Laskowski D A, Mccall P J, et al. A rapid method for the estimation of the environmental parameters octanol water partition-coefficient, soil sorption constant, water to air ratio, and water solubility. Res Rev, 1983, 85: 17-28.

[6] WHO/FAO. Joint Meeting on Pesticide Residues on Tolylfluanid (731-27-1). http://www.inchem.org/pages/jmpr.html [2004-10-12].

# 甲基立枯磷(tolclofos-methyl)

## 【基本信息】

化学名称：*O*-(2,6-二氯-对甲苯基)-*O*,*O*-二甲基硫代磷酸酯

其他名称：邻-2,6-二氯-对甲苯-*O*,*O*-二甲基硫代磷酸酯

**CAS 号**：57018-04-9

**分子式**：$C_9H_{11}Cl_2O_3PS$

**相对分子质量**：301.13

**SMILES**：Clc1cc(cc(Cl)c1OP(=S)(OC)OC)C

**类别**：氯苯基杀菌剂

**结构式**：

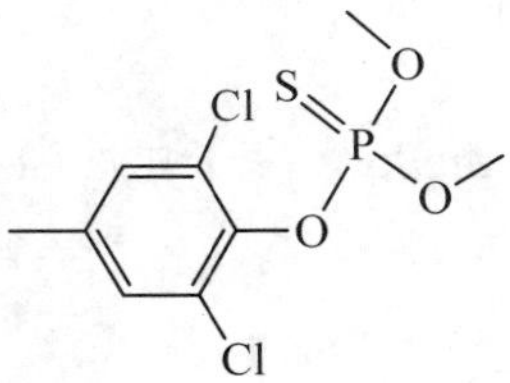

## 【理化性质】

无色结晶，密度 1.52g/mL，熔点 79℃，饱和蒸气压 0.877mPa(25℃)。水溶解度(20℃)为 0.708mg/L。有机溶剂溶解度(20℃)：二甲苯，343000mg/L；丙酮，476000mg/L；正己烷，20000mg/L；甲醇，38000mg/L。辛醇/水分配系数 $\lg K_{ow}$=4.56，亨利常数为 $1.4\times10^{-2}Pa\cdot m^3/mol$(20℃)。

## 【环境行为】

**(1) 环境生物降解性**

好氧条件下，实验室土壤中降解半衰期为 3.7d(20℃)，田间土壤中降解半衰期为 30d；欧盟档案记录实验室土壤中降解半衰期为 2.0～5.4d，$DT_{90}$ 为 6.9～20d[1]。

**(2) 环境非生物降解性**

pH 为 7 时，在水中光解的 $DT_{50}$ 为 38.3d(11 月份光照 40℃)；对 pH 敏感，pH 为 4、7、9 时，水解半衰期分别为 126d、97d 和 102d(20℃)[1]。

**(3) 环境生物蓄积性**

BCF 值为 670，提示甲基立枯磷具有潜在的生物蓄积性[1]。

**(4) 土壤吸附/移动性**

在 Freundlich 吸附模型中，$K_f$ 为 25.2，$K_{foc}$ 为 3620，表明甲基立枯磷在土壤中具有轻微移动性；欧盟登记资料显示，$K_f$ 为 7.6～44，$K_{foc}$ 为 1649～6139，$1/n$ 为 0.94～0.96[1]。

## 【生态毒理学】

鸟类（山齿鹑）急性 $LD_{50}$＞5000mg/kg、鸟类（绿头鸭）短期膳食暴露 $LC_{50}/LD_{50}$＞5000mg/kg，鱼类（蓝鳃太阳鱼）96h $LC_{50}$=0.69mg/L、鱼类（虹鳟鱼）21d NOEC=0.012mg/L，溞类（大型溞）48h $EC_{50}$=48mg/L、溞类 21d NOEC=0.026mg/L，藻类（硅藻）72h $EC_{50}$=0.78mg/L、藻类 96h NOEC=0.032mg/L，蚯蚓（赤子爱胜蚓）14d $LC_{50}$＞500mg/kg，蜜蜂急性接触 48h $LD_{50}$＞100μg/蜜蜂[1]。

## 【毒理学】

**(1) 一般毒性**

大鼠急性经口 $LD_{50}$＞5000mg/kg，兔子急性经皮 $LD_{50}$＞5000mg/kg bw，大鼠急性吸入 $LC_{50}$＞3.32mg/L。

**(2) 神经毒性**

无信息。

**(3) 发育与生殖毒性**

无信息。

**(4) 致突变性与致癌性**

无信息。

## 【人类健康效应】

竞争性结合人类雌激素受体[1]。

中毒症状包括：过度流涎、出汗、流涕和撕裂；肌肉抽搐、无力、震颤、共济失调；头痛、头晕、恶心、呕吐、腹部绞痛、腹泻；呼吸抑制、胸闷、喘息、咳嗽、肺部啰音；针点瞳孔，有时伴有模糊或暗视力；严重病例：癫痫发作、尿失禁、呼吸抑制、意识丧失[2]。

具有雌激素活性[3]。

## 【危害分类与管制情况】

| 序号 | 毒性指标 | PPDB 分类 | PAN 分类[2] |
|---|---|---|---|
| 1 | 高毒 | 否 | 否 |
| 2 | 致癌性 | 否 | 无有效证据 |
| 3 | 内分泌干扰性 | 可能 | 无有效证据 |
| 4 | 生殖发育毒性 | 否 | 无有效证据 |
| 5 | 胆碱酯酶抑制性 | 可能 | 是 |
| 6 | 神经毒性 | 可能 | — |
| 7 | 皮肤刺激性 | 可能 | — |
| 8 | 皮肤致敏性 | 可能 | — |
| 9 | 眼刺激性 | 否 | — |
| 10 | 地下水污染 | — | 无有效证据 |
| 11 | 国际公约或优控名录 | 列入 PAN 名录 | |

注：PPDB 数据库由英国赫特福德郡大学农业与环境研究所开发；PAN 数据库来自北美农药行动网(PANNA)；“—”表示无此项。

## 【限值标准】

每日允许摄入量(ADI)为 0.064mg/(kg bw・d)，操作者允许接触水平(AOEL)为 0.2mg/(kg bw・d)[1]。

### 参 考 文 献

[1] PPDB: Pesticide Properties DataBase.http://sitem.herts.ac.uk/aeru/ppdb/en/Reports/397.htm[2017-03-16].

[2] PAN Pesticides Database—Chemicals.http://www.pesticideinfo.org/Detail_Chemical.jsp?Rec_Id=PC34788 [2013-03-16].

[3] Kojima M, Fukunaga K, Sasaki M, et al. Evaluation of estrogenic activities of pesticides using an *in vitro* reporter gene assay. Int J Environ Health Res, 2005, 15 (4): 271-280.

# 甲基硫菌灵(thiophanate-methyl)

## 【基本信息】

**化学名称**：1,2-二(3-甲氧羰基-2-硫脲基)苯

**其他名称**：甲基托布津

**CAS 号**：23564-05-8

**分子式**：$C_{12}H_{14}N_4O_4S_2$

**相对分子质量**：342.39

**SMILES**：S=C(Nc1ccccc1NC(=S)NC(=O)OC)NC(=O)OC

**类别**：苯并咪唑类杀菌剂

**结构式**：

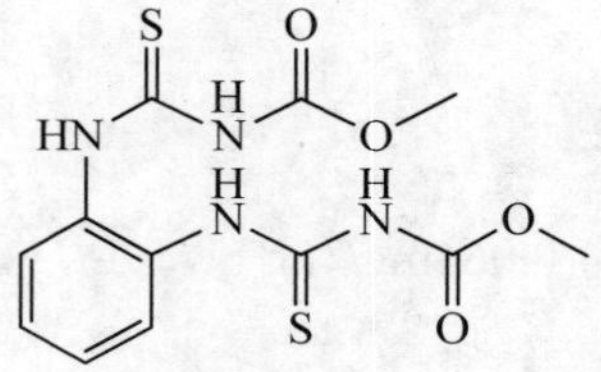

## 【理化性质】

无色晶体，密度 1.45g/mL，熔化前分解，沸腾前分解，饱和蒸气压 $8.8\times10^{-3}$mPa(25℃)。水溶解度(20℃)为 20mg/L。有机溶剂溶解度(20℃)：乙酸乙酯，8400mg/L；正己烷，0.47mg/L；二甲苯，110mg/L；甲醇，7800mg/L。辛醇/水分配系数 $\lg K_{ow}$=1.45(pH=7,20℃)，亨利常数为 $8.1\times10^{-5}$Pa・m³/mol(25℃)。

## 【环境行为】

### (1)环境生物降解性

好氧条件下，实验室土壤中降解半衰期为 0.6d(20℃)，田间土壤中降解半衰期为 5d，$DT_{90}$ 值为 2.05d；欧盟档案记录实验室土壤中降解半衰期为 0.48～0.74d，$DT_{90}$ 值为 1.6～2.44d[1]。好氧条件下，pH 为 7.4 时，甲基硫菌灵在土壤中的降解速率是 pH 为 5.6 时的 4 倍[2]。pH 为 5.5～6.5 时，甲基硫菌灵在土壤中经过 6～18 周降解了 90%[3]。

**(2)环境非生物降解性**

pH 为 5 时，自然光照下，水中光解半衰期为 2.2d，pH 为 7 时，水解半衰期为 36d(20℃)，对 pH 敏感，pH 为 5、9 时，水解半衰期分别为 867d 和 0.7d(25℃)[1]。气态甲基硫菌灵与光化学反应产生的羟基自由基的反应速率常数约为 $7.7\times10^{-11}cm^3/(mol\cdot s)$(25℃)，大气中羟基自由基的浓度为 $5\times10^5cm^{-3}$ 时，光解半衰期约为 5h[4]。甲基硫菌灵在室温下的中性水溶液中是稳定的，在空气中和阳光下也是稳定的[5]。

**(3)环境生物蓄积性**

基于 $\lg K_{ow}$ 为 1.40，甲基硫菌灵在鱼体内的 BCF 值为 4[6]，表明其在水生生物体内蓄积性较弱[7]。

**(4)土壤吸附/移动性**

基于 $\lg K_{ow}$ 为 1.40，甲基硫菌灵的 $K_{oc}$ 估测值为 330[6]，表明其在土壤中具有中等移动性[8]。

## 【生态毒理学】

鸟类(绿头鸭)急性 $LD_{50}$＞4640mg/kg、短期摄食 $LC_{50}/LD_{50}$＞10000mg/kg，鱼类(虹鳟鱼)96h $LC_{50}$=11.0mg/L、21d NOEC=0.32mg/L，溞类(大型溞)48h $EC_{50}$=5.4mg/L、21d NOEC=0.18mg/L，水生甲壳动物(糠虾)急性 96h $LC_{50}$=1.0mg/L，摇蚊幼虫 28d NOEC=0.5mg/L，浮萍 7d $EC_{50}$=4.7mg/L，藻类(月牙藻)72h $EC_{50}$＞25.4mg/L，蜜蜂接触 48h $LD_{50}$＞100μg/蜜蜂、经口 48h $LD_{50}$＞100μg/蜜蜂，蚯蚓 14d $LC_{50}$＞13.2mg/kg、蚯蚓繁殖毒性 14d NOEC=0.85mg/kg[1]。

## 【毒理学】

**(1)一般毒性**

大鼠急性经口 $LD_{50}$＞5000mg/kg，大鼠急性经皮 $LD_{50}$＞2000mg/kg，大鼠急性吸入 $LC_{50}$ 1.7mg/L[1]。

**(2)神经毒性**

无信息。

**(3)发育与生殖毒性**

对孕期 6～15d 的兔子灌胃暴露甲基硫菌灵，兔子骨骼发育出现异常，提示甲基硫菌灵具有生殖发育毒性[9]。

**(4)致突变性与致癌性**

设置甲基硫菌灵浓度为 39.1μg/皿、78.1μg/皿、156.3μg/皿、312.5μg/皿、625μg/皿、1250μg/皿、2500μg/皿和 5000μg/皿，在有代谢物激活和无代谢物激活的条件下分别进行鼠伤寒沙门氏菌(TA100、TA1535、TA98 和 TA1537)和大肠杆菌(WP2 *uvrA*)回复突变试验。结果显示，625μg/皿剂量引起沉淀，312.5μg/皿及更高剂量抑制生长，具有致突变作用[9]。

小鼠骨髓细胞微核试验结果显示，甲基硫菌灵显著诱导微核形成[10]。

**(5)内分泌干扰性**

每日给喂孕鼠甲基硫菌灵0mg/(kg bw·d)、310mg/(kg bw·d)、560mg/(kg bw·d)，持续10～14d，无明显母体毒性，对产仔数、生存能力或体重增加没有影响。甲状腺组织学检查显示，细胞核不规则，细胞有丝分裂异常率增加，细胞坏死或水肿，肾上腺皮质增生或水肿变性[11]。

## 【人类健康效应】

可能致突变；美国EPA：可能人类致癌物[1]。

对皮肤和眼睛具有温和的刺激性，引起皮炎、瘙痒、红肿、干燥，有时引起致敏性皮炎，可导致充血性眼黏膜[12]。

## 【危害分类与管制情况】

| 序号 | 毒性指标 | PPDB分类 | PAN分类[12] |
|---|---|---|---|
| 1 | 高毒 | 否 | 否 |
| 2 | 致癌性 | 可能 | 是 |
| 3 | 致突变性 | 是 | — |
| 4 | 内分泌干扰性 | 无数据 | 无有效证据 |
| 5 | 生殖发育毒性 | 是 | 是 |
| 6 | 胆碱酯酶抑制性 | 否 | 否 |
| 7 | 呼吸道刺激性 | 是 | — |
| 8 | 皮肤刺激性 | 可能 | — |
| 9 | 皮肤致敏性 | 是 | — |
| 10 | 眼刺激性 | 可能 | — |
| 11 | 地下水污染 | — | 潜在影响 |
| 12 | 国际公约或优控名录 | 列入PAN名录、美国有毒物排放(TRI)清单 | |

注：PPDB数据库由英国赫特福德郡大学农业与环境研究所开发；PAN数据库来自北美农药行动网(PANNA)；“—”表示无此项。

## 【限值标准】

每日允许摄入量(ADI)为0.08mg/(kg bw·d)，急性参考剂量(ARfD)为0.2mg/(kg bw·d)，操作者允许接触水平(AOEL)为0.08mg/(kg bw·d)[1]。

## 参 考 文 献

[1] PPDB: Pesticide Properties DataBase.http://sitem.herts.ac.uk/aeru/ppdb/en/Reports/640.htm[2017-03-27].

[2] Fleeker J R, Lacy H M, Schultz I R, et al. Persistence and metabolism of thiophanate-methyl in soil. J Agric Food Chem, 1974, 22 (4): 592-595.

[3] Blume H P, Ahlsdorf B. Prediction of pesticide behavior in soil by means of simple field tests. Ecotox Environ Safe, 1991, 26 (3): 313.

[4] Meylan W M, Howard P H. Computer estimation of the atmospheric gas-phase reaction-rate of organic-compounds with hydroxyl radicals and ozone. Chemosphere, 1993, 26 (12): 2293-2299.

[5] Tomlin C D S. The e-Pesticide Manual. 13th ed. Ver. 3.1. Surrey: British Crop Protection Council, 2004.

[6] Hansch C, Leo A, Hoekman D. Exploring QSAR: Hydrophobic, Electronic, and Steric Constants. Washington DC: American Chemical Society, 1995.

[7] Franke C, Studinger G, Berger G, et al. The assessment of bioaccumulation. Chemosphere, 1994, 29 (7): 1501-1514.

[8] Swann R L, Laskowski D A, Mccall P J, et al. A rapid method for the estimation of the environmental parameters octanol water partition-coefficient, soil sorption constant, water to air ratio, and water solubility. Res Rev, 1983, 85: 17-28.

[9] California Environmental Protection Agency/Department of Pesticide Regulation. Toxicology Data Review Summary for Thiophanatemethyl (23564-05-8). 2009.

[10] Barale R, Scapoli C, Meli C, et al. Cytogenetic effects of benzimidazoles in mouse bone marrow. Mutat Res, 1993, 300 (1): 15-28.

[11] Maranghi F, Macrí C, Ricciardi C, et al. Histological and histomorphometric alterations in thyroid and adrenals of CD rat pups exposed in utero to methyl thiophanate. Reprod Toxicol, 2003, 17 (5): 617-623.

[12] PAN Pesticides Database—Chemicals. http://www.pesticideinfo.org/Detail_Chemical.jsp?Rec_Id=PC34588 [2017-03-27].

# 甲霜灵(metalaxyl)

## 【基本信息】

化学名称：D,L-*N*-(2,6-二甲基苯基)-*N*-(2-甲氧基乙酰)丙氨酸甲酯

其他名称：阿普隆、瑞毒素

**CAS 号**：57837-19-1

分子式：$C_{15}H_{21}NO_4$

相对分子质量：279.33

**SMILES**：N(c1c(cccc1C)C)([C@@H](C(OC)=O)C)C(COC)=O

类别：酰胺类内吸性杀菌剂[1]

结构式[2]：

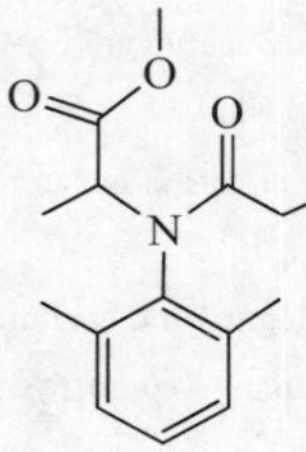

## 【理化性质】

白色粉末，密度 1.20g/mL(20℃)，沸点 295.9℃(1.01325×$10^5$Pa)，熔点 72～73℃，饱和蒸气压 0.75mPa(25℃)。水溶解度(22℃,pH=5.2)为 8.40mg/L。有机溶剂溶解度(25℃)：苯，550g/L；正己烷，9.1g/L；甲醇，650g/L；乙腈，400g/L；丙酮，450g/L；正辛醇，68g/L。辛醇/水分配系数 $\lg K_{ow}$=1.65[3, 4]。

## 【环境行为】

### (1)环境生物降解性

好氧条件下，甲霜灵在土壤中快速降解(半衰期为 40d)，其在 3 种土壤中的降解半衰期范围为 10～17d，接种的地表和地下土壤实验研究中，甲霜灵降解速率分别约为 0.0144$d^{-1}$(半衰期 48d)和 0.0059$d^{-1}$(半衰期 117d)。现场实测的甲霜灵在土壤中的降解半衰期为 70d，在 8 种完全不同的土壤研究中，甲霜灵在高有机质含量的土壤中能够快速发生生物降解(半衰期 8d)，渗透进高有机质含量的黏土 10～15cm 后，降解半衰期为 29d。$^{14}$C 标记试验表明甲霜灵在经过杀菌处理的土

壤中能够快速代谢(半衰期 14d)。使用烟草、柑橘、鳄梨及玉米土壤对甲霜灵进行生物降解的研究表明，甲霜灵在烟草土中降解最快，相应的半衰期为 6d，甲霜灵在所有土壤中的主要分解产物为酸代谢物。接种在 6 种土壤中 4 周的甲霜灵 $^{14}C$ 标记试验显示了较低的 $CO_2$ 产生速率(2.1%～11.3%)，表明甲霜灵与土壤的生物降解性能无关。另外，在烟草土壤中研究发现了甲霜灵的浓度与生物降解速率之间的关系[3]。

**(2) 环境非生物降解性**

在 25℃下使用结构评估法评估了甲霜灵与光化学反应产生的羟基自由基的气相反应速率常数为 $2.7\times10^{-11}cm^3/(mol\cdot s)$，当大气中羟基自由基浓度为 $5\times10^5cm^{-3}$ 时，间接光解半衰期为 14h。在环境条件下甲霜灵难以水解，在碱性条件下，甲霜灵按照一级动力学过程水解成甲霜灵酸。在 25℃、pH 为 10 条件下，甲霜灵水解半衰期约为 16d。在光照波长为 290nm 下的水溶液中，甲霜灵光解 3h，10%的底物发生转化。在人工光照更长时间及腐殖酸存在条件下，甲霜灵能够降解 65%，光解不仅使得 *N*-酰基重排到芳环，而且发生去甲氧基化和脱酰，从而消除了分子中的甲氧羰基[3]。

**(3) 环境生物蓄积性**

基于甲霜灵的 $\lg K_{ow}$=1.65，采用回归方程计算出的 BCF 值为 4，由分类规则得出，甲霜灵在水生生物中的生物蓄积性较弱[3]。

**(4) 土壤吸附/移动性**

甲霜灵的 $K_{oc}$ 值为 30～284，由分类规则得出甲霜灵在土壤中有中高程度的迁移性[3]。

## 【生态毒理学】

鱼类(虹鳟鱼) $LC_{50}$=130～132mg/L，蓝鳃太阳鱼 $LC_{50}$=139～150mg/L[3]。

## 【毒理学】

**(1) 一般毒性**

大鼠急性经口 $LD_{50}$＞669mg/kg，兔急性经皮 $LD_{50}$＞6000mg/kg bw[3]。

**(2) 神经毒性**

无信息。

**(3) 发育与生殖毒性**

无信息。

**(4) 致突变性与致癌性**

无信息。

## 【人类健康效应】

人可通过被污染的食物摄入甲霜灵；据比利时1991～1993年膳食研究报道，人日均摄入甲霜灵为0.03mg/(kg · d)；该化合物对眼睛和皮肤有轻度刺激作用[3-6]；非人类健康致癌物[7]。

## 【危害分类与管制情况】

| 序号 | 毒性指标 | PPDB 分类 | PAN 分类 |
| --- | --- | --- | --- |
| 1 | 高毒 | 否 | 否 |
| 2 | 致癌性 | 否 | 无有效证据 |
| 3 | 致突变性 | 否 | 无数据 |
| 4 | 内分泌干扰性 | 无数据 | 无有效证据 |
| 5 | 生殖发育毒性 | 否 | 无有效证据 |

注：PPDB 数据库由英国赫特福德郡大学农业与环境研究所开发；PAN 数据库来自北美农药行动网（PANNA）。

## 【限值标准】

无信息。

## 参 考 文 献


[1] 江泽军, 张鹏, 李永飞, 等. 分散固相萃取-高效液相色谱-串联质谱法测定水稻和土壤中的福美双与甲霜灵残留. 农药学学报, 2015, 17 (3): 313-320.

[2] Chemical Bookhttp://www.chemicalbook.com/Search_EN.aspx?keyword=57837-19-1[2017-03-16].

[3] TOXNET (Toxicology Data Network).https://toxnet.nlm.nih.gov/cgi-bin/sis/search2/f?./temp/～IhdfYZ:1[2017-03-16].

[4] Tomlin C D S. The e-Pesticide Manual.11th. Surrey: British Crop Protection Council, 1997.

[5] Hansch C, Leo A, Hoekman D. Exploring QSAR: Hydrophobic, Electronic, and Steric Constants. Washington D C: American Chemical Society, 1995.

[6] Gerhartz W. Ullmann's Encyclopedia of Industrial Chemistry. 5th. Vol .A1: Deerfield Beach. New York VCH Publishers, 1985.

[7] PAN Pesticides Database—Chemicals.http://www.pesticideinfo.org/Detail_Chemical.jsp?Rec_Id=PC34760[2017-03-16].

# 腈苯唑(fenbuconazole)

## 【基本信息】

**化学名称：**4-(4-氯苯基)-2-苯基-2-(1*H*-1,2,4-三唑-1-甲基)丁腈

**其他名称：**唑菌腈、苯腈唑

**CAS 号：**114369-43-6

**分子式：**$C_{19}H_{17}ClN_4$

**相对分子质量：**336.82

**SMILES：**Clc1ccc(cc1)CCC(C#N)(c2ccccc2)Cn3ncnc3

**类别：**三唑类内吸杀菌剂

**结构式**[1]**：**

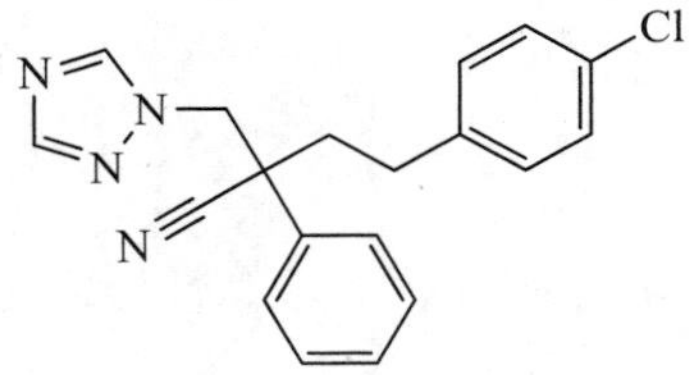

## 【理化性质】

无色结晶，熔点 126.5℃，饱和蒸气压 $3.4\times10^{-4}$Pa(25℃)。水溶解度(20℃)为 2.47mg/L。有机溶剂溶解度(20℃)：乙酸乙酯，$1.32\times10^{5}$mg/L；丙酮，$2.5\times10^{5}$mg/L；庚烷，680mg/L；二甲苯，26000mg/L。正辛醇/水分配系数 $\lg K_{ow}$=3.79，亨利常数为 $3.01\times10^{-5}$Pa·m$^3$/mol[1]。

## 【环境行为】

**(1)环境生物降解性**

好氧条件下，腈苯唑在土壤中的降解半衰期为 60d(典型值)，实验室土壤中降解半衰期为 152d(20℃)，田间土壤中降解半衰期为 61d；欧盟登记资料显示实验室土壤中降解半衰期为 33～590d，$DT_{90}$ 为 109～1219d，田间土壤中降解半衰期为 6～98d；其他资料显示在实验室土壤中 363d 后无降解，田间土壤中降解半衰期为 28～84d，在水-沉积物中的 $DT_{50}$ 为 3.4d[1]。

**(2) 环境非生物降解性**

pH 为 7 时，水中光解稳定，pH 为 5～9 时，水中水解稳定[1]。

**(3) 环境生物蓄积性**

鱼类 BCF 值为 160，提示腈苯唑具有潜在的生物蓄积性[1]。

**(4) 土壤吸附/移动性**

吸附系数 $K_{oc}$ 值为 4425，提示腈苯唑在土壤中移动性差[2]。

## 【生态毒理学】

鸟类（山齿鹑）急性 $LD_{50}$＞2150mg/kg，鱼类（虹鳟鱼）96h $LC_{50}$=1.5mg/L、慢性毒性 21d NOEC=0.32mg/L，溞类（大型溞）48h $EC_{50}$=2.3mg/L、溞类 21d NOEC=0.078mg/L，水生甲壳动物（糠虾）急性 96h $LC_{50}$=0.75mg/L，底栖生物（摇蚊幼虫）慢性毒性 28d $NOEC_{水相}$=1.73mg/L、28d $NOEC_{底泥}$=8.0mg/L，藻类（月牙藻）急性 72h $EC_{50}$=0.33mg/L、藻类 96h NOEC=0.18mg/L，蚯蚓（赤子爱胜蚓）14d $LC_{50}$＞100mg/kg、慢性毒性 14d NOEC=39mg/kg，蜜蜂急性接触 48h $LD_{50}$＞5.5μg/蜜蜂、经口 48h $LD_{50}$＞5.2μg/蜜蜂[1]。

## 【毒理学】

**(1) 一般毒性**

大鼠急性经口 $LD_{50}$＞2000mg/m$^3$，大鼠急性经皮 $LD_{50}$＞5000mg/kg，大鼠急性吸入 $LD_{50}$＞2.1mg/L[1]。

**(2) 神经毒性**

不具有神经毒性[1]。

**(3) 发育与生殖毒性**

雌性小鼠长期膳食暴露腈苯唑 0mg/L、20mg/L、60mg/L、180mg/L 和 1300mg/L，持续 4 周，引起肝脏质量剂量相关性增加、肝小叶中心肝细胞肥大、肝腺瘤发生率增加、胞质嗜酸性粒细胞增多、小叶性肝细胞空泡变性，以及细胞增殖标记指数增加，也引起肝微粒体细胞色素 b 剂量相关性增加。因此，腈苯唑诱导小鼠肝细胞色素 P450 酶活性、行为模式和小鼠肝腺瘤与苯巴比妥类型相似[3]。

**(4) 致突变性与致癌性**

无信息。

## 【人类健康效应】

可能引起肝肾中毒；美国 EPA：疑似人类致癌物；内分泌干扰效应：抑制甲状腺激素的产生[1]。

## 【危害分类与管制情况】

| 序号 | 毒性指标 | PPDB 分类 | PAN 分类 |
|---|---|---|---|
| 1 | 高毒 | 否 | 否 |
| 2 | 致癌性 | 可能 | 可能 |
| 3 | 内分泌干扰性 | 可能 | 疑似 |
| 4 | 生殖发育毒性 | 可能 | 无有效证据 |
| 5 | 胆碱脂酶抑制剂 | 否 | 否 |
| 6 | 神经毒性 | 否 | — |
| 7 | 呼吸道刺激性 | 可能 | — |
| 8 | 皮肤刺激性 | 否 | — |
| 9 | 眼刺激性 | 否 | — |
| 10 | 地下水污染 | — | 无有效证据 |
| 11 | 国际公约或优控名录 | 列入具有内分泌干扰效应的普遍污染物清单 | |

注：PPDB 数据库由英国赫特福德郡大学农业与环境研究所开发；PAN 数据库来自北美农药行动网（PANNA）；“—”表示无此项。

## 【限值标准】

无信息。

## 参考文献

[1] PPDB: Pesticide Properties DataBase.http://sitem.herts.ac.uk/aeru/ppdb/en/Reports/293.htm[2013-03-13].

[2] PAN Pesticides Database—Chemicals.http://www.pesticideinfo.org/Detail_Chemical.jsp?Rec_Id=PC34788[2013-03-13].

[3] Juberg D R, Mudra D R, Hazelton G A, et al. The effect of fenbuconazole on cell proliferation and enzyme induction in the liver of female CD1 mice. Toxicol Appl Pharmacol, 2006, 214 (2): 178-187.

# 腈菌唑(myclobutanil)

## 【基本信息】

**化学名称**：2-(4-氯苯基)-2-(1*H*-1,2,4-三唑-1-甲基)己腈

**其他名称**：—

**CAS 号**：88671-89-0

**分子式**：$C_{15}H_{17}ClN_4$

**相对分子质量**：288.78

**SMILES**：Clc1ccc(cc1)C(C#N)(CCCC)Cn2ncnc2

**类别**：三唑类杀菌剂

**结构式**：

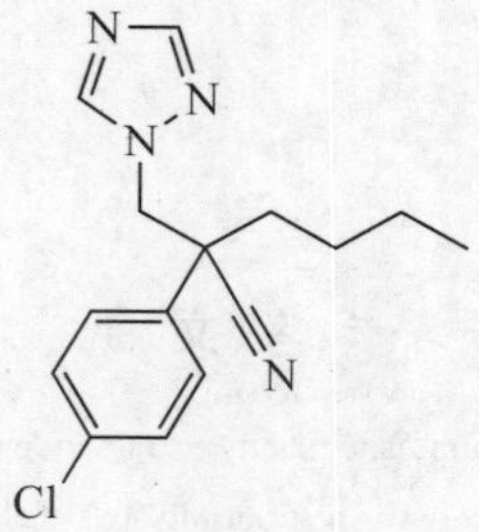

## 【理化性质】

白色结晶固体，熔点 70.9℃，沸点 390.8mg/L，饱和蒸气压 0.198mPa(25℃)。水中溶解度为 132mg/L(20℃)。有机溶剂溶解度(20℃)：正庚烷，1020mg/L；甲醇，250000mg/L；丙酮，250000mg/L；二甲苯，270000mg/L。辛醇/水分配系数 $\lg K_{ow}$=2.89，亨利常数为 $4.33\times10^{-4}$Pa·$m^3$/mol[1]。

## 【环境行为】

### (1)环境生物降解性

好氧条件下，土壤中降解半衰期为 560d（典型值），实验室土壤中降解半衰期为 365d（20℃），田间土壤中降解半衰期为 35d；欧盟登记资料显示实验室土壤中降解半衰期为 191～1216d，田间土壤中降解半衰期为 9～58d；其他资料：土

壤中降解半衰期为 66d[1]。PAN 数据库：好氧条件下土壤中降解半衰期为 66d，厌氧条件下土壤中降解半衰期为 62d[2]。

**(2) 环境非生物降解性**

pH 为 7 时，水中光解半衰期为 15d[1]，在 25℃下使用结构评估法评估了腈菌唑与光化学反应产生的羟基自由基的气相反应速率常数为 $7.0\times10^{-12}cm^3/(mol\cdot s)$，光解半衰期为 2.3d。在 28℃，pH 分别为 5、7 和 9 时腈菌唑 28d 内未发现水解。光照下腈菌唑在无菌水中的水解半衰期为 222d，在敏化无菌水中的水解半衰期为 0.8d，在池塘水中的水解半衰期为 25d[3]。

**(3) 环境生物蓄积性**

基于 $K_{ow}$ 的 BCF 估测值为 37，提示腈菌唑的生物蓄积性中等[4]。

**(4) 土壤吸附/移动性**

吸附系数 $K_{oc}$ 为 518[2]，提示腈菌唑具有轻微土壤移动性。在 Freundlich 吸附模型中，$K_f$ 为 5.03，$K_{foc}$ 为 517，$1/n$ 为 0.88；欧盟登记资料显示，$K_f$ 范围值为 1.464～9.771，$K_{foc}$ 范围值为 225.7～920，$1/n$ 范围值为 0.851～0.912[1]。

## 【生态毒理学】

鸟类(山齿鹑)急性 $LD_{50}$=510mg/kg，鸟类(绿头鸭)短期膳食暴露 $LC_{50}/LD_{50}$＞567mg/(kg bw・d)，鱼类(虹鳟鱼)96h $LC_{50}$=2.0mg/L、21d NOEC=0.2mg/L，溞类(大型溞)48h $EC_{50}$=17mg/L、溞类 21d NOEC=1.0mg/L，水生甲壳动物(糠虾)急性 96h $LC_{50}$=0.24mg/L，底栖生物摇蚊幼虫 28d NOEC=4.98mg/L，浮萍 7d $EC_{50}$＞105mg/L，藻类(硅藻)72h $EC_{50}$=2.66mg/L，蚯蚓急性 14d $LC_{50}$=125mg/kg、蚯蚓繁殖毒性 14d NOEC=10.3mg/kg，蜜蜂经口 48h $LD_{50}$＞33.9μg/蜜蜂[1]。

## 【毒理学】

**(1) 一般毒性**

大鼠急性经口 $LD_{50}$=1600mg/kg，大鼠急性经皮 $LD_{50}$＞2000mg/kg bw，大鼠急性吸入 $LC_{50}$＞5.1mg/L[1]。

**(2) 神经毒性**

无信息。

**(3) 发育与生殖毒性**

对 25 只妊娠 6～15d 的 SD 大鼠每日给喂 0mg/kg、31.3mg/kg、93.8mg/kg、312.6mg/kg、468.9mg/kg 腈菌唑，312.6mg/kg 剂量组引起大鼠骨骼变异的发生率增加，93.8mg/kg 剂量组引起大鼠生存能力指数降低，因此亲鼠毒性 NOAEL=93.8mg/kg，发育毒性 NOAEL=31.3mg/kg[5]。

(4) 致突变性与致癌性

按常规方法进行活化和非活化平皿掺入试验。应用组氨酸缺陷型鼠伤寒沙门氏菌 TA97、TA98、TA100、TA102 四个菌株，腈菌唑设 500μL、50μL、5μL、0.5μL 剂量组，另设阴性、阳性对照，重复三次，其结果均为阴性，未显示有致突变作用[6]。

将体重为 23～29g 的雄性昆明种小鼠随机分为 5 组，每组 5 只，其中一组为阳性对照组，按 50mg/kg 剂量进行腹腔注射，一组为阴性对照组，不作任何处理。另外三组为染毒组，腈菌唑剂量分别为 720mg/kg、360mg/kg、180mg/kg，样品用熟豆油稀释，按两次给药法经灌胃染毒，以常规方法制片，进行 Giemsa 染色，每只小鼠观察 1000 个嗜多染红细胞求出微核率。实验结果表明，三个染毒组细胞微核率与阳性对照组相比，均无显著差异 ($P>0.05$)，说明腈菌唑对小鼠没有诱发微核作用[6]。

## 【人类健康效应】

对人体肝脏具有毒性；内分泌干扰性：抑制雌激素和雄激素的产生[1]；非人类致癌剂，可引起眼睛损害，吸入、吞下或者皮肤接触有害。

## 【危害分类与管制情况】

| 序号 | 毒性指标 | PPDB 分类 | PAN 分类[2] |
|---|---|---|---|
| 1 | 高毒 | 否 | 否 |
| 2 | 致癌性 | 否 | 否 |
| 3 | 内分泌干扰性 | 可能 | 疑似 |
| 4 | 生殖发育毒性 | 可能 | 是 |
| 5 | 胆碱酯酶抑制性 | 否 | 否 |
| 6 | 神经毒性 | 否 | — |
| 7 | 呼吸道刺激性 | 否 | — |
| 8 | 皮肤刺激性 | 否 | — |
| 9 | 眼刺激性 | 是 | — |
| 10 | 地下水污染 | — | 无有效证据 |
| 11 | 国际公约或优控名录 | 列入 PAN 名录、欧盟内分泌干扰物清单、美国 TRI 生殖发育毒性清单 | |

注：PPDB 数据库由英国赫特福德郡大学农业与环境研究所开发；PAN 数据库来自北美农药行动网 (PANNA)；“—”表示无此项。

## 【限值标准】

无信息。

## 参 考 文 献

[1] PPDB: Pesticide Properties DataBase.http://sitem.herts.ac.uk/aeru/ppdb/en/Reports/293.htm[2017-03-15].

[2] PAN Pesticides Database—Chemicals.http://www.pesticideinfo.org/Detail_Chemical.jsp?Rec_Id=PC120[2017-03-15].

[3] Meylan W M, Howard P H. Computer estimation of the atmospheric gas-phase reaction rate of organic compounds with hydroxyl radicals and ozone. Chemosphere, 1993, 26 (12): 2293-2299.

[4] Tomlin C D S. The Pesticide Manual: A World Compendium. 11th ed. Surrey: British Crop Protection Council, 1997.

[5] California Environmental Protection Agency/Department of Pesticide Regulation. Myclobutanil Summary of Toxicological Data.2000.

[6] 罗红晔, 由宇润, 许莲, 等. 腈菌唑毒性研究. 农药, 1997, 36 (2): 29-32.

# 井冈霉素(validamycin)

## 【基本信息】

**化学名称：** *N*-[(1*S*)-(1,4,6/5)-3-羟甲基-4,5,6-三羟基-2-环己烯基]-[*O*-*β*-D-吡喃葡糖基-(1→3)]-(1*S*)-(1,2,4/3,5)-2,3,4-三羟基-5-羟甲基环己胺

**其他名称：** 有效霉素

**CAS 号：** 37248-47-8

**分子式：** $C_{20}H_{35}NO_{13}$

**相对分子质量：** 497.49

**SMILES：** OC[CH]1C[CH](N[CH]2C=C(CO)[CH](O)[CH](O)[CH]2O)[CH](O)[CH](O)[CH]1O[CH]3O[CH](CO)[CH](O)[CH](O)[CH]3O

**类别：** 杀菌剂

**结构式：**

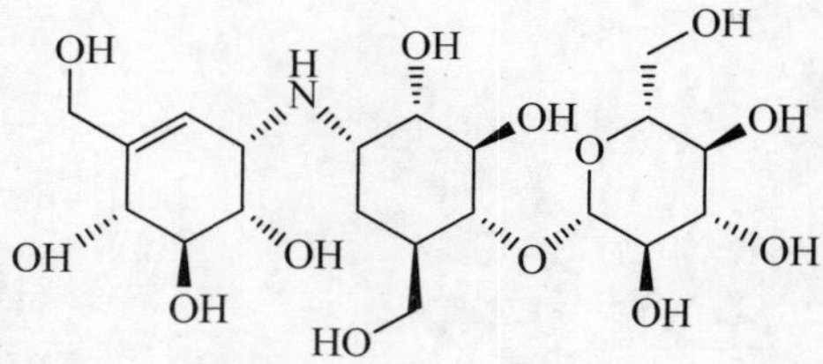

## 【理化性质】

无色或白色无味固体，熔点 130～135℃，易溶于水，水溶解度为 610000mg/L，溶于二甲基甲酰胺、二甲基亚砜、甲醇，微溶于丙酮、乙醇、乙醚、乙酸乙酯[1]。辛醇/水分配系数 $\lg K_{ow}$=−8.32[2]。

## 【环境行为】

### (1) 环境生物降解性

在土壤中可快速被微生物降解，生物降解半衰期小于或等于 5h[3]。

### (2) 环境非生物降解性

无信息。

**(3) 环境生物蓄积性**

无信息。

**(4) 土壤吸附/移动性**

无信息。

## 【生态毒理学】

鱼类(鲤鱼) 96h $LC_{50}$=10mg/L[3]，蟾蜍 92h $LC_{50}$=1000mg/L、24h $LC_{50}$=1000mg/L[4]。

## 【毒理学】

**(1) 一般毒性**

大鼠急性经口 $LD_{50}$＞20000mg/kg，大鼠急性经皮 $LD_{50}$＞5000mg/kg，小鼠急性经口 $LD_{50}$＞20000mg/kg，小鼠腹腔注射 $LD_{50}$＞13000mg/kg，小鼠静脉注射 $LD_{50}$＞13000mg/kg，小鼠皮下注射 $LD_{50}$＞15000mg/kg，大鼠急性吸入 $LD_{50}$＞5000mg/$m^3$，大鼠腹腔注射 $LD_{50}$＞10000mg/kg，大鼠静脉注射 $LD_{50}$＞7200mg/kg[2]。

**(2) 神经毒性**

无信息。

**(3) 发育与生殖毒性**

无信息。

**(4) 致突变性与致癌性**

无信息。

## 【人类健康效应】

无信息。

## 【危害分类与管制情况】

| 序号 | 毒性指标 | PPDB 分类 | PAN 分类[4] |
|---|---|---|---|
| 1 | 高毒 | — | 无数据 |
| 2 | 致癌性 | — | 无有效证据 |
| 3 | 致突变性 | — | 否 |
| 4 | 内分泌干扰性 | — | 无有效证据 |
| 5 | 生殖发育毒性 | — | 无有效证据 |
| 6 | 胆碱酯酶抑制性 | — | 否 |
| 7 | 呼吸道刺激性 | — | 无数据 |

续表

| 序号 | 毒性指标 | PPDB 分类 | PAN 分类[4] |
| --- | --- | --- | --- |
| 8 | 皮肤刺激性 | — | 无数据 |
| 9 | 眼刺激性 | — | 无数据 |
| 10 | 地下水污染 | — | 无有效证据 |
| 11 | 国际公约或优控名录 | 无 | |

注：PPDB 数据库由英国赫特福德郡大学农业与环境研究所开发；PAN 数据库来自北美农药行动网（PANNA）；"—"表示无此项。

## 【限值标准】

无信息。

## 参 考 文 献

[1] WorthingC R, Walker S B.The Pesticide Manual—A World Compendium. 8th ed. Thornton Heath: The British Crop Protection Council, 198: 836.

[2] TOXNET (Toxicology Data Network).https://chem.nlm.nih.gov/chemidplus/rn/37248-47-8[2017-03-16].

[3] Hartley D, Kidd H. The Agrochemicals Handbook. 2nd ed. Lechworth: The Royal Society of Chemistry, 1987: A414.

[4] PAN Pesticides Database-Chemicals.http://www.pesticideinfo.org/Detail_Chemical.jsp?Rec_Id=PC43752[2017-03-16]

# 糠菌唑(bromuconazole)

## 【基本信息】

**化学名称**：(2*RS*,4*RS*)-4-溴-2-(2,4-二氯苯基)四氢糠基-1*H*-1,2,4-三唑

**其他名称**：1-((2*RS*,4*RS*;2RS,4*RS*)-4-溴-2-(2,4-二氯苯基-)四氢糠基)-1*H*-1,2,4-三唑

**CAS 号**：116255-48-2

**分子式**：$C_{13}H_{12}BrCl_2N_3O$

**相对分子质量**：377.06

**SMILES**：BrC1CC(OC1)(c2c(Cl)cc(Cl)cc2)Cn3ncnc3

**类别**：三唑类菌剂

**结构式**：

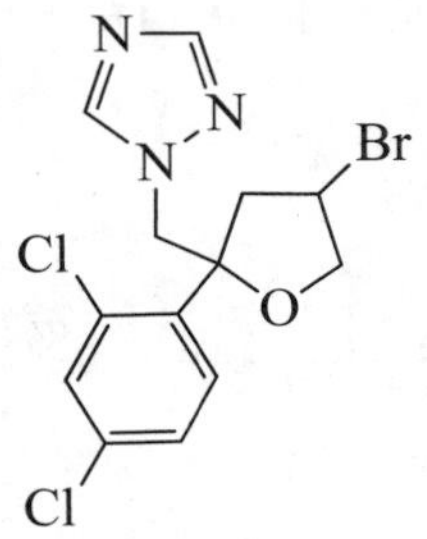

N N N Br Cl O Cl

## 【理化性质】

白色或浅褐色粉末，密度 1.72g/mL，熔点 84℃，饱和蒸气压 0.004mPa(25℃)，水溶解度(20℃)为 48.3mg/L。有机溶剂溶解度(20℃)：正己烷，1790mg/L；丙酮，269.2mg/L；甲苯，187000mg/L；正辛醇，50000mg/L。辛醇/水分配系数 lg$K_{ow}$=3.24，亨利常数为 $1.31\times10^{-5}$Pa·m$^3$·mol$^{-1}$(25℃)。

## 【环境行为】

### (1)环境生物降解性

好氧条件下，土壤中降解半衰期为 190d(典型值)，实验室土壤中降解半衰期为 679d(20℃)，田间土壤中降解半衰期为 123d；欧盟登记资料显示实验室土壤中降解半衰期为 329～1028d，$DT_{90}$ 为 1091～3414d；其他实验室研究土壤中降解半

衰期为 119～1279d，田间土壤中降解半衰期为 5～214d[1]。

**(2) 环境非生物降解性**

pH 为 5～9 时，糠菌唑难以在水中光解，pH 为 7 时，糠菌唑水解半衰期为 30d（20℃），对 pH 不敏感[1]。

**(3) 环境生物蓄积性**

BCF 值为 131，提示糠菌唑具有潜在生物蓄积性[1]。

**(4) 土壤吸附/移动性**

吸附系数 $K_{oc}$ 值为 872，提示糠菌唑在土壤中具有较低移动性，欧盟登记资料显示 $K_{oc}$ 值为 474～1086（LS850646）、627～1539（LS850647）[1]。

## 【生态毒理学】

鸟类（山齿鹑）急性 $LD_{50}$＞2150mg/kg，鸟类短期膳食暴露 $LC_{50}/LD_{50}$＞5000mg/kg，鱼类（虹鳟鱼）96h $LC_{50}$=1.7mg/L、慢性 21d NOEC=0.21mg/L，溞类（大型溞）48h $EC_{50}$＞8.9mg/L、慢性 21d NOEC=0.02mg/L，底栖生物（摇蚊幼虫）慢性 28d $NOEC_{水相}$=0.25mg/L、慢性 28d $NOEC_{底泥相}$=3.125mg/kg，藻类（月牙藻）72h $EC_{50}$＞3.3mg/L，蚯蚓（赤子爱胜蚓）14d $LC_{50}$＞500mg/kg、14d NOEC=18.6mg/kg，蜜蜂急性接触 48h $LD_{50}$＞500μg/蜜蜂、急性经口 48h $LD_{50}$＞100μg/蜜蜂[1]。

## 【毒理学】

**(1) 一般毒性**

大鼠急性经口 $LD_{50}$＞328mg/kg，大鼠急性经皮 $LD_{50}$＞2000mg/kg bw，大鼠急性吸入 $LC_{50}$＞5.0mg/L[1]。

**(2) 神经毒性**

不具有神经毒性[1]。

**(3) 发育与生殖毒性**

每日给喂大鼠 0mg/L、20mg/L、200mg/L、2000mg/L 糠菌唑进行两代繁殖试验，结果显示亲鼠毒性 NOAEL=200mg/L，LOAEL=2000mg/L（引起体重减轻、肝脏质量增加和肝细胞脂肪变性发生率增加）；子代 NOAEL=200mg/L，LOAEL=2000mg/L（引起产仔数和体重减轻）[2]。

**(4) 致突变性与致癌性**

每日给喂大鼠 0mg/L、20mg/L、150mg/L、1000mg/L、2000mg/L 糠菌唑进行致癌性试验，结果显示 NOAEL=20mg/L，LOAEL=150mg/L，无致癌性[2]。

鼠伤寒沙门氏菌株 TA98、TA100、TA1535、TA1537 和 TA1538 暴露于 0μg/板、158μg/板、500μg/板、1580μg/板和 5000μg/板糠菌唑中，在有和无 $S_9$ 激活条件下试验，结果显示，无诱导回复突变增加[2]。

## 【人类健康效应】

非人类健康致癌物，对人类肝脏可能具有毒性[1]。

## 【危害分类与管制情况】

| 序号 | 毒性指标 | PPDB 分类 | PAN 分类[3] |
|---|---|---|---|
| 1 | 高毒 | 否 | 否 |
| 2 | 致癌性 | 否 | 否 |
| 3 | 内分泌干扰性 | 无数据 | 无有效证据 |
| 4 | 生殖发育毒性 | 可能 | 无有效证据 |
| 5 | 胆碱酯酶抑制性 | 否 | 否 |
| 6 | 神经毒性 | 否 | — |
| 7 | 呼吸道刺激性 | 否 | — |
| 8 | 皮肤刺激性 | 否 | — |
| 9 | 眼刺激性 | 否 | — |
| 10 | 地下水污染 | 无数据 | 无有效证据 |
| 11 | 国际公约或优控名录 | 无 | |

注：PPDB 数据库由英国赫特福德郡大学农业与环境研究所开发；PAN 数据库来自北美农药行动网（PANNA）；“—”表示无此项。

## 【限值标准】

每日允许摄入量(ADI)为 0.01mg/(kg bw·d)，急性参考剂量(ARfD)为 0.1mg/(kg bw·d)，操作者允许接触水平(AOEL)为 0.025mg/(kg bw·d)[1]。

## 参 考 文 献

[1] PPDB: Pesticide Properties DataBase.http://sitem.herts.ac.uk/aeru/ppdb/en/Reports/97.htm[2017-03-16].

[2] USEPA/Office of Prevention Pesticides and Toxic Substances. Pesticide Fact Sheet on Bromuconazole.2006.

[3] PAN Pesticides Database—Chemicals.http://www.pesticideinfo.org/Detail_Chemical.jsp?Rec_Id=PC36318 [2013-03-16].

# 克菌丹(captan)

## 【基本信息】

**化学名称**：*N*-(三氯甲硫基)-环己-4-烯-1,2-二甲酰亚胺

**其他名称**：盖普丹、卡丹、普丹

**分子式**：$C_9H_8Cl_3NO_2S$

**相对分子质量**：300.61

**CAS 号**：133-06-2

**SMILES**：N1(C([C@@H]2CC=CC[C@@H]2C1=O)=O)SC(Cl)(Cl)Cl

**类别**：邻苯二甲酰亚胺类杀菌剂

**结构式**：

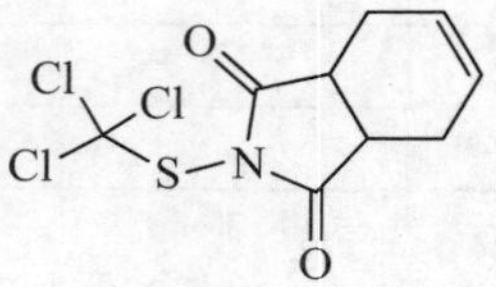

Cl Cl Cl S N O O

## 【理化性质】

灰白色粉末，密度 1.68g/mL，熔点 174℃，饱和蒸气压 $4.2\times10^{-3}$mPa(25℃)。水溶解度(20℃)为 5.2mg/L。有机溶剂溶解度(20℃)：己烷，40mg/L；甲醇，4000mg/L；二甲苯，900mg/L；丙酮，38000mg/L。辛醇/水分配系数 $\lg K_{ow}$=2.5，亨利常数为 $3.00\times10^{-4}$Pa・m$^3$/mol(25℃)。

## 【环境行为】

**(1)环境生物降解性**

好氧条件下，实验室土壤中降解半衰期为 0.8d(20℃)，田间土壤中降解半衰期为 3.7d，$DT_{90}$ 为 2.5d；欧盟档案记录实验室土壤中降解半衰期为 0.44～1.09d，$DT_{90}$ 为 1.46～3.62d，田间土壤中降解半衰期为 0.33～7.04d[1]。50mg/L 的克菌丹在墨西哥查普特南砂壤土内 8 周降解 85%[2]。

**(2)环境非生物降解性**

克菌丹与大气中羟基自由基反应的速率常数为 $8.8\times10^{-11}$cm$^3$/(mol・s)，光解半衰期为 4.4h(25℃)；克菌丹与臭氧自由基反应的速率常数为 $2.0\times10^{-16}$cm$^3$/(mol・s)，光解半衰期为 1.4h(25℃)；pH 为 7 时，水中光解稳定；pH 为 7 时，水解半衰期为

0.6d(20℃)，对 pH 敏感，pH 为 5、9 时，水解半衰期分别为 0.15d 和 6min[1]。克菌丹易在水中降解，在 pH 为 7 时的河水样品中克菌丹降解半衰期为 170min(28℃)，高度着色的天然河水样品(pH=4.7)中，中午光照下的克菌丹降解速率比在黑暗中快约 30%[3]。

**(3) 环境生物蓄积性**

整鱼 BCF 值为 140，提示克菌丹具有中等生物蓄积性[1]。

**(4) 土壤吸附/移动性**

$K_{oc}$ 值为 200，提示克菌丹在土壤中具有中等移动性[1]。欧盟登记资料中 $K_{oc}$ 值为 33～600[1]。

## 【生态毒理学】

鸟类(绿头鸭)急性 $LD_{50}$＞2000mg/kg、鸟类短期膳食 $LC_{50}/LD_{50}$＞1040mg/(kg bw·d)，鱼类(虹鳟鱼)96h $LC_{50}$=0.186mg/L、21d 慢性毒性 NOEC=0.18mg/L，溞类(大型溞)48h $EC_{50}$=7.1 mg/L，水生无脊椎动物(大型溞)21d NOEC=0.56mg/L，水生植物(浮萍)7d $EC_{50}$=12.7mg/L，藻类(月牙藻)72h $EC_{50}$=1.18mg/L，蚯蚓(赤子爱胜蚓)14d $LC_{50}$＞519mg/kg、14d NOEC=12.2mg/kg，蜜蜂急性接触 48h $LD_{50}$＞200μg/蜜蜂、急性经口 48h $LD_{50}$＞100μg/蜜蜂[1]。

## 【毒理学】

**(1) 一般毒性**

大鼠急性经口 $LD_{50}$＞2000mg/kg，大鼠急性经皮 $LD_{50}$＞2000mg/kg，大鼠急性吸入 $LC_{50}$=0.67mg/L[1]。

**(2) 神经毒性**

不具有神经毒性[1]。

**(3) 发育与生殖毒性**

每日喂养 24 只雄性大鼠 10000mg/L 克菌丹，持续 54 周，观察到睾丸萎缩；每日给喂孕 6～16d 新西兰白兔 37.5mg/kg、75mg/kg 和 150mg/kg 克菌丹，结果显示 75mg/kg 剂量组出现 9 个畸形胎鼠，37.5mg/kg 剂量组出现 1 个畸形胎鼠；每日给喂孕 2～8d 金黄仓鼠 100mg/kg、200mg/kg、300mg/kg 和 500mg/kg 克菌丹，结果显示 300mg/kg 处理组孕鼠出现一例大脑外生长，500mg/kg 处理组出现一例大脑外生长和三例头颅丘疹。克菌丹对胎鼠融合肋发生率的 NOEC=300mg/kg[4]。

**(4) 致突变性与致癌性**

克菌丹对小鼠骨髓细胞染色体有诱变作用，其最低诱变剂量为 400mg/kg，为弱诱变剂畸变类型，以单体断裂为主，高剂量组可出现环状染色体[5]。

在不加 $S_9$ 代谢活化系统条件下，TA97、TA100 试验菌株各剂量组(10～50μg/皿)

回复突变菌落数随剂量增高而增多，均大于自发回复突变菌落数的 2 倍，存在剂量-反应关系，且有重复性，为阳性反应；在加 $S_9$ 代谢活化系统条件下，TA97、TA98、TA100 试验菌株中，高剂量组（25～50μg/皿）回复突变菌落数随剂量增高而增多，均大于自发回复突变菌落数的 2 倍，存在剂量-反应关系，且有重复性，为阳性反应。因此，在本试验条件下，克菌丹对鼠伤寒沙门氏菌回复突变试验（Ames 试验）为阳性[6]。

## 【人类健康效应】

可能引起接触性皮炎；国际癌症研究机构：三类致癌物；内分泌干扰性：抑制雌激素作用[1]。

16HBE 细胞经 0.0625～1.0mg/L 剂量的克菌丹染毒，通过观察染毒细胞形态及恶性表型鉴定，检测克菌丹诱导 16HBE 细胞的转化。结果显示，克菌丹转化第 30 代细胞生长的速度增快，使细胞对刀豆蛋白 A（ConA）的凝集敏感性增强，失去贴壁生长依赖性；电镜下可见明显的形态学改变，裸鼠体内形成肿块，为鳞状上皮细胞癌。因此，克菌丹可直接诱导 16HBE 细胞发生恶性转化[7]。

摄食克菌丹后的中毒现象包括头痛、恶心、虚弱、上肢麻木和下腹疼痛[8]。过度暴露的潜在现象是刺激眼睛、皮肤和上呼吸道系统，从而造成视野模糊、皮肤过敏、呼吸困难和腹泻呕吐[9]。克菌丹具有皮肤、眼睛和呼吸道刺激性；为皮肤致敏剂，引起接触性皮炎；加重哮喘；高剂量引起低温、易怒、精神萎靡、食欲减退、反射减弱、少尿、血尿和糖尿[10]。

## 【危害分类与管制情况】

| 序号 | 毒性指标 | PPDB 分类 | PAN 分类[10] |
|---|---|---|---|
| 1 | 高毒 | 否 | 是 |
| 2 | 致癌性 | 可能 | 是 |
| 3 | 致突变性 | 否 | — |
| 4 | 内分泌干扰性 | 可能 | 无有效证据 |
| 5 | 生殖发育毒性 | 无数据 | 无有效证据 |
| 6 | 胆碱酯酶抑制性 | 否 | 否 |
| 7 | 神经毒性 | 否 | — |
| 8 | 皮肤刺激性 | 是 | — |
| 9 | 眼刺激性 | 是 | — |
| 10 | 地下水污染 | 无数据 | 无有效证据 |
| 11 | 国际公约或优控名录 | 列入 PAN 名录 | |

注：PPDB 数据库由英国赫特福德郡大学农业与环境研究所开发；PAN 数据库来自北美农药行动网（PANNA）；“—”表示无此项。

## 【限值标准】

每日允许摄入量(ADI)为 0.1mg/(kg bw·d)，急性参考剂量(ARfD)为 0.3mg/(kg bw·d)，操作者允许接触水平(AOEL)为 0.1mg/(kg bw·d)[1]。

## 参考文献

[1] PPDB: Pesticide Properties DataBase.http://sitem.herts.ac.uk/aeru/ppdb/en/Reports/114.htm[2017-03-18].

[2] Buyanovsky G A, Pieczonka G J, Wagner G H, et al. Degradation of captan under laboratory conditions. Bull Environ Contam Toxicol, 1988, 40 (5): 689-695.

[3] Wolfe N L. Chemical and Photochemical Transformation of Selected Pesticides in Aquatic Systems. 1976.

[4] IARC. Monographs on the Evaluation of the Carcinogenic Risk of Chemicals to Humans. Geneva: World Health Organization, International Agency for Research on Cancer, 1983.

[5] 冯静仪, 凌宝银.农药克菌丹对小鼠骨髓细胞的遗传效应. 江苏医药, 1981, 5: 21-22.

[6] 吴军, 杨秀鸿, 熊志军, 等. 克菌丹 Ames 试验的研究. 实用预防医学, 2007, 3: 902-903.

[7] 许建宁, 董琳, 王全凯, 等. 克菌丹诱导人支气管上皮细胞转化. 农药, 2011, 4: 266-270.

[8] O'Neil M J, Heckelman P E, Koch C B, et al. The Merck Index: An Encyclopedia of Chemicals, Drugs, and Biologicals.Rahway: Merck and Co Inc, 2013.

[9] Joint Meeting of the FAO Panel of Experts on Pesticide Residues in Food and the Environment and the WHO Expert Group on Pesticide Residues, Organization W H. Report of the Joint Meeting of the FAO Panel of Experts on Pesticide Residues in Food and the Environment and the WHO Core Assessment Group on Pesticide Residues, Rome, Italy, 11-20 September 2012. Fao Panel of Experts on Pesticide Residues in Food & the Environment, 2004, 84 (1): 246-265.

[10] PAN Pesticides Database—Chemicals. http://www.pesticideinfo.org/Detail_Chemical.jsp?Rec_Id=PC34569 [2013-03-19].

# 喹啉铜(oxine-copper)

## 【基本信息】

化学名称：8-羟基喹啉铜(II)
其他名称：喹啉铜可湿性粉剂
**CAS 号**：10380-28-6
分子式：$C_{18}H_{12}CuN_2O_2$
相对分子质量：351.89
**SMILES**：c1c2cccc([O-])c2ncc1.[Cu+2].c1c2c(ncc1)c(ccc2)[O-]
类别：有机金属杀菌防霉剂
结构式：

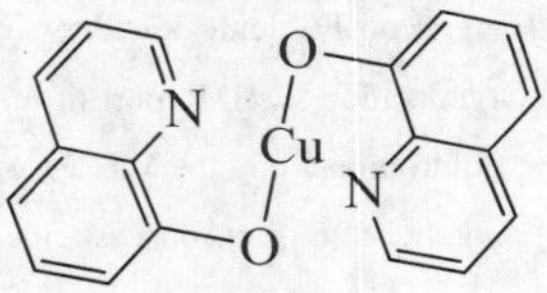

## 【理化性质】

黄绿色粉末，密度 1.68g/mL，水溶解度(20℃)为 0.07mg/L。有机溶剂溶解度(20℃)：不溶。辛醇/水分配系数 $\lg K_{ow}$=2.46。

## 【环境行为】

**(1)环境生物降解性**

无信息。

**(2)环境非生物降解性**

无信息。

**(3)环境生物蓄积性**

无信息。

**(4)土壤吸附/移动性**

无信息。

## 【生态毒理学】

鸟类（鹌鹑）急性 $LD_{50}$＞2619mg/kg，鱼类（蓝腮鱼）96h $LC_{50}$＞0.24mg/L，溞类（大型溞）48h $EC_{50}$＞0.132mg/L，藻类（月牙藻）72h $EC_{50}$=0.046mg/L。

## 【毒理学】

**（1）一般毒性**

大鼠急性经口 $LD_{50}$=300mg/kg，大鼠急性经皮 $LD_{50}$＞2000mg/kg。

**（2）神经毒性**

具有神经毒性[1]。

**（3）发育与生殖毒性**

通过大鼠腹膜注入喹啉铜（CuQ）0.05mmol/kg，4h 后大鼠体内抗坏血酸和铜水平升高，体重明显降低，血清谷丙转氨酶活性明显升高，引起大鼠肝脏毒性，无肾脏毒性。肝脏是 CuQ 的主要代谢器官和蓄积部位，体内动物实验显示 CuQ 可以造成肝脏损伤[2]。

**（4）致突变性与致癌性**

IARC 将 CuQ 对人类的致癌性归为第三类，即现有证据尚不能就其对人类的致癌性进行分类。CuQ 对人类的致癌性有待进一步研究。在 $S_9$ 存在的条件下，CuQ 对 TA97、TA100、TA102 菌株具有致突变作用，提示 CuQ 可能具有遗传毒性。

## 【人类健康效应】

摄入可能引起抽搐、腹部疼痛、腹泻、呕吐；对人体肺和胸部有毒[1]。

对黏膜和角膜有腐蚀性；更易吸收，表现出更大的系统毒性；刺激皮肤、眼睛和呼吸道，特别是眼睛；可能出现黑色或柏油样粪便，黄疸和肝肿大，血细胞破裂导致循环衰竭和休克；摄入会引起腹痛、腹泻、呼吸困难、呕吐[3]。

以 HepG2 细胞作为实验系统，通过单细胞凝胶电泳（SCGE）试验检测细胞 DNA 损伤。结果显示，HepG2 细胞与 0.5～4μmol/L 的 CuQ 接触 1h 后，DNA 的迁移距离明显增加，且呈剂量依赖关系，提示 CuQ 可引起 DNA 链断裂；4μmol/L 的 CuQ 可以明显降低细胞内的过氧化氢酶活性。CuQ 作用于 HepG2 细胞 1h 可引起细胞内谷胱甘肽（GSH）的耗竭；2～4μmol/L 的 CuQ 可引起细胞内硫代巴比妥酸反应物（TBARS）增多；采用 150μmol/L 的 GSH 合成特异抑制剂 DL-甲硫氨酸磺酰亚胺（BSO），用其预处理 HepG2 细胞 20h，可明显增强 CuQ 对 HepG2 细胞 DNA 的损伤，且呈剂量依赖关系。因此，CuQ 可致 HepG2 细胞氧化性 DNA 损伤，作用机制可能是通过细胞内自由基水平升高、细胞内过氧化氢酶活性降低及GSH 耗竭，进而导致氧化性 DNA 损伤及 DNA 链断裂[4]。

## 【危害分类与管制情况】

| 序号 | 毒性指标 | PPDB 分类 | PAN 分类 |
| --- | --- | --- | --- |
| 1 | 高毒 | 否 | 否 |
| 2 | 致癌性 | 是 | 未分类 |
| 3 | 致突变性 | 是 | — |
| 4 | 内分泌干扰性 | 无数据 | 无有效证据 |
| 5 | 生殖发育毒性 | 无数据 | 无有效证据 |
| 6 | 胆碱酯酶抑制性 | 无数据 | 否 |
| 7 | 神经毒性 | 是 | — |
| 8 | 地下水污染 | 无数据 | 无有效证据 |
| 9 | 国际公约或优控名录 | 无 | |

注：PPDB 数据库由英国赫特福德郡大学农业与环境研究所开发；PAN 数据库来自北美农药行动网（PANNA）；“—”表示无此项。

## 【限值标准】

无信息。

## 参 考 文 献


[1] PPDB: Pesticide Properties DataBase.http://sitem.herts.ac.uk/aeru/ppdb/en/Reports/2930.htm[2017-03-19].

[2] Hojo Y, Hashimoto, Miyamoto Y, et al. *In vivo* toxicity, lipid peroxide lowering, and glutathione, ascorbic acid and copper elevation induced in mouse liver by low dose of oxine-copper, a fungicide. Yakugaku Zasshi, 2000, 120 (3): 307-310.

[3] PAN Pesticides Database—Chemicals.http://www.pesticideinfo.org/Detail_Chemical.jsp?Rec_Id=PC33537[2013-03-19].

[4] 林勃. 氧化应激在 8-羟基喹啉铜致 HepG2 细胞的 DNA 损伤中的作用. 大连: 大连医科大学, 2009.

# 联苯三唑醇(bitertanol)

## 【基本信息】

**化学名称**：(1*RS*,2*RS*;1*RS*,2*RS*)-1-(双苯-4-氧基)-3,3-二甲基-1-(1*H*-1,2,4-三唑-1-基)酮-2-醇

**其他名称**：1-联苯氧基-3,3-二甲基-1-(1*H*-1,2,4-三唑-1-基)-丁醇、(1*RS*,2*R*S;1*R*S,2*RS*)-1-(双苯-4-氧基)-3,3-二甲基-1-1(1,2,4-三唑-1-基)酮-2-醇

**CAS 号**：55179-31-2

**分子式**：$C_{20}H_{23}N_3O_2$

**相对分子质量**：337.4155

**SMILES**：O(c2ccc(c1ccccc1)cc2)C(n3ncnc3)C(O)C(C)(C)C

**类别**：三唑类杀真菌剂

**结构式**：

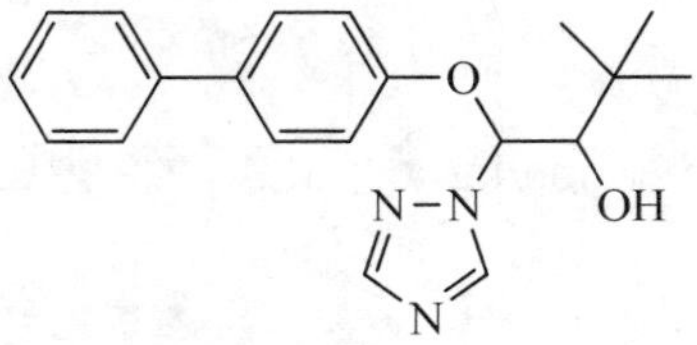

## 【理化性质】

灰白色粉末，密度 1.16g/mL，熔点 118℃，饱和蒸气压 $1.36\times10^{-6}$mPa(25℃)。水溶解度(20℃)为 3.8mg/L。有机溶剂溶解度(20℃)：二氯甲烷，250000mg/L；丙酮，200000mg/L；二甲苯，18000mg/L；辛醇，53000mg/L。辛醇/水分配系数 $\lg K_{ow}$=4.1，亨利常数为 $2.6\times10^{-7}$Pa·$m^3$/mol(25℃)。

## 【环境行为】

**(1)环境生物降解性**

好氧条件下，实验室土壤中降解半衰期为 8.5d(20℃)，田间土壤中降解半衰期为 23d，$DT_{90}$ 为 28d；欧盟登记资料显示，实验室土壤中降解半衰期为 4～20.4d，$DT_{90}$ 为 14～42d；其他资料显示实验室土壤中降解半衰期为 17～179d，田间土壤中降解半衰期为 19～27d[1]。

**(2) 环境非生物降解性**

pH 为 7 时，水中光解半衰期为 18d；无菌水中光解半衰期为 18d，自然水中光解半衰期为 11d；pH 为 4～9 时，水中稳定[1]。

**(3) 环境生物蓄积性**

鳖鱼 BCF 值为 170，提示联苯三唑醇具有潜在的生物蓄积性[1]。

**(4) 土壤吸附/移动性**

$K_f$ 值为 31.8，$K_{foc}$ 值为 2461，$1/n$ 值为 0.88；欧盟登记资料中 $K_f$ 范围值为 19.6～49.3，$K_{foc}$ 范围值为 1766～3751，$1/n$ 范围值为 0.79～0.96[1]。

## 【生态毒理学】

鸟类（山鹌鹑）急性 $LD_{50}$=776mg/kg、鸟类短期膳食 $LC_{50}/LD_{50}$=222mg/(kg bw · d)，鱼类（虹鳟鱼）96h $LC_{50}$=2.14mg/L、21d NOEC=0.0076mg/L，溞类（大型溞）48h $EC_{50}$=4.46mg/L、溞类 21d NOEC=0.15mg/L，底栖生物（摇蚊幼虫）28d NOEC=0.56mg/L，藻类（硅藻）72h $EC_{50}$=1.38mg/L、藻类 96h NOEC=1mg/L，蚯蚓（赤子爱胜蚓）14d $LC_{50}$＞1000mg/kg、繁殖毒性 14d NOEC=2.7mg/kg，蜜蜂急性接触 48h $LD_{50}$＞200μg/蜜蜂、经口 48h $LD_{50}$＞104.4μg/蜜蜂[1]。

## 【毒理学】

**(1) 一般毒性**

大鼠急性经口 $LD_{50}$＞5000mg/kg，大鼠急性经皮 $LD_{50}$＞2000mg/kg bw，大鼠急性吸入 $LC_{50}$＞1.25mg/L[1]。

**(2) 神经毒性**

不具有神经毒性[1]。

**(3) 发育与生殖毒性**

具有生殖发育毒性[1]。

**(4) 致突变性与致癌性**

Ames 致突变试验中，在有 $S_9$ 活化激活条件下，25mg/kg 联苯三唑醇引起苯并[a]芘代谢活化的轻微增加。体内试验结果表明，联苯三唑醇是 CYP1A1、CYP2B 和 CYP3A 诱导剂，体外试验中显示联苯三唑醇是 CYP1A1 抑制剂[2]。

**(5) 内分泌干扰性**

具有内分泌干扰性[1]。

## 【人类健康效应】

可能对人体肝、肾上腺及胸腺有毒；内分泌干扰性：抑制芳香化酶活性，降低雌激素水平[1]。

## 【危害分类与管制情况】

| 序号 | 毒性指标 | PPDB 分类 | PAN 分类 |
|---|---|---|---|
| 1 | 高毒 | 否 | 否 |
| 2 | 致癌性 | 否 | 否 |
| 3 | 内分泌干扰性 | 是 | 疑似 |
| 4 | 生殖发育毒性 | 是 | 无有效证据 |
| 5 | 胆碱酯酶抑制性 | 否 | 否 |
| 6 | 神经毒性 | 否 | — |
| 7 | 皮肤致敏性 | 是 | — |
| 8 | 眼刺激性 | 是 | — |
| 9 | 地下水污染 | 无数据 | 无有效证据 |
| 10 | 国际公约或优控名录 | 列入欧盟内分泌干扰物清单 | |

注：PPDB 数据库由英国赫特福德郡大学农业与环境研究所开发；PAN 数据库来自北美农药行动网(PANNA)；“—”表示无此项。

## 【限值标准】

每日允许摄入量(ADI)为 0.03mg/(kg bw · d)，急性参考剂量(ARfD)为 0.01mg/(kg bw · d)，操作者允许接触水平(AOEL)为 0.01mg/(kg bw · d)[1]。

## 参考文献

[1] PPDB: Pesticide Properties DataBase. http://sitem.herts.ac.uk/aeru/ppdb/en/Reports/84.htm[2017-03-20].

[2] Chan P K, Lu S Y, Liao J W, et al. Induction and inhibition of cytochrome P450-dependent monooxygenases of rats by fungicide bitertanol. Food Chem Toxicol, 2006, 44 (12): 2047-2057.

# 链霉素(streptomycin)

## 【基本信息】

**化学名称**：2,4-二胍基-3,5,6-三羟基环己基-5-脱氧-2-脱氧-2-甲胺基-2-L-吡喃葡糖基)-3-*C*-甲酰-*β*-L-来苏戊呋喃糖苷

**其他名称**：链霉素 A

**CAS 号**：57-92-1

**分子式**：$C_{21}H_{39}N_7O_{12}$

**相对分子质量**：581.57

**SMILES**：C1(O)(C=O)C(OC2C(NC)C(O)C(O)C(CO)O2)C(OC2C(O)C(O)C(NC(=N)N)C(O)C2NC(=N)N)OC1C

**类别**：氨基糖苷类抗生素

**结构式**：

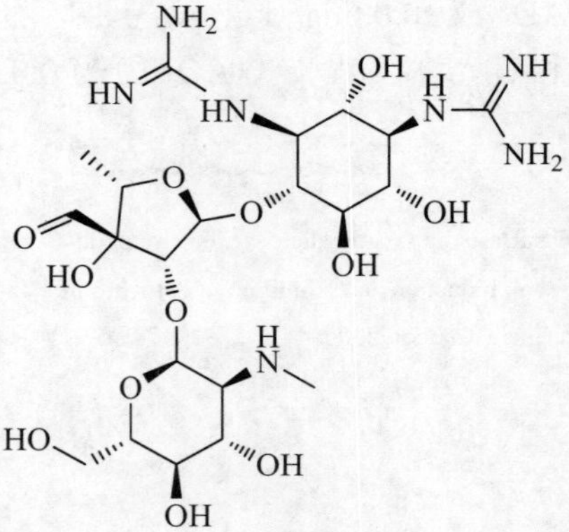

## 【理化性质】

白色无定形粉末，有吸湿性，易溶于水，不溶于大多数有机溶剂，强酸、强碱条件下不稳定。

## 【环境行为】

**(1) 环境生物降解性**

无信息。

**(2) 环境非生物降解性**

强酸和强碱加快链霉素在水中的降解，温度升高时降解加快，温度每升高10℃时，降解速率常数增加 2.4 倍。阴离子型表面活性剂、钙离子和腐殖酸的存在加快了链霉素降解，然而阳离子型表面活性剂、铜离子和镉离子的存在抑制了链霉素的降解。微生物是影响降解的主要因素，降解快慢比较：牛场粪水＞湖水＞自来水。另外，在底泥中链霉素的降解除了考虑微生物的影响外，实验结果发现含水量越高降解越快。酸性条件下的降解产物为链霉胍，中性条件下的降解产物为链霉糖和 *N*-甲基葡萄糖酸胺，然而在碱性条件下链霉糖会进行重排产生麦芽酚[1]。

**(3) 环境生物蓄积性**

无信息。

**(4) 土壤吸附/移动性**

无信息。

## 【生态毒理学】

两栖类动物(非洲爪蟾) 18min NOAEL=151mg/L，浮萍 7d $EC_{50}$=1.0mg/L，浮游动物(卤虫) 48h $LC_{50}$=540.86mg/L[2]。

## 【毒理学】

**(1) 一般毒性**

无信息。

**(2) 神经毒性**

选用 48 只听觉灵敏、平衡良好、体重在 220～300g 的健康雄性豚鼠做慢性实验(实验 25 只、对照 23 只)，选用 8 只雄性大鼠做急性实验(对照、实验各半)。慢性实验组每日一次肌内注射链霉素(硫酸盐)，剂量为 400mg/kg+葡萄糖酸钙、200mg/kg、100mg/kg。急性实验组一次肌内注射 600mg/kg 链霉素。100mg/kg 剂量组连续注射达一个月，机能试验和组织化学检查均未见明显变化。400mg/kg+葡萄糖酸钙及 200mg/kg 剂量组，实验动物平均在两个月左右眼震丧失，听力迟钝。但也有个别动物短在 22d、长达 158d 才出现中毒症状。结果表明，慢性中毒豚鼠耳蜗神经腹侧终核、前庭神经外侧终核、三叉神经细胞核内嫌色性细胞增多。对急性和部分慢性中毒动物肋间肌运动终板区的乙酰胆碱酯酶进行了组织化学检查，急性中毒动物乙酰胆碱酯酶活性减弱，慢性中毒动物者未见明显变化。因此，葡萄糖酸钙有解除动物的急性中毒和提高动物对链霉素耐受剂量的作用，链霉素对中枢神经系统的毒性作用是普遍的[3]。

**(3)发育与生殖毒性**

健康豚鼠用链霉素-牛血清白蛋白(SM-BSA)结合物、BSA 分别免疫后，再注射不同剂量的纯链霉素 30d，测定其听觉脑干电反应的变化，然后对组织切片进行苏木精-伊红(HE)染色和免疫组织化学染色，观察内耳功能及内耳和肾的形态变化。研究结果表明，未免疫只用不同剂量的链霉素组的豚鼠内耳听觉功能及内耳和肾的形态变化甚小。用 BSA 免疫后再注射不同剂量链霉素组的豚鼠上述器官有一定程度的损伤，而用 SM-BSA 结合物免疫后再注射不同剂量的链霉素组豚鼠的听力下降明显，内耳螺旋器(Corti 器)有典型的毛细胞损伤表现而且损伤程度有一定的剂量依赖性，肾皮质部肾小管出现轻度的形态改变，肾小管上皮细胞内出现颗粒状沉积物，免疫组织化学染色呈阳性。长期或反复用链霉素后其肾和内耳毒性作用的出现和加重与其抗原抗体免疫复合物的形成有关[4]。

**(4)致突变性与致癌性**

无信息。

## 【人类健康效应】

人类中毒会引起皮疹、剥脱性皮炎；前庭损伤、眼球震颤或姿势不平衡；视神经功能障碍、周围神经炎；昏迷、精神萎靡、呼吸抑制；对视力的毒性作用是罕见的，但已经报道了几种情况；引起过敏性休克和造血反应[2]。

链霉素中毒的神经系统症状主要表现为第八对颅神经中毒症状：主要损害前庭系或耳蜗系。损害前庭者常发生头昏、眩晕、颈硬、平衡失调，严重者卧床不起。这些症状可持续数周甚至数年。损害耳蜗者，常在用药数周后或停药后发生，主要症状为耳鸣与耳聋，高频率听力常先受损且损害亦较严重，若及时停药，耳聋有可能得到预防，否则可产生完全性耳聋。神经症状：主要表现为头痛、头昏、易激动、常失眠、多梦、口吃，严重者可出现舞蹈样动作和精神失常。三叉神经受损症状：口唇周围及面部发麻较常见，女性比男性更易出现这种毒性反应。泌尿系统症状：肾损害较少见，偶可引起尿蛋白、红白细胞尿和管型尿，一般并不影响继续治疗，少数可引起肾炎。

其他症状有抖颤、瘫痪、血压升高或下降、月经失调、脱发、心肌炎等[5]。

## 【危害分类与管制情况】

| 序号 | 毒性指标 | PPDB 分类(无此物质) | PAN 分类[2] |
|---|---|---|---|
| 1 | 高毒 | — | 无有效证据 |
| 2 | 致癌性 | — | 未分类 |
| 3 | 内分泌干扰性 | — | 无有效证据 |
| 4 | 生殖发育毒性 | — | 无有效证据 |

续表

| 序号 | 毒性指标 | PPDB 分类(无此物质) | PAN 分类[2] |
| --- | --- | --- | --- |
| 5 | 胆碱酯酶抑制性 | — | 否 |
| 6 | 地下水污染 | — | 无有效证据 |
| 7 | 国际公约或优控名录 | — | 无 |

注：PPDB 数据库由英国赫特福德郡大学农业与环境研究所开发；PAN 数据库来自北美农药行动网(PANNA)；“—”表示无此项。

## 【限值标准】

无信息。

## 参 考 文 献


[1] 申彦茹. 链霉素在水环境中的降解. 呼和浩特: 内蒙古大学, 2016.

[2] PAN Pesticides Database—Chemicals. http://www.pesticideinfo.org/Detail_Chemical.jsp?Rec_Id=PC34481[2017-03-20].

[3] 牛富文. 链霉素对于动物神经组织的毒性作用——组织化学研究. 解剖学报, 1966, 2: 16.

[4] 阿斯亚·拜山伯, 顾立素, 胡昌勤, 等. 链霉素的耳毒性和肾毒性与机体链霉素抗体的关系研究. 中国临床药理学杂志, 1999, 5: 360-364.

[5] 郭兴城. 链霉素的毒性反应及其防治. 辽宁中级医刊, 1979, 2: 25-26.

# 邻苯基苯酚(2-phenylphenol)

## 【基本信息】

**化学名称**：2-羟基联苯

**其他名称**：2-苯基苯酚、(1,1′-二苯基)-2-酚、苯基苯酚、邻苯基酚、邻羟基联苯

**CAS 号**：90-43-7

**分子式**：$C_{12}H_{10}O$

**相对分子质量**：170.21

**SMILES**：c1(c2c(cccc2)O)ccccc1

**类别**：酚类杀菌剂

**结构式**：

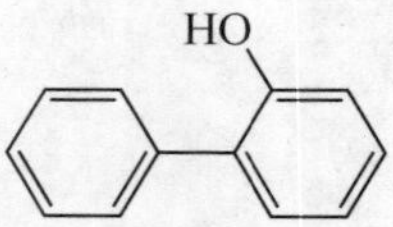

HO

## 【理化性质】

无色至淡紫色片状结晶固体，密度 1.22g/mL，熔点 56.7℃，沸点 287℃，饱和蒸气压 474mPa(25℃)。水溶解度(20℃)为 560mg/L。有机溶剂溶解度(20℃)：乙醇，5900000mg/L；乙酸乙酯，250000mg/L；庚烷，50300mg/L；丙酮，250000mg/L。辛醇/水分配系数 $\lg K_{ow}$=3.18，亨利常数为 0.14Pa・$m^3$/mol(25℃)[1]。

## 【环境行为】

**(1)环境生物降解性**

好氧条件下，土壤中降解半衰期为 4d(典型值)，实验室土壤中降解半衰期为 0.11d(20℃)，$DT_{90}$ 为 0.36d；欧盟登记资料记录的实验室砂壤土中降解半衰期为 0.11d，$DT_{90}$ 为 0.36d[1]。

**(2)环境非生物降解性**

pH 为 7 时，水中光解半衰期为 0.3d，pH 为 7 时，水环境中稳定(20℃)，pH 为 5～9 时，水环境中稳定(50℃)[1]。

**(3) 环境生物蓄积性**

BCF 值为 21.7，提示邻苯基苯酚具有低生物蓄积性[1]。

**(4) 土壤吸附/移动性**

在 Freundlich 吸附模型中，$K_f$ 为 8.68，$K_{foc}$ 为 347，$1/n$ 为 0.82；欧盟登记资料显示，$K_f$ 范围值为 7.47～11.66，$K_{foc}$ 范围值为 252～393，$1/n$ 范围值为 0.784～0.87[1]。

## 【生态毒理学】

鸟类(绿头鸭)急性 $LD_{50}$＞2250mg/kg，鱼类(虹鳟鱼)96h $LC_{50}$=4mg/L、鱼类(黑头呆鱼)慢性 21d NOEC=0.036mg/L，溞类(大型溞)48h $EC_{50}$=2.7mg/L，水生甲壳动物(糠虾)急性 96h $LC_{50}$=0.32mg/L，沉积物生物(摇蚊幼虫)慢性 28d NOEC=1.85mg/L，浮萍 7d $EC_{50}$=6.2mg/L，蚯蚓 14d $LC_{50}$=99.1mg/L[1]。

## 【毒理学】

**(1) 一般毒性**

大鼠急性经口 $LD_{50}$=2733mg/kg，大鼠急性经皮 $LD_{50}$＞2000mg/kg bw，大鼠急性吸入 $LC_{50}$＞0.036mg/L[1]。

**(2) 神经毒性**

具有神经毒性[1]。

**(3) 发育与生殖毒性**

经口给喂怀孕大鼠 1.45～2.0g/kg，结果显示，邻苯基苯酚具有母体毒性，可延迟胎儿发育，但无致畸现象[2]。

怀孕 6～15d 大鼠每日给喂 600mg/kg 邻苯基苯酚，结果显示，邻苯基苯酚具有胎鼠毒性，但不致畸[2]。

**(4) 致突变性与致癌性**

邻苯基苯酚(200～800μmol/L)作用于 HepG2 细胞 60min 后，引起 DNA 链断裂，细胞呈彗星样拖尾，其尾长明显增长，且呈剂量依赖性；同时，细胞内 ROS 水平增加、GSH 水平下降，线粒体膜电位下降。邻苯基苯酚(200～800μmol/L)作用于 HepG2 细胞 40min 后，可引起细胞内溶酶体膜稳定性改变。用羟基酪醇(HT)、$NH_4Cl$、抑胃肽和地昔帕明四种干预剂处理后，邻苯基苯酚引起的 DNA 链断裂、细胞内 ROS 和 GSH 水平、线粒体膜电位，以及溶酶体膜稳定性的改变都有明显的减弱，说明上述四种干预剂的保护作用十分显著。因此，邻苯基苯酚能够引起细胞 DNA 损伤，对 HepG2 细胞具有遗传毒性[3]。

每天给兔子喂食 20000mg/kg 的邻苯基苯酚钠，诱导了膀胱肿瘤。组织病理学研究表明，该类肿瘤与人类膀胱肿瘤相似[4]。

(5) 内分泌干扰性

采用大鼠垂体腺瘤 GH3 细胞和 MVLN 细胞对邻苯基苯酚进行体外甲状腺激素和雌激素活性检测，结果显示，邻苯基苯酚显著影响 GH3 细胞增殖，转录激活雌激素活性，具有内分泌干扰性[5]。

## 【人类健康效应】

对膀胱、肾脏及肝脏具有毒性；可能会损坏角膜；雌激素激动剂[1]。

邻苯基苯酚的所有生产过程要求密闭操作，保持自然通风，作业工人配有严格的个人防护措施，但调查结果表明，有害影响时有发生。当邻苯基苯酚的空气浓度为 0.112mg/m$^3$ 时，短期接触者上呼吸道刺激症状明显，而长期暴露者主要表现为神经衰弱和血小板减少等中枢神经系统及血液系统损害。中国台湾曾报道一患有宫颈癌二期的妇女因无法忍受病痛和对生活丧失信心，服用大量的含邻苯基苯酚的杀菌剂后，昏迷被送医院，经检查因严重肝、肾、肺等脏器损伤而死亡。德国研究人员发现，能引起人体损害的邻苯基苯酚的最低有效浓度为 20μmol/L[6]。

另有报道，邻苯基苯酚具有强腐蚀性；对眼睛、皮肤、口腔和胃肠道具有损伤；引起恶心、呕吐和腹泻；引起低血压、心力衰竭、肺水肿、神经功能的变化；引起高铁血红蛋白血症和溶血[7]。

## 【危害分类与管制情况】

| 序号 | 毒性指标 | PPDB 分类 | PAN 分类 |
| --- | --- | --- | --- |
| 1 | 高毒 | 否 | 是 |
| 2 | 致癌性 | 是 | 是 |
| 3 | 内分泌干扰性 | 可能 | 疑似 |
| 4 | 生殖发育毒性 | 可能 | 是 |
| 5 | 胆碱酯酶抑制性 | 否 | 否 |
| 6 | 神经毒性 | 是 | — |
| 7 | 呼吸道刺激性 | 是 | — |
| 8 | 皮肤刺激性 | 是 | — |
| 9 | 眼刺激性 | 是 | — |
| 10 | 地下水污染 | 无数据 | 无有效证据 |
| 11 | 国际公约或优控名录 | 列入 PAN 名录、美国 TRI 致癌物清单、欧盟内分泌干扰物名录 | |

注：PPDB 数据库由英国赫特福德郡大学农业与环境研究所开发；PAN 数据库来自北美农药行动网（PANNA）；“—”表示无此项。

## 【限值标准】

每日允许摄入量(ADI)为 0.4mg/(kg bw・d)，操作者允许接触水平(AOEL)为 0.4mg/(kg bw・d)[1]。

## 参 考 文 献


[1] PPDB: Pesticide Properties DataBase. http://sitem.herts.ac.uk/aeru/ppdb/en/Reports/1340.htm[2017-03-20].

[2] DHHS/NTP. Toxicology and Carcinogenesis Studies of Ortho-Phenylphenol alone and with 7, 12-dimethylbenz (a) anthracene in Swiss CD-1 Mice (Dermal Studies). 1986.

[3] 李建庆. 邻苯基苯酚对HepG2细胞的遗传毒性及氧化应激、溶酶体膜完整性机制研究. 大连: 大连医科大学, 2011.

[4] European Commission, ESIS. IUCLID Dataset, Biphenyl-2-ol (90-43-7). 2000.

[5] Ghisari M, Bonefeld-Jorgensen E C. Effects of plasticizers and their mixtures on estrogen receptor and thyroid hormone functions. Toxicol Lett, 2009, 189 (1): 67-77.

[6] 李建庆, 陈敏. 邻苯基苯酚的遗传毒性研究进展. 毒理学杂志, 2012, 26 (1): 58-61.

[7] PAN Pesticides Database—Chemicals. http://www.pesticideinfo.org/Detail_Chemical.jsp?Rec_Id=PC33048[2017-03-20].

# 硫黄(sulphur)

## 【基本信息】

化学名称：硫黄
其他名称：硫磺、硫块、粉末硫磺、磺粉、硫磺块、硫磺粉
**CAS 号**：7704-34-9
分子式：S
相对分子质量：32.06
**SMILES**：S
类别：无机硫杀菌剂
结构式：

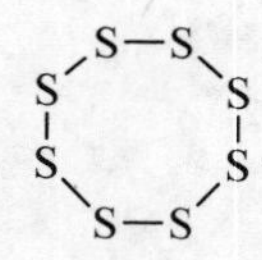

## 【理化性质】

黄色结晶性粉末，密度2.36g/mL，熔点117℃，沸点444.6℃，饱和蒸气压0.098mPa（25℃）。水溶解度（20℃）为0.063mg/L。有机溶剂溶解度（20℃）：庚烷，1800mg/L；甲苯，15700mg/L；二氯甲烷，11000mg/L；丙酮，480mg/L。辛醇/水分配系数 $\lg K_{ow}$=0.23，亨利常数为0.05Pa·$m^3$/mol（25℃）[1]。

## 【环境行为】

**（1）环境生物降解性**

好氧条件下，土壤中降解半衰期为30d，实验室土壤中降解半衰期为28.1d（20℃），欧盟登记资料记录的实验室土壤中降解半衰期为6～64d[1]。

**（2）环境非生物降解性**

pH为7时，水中光解半衰期为0.2d，在水环境中稳定（20℃），水解不是主要的降解途径[1]。

**（3）环境生物蓄积性**

$\lg P$＜3，提示硫黄具有低生物蓄积性[1]。

**(4) 土壤吸附/移动性**

吸附系数 $K_{oc}$ 估测值为 1950，提示硫黄在土壤中具有轻微移动性[1]。

## 【生态毒理学】

鸟类（山齿鹑）急性 $LD_{50}$＞2000mg/kg、鸟类短期膳食 $LC_{50}/LD_{50}$＞1335mg/(kg bw・d)，鱼类(虹鳟鱼)96h $LC_{50}$＞0.063mg/L，溞类(大型溞)48h $EC_{50}$＞0.063mg/L，水生甲壳动物(糠虾)急性 96h $LC_{50}$＞646mg/L，水藻(硅藻)急性 72h $EC_{50}$＞0.063mg/L，蚯蚓 14d $LC_{50}$＞2000mg/kg，蜜蜂急性接触 48h $LD_{50}$＞100μg/蜜蜂、急性经口 48h $LD_{50}$＞106.8μg/蜜蜂[1]。

## 【毒理学】

**(1) 一般毒性**

大鼠急性经口 $LD_{50}$＞2000mg/kg，大鼠急性经皮 $LD_{50}$＞2000mg/kg bw，大鼠急性吸入 $LC_{50}$＞5.43mg/L[1]。

**(2) 神经毒性**

无信息。

**(3) 发育与生殖毒性**

不具有生殖发育毒性[1]。

**(4) 致突变性与致癌性**

当硫黄在矿物油中的浓度超过 1%时，可作为共同致癌物质。每周两次连续 12 周或 12 周以上给小鼠的皮肤使用矿物油，引起恶性肿瘤细胞数量增加及平均潜伏期的缩短[2]。

对怀孕 10～12d 雌鼠每日给喂 1000mg/kg 硫黄，受损染色体数目增加达到对照组的 2 倍左右[2]。

对大鼠每日给喂 1000mg/kg 硫黄，结果发现，硫黄对大鼠骨髓细胞染色体无显著影响[2]。

## 【人类健康效应】

吸入硫黄可能导致鼻黏膜的卡他性炎症，导致分泌物增多；可引起支气管炎发病率增加，呼吸困难，持续性咳嗽、咳痰，有时咳血；可刺激眼睛，导致流泪、畏光、结膜炎、睑结膜炎，对晶状体也有损伤，可导致眼睛浑浊、白内障和灶性脉络膜视网膜炎；皮肤可能会有红斑、湿疹样病变和体征溃疡；引起肺通气功能改变，使氧耗增加，每秒呼气量减少，残气量增加，肺二氧化碳弥散能力也受损[3]。

对皮肤有中度刺激，引起皮炎；空气中的硫黄粉尘刺激眼睛和呼吸道；摄入导致腹泻[4]。

## 【危害分类与管制情况】

| 序号 | 毒性指标 | PPDB 分类 | PAN 分类 |
|---|---|---|---|
| 1 | 高毒 | 否 | 否 |
| 2 | 致癌性 | 否 | 无有效证据 |
| 3 | 内分泌干扰性 | 无数据 | 无有效证据 |
| 4 | 生殖发育毒性 | 否 | 无有效证据 |
| 5 | 胆碱酯酶抑制性 | 否 | 否 |
| 6 | 神经毒性 | 否 | — |
| 7 | 呼吸道刺激性 | 是 | — |
| 8 | 皮肤刺激性 | 是 | — |
| 9 | 眼刺激性 | 是 | — |
| 10 | 地下水污染 | 无数据 | 无有效数据 |
| 11 | 国际公约或优控名录 | 无 | |

注：PPDB 数据库由英国赫特福德郡大学农业与环境研究所开发；PAN 数据库来自北美农药行动网（PANNA）；“—”表示无此项。

## 【限值标准】

无信息。

## 参考文献

[1] PPDB: Pesticide Properties DataBase. http://sitem.herts.ac.uk/aeru/ppdb/en/Reports/605.htm[2017-03-23].

[2] European Commission, ESIS. IUCLID Dataset, Sulfur（7704-34-9）. 2000.

[3] International Labour Office. Encyclopedia of Occupational Health and Safety. Vols. I&II. Geneva：International Labour Office，1983.

[4] PAN Pesticides Database—Chemicals. http://www.pesticideinfo.org/Detail_Chemical.jsp?Rec_Id=PC34501[2017-03-23].

# 硫酸铜(cupric sulfate)

## 【基本信息】

**化学名称：**硫酸铜

**其他名称：**蓝矾、胆矾、铜矾、无水硫酸铜、无水硫酸铜（Ⅱ）

**CAS 号：**7758-98-7

**分子式：**$CuSO_4$

**相对分子质量：**159.61

**SMILES：**O1S（=O）（=O）O[Cu]1

**类别：**无机铜杀菌剂

**结构式：**

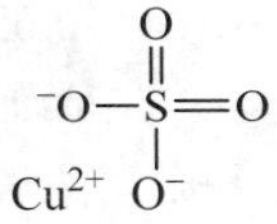

$$\begin{array}{ccc} & & O \\ & & \| \\ {}^{-}O & - & S = O \\ & & | \\ Cu^{2+} & & O^{-} \end{array}$$

## 【理化性质】

白色或灰白色粉末，密度 3.6g/mL，沸点 650℃，熔点 590℃，饱和蒸气压 7.3mmHg（25℃）。水溶解度（20℃）为 243g/L。有机溶剂溶解度（20℃）：甲醇，11g/L；不溶于乙醇[1]。

## 【环境行为】

**（1）环境生物降解性**

无信息。

**（2）环境非生物降解性**

无信息。

**（3）环境生物蓄积性**

无信息。

**（4）土壤吸附/移动性**

无信息。

## 【生态毒理学】

鱼类（大马哈鱼）96h $LC_{50}$=286μg/L、鱼类（虹鳟）28d $EC_{10}$=16.5μg/L，溞类（大型溞）48h $EC_{50}$=6.5mg/L，两栖类动物（爪蟾）96h $EC_{50}$=0.88mg/L，浮萍 7d $EC_{50}$=1.1mg/L，藻类（海链藻）72h $EC_{50}$=5μg/L[1]。

## 【毒理学】

**（1）一般毒性**

大鼠经口 $LD_{50}$=300mg/kg，兔子经口 $LD_{50}$=125mg/kg，小鼠口服 $LD_{100}$=50mg/kg[2]。

**（2）神经毒性**

无信息。

**（3）发育与生殖毒性**

将 40 只小白鼠随机分为 4 组，即对照组（生理盐水）、低剂量组（0.055mg/kg）、中剂量组（0.55mg/kg）、高剂量组（5.5mg/kg），采用灌胃法染毒 28d。结果显示，与对照组相比，不同剂量的实验组体重的增长率均下降，高剂量组在第 1 周和第 2 周甚至出现了负增长，分别为–3.86%、–0.62%。用光学显微镜观察睾丸的病理切片，与对照组相比，实验组小鼠睾丸曲精细管呈现不同程度的变性，管内各级生精细胞数目减少或缺失，精子形成极少或无精，且随剂量的升高，睾丸组织病理损伤加重。以上结果表明，硫酸铜可诱导生精细胞凋亡，且可显著抑制精原细胞的增殖，随着剂量的增加，硫酸铜对睾丸组织的生殖毒性效应加强[3]。

**（4）致突变性与致癌性**

用染色体畸变试验、精子畸形试验和小鼠微核试验评价硫酸铜的致突变性，结果显示，剂量、路径和时间对染色体畸变频率、微核率和精子畸形率有显著影响。三种方法的相对灵敏度为：精子畸形＞染色体畸变＞微核形成。因此，硫酸铜具有致突变性[1]。

## 【人类健康效应】

对皮肤、眼睛和呼吸道都有强烈的刺激。口服单次暴露的影响如下：上腹部疼痛、头痛、恶心、头晕、呕吐、腹泻、心动过速、呼吸困难、溶血性贫血、血尿、消化道大出血、肝肾功能衰竭，甚至死亡[1]。

可溶性盐对黏膜和角膜有腐蚀性；有机铜化合物比无机铜化合物更易吸收，表现出更大的系统毒性；对皮肤、眼睛和呼吸道有刺激性，特别是对眼睛；引起恶心，可能出现呕吐，以及黑色或柏油样粪便；引起黄疸和肝肿大，引起血细胞破裂，导致循环衰竭和休克[4]。

## 【危害分类与管制情况】

| 序号 | 毒性指标 | PPDB 分类 | PAN 分类 |
|---|---|---|---|
| 1 | 高毒 | — | 否 |
| 2 | 致癌性 | — | 否 |
| 3 | 内分泌干扰性 | — | 疑似 |
| 4 | 生殖发育毒性 | — | 无有效证据 |
| 5 | 胆碱酯酶抑制性 | — | 否 |
| 6 | 呼吸道刺激性 | — | 是 |
| 7 | 皮肤刺激性 | — | 是 |
| 8 | 眼刺激性 | — | 是 |
| 9 | 地下水污染 | — | 无有效证据 |
| 10 | 国际公约或优控名录 | 列入欧盟内分泌干扰物清单 | |

注：PPDB 数据库由英国赫特福德郡大学农业与环境研究所开发；PAN 数据库来自北美农药行动网（PANNA）；“—”表示无此项。

## 【限值标准】

无信息。

## 参 考 文 献

[1] U. S. National Library of Medicine. Toxnet HSDB. http://toxnet.nlm.nih.gov/newtoxnet/hsdb.htm.[2017-03-22].

[2] WHO. Environmental Health Criteria 200: Copper. 1998: 101.

[3] 李广录, 熊建利, 董瑞丽, 等. 硫酸铜对小鼠睾丸损伤的组织学研究. 华北农学报, 2013, 28 (3): 88-91.

[4] PAN Pesticides Database—Chemicals. http://www.pesticideinfo.org/Detail_Chemical.jsp?Rec_Id=PC33538[2017-03-22].

# 氯苯嘧啶醇(fenarimol)

## 【基本信息】

**化学名称**：氯苯嘧啶醇

**其他名称**：乐必耕、异嘧菌、异嘧菌醇

**CAS 号**：60168-88-9

**分子式**：$C_{17}H_{12}Cl_2N_2O$

**相对分子质量**：331.2

**SMILES**：Clc1ccc(cc1)C(O)(c2ccccc2Cl)c3cncnc3

**类别**：嘧啶类杀菌剂

**结构式**：

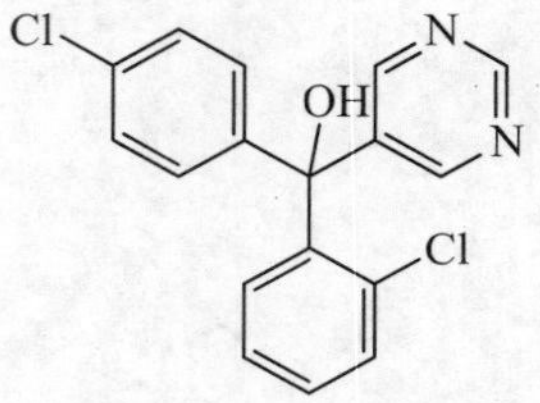

Cl OH N N Cl

## 【理化性质】

白色晶体，密度 1.4g/mL，熔点 118℃，饱和蒸气压 0.065mPa(25℃)。水溶解度(20℃)为 13.7mg/L。有机溶剂溶解度(20℃)：乙酸乙酯，73300mg/L；甲醇，98000mg/L；正庚烷，920mg/L；二甲苯，33300mg/L。辛醇/水分配系数 $\lg K_{ow}$=3.69，亨利常数为 $7.0\times10^{-4}$Pa·$m^3$/mol(25℃)。

## 【环境行为】

### (1)环境生物降解性

氯苯嘧啶醇在土壤中非常稳定，厌氧条件下，8 个星期后仍有 94%～96%的标记物以母体的形式存在[1]。用 $^{14}C$-氯苯嘧啶醇研究其在土壤中的降解，发现氯苯嘧啶醇在 Marcham 砂质黏壤土中的降解半衰期为 473～917d，在 Faringdon 黏土中的降解半衰期为 436～889d，在 Marcham 砂质肥土中的降解半衰期为 542～1204d，在 Speyer 肥沃砂壤土中的降解半衰期为 1360～1833d[1]。

**(2) 环境非生物降解性**

自然光照射下，光解 100d 后，有 15%～28%的标记物挥发，氯苯嘧啶醇的残存量为 33%～38%，主要光解产物为氯代苯甲酸[3]。氯苯嘧啶醇在水中不稳定，太阳光照射下，氯苯嘧啶醇易发生光解，在水溶液中的光解速率大小顺序为 pH 5＞pH 7＞pH 9＞pH 11，光解半衰期为 28d；氯苯嘧啶醇在水中的光解以直接光解（由激发单重态直接转化为光解产物）为主[1]。

**(3) 环境生物蓄积性**

基于 $K_{ow}$ 的 BCF 估测值为 113，提示氯苯嘧啶醇有潜在的生物蓄积性[2]。

**(4) 土壤吸附/移动性**

无信息。

## 【生态毒理学】

鸟类（鹌鹑）急性 $LD_{50}$＞2000mg/kg，鱼类（虹鳟鱼）96h $LC_{50}$=4.1mg/L、鱼类 21d NOEC=0.43mg/L，溞类（大型溞）48h $EC_{50}$=6.8mg/L、溞类 21d NOEC=0.113mg/L，摇蚊幼虫 96h $LC_{50}$=1.45mg/L、28d NOEC=0.625mg/L，藻类 72h $EC_{50}$=1.48mg/L、96h NOEC=0.1mg/kg，蚯蚓 14d $LC_{50}$＞250mg/kg，蜜蜂急性接触 48h $LD_{50}$＞100μg/蜜蜂、经口 48h $LD_{50}$＞10μg/蜜蜂[3]。

## 【毒理学】

**(1) 一般毒性**

大鼠急性经口 $LD_{50}$≈2500mg/kg，大鼠急性经皮 $LD_{50}$＞2000mg/kg bw，大鼠急性吸入 $LC_{50}$＞2.04mg/L[3]。

**(2) 神经毒性**

无信息。

**(3) 发育与生殖毒性**

无信息。

**(4) 致突变性与致癌性**

无信息。

## 【人类健康效应】

无信息。

## 【危害分类与管制情况】

| 序号 | 毒性指标 | PPDB 分类 | PAN 分类[3] |
|---|---|---|---|
| 1 | 高毒 | 否 | 否 |
| 2 | 致癌性 | 否 | 否 |

续表

| 序号 | 毒性指标 | PPDB 分类 | PAN 分类[3] |
| --- | --- | --- | --- |
| 3 | 内分泌干扰性 | 是 | 疑似 |
| 4 | 生殖发育毒性 | 无有效证据 | 无有效证据 |
| 5 | 胆碱酯酶抑制性 | 否 | 否 |
| 6 | 神经毒性 | 否 | 无数据 |
| 7 | 地下水污染 | 无数据 | 潜在影响 |
| 8 | 国际公约或优控名录 | — | |

注：PPDB 数据库由英国赫特福德郡大学农业与环境研究所开发；PAN 数据库来自北美农药行动网（PANNA）；“—”表示无此项。

## 【限值标准】

每日允许摄入量（ADI）为 0.01mg/（kg bw · d），急性参考剂量（ARfD）为 0.02mg/（kg bw · d），操作者允许接触水平（AOEL）为 0.02mg/（kg bw · d）[2]。

## 参 考 文 献


[1] 王丹军，岳永德，汤锋，等. 氯苯嘧啶醇在水体中的光解机制研究. 环境污染与防治，2008，30（7）：47-51.

[2] PPDB: Pesticide Properties DataBase. http://sitem.herts.ac.uk/aeru/ppdb/en/Reports/291.htm[2017-03-10].

[3] PAN Pesticides Database—Chemicals. http://www.pesticideinfo.org/Detail_Chemical.jsp?Rec_Id=PC33189[2017-03-10].

# 咪鲜胺(prochloraz)

## 【基本信息】

**化学名称**：*N*-丙基-*N*-[2-(2,4,6-三氯苯氧基)乙基]-咪唑-1-甲酰胺

**其他名称**：百克、咪酰胺、丙氯灵

**CAS 号**：67747-09-5

**分子式**：$C_{15}H_{16}Cl_3N_3O_2$

**相对分子质量**：376.67

**SMILES**：CCCN(CCOC1=C(C=C(C=C1Cl)Cl)Cl)C(=O)N2C=CN=C2

**类别**：咪唑类杀菌剂

**结构式**：

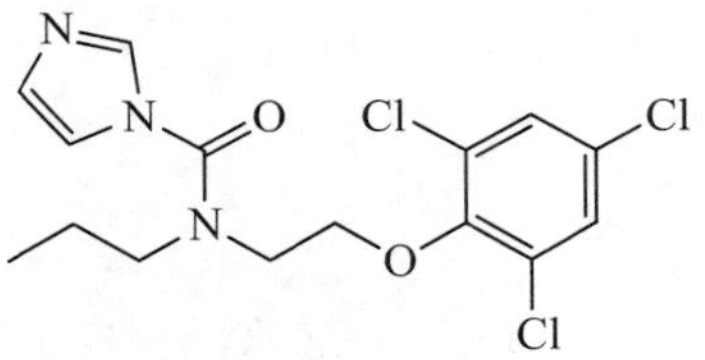

## 【理化性质】

无色结晶，密度 1.42g/mL，熔点 48.3℃，沸点沸腾前分解，饱和蒸气压 0.15mPa(25℃)。水溶解度(20℃)为 26.5mg/L。有机溶剂溶解度(20℃)：乙酸乙酯，600000mg/L；丙酮，600000mg/L；正己烷，7500mg/L；甲醇，600000mg/L。辛醇/水分配系数 $\lg K_{ow}$=3.5，亨利常数为 $1.64\times10^{-3}$Pa・$m^3$/mol(25℃)。

## 【环境行为】

**(1)环境生物降解性**

好氧条件下，土壤中降解半衰期为 120d(典型值)，实验室土壤中降解半衰期为 223.6d(20℃)，田间土壤中降解半衰期为 16.7d；欧盟档案记录的实验室土壤中降解半衰期为 22.1～936.1d，田间土壤中降解半衰期为 1.9～73.2d[1]。

**(2)环境非生物降解性**

咪鲜胺在水中光解半衰期为 1.5d；20℃，pH 分别为 5 和 7 时，水中稳定；pH 为 9 时，水解半衰期为 78.9d(22℃)[1]。

**(3) 环境生物蓄积性**

鱼类 BCF 估测值为 371，提示咪鲜胺有潜在的生物蓄积性[1]。

**(4) 土壤吸附/移动性**

吸附系数 $K_{oc}$ 为 500，提示咪鲜胺在土壤中具有低移动性[1]。以蒙脱石、高岭石、海泡石和凹凸棒石 4 种黏土矿物对咪鲜胺进行吸附，12h 内均可达平衡，咪鲜胺在蒙脱石、高岭石、海泡石和凹凸棒石表面的最大吸附量分别为 1.401mg/g、1.240mg/g、3.800mg/g 和 4.120mg/g；在实验 pH 范围内，随体系初始 pH 升高，咪鲜胺的吸附量逐渐减小[2]。

## 【生态毒理学】

鸟类（鹌鹑）急性 $LD_{50}$=662mg/kg，鱼类（虹鳟鱼）96h $LC_{50}$=1.5mg/L、鱼类 21d NOEC=0.049mg/L，溞类（大型溞）48h $EC_{50}$=4.3mg/L，水生甲壳动物（糠虾）急性 96h $LD_{50}$=0.77mg/L，摇蚊幼虫 28d NOEC≥0.8mg/L，浮萍 7d $EC_{50}$=0.171mg/L，藻类 72h $EC_{50}$＞0.0055mg/L、96h NOEC=0.01mg/L，蚯蚓急性 14d $LC_{50}$＞500mg/kg、慢性 14d NOEC=4.2mg/kg，蜜蜂急性接触 48h $LD_{50}$=141.3μg/蜜蜂、经口 48h $LD_{50}$＞101μg/蜜蜂[1]。

## 【毒理学】

**(1) 一般毒性**

大鼠急性经口 $LD_{50}$=1023mg/kg，大鼠急性经皮 $LD_{50}$＞2100mg/kg bw，大鼠急性吸入 $LC_{50}$＞2.16mg/L[1]。

**(2) 神经毒性**

无信息。

**(3) 发育与生殖毒性**

无信息。

**(4) 致突变性与致癌性**

无信息。

## 【人类健康效应】

无信息。

## 【危害分类与管制情况】

| 序号 | 毒性指标 | PPDB 分类 | PAN 分类[3] |
|---|---|---|---|
| 1 | 高毒 | 否 | 否 |
| 2 | 致癌性 | 无有效证据 | 潜在影响 |

续表

| 序号 | 毒性指标 | PPDB 分类 | PAN 分类[3] |
|---|---|---|---|
| 3 | 内分泌干扰性 | 无有效证据 | 疑似 |
| 4 | 生殖发育毒性 | 是 | 无有效证据 |
| 5 | 胆碱酯酶抑制性 | 否 | 否 |
| 6 | 皮肤刺激性 | 否 | — |
| 7 | 眼刺激性 | 否 | — |
| 8 | 地下水污染 | 无数据 | 无有效证据 |
| 9 | 国际公约或优控名录 | 无 | |

注：PPDB 数据库由英国赫特福德郡大学农业与环境研究所开发；PAN 数据库来自北美农药行动网(PANNA)；“—”表示无此项。

## 【限值标准】

每日允许摄入量(ADI)为 0.01mg/(kg bw・d)，急性参考剂量(ARfD)为 0.025mg/(kg bw・d)，操作者允许接触水平(AOEL)为 0.02mg/(kg bw・d)。

## 参 考 文 献


[1] PPDB: Pesticide Properties DataBase. http://sitem.herts.ac.uk/aeru/ppdb/en/Reports/536.htm[2017-03-12].

[2] 吴亮，龚道新，张小东，等，咪鲜胺在 4 种粘土矿物上的吸附行为. 安徽农业大学学报，2016，43（2）：252-257.

[3] PAN Pesticides Database—Chemicals. http://www.pesticideinfo.org/Detail_Chemical.jsp?Rec_Id=PC36352[2017-03-12].

# 醚菌酯(kresoxim-methyl)

## 【基本信息】

化学名称：(*E*)-2-甲氧亚氨基-[2-(邻甲基苯氧基甲基)苯基]乙酸甲酯
其他名称：苯氧菊酯、醚菌酯
**CAS 号**：143390-89-0
分子式：$C_{18}H_{19}NO_4$
相对分子质量：313.35
**SMILES**：O=C(OC)\C(=N\OC)c1c(cccc1)COc2ccccc2C
类别：甲氧基丙烯酸酯类杀菌剂
结构式：

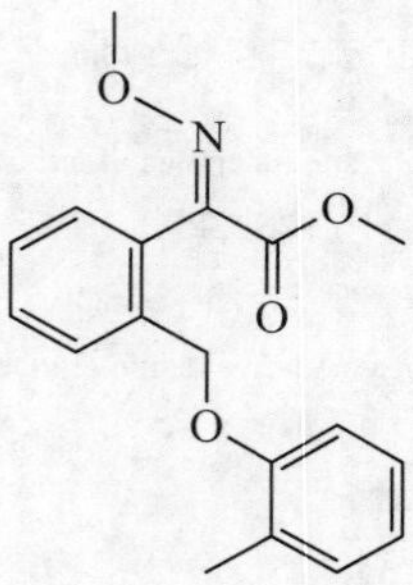

## 【理化性质】

白色结晶粉末，密度 1.26g/mL，熔点 102℃，沸点沸腾前分解，饱和蒸气压 $2.3\times10^{-3}$mPa(25℃)。水溶解度(20℃)为 2.0mg/L。有机溶剂溶解度(20℃)：正庚烷，1720mg/L；甲醇，14900mg/L；丙酮，217000mg/L；乙酸乙酯，123000mg/L。辛醇/水分配系数 $\lg K_{ow}$=3.4，亨利常数为 $3.60\times10^{-4}$Pa・m$^3$/mol(25℃)。

## 【环境行为】

**(1)环境生物降解性**

好氧条件下，土壤中降解半衰期为 16d(典型值)，实验室土壤中降解半衰期为 0.87d(20℃)，欧盟档案记录的实验室土壤中降解半衰期为 0.37～1.85d[1]。另有报道，好氧条件下，在土壤中快速生物降解，半衰期小于1d，厌氧条件下，在淹水土壤中快速生物降解，半衰期为1.1d[2]。

**(2) 环境非生物降解性**

醚菌酯与大气中羟基自由基反应的速率常数为$3.8\times10^{-11}cm^3/(mol\cdot s)$，光解半衰期为10h（25℃）[3]，常温条件下pH为5时，在水中稳定；pH为7时，在水中相对稳定，水解半衰期为34d；pH为9时，水解半衰期为7h[2]。

**(3) 环境生物蓄积性**

基于$K_{ow}$的BCF估测值为80，提示醚菌酯生物蓄积性中等[4]。

**(4) 土壤吸附/移动性性**

吸附系数$K_{oc}$估测值为1700，提示醚菌酯在土壤中具有低移动性[4]。

## 【生态毒理学】

鸟类（鹌鹑）急性$LD_{50}>2150mg/kg$，鱼类（虹鳟鱼）96h $LC_{50}=0.19mg/L$、鱼类21d NOEC=0.013mg/L，溞类（大型溞）48h $EC_{50}=0.186mg/L$、溞类21d NOEC=0.032mg/L，水生甲壳动物（糠虾）急性96h $LC_{50}=0.047mg/L$，浮萍7d $EC_{50}=0.301mg/L$，藻类72h $EC_{50}=0.063mg/L$，蚯蚓急性14d $LC_{50}>469mg/kg$，蜜蜂急性接触48h $LD_{50}>100\mu g$/蜜蜂、经口48h $LD_{50}>110\mu g$/蜜蜂[1]。

## 【毒理学】

**(1) 一般毒性**

大鼠急性经口$LD_{50}>5000mg/kg$，大鼠急性经皮$LD_{50}>2000mg/kg$ bw，大鼠急性吸入$LC_{50}>5.6mg/L$[1]。

**(2) 神经毒性**

无信息。

**(3) 发育与生殖毒性**

将健康成年SD大鼠随机分为低、中、高剂量组[690mg/(kg·d)、2750mg/(kg·d)和11000mg/(kg·d)]和对照组共4组，每组22只，雌雄各半。低、中和高醚菌酯剂量组雌性大鼠实际染毒剂量分别为77.83mg/(kg·d)、315.42mg/(kg·d)和1233.10mg/(kg·d)，雄性大鼠实际染毒剂量分别为60.93mg/(kg·d)、257.68mg/(kg·d)和1102.20mg/(kg·d)，连续喂养90d，对照组动物给予标准饲料喂养。观察大鼠体重、尿常规、血常规、血生化和脏器系数改变情况。结果显示，雄性高剂量组大鼠在染毒第6、11和12周时体重均低于雄性对照组（$P<0.05$）；4组大鼠尿常规检查结果均正常；雌性低、中和高剂量组大鼠白细胞（WBC）计数均低于雌性对照组（$P<0.05$），染毒剂量与WBC计数呈剂量-效应关系；与雄性对照组比较，雄性高剂量组大鼠红细胞计数下降（$P<0.05$），平均红细胞血红蛋白浓度升高

($P<0.05$)；与雄性对照组比较，雄性高剂量组大鼠丙氨酸氨基转移酶活性升高($P<0.05$)，球蛋白水平下降($P<0.05$)；大鼠肝脏脏器系数高于雄性对照组($P<0.05$)；雌性和雄性的3个剂量组大鼠均出现轻度肝细胞水肿，但与同性别对照组比较差异均无统计学意义($P>0.05$)；雌性大鼠NOAEL＜77.83mg/(kg·d)，雄性大鼠NOAEL=257.68mg/(kg·d)。因此，醚菌酯原药对大鼠的经口毒性效应主要表现为对血液和肝脏的毒性作用，肝脏可能是其重要的毒性靶器官[5]。

**(4)致突变性与致癌性**

采用SD大鼠，在胚胎器官形成期连续给予95%醚菌酯。实验包括3个剂量组[50mg/(kg bw·d)、200mg/(kg bw·d)、800mg/(kg bw·d)]、阴性对照组(溶剂)和阳性对照组[维甲酸140mg/(kg bw·d)]。结果表明，受试物各剂量组均未显示出明显的胎鼠生长发育障碍，胎鼠骨骼、内脏发育及外观未见明显异常。仅见800mg/(kg bw·d)剂量组胎鼠胸骨(第2位或第6位)残缺或缺失，这可能与骨化程度和骨化时间有关，一般对胎鼠的生长发育不会产生影响。在800mg/(kg bw·d)剂量下，95%醚菌酯对大鼠无胚胎毒性和致畸性[6]。

喂养大鼠0mg/L、200mg/L、800mg/L、8000mg/L、16000mg/L醚菌酯[分别相当于雄鼠0mg/(kg·d)、9mg/(kg·d)、36mg/(kg·d)、375mg/(kg·d)、770mg/(kg·d)，雌鼠0mg/(kg·d)、12mg/(kg·d)、47mg/(kg·d)、497mg/(kg·d)、1046mg/(kg·d)]两年，结果显示，雄鼠和雌鼠LOAEL=8000mg/L，NOAEL=800mg/L，雄鼠和雌鼠都出现肝癌原发性肿瘤，与组织病理学检查结果一致[2]。

## 【人类健康效应】

可能人类致癌物[7]。

## 【危害分类与管制情况】

| 序号 | 毒性指标 | PPDB分类 | PAN分类[8] |
|---|---|---|---|
| 1 | 高毒 | 否 | 否 |
| 2 | 致癌性 | 无有效证据 | 是 |
| 3 | 内分泌干扰性 | 无数据 | 无有效证据 |
| 4 | 生殖发育毒性 | 否 | 无有效证据 |
| 5 | 胆碱酯酶抑制性 | 否 | 否 |
| 6 | 神经毒性 | 否 | — |
| 7 | 呼吸道刺激性 | 是 | — |
| 8 | 皮肤刺激性 | 是 | — |

续表

| 序号 | 毒性指标 | PPDB 分类 | PAN 分类[8] |
|---|---|---|---|
| 9 | 眼刺激性 | 是 | — |
| 10 | 地下水污染 | — | 潜在影响 |
| 11 | 国际公约或优控名录 | 列入 PAN 名录 | |

注：PPDB 数据库由英国赫特福德郡大学农业与环境研究所开发；PAN 数据库来自北美农药行动网(PANNA)；“—”表示无此项。

## 【限值标准】

每日允许摄入量(ADI)为 0.4mg/(kg bw・d)，操作者允许接触水平(AOEL)为 0.9mg/(kg bw・d)。

## 参考文献


[1] PPDB: Pesticide Properties DataBase. http://sitem.herts.ac.uk/aeru/ppdb/en/Reports/414.htm[2017-03-11].

[2] USEPA. Pesticide Fact Sheet for Kresoxim-Methyl (143390-89-0). 2002.

[3] Meylan W M, Howard P H. Computer estimation of the atmospheric gas-phase reaction rate of organic compounds with hydroxyl radicals and ozone. Chemosphere, 1993, 26: 2293-2299.

[4] Tomlin C D S. The Pesticide Manual: A World Compendium. 11th ed. Surrey: British Crop Protection Council, 1997.

[5] 蔡婷峰, 葛怡琛, 高洪彬, 等. 醚菌酯原药对 SD 大鼠亚慢性经口毒性研究. 中国职业医学, 2015, 42 (3): 286-291.

[6] 谭军, 张炫, 宋宏宇, 等. 95%醚菌酯的致畸毒性. 农药, 2008, 47 (3): 201-204.

[7] USEPA Office of Pesticide Programs, Health Effects Division, Science Information Management Branch. Chemicals Evaluated for Carcinogenic Potential. 2006.

[8] PAN Pesticides Database—Chemicals. http://www.pesticideinfo.org/Detail_Chemical.jsp?Rec_Id=PC36371[2017-03-11].

# 嘧菌环胺(cyprodinil)

## 【基本信息】

化学名称：4-环丙基-6-甲基-*N*-苯基嘧啶-2-胺

其他名称：—

**CAS 号**：121552-61-2

分子式：$C_{14}H_{15}N_3$

相对分子质量：225.289

**SMILES**：n1c(cc(nc1Nc2ccccc2)C3CC3)C

类别：苯胺嘧啶类杀菌剂

结构式：

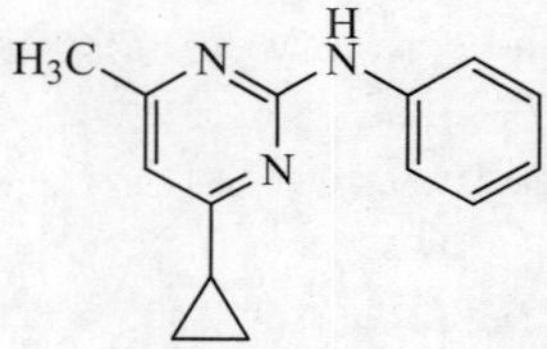

## 【理化性质】

浅褐色粉末，密度 1.21g/mL，熔点 75.9℃，饱和蒸气压 0.51mPa(25℃)。水溶解度(20℃)为 13mg/L。有机溶剂溶解度(20℃)：甲苯，440000mg/L；丙酮，500000mg/L；二氯甲烷，500000mg/L；正己烷，26000mg/L。辛醇/水分配系数 $\lg K_{ow}$=4，亨利常数为 $6.60\times10^{-3}$Pa・$m^3$/mol(25℃)。

## 【环境行为】

**(1)环境生物降解性**

好氧条件下，土壤中降解半衰期为 37d(典型值)，实验室土壤中降解半衰期为 53d(20℃)，田间土壤中降解半衰期 45d；欧盟档案记录的实验室土壤中降解半衰期为 31～41d，田间土壤中降解半衰期为 11～98d[1]，厌氧条件下，在淹水土壤中 16d 不降解[2]。

**(2)环境非生物降解性**

嘧菌环胺与大气中羟基自由基反应的速率常数 $2.0\times10^{-10}cm^3$/(mol・s)，光解半衰期为 1.9h(25℃)[3]，常温条件下，pH 为 4～9 时，嘧菌环胺在水中稳定[1]。

**(3) 环境生物蓄积性**

蓝鳃太阳鱼的 BCF 值为 511，提示嘧菌环胺的生物蓄积性高[4]。

**(4) 土壤吸附/移动性**

来源于西班牙 4 个葡萄园的 8 种土壤中的吸附系数 $K_{oc}$ 为 1679～3980，提示嘧菌环胺在土壤中具有低移动性[5]。

## 【生态毒理学】

鸟类(鹌鹑)急性 $LD_{50}$＞2000mg/kg，鱼类(虹鳟鱼)96h $LC_{50}$=2.41mg/L、鱼类 21d NOEC=0.083mg/L，溞类(大型溞)48h $EC_{50}$=0.22mg/L、21d NOEC=0.0088mg/L，摇蚊幼虫 28d NOEC=0.24mg/L，浮萍 7d $EC_{50}$=7.71mg/L，藻类 72h $EC_{50}$=2.6mg/L，蚯蚓急性 14d $LC_{50}$=192mg/kg，蜜蜂急性接触 48h $LD_{50}$＞784μg/蜜蜂、经口 48h $LD_{50}$= 112.5μg/蜜蜂[1]。

## 【毒理学】

**(1) 一般毒性**

大鼠急性经口 $LD_{50}$＞2000mg/kg，短期摄食 NOAEL=3mg/kg，大鼠急性经皮 $LD_{50}$＞2000mg/kg bw，大鼠急性吸入 $LC_{50}$＞1.2mg/L[1]。

**(2) 神经毒性**

无信息。

**(3) 发育与生殖毒性**

每日给喂雌鼠嘧菌环胺，结果显示：嘧菌环胺引起雌鼠体重减轻和摄食量减少，母鼠毒性 LOAEL=1000mg/(kg·d)、NOAEL=200mg/(kg·d)；基于体重减轻，骨化延迟发生率增加，发育毒性 LOAEL=1000mg/(kg·d)、NOAEL=200mg/(kg·d)[6]。

每日给喂雌兔嘧菌环胺，结果显示：嘧菌环胺引起体重减轻，母兔毒性 LOAEL=400mg/(kg·d)、NOAEL=150mg/(kg·d)；基于产仔数轻微增加，发育毒性 LOAEL=400mg/(kg·d)、NOAEL=150mg/(kg·d)[6]。

大鼠两代繁殖毒性试验结果显示：基于 F0 代雌鼠体重减轻，孕鼠系统毒性 LOAEL=4000mg/L、NOAEL=1000mg/L；基于子鼠体重减轻，繁殖/发育毒性 LOAEL=4000mg/L、繁殖毒性 NOAEL=1000mg/L[6]。

**(4) 致突变性与致癌性**

大鼠 18 个月致癌性试验结果显示，基于雄鼠胰腺外分泌增生的剂量-效应相关性增加，LOAEL=2000mg/L、NOAEL=150mg/L；雄鼠在嘧菌环胺浓度为 2000mg/L 范围内和雌鼠在嘧菌环胺浓度为 5000mg/L 范围内都没有致癌性症状[6]。

## 【人类健康效应】

非人类健康致癌剂[7]。嘧菌环胺对眼睛、皮肤和呼吸道具有刺激性，靶器官是肝脏、肾脏和甲状腺[8]。

通过固相微萃取与气相色谱-质谱联用分析来自 50 名农药使用者的头发，其中，氟虫腈和嘧霉胺检出率较高，而嘧菌环胺的检出浓度最高，达到 1161pg/mg[9]。

雌激素受体(ERa)、雄激素受体(AR)和芳香受体(AhR)体外试验结果显示，嘧菌环胺是芳香受体激动剂，与雄激素受体具有弱结合力，因此，嘧菌环胺可能具有内分泌干扰性[10]。

## 【危害分类与管制情况】

| 序号 | 毒性指标 | PPDB 分类 | PAN 分类 |
|---|---|---|---|
| 1 | 高毒 | 否 | 否 |
| 2 | 致癌性 | 否 | 否 |
| 3 | 致突变性 | 否 | 无数据 |
| 4 | 内分泌干扰性 | 无数据 | 无有效证据 |
| 5 | 生殖发育毒性 | 无有效证据 | 无有效证据 |
| 6 | 胆碱酯酶抑制性 | 否 | 否 |
| 7 | 神经毒性 | 否 | — |
| 8 | 呼吸道刺激性 | 是 | — |
| 9 | 皮肤刺激性 | 是 | — |
| 10 | 皮肤致敏性 | 是 | — |
| 11 | 眼刺激性 | 是 | — |
| 12 | 地下水污染 | 无数据 | 潜在影响 |
| 13 | 国际公约或优控名录 | 无 | |

注：PPDB 数据库由英国赫特福德郡大学农业与环境研究所开发；PAN 数据库来自北美农药行动网(PANNA)；“—”表示无此项。

## 【限值标准】

每日允许摄入量(ADI)为 0.03mg/(kg bw·d)，操作者允许接触水平(AOEL)为 0.03mg/(kg bw·d)[1]，地下水最大检测浓度为 2000ng/L[6]。

## 参考文献

[1] PPDB: Pesticide Properties DataBase. http://sitem.herts.ac.uk/aeru/ppdb/en/Reports/199.htm[2017-03-29].

[2] Dec J, Haider K, Rangaswamy V, et al. Formation of soil-bound residues of cyprodinil and their plant uptake. J

Agric Food Chem, 1997, 45: 514-520.

[3] 康占海. 甲嘧菌环胺的微生物降解作用研究. 保定: 河北农业大学, 2012.

[4] USEPA. Estimation Program Interface（EPI）Suite. Ver. 4.1. http://www2.epa.gov/tsca-screening-tools[2017-03-29].

[5] Franke C, Studinger G, Berger G, et al. The assessment of bioaccumulation. Chemosphere, 1994, 29（7）: 1501-1514.

[6] Wightwick A M, Bui A D, Zhang P, et al. Environmental fate of fungicides in surface waters of a horticultural-production catchment in southeastern Australia. Arch Environ Contam Toxicol, 2012, 62: 380-390.

[7] USEPA Office of Prevention. Pesticides and Toxic Substances, Pesticide Fact Sheet for Cyprodinil, Reason for Issuance: Registration. 1998.

[8] PAN Pesticides Database—Chemicals. http://www.pesticideinfo.org/Detail_Chemical.jsp?Rec_Id=PC35774[2017-03-29].

[9] Schummer C, Salquèbre G, Briand O, et al. Determination of farm workers' exposure to pesticides by hair analysis. Toxicol Lett, 2012, 210（2）: 203-210.

[10] Medjakovic S, Zoechling A, Gerster P, et al. Effect of Nonpersistent pesticides on estrogen receptor, androgen receptor, and aryl hydrocarbon receptor. Environ Toxicol, 2014, 29（10）: 1201-1216.

# 嘧菌酯(azoxystrobin)

## 【基本信息】

**化学名称**：(*E*)-[2-[6-(2-氰基苯氧基)嘧啶-4-基氧]苯基]-3-甲氧基丙烯酸甲酯

**其他名称**：阿米西达

**CAS 号**：131860-33-8

**分子式**：$C_{22}H_{17}N_3O_5$

**相对分子质量**：403.3875

**SMILES**：O=C(OC)\C(=C\OC)c3ccccc3Oc2ncnc(Oc1c(C#N)cccc1)c2

**类别**：甲氧丙烯酸酯杀菌剂

**结构式**：

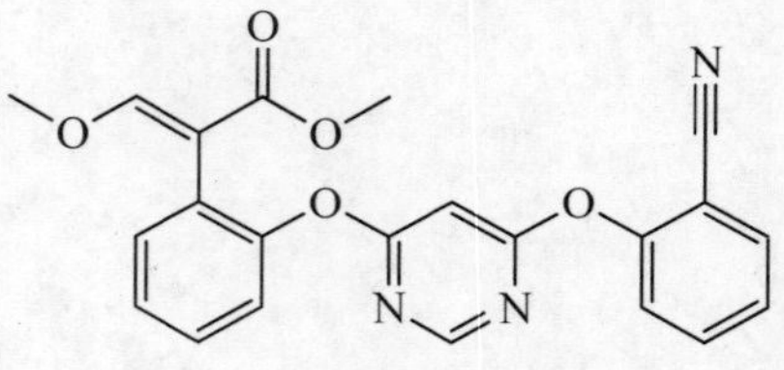

## 【理化性质】

白色结晶固体，密度 1.34g/mL，熔点 116℃，沸点 360℃，饱和蒸气压 $1.1\times10^{-7}$mPa(25℃)。水溶解度(20℃)为 6.7mg/L。有机溶剂溶解度(20℃)：正己烷，57mg/L；甲醇，20000mg/L；丙酮，86000mg/L；甲苯，55000mg/L。辛醇/水分配系数 $\lg K_{ow}=2.5$，亨利常数为 $7.40\times10^{-9}$Pa·m$^3$/mol(25℃)。

## 【环境行为】

### (1)环境生物降解性

好氧条件下，土壤中降解半衰期为 78d(典型值)，实验室土壤中降解半衰期为 84.5.6d(20℃)，田间土壤中降解半衰期为 180.7d；欧盟档案记录的实验室土壤中降解半衰期为 35.2～248d，田间土壤中降解半衰期为 120.9～261.9d[1]。好氧条件下，在土壤中生物降解半衰期为 8～12 周，降解反应主要是酯的水解[2]，100mg/kg 嘧菌酯 3 个月和 12 个月降解后分别存留 22.3%和 60.9%，根据一级动力学反应，降解半衰期分别为 116d 和 353d[3]。

**(2) 环境非生物降解性**

pH 为 7 时，嘧菌酯水中光解半衰期为 8.7d(25℃)，常温条件下 pH 为 7 时，在水中稳定，对 pH 不敏感[1]，pH 为 9 时，水解半衰期为 12.1d[4]。嘧菌酯在水中相对稳定，温度和 pH 是影响嘧菌酯在水环境中降解的两个主要因素；在不同温度条件下(15℃、25℃、35℃和 45℃)，嘧菌酯的半衰期分别为 56.1d、37.7d、15.5d 和 13.6d，水解速率常数随温度的升高而增加，说明嘧菌酯的水解受温度影响较大，低温抑制水解，高温促进水解；在不同 pH(pH 分别为 5、7 和 9)的缓冲溶液中，嘧菌酯的水解半衰期分别为 47.9d、29.6d 和 17.2d，水解速率依次为 pH9＞pH7＞pH5，说明嘧菌酯在偏碱性环境中稳定性较差[5]。

**(3) 环境生物蓄积性**

基于 $K_{ow}$ 的 BCF 估测值为 21，提示嘧菌酯具有低生物蓄积性[6]。

**(4) 土壤吸附/移动性**

吸附系数 $K_{oc}$ 为 207～594[3]，提示嘧菌酯在土壤中具有低移动性[7]。

## 【生态毒理学】

鸟类(鹌鹑)急性 $LD_{50}$＞2000mg/kg，鱼类(虹鳟鱼)96h $LC_{50}$=0.47mg/L、鱼类 21d NOEC=0.147mg/L，溞类(大型溞)48h $EC_{50}$=0.23mg/L、溞类 21d NOEC=0.044mg/L，水生甲壳动物(糠虾)急性 96h $LC_{50}$=0.055mg/L，摇蚊幼虫 28d NOEC=0.8mg/L，浮萍 7d $EC_{50}$=3.2mg/L，藻类 72h $EC_{50}$=0.36mg/L、96h NOEC=0.8mg/L，蚯蚓急性 14d $LC_{50}$=283mg/kg、繁殖毒性 14d NOEC=20.0mg/kg，蜜蜂急性接触 48h $LD_{50}$＞200μg/蜜蜂、经口 48h $LD_{50}$＞25μg/蜜蜂[1]。

## 【毒理学】

**(1) 一般毒性**

大鼠急性经口 $LD_{50}$＞5000mg/kg，大鼠急性经皮 $LD_{50}$＞2000mg/kg bw，大鼠急性吸入 $LC_{50}$=0.69mg/L[1]。

**(2) 神经毒性**

神经毒性试验中，给大鼠给药嘧菌酯 0mg/kg、200mg/kg、600mg/kg 和 2000mg/kg。结果显示，给药 2h 内 200mg/kg 剂量组雌鼠和雄鼠出现腹泻症状，并且出现踮脚尖走路和脊柱弯曲，空白对照组均正常。嘧菌酯对大鼠存活率、食物摄取量、肌动活动、大脑质量/尺寸和微观病理检查没有观察到剂量相关效应。雄鼠 2000mg/kg 剂量组体重轻微减轻(第 8 天减轻 2.9%，第 15 天减轻 2.6%)。基于雌鼠和雄鼠发生腹泻，系统毒性 LOAEL=200mg/kg、NOAEL=200mg/kg，无神经毒性症状[8]。

**(3) 发育与生殖毒性**

SPF 级 SD 大鼠经口饲喂 95%嘧菌酯原药，设一个阴性对照组和三个剂量组，剂量分别为 0mg/kg bw、60.00mg/kg bw、180.00mg/kg bw、540.00mg/kg bw，每组动物数亲代(P 代)为雄性 13 只、雌性 26 只；各剂量组雄鼠经 10 周连续染毒，雌鼠经 2 周连续染毒后，雌雄鼠按 2∶1 合笼进行交配，母鼠孕期 3 周，哺乳期 3 周，母鼠孕期和哺乳期连续染毒，将结果与对照组比较，对于子代的出生指标和生长指标，中、高剂量组的窝重、头体长、尾长、体重，差异均有统计学意义($P<0.05$)。因此，95%嘧菌酯原药对 SD 大鼠子代有繁殖毒性损害作用，主要表现为仔鼠窝重、体重、头体长、尾长等生长指标降低，95%嘧菌酯原药对 SD 大鼠子代的发育有缓慢的影响[9]。

**(4) 致突变性与致癌性**

小鼠骨髓多染红细胞微核试验中，溶剂对照组雌、雄小鼠骨髓多染红细胞微核率均为 1.2‰，四个剂量组(312.5mg/kg、625mg/kg、1250mg/kg 和 2500mg/kg)雌、雄小鼠骨髓多染红细胞微核率分别为 1.0‰～2.0‰和 1.2‰～1.4‰，与溶剂对照组比较，差异无统计学意义($P>0.05$)；阳性对照组[30mg/kg 环磷酰胺(CP)]雌、雄小鼠骨髓多染红细胞微核率分别为 29.4‰和 24.8‰，明显高于溶剂对照组，差异有统计学意义($P<0.01$)。结果表明嘧菌酯原药对小鼠骨髓多染红细胞的微核率无明显影响[10]。

鼠伤寒沙门氏菌回复突变试验中，在加与不加肝微粒体酶 $S_9$ 代谢活化系统条件下，四个剂量组(312.5μg/皿、625μg/皿、1250μg/皿和 2500μg/皿)试验菌株(TA97、TA98、TA100、TA102)的回复突变数均未超过自发回复突变菌落数的 2 倍。各阳性对照组(敌克松、叠氮钠、2-氨基芴)回复突变数均高于自发回复突变菌落数的 2 倍以上。结果表明嘧菌酯原药对四种菌株无明显诱变作用。

TK 基因致突变试验中，在加与不加肝微粒体酶 $S_9$ 代谢活化系统条件下，溶剂对照组(10μL/mL 二甲基亚砜)抗突变频率(MF)分别为 $48.2\times10^{-6}$ 和 $51.8\times10^{-6}$，四个剂量组(3.12μg/mL、6.25μg/mL、12.5μg/mL 和 25.0μg/mL)，MF 分别为 $55.9\times10^{-6}\sim68.2\times10^{-6}$ 和 $59.5\times10^{-6}\sim69.1\times10^{-6}$，与溶剂对照组比较，差异无统计学意义($P>0.05$)；阳性对照组 3μg/mL CP 和 10μg/mL 甲磺酸甲酯(MMS)，MF 分别为 $314\times10^{-6}$ 和 $302\times10^{-6}$，明显高于溶剂对照组，差异有统计学意义($P<0.01$)。结果表明嘧菌酯原药未引起细胞突变频率增高，对哺乳动物细胞 TK 位点无致突变作用[10]。

## 【人类健康效应】

非人类健康致癌剂[11]。人外周血淋巴细胞染色体畸变试验中，在加与不加肝微粒体酶 $S_9$ 代谢活化系统条件下，溶剂对照组(5μL/mL 二甲基亚砜)的人外周血淋巴细胞染色体畸变率分别为 0.5%和 1.0%，三个剂量组(3.75μg/mL、7.5μg/mL和 15.0μg/mL)的人外周血淋巴细胞染色体畸变率分别为 0.5%～1.0%和 0%～2.0%，与其溶剂对照组比较，差异无统计学意义($P$>0.05)；阳性对照组(3μg/mLCP和 10μg/mL 丝裂霉素(MMC)，人外周血淋巴细胞染色体畸变率分别为 18.0%和13.0%，明显高于溶剂对照组，差异有统计学意义($P$<0.01)。以上结果表明嘧菌酯原药未引起人外周血淋巴细胞染色体畸变率增高[10]。

## 【危害分类与管制情况】

| 序号 | 毒性指标 | PPDB 分类 | PAN 分类[12] |
|---|---|---|---|
| 1 | 高毒 | 否 | 否 |
| 2 | 致癌性 | 否 | 否 |
| 3 | 内分泌干扰性 | 无数据 | 无有效证据 |
| 4 | 生殖发育毒性 | 无有效证据 | 无有效证据 |
| 5 | 胆碱酯酶抑制性 | 否 | 否 |
| 6 | 神经毒性 | 否 | — |
| 7 | 皮肤刺激性 | 是 | — |
| 8 | 眼刺激性 | 是 | — |
| 9 | 地下水污染 | — | 潜在影响 |
| 10 | 国际公约或优控名录 | 无 | |

注：PPDB 数据库由英国赫特福德郡大学农业与环境研究所开发；PAN 数据库来自北美农药行动网(PANNA)；“—”表示无此项。

## 【限值标准】

每日允许摄入量(ADI)为 0.2mg/(kg bw·d)，操作者允许接触水平(AOEL)为 0.2mg/(kg bw·d)。

## 参 考 文 献

[1] PPDB: Pesticide Properties DataBase. http://sitem.herts.ac.uk/aeru/ppdb/en/Reports/54.htm[2017-02-26].

[2] Boudina A, Emmelin C, Baaliouamer A, et al. Photochemical transformation of azoxystrobin in aqueous solutions. Chemosphere, 2007, 68: 1280-1288.

[3] Cardinali A, Otto S, Vischetti C, et al. Effect of pesticide inoculation, duration of composting, and degradation time on the content of compost fatty acids, quantified using two methods. Appl Environ Microbiol, 2010, 76 (19): 6600-6606.

[4] Katagi T. Abiotic hydrolysis of pesticides in the aquatic environment. Rev Environ Contam Toxicol, 2002, 175: 79-261.

[5] 刘晓旭, 侯志广, 吴敬慧, 等. 嘧菌酯水解动力学研究. 农业环境科学学报 2012, 31 (8): 1603-1607.

[6] MacBean C. e-Pesticide Manual. 15th ed. Ver. 5.1. Alton: British Crop Protection Council, 2008—2010.

[7] Swann R L, Laskowski D A, Mccall P J, et al. A rapid method for the estimation of the environmental parameters octanol/water partition coefficient, soil sorption constant, water to air ratio, and water solubility. Res Rev, 1983, 85: 17-28.

[8] 麦丽开 · 阿不力米提, 艾尔肯 · 塔西铁木尔, 董竞武, 等. 嘧菌酯对 SD 大鼠生殖系统的毒性研究. 疾病预防控制通报, 2016, 31 (2): 18-21.

[9] USEPA. Azoxystrobin: Human Health Risk Assessment. 2000.

[10] 陆丹, 杨秀鸿, 吴军, 等. 嘧菌酯原药毒理学安全性评价. 毒理学杂志, 2013, 27 (4): 316-318.

[11] USEPA Office of Pesticide Programs, Health Effects Division, Science Information Management Branch. Chemicals Evaluated for Carcinogenic Potential. 2006.

[12] PAN Pesticides Database—Chemicals. http://www.pesticideinfo.org/Detail_Chemical.jsp?Rec_Id=PC35816[2017-02-26].

# 嘧霉胺(pyrimethanil)

## 【基本信息】

**化学名称**：4,6-二甲基-*N*-苯基-2-嘧啶胺

**其他名称**：甲基嘧啶胺、二甲嘧啶胺

**CAS 号**：53112-28-0

**分子式**：$C_{12}H_{13}N_3$

**相对分子质量**：199.25

**SMILES**：n1c(cc(nc1Nc2ccccc2)C)C

**类别**：苯氨嘧啶类杀菌剂。

**结构式**：

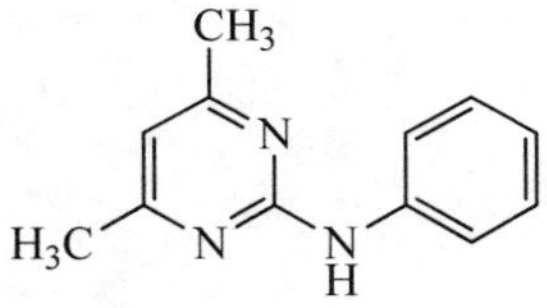

$CH_3$ N $H_3C$ N N H

## 【理化性质】

无色晶体，密度 1.19g/mL，熔点 96.3℃，沸点沸腾前分解，饱和蒸气压 1.1mPa(25℃)。水溶解度(20℃)为 121mg/L。有机溶剂溶解度(20℃)：正己烷，23700mg/L；乙酸乙酯，616900mg/L；丙酮，3888000mg/L；甲苯，412300mg/L。辛醇/水分配系数 $\lg K_{ow}$=2.84，亨利常数为 $3.60\times10^{-3}$Pa·$m^3$/mol(25℃)。

## 【环境行为】

**(1)环境生物降解性**

好氧条件下，实验室土壤中降解半衰期为 55d(20℃)，田间土壤中降解半衰期为 29.5d；欧盟档案记录实验室土壤中降解半衰期为 27.9～71.8d[1]，田间土壤中降解半衰期为 23～54d[1]。

**(2)环境非生物降解性**

嘧霉胺与大气中羟基自由基反应的速率常数 $2\times10^{-10}cm^3/(mol\cdot s)$，光解半衰期为 2h(25℃)[2]。常温条件下 pH 为 7 时，在水中稳定；22℃、pH 为 5～9 时，在水中稳定[1]。

**(3) 环境生物蓄积性**

基于 $K_{ow}$ 的 BCF 估测值为 31，提示嘧霉胺具有中等生物富集性[3]。

**(4) 土壤吸附/移动性**

吸附系数 $K_{oc}$ 估测值为 835，提示嘧霉胺在土壤中具有低移动性[3]。

## 【生态毒理学】

鸟类（鹌鹑）急性 $LD_{50}$＞2000mg/kg，鱼类（虹鳟鱼）96h $LC_{50}$=10.56mg/L、鱼类 21d NOEC=1.6mg/L，溞类（大型溞）48h $EC_{50}$=2.9mg/L、溞类 21d NOEC=0.94mg/L，摇蚊幼虫 28d NOEC=4.0mg/L，浮萍 7d $EC_{50}$=7.8mg/L，藻类 72h $EC_{50}$=1.2mg/L，蚯蚓急性 14d $LC_{50}$=313mg/kg、繁殖毒性 14d NOEC=4.12mg/kg，蜜蜂急性接触 48h $LD_{50}$＞100μg/蜜蜂、经口 48h $LD_{50}$＞100μg/蜜蜂[1]。

## 【毒理学】

**(1) 一般毒性**

大鼠急性经口 $LD_{50}$=4150mg/kg，大鼠急性经皮 $LD_{50}$＞5000mg/kg bw，大鼠急性吸入 $LC_{50}$＞1.98mg/L[1]。

**(2) 神经毒性**

无信息。

**(3) 发育与生殖毒性**

无信息

**(4) 致突变性与致癌性**

小鼠骨髓多染红细胞微核试验中，选用健康的昆明种小白鼠 50 只（雌雄各半），体重 18～22g。将它们随机分为 5 组，每组 10 只，三个剂量组受试物分别为 1000mg/kg、500mg/kg 和 250mg/kg。阴性对照组给予蒸馏水，阳性对照组给予环磷酰胺（40mg/kg）腹腔注射。试验动物每日经口给药一次，连续 2d。在第二次给药后 6h 处死动物，取两侧股骨骨髓常规制片，进行 Giemsa 染色，于油镜下每只动物观察 1000 个嗜多染红细胞。三个试验组的微核率分别为 2.1‰、2‰和 2‰，阴性对照组（蒸馏水）微核率为 1.9‰，阳性对照组微核率为 31.4‰。经统计学处理得到三个试验组与阴性对照组相比差异均无显著性（$P>0.05$），而阳性对照组的微核率明显高于阴性对照组，两组间差异具有非常大的显著性（$P<0.01$）[4]。

鼠伤寒沙门氏菌回复突变试验（Ames 试验）中，选 TA97、TA98、TA100 和 TA102 四种标准突变型菌株。整个试验设 40μg/皿、200μg/皿、1000μg/皿和 5000μg/皿四个剂量组，同时设阴性对照组和阳性对照组。每个试验浓度均设三个重复样品，在加 $S_9$ 或不加 $S_9$ 条件下采用平板掺入法进行试验。试验结果显示，受试物 5000μg/皿剂量组出现抑菌，无菌落，1000μg/皿剂量组菌落数也比其余 2 个剂量组的回复突变菌落数少。但各剂量组均未超过自发回复突变菌落数的两倍，且各剂量组间无明显的剂量-效应关系，阳性对照组回复突变菌落数均超过自发回复突变菌落数的两倍，因此试验结果为阴性。

小鼠睾丸初级精母细胞染色体畸变试验中，昆明种成熟雄性小鼠 50 只，体重 30～35g，分为五组，高剂量组按 2000mg/kg 给药，中、低剂量组分别按 1000mg/kg 和 500mg/kg 给药。每天经口给药一次，连续染毒 5d。阳性对照组给予 2mg/kg 剂量丝裂霉素，在动物处死前 12d 经口一次给药，阴性对照组未加任何处理。动物给药后 12d，于处死前 6h，腹腔注射秋水仙素(4mg/kg)。常规制片，Giemsa 染色 15min。每个剂量组观察 5 只鼠标本，每只鼠标本于油镜下观察 100 个分裂中期相细胞，记录发生畸变的类型和数量。将断片和易位合并为染色体结构畸变，进行统计处理。早熟分离(性染色体和常染色体单价体)则单独统计处理。结果表明受试样品高、中、低三个剂量组的结构畸变率分别为 0.2%、0.2%、0%，阴性对照组畸变率为 0%，阳性对照组的畸变率为 4.2%。经统计学处理，丝裂霉素能明显致小鼠睾丸初级精母细胞染色体结构畸变($P<0.01$)。嘧霉胺原药仅高、中剂量组发生一次初级精母细胞染色体结构畸变，性染色体和常染色体发生率与阴性对照组的差异也无显著性，并在正常参考值范围内[4]。

## 【人类健康效应】

C 类人类健康致癌剂[5]。碱性彗星试验评估前一天施药后单核白细胞 DNA 损伤情况，收集 2 个血样，1 个是施药当天早上的(S0)，另一个是施药一天后早上的(S1)，共分为 4 组，分别为：各种杀菌剂和杀虫剂混合物（包括百菌清，第 1 组）、异丙隆除草剂（第 2 组）、三唑杀真菌剂（第 3 组）、一种杀菌剂（百菌清）和杀虫剂混合物（第 4 组）。结果显示，第 1 组和第 4 组 S1 的 DNA 损伤增加，这两组的细胞存活率或血液学指标无明显影响；第 2 组和第 3 组施药后一天没有观察到 DNA 损伤，这两组的淋巴细胞存活率显著降低。一天喷施时间似乎不足以显著改变单核白细胞 DNA 的损伤程度，但这与农药的施药参数和农药品种有关[6]。

## 【危害分类与管制情况】

| 序号 | 毒性指标 | PPDB 分类 | PAN 分类[7] |
|---|---|---|---|
| 1 | 高毒 | 否 | 否 |
| 2 | 致癌性 | 无有效证据 | 疑似 |
| 3 | 内分泌干扰性 | 无有效证据 | 疑似 |
| 4 | 生殖发育毒性 | 否 | 无有效证据 |
| 5 | 胆碱酯酶抑制性 | 否 | 否 |
| 6 | 神经毒性 | 否 | — |

续表

| 序号 | 毒性指标 | PPDB 分类 | PAN 分类[7] |
|---|---|---|---|
| 7 | 皮肤刺激性 | 否 | — |
| 8 | 眼刺激性 | 无充分证据 | — |
| 9 | 地下水污染 | — | 无有效证据 |
| 10 | 国际公约或优控名录 | 无 | |

注：PPDB 数据库由英国赫特福德郡大学农业与环境研究所开发；PAN 数据库来自北美农药行动网（PANNA）；“—”表示无此项。

## 【限值标准】

每日允许摄入量（ADI）为 0.17mg/(kg bw · d)，操作者允许接触水平（AOEL）为 0.12mg/(kg bw · d)。

## 参 考 文 献


[1] PPDB: Pesticide Properties DataBase. http://sitem.herts.ac.uk/aeru/ppdb/en/Reports/573.htm[2017-02-26].

[2] Meylan W M, Howard P H. Computer estimation of the atmospheric gas-phase reaction rate of organic compounds with hydroxyl radicals and ozone. Chemosphere, 1993, 26 (12): 2293-2299.

[3] Tomlin C D S. The Pesticide Manual: A World Compendium. 11th ed. Surrey: British Crop Protection Council, 1997.

[4] 刘永霞，王蕊，李厚永，等. 新型杀菌剂——嘧霉胺原药的毒性试验. 职业与健康, 2002, 18 (3): 37-38.

[5] USEPA Office of Pesticide Programs, Health Effects Division, Science Information Management Branch. Chemicals Evaluated for Carcinogenic Potential. 2006.

[6] Lebailly P, Vigreux C, Lechevrel C, et al. NA damage in mononuclear leukocytes of farmers measured using the alkaline comet assay: modifications of DNA damage levels after a one-day field spraying period with selected pesticides. Cancer Epidem Biomar, 1998, 7 (10): 929-940.

[7] PAN Pesticides Database—Chemicals. http://www.pesticideinfo.org/Detail_Chemical.jsp?Rec_Id=PC36353[2017-02-26].

# 灭菌丹(folpet)

## 【基本信息】

**化学名称**：2-[（三氯甲基）硫代]-1*H*-异吲哚-1,3（2*H*）-二酮

**其他名称**：法尔顿、*N*-（三氯甲基硫）邻苯二甲酰亚胺

**CAS 号**：133-07-3

**分子式**：$C_9H_4Cl_3NO_2S$

**相对分子质量**：296.56

**SMILES**：N1（C（c2ccccc2C1=O）=O）SC（Cl）（Cl）Cl

**类别**：邻苯二甲酰亚胺类杀菌剂

**结构式**：

Cl Cl Cl S N O O

## 【理化性质】

无色晶体，密度 1.72g/mL，熔点 178.5℃，沸点沸腾前分解，饱和蒸气压 $2.0\times10^{-2}$mPa（25℃）。水溶解度（20℃）为 0.8mg/L。有机溶剂溶解度（20℃）：正辛醇，1400mg/L；甲醇，3100mg/L；丙酮，34000mg/L；正庚烷，450mg/L。辛醇/水分配系数 $\lg K_{ow}$=3.02，亨利常数为 $1.57\times10^{-4}$Pa·$m^3$/mol（25℃）。

## 【环境行为】

**（1）环境生物降解性**

好氧条件下，实验室土壤中降解半衰期为 4.7d（20℃），田间土壤中降解半衰期为 3d，欧盟档案记录实验室土壤中降解半衰期为 0.2～4.3d[1]，降解产物是二氧化碳、邻苯二甲酰亚胺和邻苯二甲酸；厌氧条件下，在土壤中生物降解半衰期为 14.6d[2]。

**（2）环境非生物降解性**

灭菌丹与大气中羟基自由基反应的速率常数为 $1.6\times10^{-11}$$cm^3$/（mol·s），光解半衰期为 8h（25℃）[3]，常温条件下水解缓慢，温度升高或者是碱性溶液中水解快

速，pH 为 5、7 和 9 时，水解半衰期分别为 2.6h、1.1h 和 67s，水解产物是邻苯二甲酰亚胺和邻苯二甲酸[4]。

**(3) 环境生物蓄积性**

在鱼片、整鱼和内脏中测得 BCF 值分别为 19、61 和 81，提示灭菌丹具有低生物蓄积性[2]。

**(4) 土壤吸附/移动性**

吸附系数 $K_{oc}$ 为 7.47～21.9，提示灭菌丹在土壤中具有高移动性[2]。

## 【生态毒理学】

鸟类（鹌鹑）急性 $LD_{50}$＞2510mg/kg，鱼类（虹鳟鱼）96h $LC_{50}$=0.233mg/L，溞类（大型溞）48h $EC_{50}$=0.68mg/L、溞类 21d NOEC=0.002mg/L，水生甲壳动物（糠虾）急性 96h $LC_{50}$=12.1mg/L，藻类 72h $EC_{50}$＞10mg/L，蚯蚓急性 14d $LC_{50}$＞500mg/kg、繁殖毒性 14d NOEC=5.18mg/kg，蜜蜂急性接触 48h $LD_{50}$＞200μg/蜜蜂、经口 48h $LD_{50}$＞236μg/蜜蜂[1]。

## 【毒理学】

**(1) 一般毒性**

大鼠急性经口 $LD_{50}$＞2000mg/kg，大鼠急性经皮 $LD_{50}$＞2000mg/kg bw，大鼠急性吸入 $LC_{50}$=1.89mg/L[1]。

**(2) 神经毒性**

无信息。

**(3) 发育与生殖毒性**

8 只雌鼠在孕期第 6～19 天给药 0mg/kg、20mg/kg、80mg/kg、320mg/kg、640mg/kg，大鼠没有死亡，临床症状包括啰音、唾液分泌过剩、气喘、粪便稀软、运动减少、呼吸困难、肠道膨胀。80mg/kg 或更高剂量引起体重减轻，320mg/kg 或更高剂量引起摄食量减少，胎鼠体重也会减轻[5]。

22 只孕兔在怀孕第 9～19 天每天给药 0mg/kg、20mg/kg、100mg/kg、800mg/kg，第 20 天检查孕鼠子宫和胎鼠的异常情况。结果显示，两周内除了唾液分泌过剩外，没有其他症状，800mg/kg 剂量引起体重增加明显减少，在第 6～8 天和第 15～17 天摄食量减少，20mg/kg 和 100mg/kg 浓度组没有效应，对雌鼠的生长和发育没有影响，对孕鼠毒性 NOAEL=100mg/(kg bw · d)，雌鼠毒性 NOAEL=800mg/(kg bw · d)[5]。

**(4) 致突变性与致癌性**

采用 Comet 试验、Ames 试验、微核试验和小鼠精母细胞染色体畸变试验分析灭菌丹在不同剂量下对DNA和染色体的损伤。结果显示，Comet体内试验中外周血单个核细胞(PMNC)尾长呈现出随剂量增加而增长的趋势，体外试验中尾长与溶剂对照组相比，差异具有统计学意义($P$<0.01)。Ames试验中在加和不加$S_9$条件下，各菌株回复突变菌落数均超过溶剂对照组的2倍，并呈现出剂量-效应关系。微核试验和小鼠中期Ⅰ精母细胞染色体畸变试验显示各剂量组与阴性对照组间差异无统计学意义($P$>0.05)。灭菌丹可引起鼠伤寒沙门氏菌碱基置换和移码突变，并可能损伤人外周血淋巴细胞DNA的完整性[6]。

## 【人类健康效应】

短期暴露灭菌丹的症状包括皮肤吸收、眼睛和呼吸道刺激。长期暴露症状包括皮炎、皮肤致敏，可能对消化道、甲状腺、淋巴和血液形成组织、肾和肌肉有影响，引起新生儿基因损伤和发育迟缓[7]。灭菌丹抑制2例人类细胞株的生长，引起人工培养的淋巴染色体损伤增加，也证实了灭菌丹引起染色体断裂，具有诱变作用[6]。B2类人类健康致癌剂[8]。

哮喘症状；高剂量引起实验动物体温过低、易怒、精神萎靡、食欲减退、反射减退，以及少尿、糖尿和血尿[9]。

## 【危害分类与管制情况】

| 序号 | 毒性指标 | PPDB分类 | PAN分类[9] |
|---|---|---|---|
| 1 | 高毒 | 否 | 是 |
| 2 | 致癌性 | 无有效证据 | 是 |
| 3 | 致突变性 | 无有效证据 | 无数据 |
| 4 | 内分泌干扰性 | 无数据 | 无有效证据 |
| 5 | 生殖发育毒性 | 无证据 | 无有效证据 |
| 6 | 胆碱酯酶抑制性 | 否 | 否 |
| 7 | 神经毒性 | 否 | — |
| 8 | 呼吸道刺激性 | 无有效证据 | — |
| 9 | 皮肤刺激性 | 是 | — |
| 10 | 眼刺激性 | 是 | — |
| 11 | 地下水污染 | — | 无有效证据 |
| 12 | 国际公约或优控名录 | 列入PAN名录 | |

注：PPDB数据库由英国赫特福德郡大学农业与环境研究所开发；PAN数据库来自北美农药行动网(PANNA)；“—”表示无此项。

## 【限值标准】

每日允许摄入量（ADI）为 0.1mg/（kg bw · d），急性参考剂量（ARfD）为 0.2mg/（kg bw · d），操作者允许接触水平（AOEL）为 0.1mg/（kg bw · d）。

## 参 考 文 献


[1] PPDB: Pesticide Properties DataBase. http://sitem.herts.ac.uk/aeru/ppdb/en/Reports/354.htm[2017-02-28].

[2] USEPA. Reregistration Eligibility Decisions（REDs）Database on Folpet（133-07-3）. http://www.epa.gov/pesticides/reregistration/status.htm[2017-02-28].

[3] Meylan W M, Howard P H. Computer estimation of the atmospheric gas-phase reaction rate of organic compounds with hydroxyl radicals and ozone. Chemosphere, 1993, 26（12）: 2293-2299.

[4] WHO/FAO. Joint Meeting on Pesticide Residues: Pesticide Residues in Food for Folpet（133-07-3）. 2004.

[5] 刘晓旭, 侯志广, 吴敬慧, 等. 灭菌丹水解动力学研究. 农业环境科学学报 2012, 31（8）: 1603-1607.

[6] 于仲波, 吴南翔, 陶核, 等. 灭菌丹的致突变研究. 癌变・畸变・突变, 2006, 18（6）: 475-478.

[7] WHO. International Programme on Chemical Safety（IPCS）. 1991.

[8] USEPA Office of Pesticide Programs, Health Effects Division, Science Information Management Branch. Chemicals Evaluated for Carcinogenic Potential. 2006.

[9] PAN Pesticides Database—Chemicals. http://www.pesticideinfo.org/Detail_Chemical.jsp?Rec_Id=PC33169[2017-02-28].

# 灭菌唑(triticonazole)

## 【基本信息】

**化学名称：**(*RS*)-(*E*)-5-(4-氯亚苄基)-2,2-二甲基-1(1*H*-1,2,4-三唑-1-基甲基)环戊醇

**其他名称：**扑力猛

**CAS 号：**131983-72-7

**分子式：**$C_{17}H_{20}ClN_3O$

**相对分子质量：**317.81

**SMILES：**CC1(C)CC\C(=C/C2=CC=C(Cl)C=C2)C1(O)CN1C=NC=N1

**类别：**三唑类杀菌剂

**结构式：**

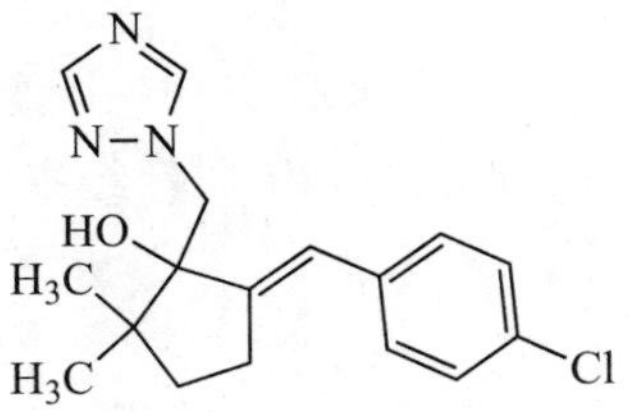

## 【理化性质】

白色粉末，密度 1.21g/mL，熔点 137℃，沸点沸腾前分解，饱和蒸气压 $1.0\times10^{-3}$mPa(25℃)。水溶解度(20℃)为 9.3mg/L。有机溶剂溶解度(20℃)：正己烷，120mg/L；甲醇，18200mg/L；丙酮，74500mg/L；甲苯，12600mg/L。辛醇/水分配系数 $\lg K_{ow}=3.29$，亨利常数为 $3.00\times10^{-5}Pa\cdot m^3/mol$(25℃)。

## 【环境行为】

**(1)环境生物降解性**

好氧条件下，实验室土壤中降解半衰期为 237d(20℃)，田间土壤中降解半衰期为 161d；欧盟档案记录实验室土壤中降解半衰期为 151～429d，田间土壤中降解半衰期为 104～247d[1]。0.2mg/kg $^{14}$C-灭菌唑的矿化速率常数是 $7.4\times10^{-2}d^{-1}$，土壤中黑暗条件下培养 70d，灭菌唑大部分存留在土壤中，70d 以后 $^{14}$C-灭菌唑变为

二氧化碳。早期研究结果表明，随着灭菌唑浓度的增加，矿化速率变慢，是由于灭菌唑的土壤高吸附性[2]。

**(2) 环境非生物降解性**

灭菌唑由于没有水解官能团，在水环境中不水解，易直接光解[3]。

**(3) 环境生物蓄积性**

基于 $K_{ow}$ 的 BCF 估测值为 69，提示灭菌唑具有中等生物蓄积性[4]。

**(4) 土壤吸附/移动性**

吸附系数 $K_{oc}$ 值为 418，提示灭菌唑在土壤中具有中等移动性[5]。

## 【生态毒理学】

鸟类（鹌鹑）急性 $LD_{50}$＞2000mg/kg，鱼类（虹鳟鱼）96h $LC_{50}$＞3.6mg/L、鱼类 21d NOEC=0.01mg/L，溞类（大型溞）48h $EC_{50}$=9.0mg/L、溞类 21d NOEC=0.092mg/L，摇蚊幼虫 28d NOEC=0.08mg/L，浮萍 7d $EC_{50}$=1.1mg/L，藻类 72h $EC_{50}$＞1.0mg/L，蚯蚓急性 14d $LC_{50}$＞500mg/kg、繁殖毒性 14d NOEC＞250mg/kg，蜜蜂急性接触 48h $LD_{50}$＞100μg/蜜蜂、经口 48h $LD_{50}$＞155.5μg/蜜蜂[1]。

## 【毒理学】

**(1) 一般毒性**

大鼠急性经口 $LD_{50}$＞2000mg/kg，大鼠急性经皮 $LD_{50}$＞2000mg/kg bw，大鼠急性吸入 $LC_{50}$＞5.61mg/L[1]。

**(2) 神经毒性**

神经毒性试验中，连续 13 周给大鼠给药灭菌唑（0mg/L、500mg/L、2500mg/L、10000mg/L），其中，雄鼠剂量组分别为 0mg/(kg·d)、32.5mg/(kg·d)、170mg/(kg·d)、695mg/(kg·d)；雌鼠剂量组分别为 0mg/(kg·d)、38.5mg/(kg·d)、199mg/(kg·d)、820mg/(kg·d)。结果显示，没有大鼠死亡，最初的一周内 10000mg/L 剂量组引起大鼠体重减轻，摄食量也减少，无临床症状和行为动作上的变化，组织病理学检查无相关病变，神经毒性 NOAEL＞10000mg/L[7]。

**(3) 发育与生殖毒性**

25 只雌鼠在第 6～15 天给药（0mg/kg、40mg/kg、200mg/kg、1000mg/kg），在第 8 天一只雌鼠死亡，1000mg/kg 剂量组在第 12～16 天体重减轻，胎鼠两边第 14 对肋骨发病率增加，然而，没有剂量相关效应，因此，母鼠毒性 NOAEL=200mg/kg，发育毒性 NOAEL=200mg/kg[7]。

28 只大鼠给药（0mg/L、5mg/L、25mg/L、750mg/L、5000mg/L）进行两代繁殖试验，结果显示，5000mg/L 引起 F1 代和 F0 代体重减轻和摄食量减少；组织病理检查发现 5000mg/L 引起 F1 代和 F0 代出现肾上腺皮质空泡、皮层细胞变性和巨细胞。并且，5000mg/L 剂量组孕鼠数量减少，平均一窝产仔数减少，F1 代生存能力降低。因此，亲鼠毒性 NOAEL=750mg/L，繁殖毒性 NOAEL=750mg/L，发育毒性 NOAEL=750mg/L[7]。

(4) 致癌性与致突变性

中国仓鼠 V79-6 细胞暴露于 62.5～1000μg/mL 灭菌唑 3h(37℃)，结果显示，虽然某些暴露组表现出突变率增加，但未出现剂量-效应关系[7]。

原代大鼠肝细胞暴露于 7.81～125μg/mL 灭菌唑 18h(37℃)，每个浓度组设三个平行，结果显示，只有两组进行非程序 DNA 合成(UDS)，UDS 无剂量相关性增加[7]。

对 68 只大鼠给药(0mg/L、15mg/L、150mg/L、1500mg/L)78 周进行致癌性试验，给药 26 周后每组分成 16 只。结果显示，对大鼠的存活没有剂量相关效应，1500mg/L 浓度组引起体重减轻，摄食量没有变化，对血液参数也没有影响。给药 26 周和 78 周后，1500mg/L 浓度组与对照组相比亲鼠肝脏质量增加($P<0.01$)，肝细胞变大，脂肪堆积，因此灭菌唑慢性毒性 NOAEL=150mg/L，无致癌性[7]。

对 50 只 CD 大鼠给药(0mg/L、50mg/L、250mg/L、7500mg/L、5000mg/L)99 周(雄鼠)和 100 周(雌鼠)进行致癌性试验，5000mg/L 引起大鼠体重减轻，摄食量无剂量相关性影响，雄鼠眼睛不透明度增加、出现角膜炎，雌鼠虹膜萎缩，试验末期雄鼠垂体腺瘤发病率增加，但是无明显剂量效应影响，因此，NOAEL=750mg/L[7]。

## 【人类健康效应】

37℃时，将人淋巴细胞暴露于 7.751～800μg/mL 灭菌唑进行第一次试验(男性)，暴露于 33.79～800μg/mL 灭菌唑进行第二次试验(女性)。激活条件下，暴露 3h，洗涤，第一次试验暴露 17h，第二次试验暴露 17h/41h；不激活条件下，第一次试验暴露 20h，第二次试验暴露 20h/44h。结果显示，在第一次试验中，非激活条件下，高浓度组细胞畸变率呈剂量相关性增加($P<0.01$)，大多数出现染色体畸变或染色体缺失，在第二次试验中染色体畸变细胞增加的数量不明显。不激活条件下暴露灭菌唑 44h，引起细胞畸变数目增加($P<0.05$)，灭菌唑的代谢产物没有导致细胞染色体畸变数目的增加。结果表明，灭菌唑可能具有遗传毒性，没有激活的条件下引起细胞染色体畸变的数量增加，其中，激活和不激活条件下，阳性对照细胞均正常[7]。

## 【危害分类与管制情况】

| 序号 | 毒性指标 | PPDB 分类 | PAN 分类[7] |
| --- | --- | --- | --- |
| 1 | 高毒 | 否 | 否 |
| 2 | 致癌性 | 否 | 否 |

续表

| 序号 | 毒性指标 | PPDB 分类 | PAN 分类[7] |
|---|---|---|---|
| 3 | 内分泌干扰性 | 无数据 | 无有效证据 |
| 4 | 生殖发育毒性 | 无数据 | 无有效证据 |
| 5 | 胆碱酯酶抑制性 | 否 | 否 |
| 6 | 呼吸道刺激性 | 否 | — |
| 7 | 皮肤刺激性 | 否 | — |
| 8 | 眼刺激性 | 否 | — |
| 9 | 地下水污染 | — | 潜在影响 |
| 10 | 国际公约或优控名录 | 无 | |

注：PPDB 数据库由英国赫特福德郡大学农业与环境研究所开发；PAN 数据库来自北美农药行动网（PANNA）；“—”表示无此项。

## 【限值标准】

每日允许摄入量（ADI）为 0.025mg/（kg bw · d），急性参考剂量（ARfD）为 0.05mg/（kg bw · d），操作者允许接触水平（AOEL）为 0.025mg/（kg bw · d）。

## 参 考 文 献

[1] PPDB: Pesticide Properties DataBase. http://sitem.herts.ac.uk/aeru/ppdb/en/Reports/673.htm[2017-02-28].

[2] Beigel C, Charnay M P, Barriuso E, et al. Degradation of formulated and unformulated triticonazole fungicide in soil: effect of application rate. Soil Biol Biochem, 1999, 31: 525-534.

[3] Lyman W J, Reehl W F, Rosenblatt D H. Handbook of Chemical Property Estimation Methods. Washington DC: American Chemical Society, 1990.

[4] MacBean C. The e-Pesticide Manual. 15th ed. Ver. 5.0.1. Surrey: British Crop Protection Council，2008—2010.

[5] Swann R L, Laskowski D A, McCall P J, et al. A rapid method for the estimation of the environmental parameters octanol water partition-coefficient, soil sorption constant, water to air ratio, and water solubility. Res Rev, 1983, 85: 17-28.

[6] California Environmental Protection Agency. Department of Pesticide Regulation. Toxicology Data Review Summary for Triticonazole（131983-72-7）. 2008.

[7] PAN Pesticides Database—Chemicals. http://www.pesticideinfo.org/Detail_Chemical.jsp?Rec_Id=PC37450[2017-02-28].

# 氰霜唑(cyazofamid)

## 【基本信息】

**化学名称**：4-氯-2-氰基-*N*,*N*-二甲基-5-对甲苯基咪唑-1-磺酰胺

**其他名称**：赛座灭

**CAS 号**：120116-88-3

**分子式**：$C_{13}H_{13}ClN_4O_2S$

**相对分子质量**：324.78

**SMILES**：O=S(=O)(n1c(c(Cl)nc1C#N)c2ccc(cc2)C)N(C)C

**类别**：二硝基苯丁烯酸酯类杀菌剂

**结构式**：

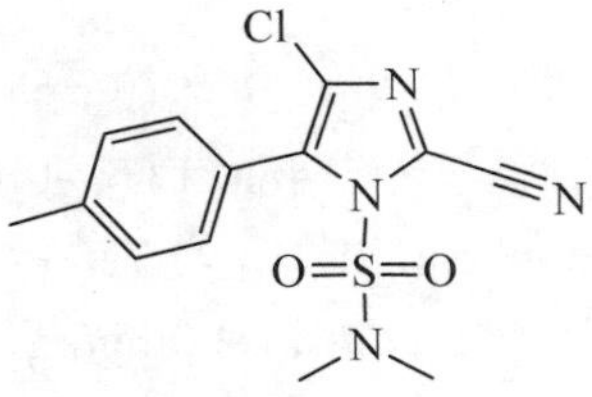

## 【理化性质】

白色粉末，密度 1.45g/mL，熔点 152.7℃，饱和蒸气压 0.0133mPa(25℃)。水溶解度(20℃)为 0.107mg/L。有机溶剂溶解度(20℃)：正己烷，30mg/L；正辛醇，250mg/L；丙酮，41900mg/L；甲苯，5300mg/L。辛醇/水分配系数 $\lg K_{ow}$=3.2，亨利常数为 $1.66\times10^{-5}Pa\cdot m^3/mol$(25℃)。

## 【环境行为】

### (1)环境生物降解性

好氧条件下，土壤中降解半衰期为 10d(典型值)，实验室土壤中降解半衰期为 10d(20℃)，田间土壤中降解半衰期为 4.5d，欧盟档案记录实验室土壤中降解半衰期为 5.9～15.1d[1]。好氧条件下，在俄亥俄州砂壤土(pH=6.5，0.66%有机碳)中生物降解半衰期为 6.1～6.4d，在英国砂壤土(pH=7.6，1.2%有机碳)中生物降解半衰期为 3.7～4.0d，在英国砂壤土(pH=6.9，3.0%有机碳)中生物降解半衰期为 4.3～4.4d，在德国砂壤土(pH=5.9，0.63%有机碳)中生物降解半衰期为 4.9～6.0d，

在河水/砂质壤土中生物降解半衰期为14.7～18.0d，降解产物之一是5-氯-2-氰基-4-(4-甲基苯基)咪唑。厌氧条件下在砂质壤土中生物降解半衰期为5.6～6.2d[2]。

**(2) 环境非生物降解性**

在室内试验条件下，研究了不同pH、温度、光源和光照度等因子对氰霜唑光降解的影响。在pH分别为4.96、7.02和9.56的缓冲溶液中，其半衰期分别为167.7min、102.4min和64.0min，光解速率随着pH升高而加快；在pH为4.96的缓冲溶液中，在15℃、25℃和35℃时，其光解半衰期分别为368.7min、167.7min和112.5min。在3700lx、7600lx和12300lx的模拟自然光(氙灯)光照度下，其半衰期分别为962.7min、167.7min和120.1min，说明氰霜唑的降解速率与光照度和温度呈正相关关系。氰霜唑在pH为4.96的缓冲溶液中在紫外光(254nm)下的半衰期为53.5min[3]。

**(3) 环境生物蓄积性**

基于$K_{ow}$的BCF估测值为60，提示氰霜唑具有中等生物蓄积性[4]。

**(4) 土壤吸附/移动性**

吸附系数$K_{oc}$值为736～2172[4]，提示氰霜唑在土壤中具有低移动性[2]。

## 【生态毒理学】

鸟类(鹌鹑)急性$LD_{50}$＞2000mg/kg，鱼类(虹鳟鱼)96h $LC_{50}$=0.56mg/L、鱼类21d NOEC=0.13mg/L，溞类(大型溞)48h $EC_{50}$=0.19mg/L、溞类21d NOEC=0.11mg/L，摇蚊幼虫28d NOEC=0.1mg/L，藻类72h $EC_{50}$=0.025mg/L，蚯蚓急性14d $LC_{50}$＞1000mg/kg、繁殖毒性14d NOEC=4.0mg/kg，蜜蜂急性接触48h $LD_{50}$＞100μg/蜜蜂、经口48h $LD_{50}$＞151.7μg/蜜蜂[1]。

## 【毒理学】

**(1) 一般毒性**

大鼠急性经口$LD_{50}$＞5000mg/kg，大鼠急性经皮$LD_{50}$＞2000mg/kg bw，大鼠急性吸入$LC_{50}$＞5.5mg/L[1]。

**(2) 神经毒性**

急性神经毒性试验结果显示，没有出现神经毒性方面的不良效应，包括神经行为、大脑质量、微观病理没有出现定量或定性的效应，在第14天高剂量组引起肌动活动增加不被认为是不良效应[2]。

**(3) 发育与生殖毒性**

大鼠经口喂饲氰霜唑[30mg/(kg · d)、100mg/(kg · d)、1000mg/(kg · d)]19d，结果显示，没有亲鼠死亡，体重、摄食量、临床症状和宏观检查都无剂量相关效应，平均胎鼠体重、平均每胎数量、每只胎鼠吸收的平均数量和胎鼠畸形都无剂量相关效应，因此亲鼠生殖毒性NOAEL=1000mg/(kg · d)[5]。

30 对大鼠经口喂饲氰霜唑 0mg/L、200mg/L、2000mg/L、20000mg/L，进行两代生殖毒性试验，结果显示，亲鼠 NOAEL=2000mg/L，子代 NOAEL=2000mg/L，没有出现胎鼠死亡症状[5]。

**(4) 致突变性与致癌性**

小鼠淋巴瘤细胞暴露于氰霜唑(0μg/mL、25μg/mL、50μg/mL、75μg/mL 和 100μg/mL) 进行胸苷激酶缺陷表型研究，细胞暴露 3h 后，洗涤，重悬，培养 2d，然后分成 1.6 个细胞/100μL，培养 7d；在加与不加肝微粒体酶 $S_9$ 代谢活化系统条件下，不加 $S_9$ 存活率减少 35%～46%，加 $S_9$ 存活率减少 46%～48%，表明氰霜唑是阴性致突变。

小鼠经口喂饲氰霜唑(0mg/kg、500mg/kg、1000mg/kg、2000mg/kg)，24h 后检查小鼠骨髓多染红细胞微核率，结果显示，2000mg/kg 剂量组无小鼠死亡和临床症状，微核反应为阴性[5]。

大鼠经口喂饲氰霜唑(0mg/L、0mg/L、70mg/L、700mg/L、7000mg/L) 连续 18 个月，雄鼠和雌鼠暴露量分别为 0mg/(kg·d)、0mg/(kg·d)、9.5mg/(kg·d)、94.8mg/(kg·d) 和 984.9mg/(kg·d)；0mg/(kg·d)、0mg/(kg·d)、12.2mg/(kg·d)、124.3mg/(kg·d) 和 1203.4mg/(kg·d)。结果显示，每组存活率分别为 82%、85%、78%、87%和 78%(雄鼠)；83%、77%、78%、77%和 77%(雌鼠)；未观察到毒理学症状，无体重和平均白细胞数量的剂量相关效应，血液检查、器官组织检查和尸检显示无副作用，无肿瘤和其他病变发生，NOAEL=7000mg/L[5]。

大鼠致癌性试验结果显示，基于脱发、皮肤病变、身体溃疡、皮炎和棘皮症的发病率增加，NOAEL=94.8mg/(kg·d)(雄鼠)、LOAEL=985mg/(kg·d)(雄鼠)，氰霜唑无致癌性[6]。

## 【人类健康效应】

在急性口服、皮肤接触和吸入试验中，氰霜唑具有轻中度毒性，对眼睛和皮肤具有微弱的刺激性，对皮肤有微弱的致敏性。急性神经毒性试验结果显示，没有出现神经毒性方面的不良效应，包括神经行为、大脑质量、微观病理没有出现定量或定性的效应；致突变性试验结果显示，无致突变性[7]。

## 【危害分类与管制情况】

| 序号 | 毒性指标 | PPDB 分类 | PAN 分类[8] |
|---|---|---|---|
| 1 | 高毒 | 否 | 否 |
| 2 | 致癌性 | 否 | 否 |
| 3 | 致突变性 | 否 | 无数据 |
| 4 | 内分泌干扰性 | 无数据 | 无有效证据 |

续表

| 序号 | 毒性指标 | PPDB 分类 | PAN 分类[8] |
|---|---|---|---|
| 5 | 生殖发育毒性 | 无有效证据 | 无有效证据 |
| 6 | 胆碱酯酶抑制性 | 否 | 否 |
| 7 | 神经毒性 | 否 | — |
| 8 | 呼吸道刺激性 | 否 | — |
| 9 | 皮肤刺激性 | 否 | — |
| 10 | 皮肤致敏性 | 否 | — |
| 11 | 眼刺激性 | 否 | — |
| 12 | 地下水污染 | — | 无有效证据 |
| 13 | 国际公约或优控名录 | 无 | |

注：PPDB 数据库由英国赫特福德郡大学农业与环境研究所开发；PAN 数据库来自北美农药行动网（PANNA）；“—”表示无此项。

## 【限值标准】

每日允许摄入量（ADI）为 0.17mg/（kg bw • d），操作者允许接触水平（AOEL）为 0.3mg/（kg bw • d）。

## 参考文献


[1] PPDB: Pesticide Properties DataBase. http://sitem.herts.ac.uk/aeru/ppdb/en/Reports/186.htm[2017-03-02].

[2] USEPA/OPPTS. Pesticide Fact Sheet. Cyazofamid（120116-88-3）.2004.

[3] 韩耀宗，廖晓兰，刘毅华，等. 氰霜唑的光降解研究. 农业环境科学学报 2009, 28（1）: 151-155.

[4] MacBean C. The e-Pesticide Manual. 15th ed. Ver. 5.1. Alton: British Crop Protection Council, 2008—2010.

[5] California Environmental Protection Agency, Department of Pesticide Regulation. Toxicology Data Review Summaries on Cyazofamid（120116-88-3）. 2012.

[6] USEPA,Office of Prevention, Pesticides, and Toxic Substances. Pesticide Fact Sheet on Cyazofamid: Reason for Issuance: New Chemical（120116-88-3）.2012.

[7] U.S. Environmental Protection Agency/Office of Prevention, Pesticides and Toxic Substances. Pesticide Fact Sheet for Cyazofamid. 2004.

[8] PAN Pesticides Database—Chemicals. http://www.pesticideinfo.org/Detail_Chemical.jsp?Rec_Id=PC39014[2017-03-02].

# 噻菌灵(thiabendazole)

## 【基本信息】

**化学名称**：2-(1,3-噻唑-4-萘)苯并咪唑
**其他名称**：涕必灵、硫苯唑
**CAS 号**：148-79-8
**分子式**：$C_{10}H_7N_3S$
**相对分子质量**：201.25
**SMILES**：n2c1c(cccc1)nc2c3ncsc3
**类别**：苯咪唑类杀菌剂
**结构式**：

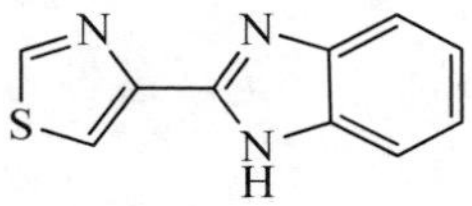

## 【理化性质】

无色粉末，密度 1.4g/mL，熔点 297℃，饱和蒸气压 $5.3\times10^{-4}$mPa(25℃)。水溶解度(20℃)为 30mg/L。有机溶剂溶解度(20℃)：正庚烷，10mg/L；二甲苯，130mg/L；甲醇，8230mg/L；丙酮，2430mg/L。辛醇/水分配系数 $\lg K_{ow}$=2.39，亨利常数为 $3.7\times10^{-6}$Pa·$m^3$/mol(25℃)。

## 【环境行为】

**(1)环境生物降解性**

好氧条件下，土壤中降解半衰期为 500d(典型值)，实验室土壤中降解半衰期为 1000d(20℃)，田间土壤中降解半衰期为 724d[1]。另有报道，好氧条件下，在土壤中生物降解半衰期为 403d，在未灭菌的砂壤土深度为 10cm 和 30cm 时，分别降解 25%和 15%[2]。

**(2)环境非生物降解性**

噻菌灵在水环境中稳定，不会水解。pH 为 5 时，在水中光解半衰期为 29h，紫外灯照射 300h 后噻菌灵完全降解[3]。

**(3) 环境生物蓄积性**

基于 $K_{ow}$ 的 BCF 估测值为 20，提示噻菌灵具有低生物蓄积性[4]。

**(4) 土壤吸附/移动性**

吸附系数 $K_{oc}$ 值为 2500～4680，提示噻菌灵在土壤中具有低移动性；$K_d$ 平均值为 9.55，有机碳含量、黏土含量和土壤 pH 影响其吸附行为[5]。

## 【生态毒理学】

鸟类(鹌鹑)急性 $LD_{50}$＞2250mg/kg，鱼类(虹鳟鱼)96h $LC_{50}$=0.55mg/L、鱼类 21d NOEC=0.012mg/L，溞类(大型溞)48h $EC_{50}$=0.81mg/L、溞类 21d NOEC=0.042mg/L，水生甲壳动物(糠虾)急性 96h $LC_{50}$=0.34mg/L，摇蚊幼虫 28d NOEC=2.0mg/L，藻类 72h $EC_{50}$=9.0mg/L、96h NOEC=3.2mg/L，蚯蚓急性 14d $LC_{50}$＞1000mg/kg、繁殖毒性 14d NOEC=4.2mg/kg，蜜蜂急性接触 48h $LD_{50}$＞34μg/蜜蜂、经口 48h $LD_{50}$＞4.0μg/蜜蜂[1]。

## 【毒理学】

**(1) 一般毒性**

大鼠急性经口 $LD_{50}$＞5000mg/kg，大鼠急性经皮 $LD_{50}$＞5000mg/kg bw，大鼠急性吸入 $LC_{50}$＞0.53mg/L[1]。

**(2) 神经毒性**

无信息。

**(3) 发育与生殖毒性**

大鼠经口喂饲噻菌灵 0mg/(kg bw · d)、10mg/(kg bw · d)、30mg/(kg bw · d)和 90mg/(kg bw · d)进行两代生殖毒性试验，30mg/(kg bw · d)和 90mg/(kg bw · d)剂量组雄鼠，以及 90mg/(kg bw · d)剂量组雌鼠 F0 和 F1 代，出现剂量相关的体重降低和摄食量减少，生殖能力、子代外观及生殖器官组织学检查没有出现不良效应，因此，NOAEL=10mg/(kg bw · d)[6]。

孕鼠在怀孕第 6～15 天经口喂饲噻菌灵 0mg/(kg bw · d)、25mg/(kg bw · d)、100mg/(kg bw · d)、200mg/(kg bw · d)，100mg/(kg bw · d)和 200mg/(kg bw · d)剂量组引起孕鼠体重减轻，摄食量减少，出现腭裂、尾巴畸形、杵状足，但是与剂量效应无关，类似出现的不完全骨化症状，也与剂量效应无关。200mg/(kg bw · d)剂量组，3 只胎鼠出现心室中膈缺损、大血管错位、内脏逆位或肺叶裂片的变化。因此，NOAEL=25mg/(kg bw · d)[6]。

**(4) 致癌性与致突变性**

进行体外微生物致突变试验、微核试验和体内宿主介导试验，结果显示，噻菌灵没有引起突变[7]。

酿酒酵母细胞二倍体暴露于 25μg/mL、50μg/mL、100μg/mL 和 200μg/mL 噻菌灵，结果显示，有丝分裂基因转换和回复突变没有增加[1]。

开展噻菌灵的两株枯草芽孢杆菌(H17A 和 M45T)重组试验，以及大肠杆菌(B/RWP2)和两株鼠伤寒沙门氏菌(TA100 和 TA98)致突变试验，结果显示，噻菌灵没有引起生长抑制，回复突变菌株数没有增加，测试条件下没有突变发生[8]。

对大鼠经口喂饲噻菌灵 0mg/(kg bw·d)、10mg/(kg bw·d)、30mg/(kg bw·d)和 90mg/(kg bw·d)进行 106 周长期毒性试验研究，大鼠致死率(2%～40%雄鼠，52%～64%雌鼠)高于两年试验，但是比对照组低。中[30mg/(kg bw·d)]、高[90mg/(kg bw·d)]剂量组食物摄入量减少，体重减轻，高剂量组引起雌鼠和雄鼠红细胞数目减少、血红蛋白浓度和细胞体积减小，肝脏和甲状腺的相对质量增加。组织检查发现，高剂量组雄鼠小叶中心肝细胞肥大，中、高剂量组雌鼠肾盆腔上皮增生发生率增加，中、高剂量组雄鼠和高剂量组雌鼠甲状腺滤泡腺瘤发生率增加，其中，高剂量组雄鼠扩散滤泡肥大、囊性甲状腺滤泡细胞增生发生率增加，其他肿瘤的发生率不受影响。因此，NOAEL=10mg/(kg bw·d)[9]。

大鼠经口喂饲噻菌灵(雄鼠，0mg/kg、220mg/kg、660mg/kg 和 2000mg/kg；雌鼠，0mg/kg、60mg/kg、2000mg/kg 和 5330mg/kg)进行两年长期毒性试验研究，中、高剂量组大鼠致死率增加，当存活率为 20%时，心肌血栓是高剂量组大鼠死亡的原因。中、高剂量组雄鼠和雌鼠体重减轻、肾脏质量降低，高剂量组肝脏质量增加。2000mg/kg 剂量组雌、雄鼠和 5330mg/kg 剂量组雌鼠动脉血栓发病率较高。没有其他剂量相关的病变发生，肿瘤的发病率和发病时间不受噻菌灵影响，说明噻菌灵无致癌性。NOAEL=220mg/kg(雄鼠)、60mg/kg(雌鼠)[9]。

**(5) 内分泌干扰性**

通过细胞增殖实验研究噻菌灵雌激素活性，由 ERa 介导 MtT/Se 细胞的转录，结果显示，噻菌灵具有雌激素效应[10]。

噻菌灵显示引起雌鼠和雄鼠甲状腺肿瘤，EPA 认为高剂量噻菌灵可能具有致癌作用，引起甲状腺激素失衡，低于引起激素失衡的浓度不具有致癌性，作用机制是甲状腺垂体内分泌失调引起甲状腺肿瘤[6]。

## 【人类健康效应】

非人类健康致癌剂[11]。摄食噻菌灵后的中毒症状包括头晕、头痛、恶心、呕吐、腹泻、上腹不适、嗜睡、发热、脸红、发冷、皮疹、局部水肿、耳鸣、感觉异常和低血压，血酶测试可能表明引起肝损伤[12]。

急性口服过量可能导致癫痫发作、兴奋过度、低血压、心动过缓、肾毒性、肝毒性，过敏反应包括皮疹、结膜炎、多形性红斑、史蒂芬斯-强森综合征和血管水肿[13]。

人淋巴细胞暴露于100μg/mL噻菌灵，导致细胞有丝分裂显著抑制($P<0.003$)，复制指标改变($P<0.05$)[13]。

## 【危害分类与管制情况】

| 序号 | 毒性指标 | PPDB 分类 | PAN 分类[14] |
|---|---|---|---|
| 1 | 高毒 | 否 | 否 |
| 2 | 致癌性 | 无有效证据 | 是 |
| 3 | 致突变性 | 否 | 无数据 |
| 4 | 内分泌干扰性 | 无数据 | 无有效证据 |
| 5 | 生殖发育毒性 | 无有效证据 | 是 |
| 6 | 胆碱酯酶抑制性 | 无数据 | 否 |
| 7 | 神经毒性 | 否 | — |
| 8 | 呼吸道刺激性 | 无有效证据 | — |
| 9 | 皮肤刺激性 | 否 | — |
| 10 | 眼刺激性 | 否 | — |
| 11 | 地下水污染 | — | 无有效证据 |
| 12 | 国际公约或优控名录 | 列入 PAN 名录 | |

注：PPDB 数据库由英国赫特福德郡大学农业与环境研究所开发；PAN 数据库来自北美农药行动网(PANNA)；“—”表示无此项。

## 【限值标准】

每日允许摄入量(ADI)为0.1mg/(kg bw · d)，操作者允许接触水平(AOEL)为0.1mg/(kg bw · d)。

### 参考文献


[1] PPDB: Pesticide Properties DataBase. http://sitem.herts.ac.uk/aeru/ppdb/en/Reports/629.htm[2017-03-28].

[2] U. S. National Library of Medicine. HSDB: Hazardous Substances Data Bank. https://toxnet.nlm.nih.gov/cgi-bin/sis/htmlgen?HSDB[2017-03-28].

[3] Tomlin C D S. The Pesticide Manual: A World Compendium. 13th ed. Surrey: British Crop Protection Council, 2004.

[4] Nielsen L S, Bundgaard H, Falch E. Prodrugs of thiabendazole with increased water-solubility. Acta Pharm Nord, 1992, 4: 43-9.

[5] Weber J B, Wilkerson G G, Reinhardt C F. Calculating pesticide sorption coefficients ($K_d$) using selected soil properties. Chemosphere, 2004, 55 (2): 157-166.

[6] European Medicine Agency (EMEA). The European Agency for the Evaluation of Medicinal Products, Veterinary Medicines Evaluation Unit, Committee for Veterinary Medicinal Products; Thiabendazole (148-79-8). 2004.

[7] American Society of Health System Pharmacists. AHFS Drug Information. 2009.

[8] TOXNET (Toxicology Data Network) .https://toxnet.nlm.nih.gov/cgi-bin/sis/search2/f?./temp/~GwQVtY:3 [2017-03-28].

[9] Manabe M, Kanda S, Fukunaga K, et al. Evaluation of the estrogenic activities of some pesticides and their combinations using MtT/Se cell proliferation assay. Int J Hyg Environ Hlth, 2006, 209 (5): 413-421.

[10] USEPA. Reregistration Eligibility Decision (RED) Database for Thiabendazole (148-79-8). 2002.

[11] USEPA Office of Pesticide Programs, Health Effects Division, Science Information Management Branch. Chemicals Evaluated for Carcinogenic Potential. 2006.

[12] U. S. Environmental Protection Agency, Office of Prevention, Pesticides, and Toxic Substances. Recognition and Management of Pesticide Poisonings. 1999.

[13] Carballo M A, Hick A S, Soloneski S, et al. Genotoxic and aneugenic properties of an imidazole derivative. J Appl Toxicol, 2006, 26 (4): 293-300.

[14] PAN Pesticides Database—Chemicals. http://www.pesticideinfo.org/Detail_Chemical.jsp?Rec_Id=PC34581[2017-03-28].

# 三苯基醋酸锡(fentin acetate)

## 【基本信息】

化学名称：三苯基醋酸锡

其他名称：稻曲净、三苯基乙酸锡、三苯基锡醋酸盐

**CAS 号**：900-95-8

分子式：$C_{20}H_{18}O_2Sn$

相对分子质量：409

**SMILES**：CC(=O)O[Sn](C1=CC=CC=C1)(C2=CC=CC=C2)C3=CC=CC=C3

类别：有机金属化合物

结构式：

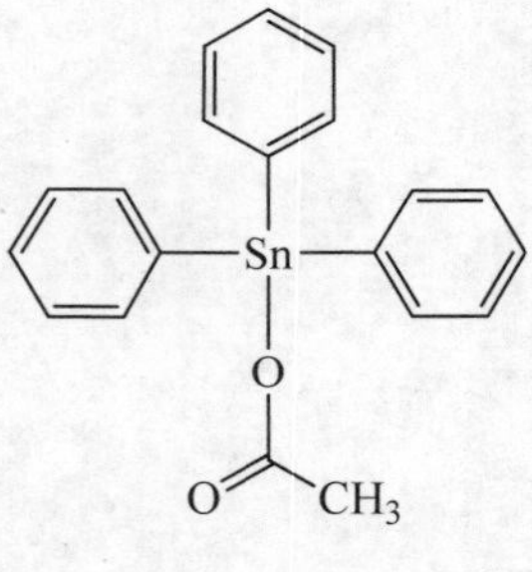

## 【理化性质】

无色晶体，密度 1.55g/mL，熔点 122℃，饱和蒸气压 1.9mPa(25℃)。水溶解度(20℃)为 9mg/L。有机溶剂溶解度(20℃)：二氯甲烷，460000mg/L；乙酸乙酯，82000mg/L；乙醇，22000mg/L；正己烷，5000mg/L。辛醇/水分配系数 $\lg K_{ow}$=3.43，亨利常数为 0.303Pa·$m^3$/mol(25℃)。

## 【环境行为】

### (1)环境生物降解性

好氧条件下，土壤中降解半衰期为 140d，实验室土壤中降解半衰期为 46d(20℃)，文献记录土壤中降解半衰期为 29～62d[1]。在土壤中矿化作用半衰期为 140d，在有农作物的田间降解半衰期为 3～14d，土壤中的细菌打开三苯基醋酸锡的苯环-锡键；好

氧条件下，在肥沃的农田(11～16℃)中降解半衰期小于6周，厌氧条件下，降解半衰期为6～18周[2]。

**(2) 环境非生物降解性**

三苯基醋酸锡与大气中羟基自由基反应的速率常数为$5.9\times10^{-12}cm^3/(mol\cdot s)$，光解半衰期为2.7d(25℃)[3]，在水环境中快速分解成三苯基锡氧化物、碳酸盐、水合阳离子。在水中36d内光解72%，产物是二苯基锡氧化物[4]。pH为7时，水解半衰期为0.07d(20℃)，在水-沉积物中降解半衰期为30d[1]。

**(3) 环境生物蓄积性**

虹鳟鱼的BCF估测值为800，提示三苯基醋酸锡具有高生物蓄积性[4]。

**(4) 土壤吸附/移动性**

吸附系数$K_{oc}$值为2236，提示三苯基醋酸锡在土壤中具有低移动性[1]。三苯基醋酸锡在土壤中单独存在或迅速转化为氧化物、氢氧化物、碳酸盐或水合阳离子，$\lg K_d$和$1/n$分别为1.81、0.793[5]。

## 【生态毒理学】

鸟类(鹌鹑)急性$LD_{50}$=77.4mg/kg，鱼类(虹鳟鱼)96h $LC_{50}$=0.32mg/L，溞类(大型溞)48h $EC_{50}$=0.00032mg/L，摇蚊幼虫96h $LC_{50}$=0.05mg/L，藻类72h $EC_{50}$=0.0000027mg/L，蚯蚓急性14d $LC_{50}$=125mg/kg，蜜蜂急性接触48h $LD_{50}$=16μg/蜜蜂[1]。

## 【毒理学】

**(1) 一般毒性**

大鼠急性经口$LD_{50}$=140mg/kg，大鼠急性经皮$LD_{50}$=127mg/kg bw，大鼠急性吸入$LC_{50}$=0.044mg/L[1]。

**(2) 神经毒性**

每日给喂雄鼠0.6mg/kg和6mg/kg三苯基醋酸锡，进行6周的毒性试验，结果显示，大鼠活动混乱，适应性降低，提示三苯基醋酸锡可穿过血脑屏障，减少中枢神经系统的可塑性[6]。

**(3) 发育与生殖毒性**

选用体重为30～35g的昆明种健康成年雄性大鼠，随机分为10组，每组6只，经口灌入受试物(8mg/kg、16mg/kg、32mg/kg和64mg/kg)，每天一次，持续5d。当三苯基醋酸锡剂量为32mg/kg和64mg/kg时，与对照组相比，小鼠精子数量明显减少，且具有统计学意义，病理组织学检查未发现与中毒有关的形态学改变。高剂量组三苯基醋酸锡可能对雄性小鼠的生殖功能产生不良影响[7]。

孕鼠在怀孕第 6～15 天灌胃给药三苯基醋酸锡 0mg/kg、5mg/kg、10mg/kg 和 15mg/kg。结果显示，5mg/kg 剂量组孕鼠增重明显降低，15mg/kg 剂量组观察到着床后死亡率有统计学意义上的明显增加。所有剂量组的胎鼠中，有一些出现骨化中心发育明显迟缓现象，多半出现在掌骨和尾椎中，还出现局部异常增加(如胸骨节偏移和双胸骨节，骨盆带的骨化迟缓)。对照组和给药组之间的内脏检查没有发现明显差异[8]。

**(4) 致突变性与致癌性**

选用 Wistar 种健康成年大鼠，按 1∶1 比例使雌、雄动物同笼，获得受精鼠。将 178 只受精鼠随机分为 9 组，每组 20 只，其中有两组各 19 只。设四个剂量组，分别为 0.4mg/kg bw、2.0mg/kg bw、5.0mg/kg bw 和 10.0mg/kg bw。在孕期第 6～15 天每天给动物灌胃染毒，在孕期第 0、6、12、15 和 20 天称量体重。结果显示，剂量为 5.0mg/kg bw 和 10.0mg/kg bw 时，母鼠体重增长受到明显抑制，说明三苯基醋酸锡已对母鼠产生毒性作用，剂量为 10mg/kg bw 时，母鼠受孕率与对照组相比明显降低，5.0mg/kg 和 10.0mg/kg 剂量组胚胎吸收率略有增加，但未见有统计学意义。未见死胎率明显增加，以及对胎鼠平均体重、身长和尾长的明显影响。对胎鼠外观、内脏和骨骼的检查结果表明，未发现引起胎鼠外观、内脏和骨骼的畸形。因此，高剂量会显著影响母鼠受孕率，并呈现一定的胚胎毒性，但是未见致畸作用[7]。

对 Wistar 孕鼠在妊娠 7～17d 经口喂饲 0mg/(kg bw · d)、1.5mg/(kg bw · d)、3.0mg/(kg bw · d)、6.0mg/(kg bw · d)、9.0mg/(kg bw · d)和 12mg/(kg bw · d)三苯基醋酸锡，9.0mg/(kg bw · d)和 12mg/(kg bw · d)剂量组孕鼠各死亡 2 只，出现嘴巴、鼻子、阴道出血，嗜睡、摄食量减少和体重降低，在第 20 天剖腹孕鼠，发现妊娠第 20 天孕鼠胸腺和脾脏质量没有显著减少，无致畸性[9]。

慢性试验中，喂食大鼠低剂量(＜0.5mg/kg bw)三苯基醋酸锡 18 个月，无肿瘤增加[5]。

## 【人类健康效应】

非人类健康致癌剂[10]。职业暴露三苯基醋酸锡后的中毒症状包括头晕、恶心、呕吐、上腹疼痛，有中毒患者出现糖尿、高血糖症状，有两个农民喷洒三苯基醋酸锡后丧失意识[11]。

喷洒 60%三苯基醋酸锡后中毒的症状包括：全身不适、头痛、头晕、肝脏肿大，血液中锡浓度 48μg/L，尿液中锡浓度 113μg/L，第 9 天出现扩散性红斑，3 天以后完全恢复[12]。

PAN 数据库中报道：对皮肤、眼睛和呼吸道具有刺激性；中枢神经系统毒性为头痛、恶心、呕吐、头晕，有时抽搐、意识丧失；畏光和心理障碍；上腹痛；

在某些情况下因高血糖导致糖尿；苯基锡化合物比丁基锡化合物或乙基锡化合物的毒性低[13]。

## 【危害分类与管制情况】

| 序号 | 毒性指标 | PPDB 分类 | PAN 分类[13] |
| --- | --- | --- | --- |
| 1 | 高毒 | 否 | 否 |
| 2 | 致癌性 | 是 | 无有效数据 |
| 3 | 内分泌干扰性 | 无有效数据 | 疑似 |
| 4 | 生殖发育毒性 | 是 | 无有效证据 |
| 5 | 胆碱酯酶抑制性 | 无数据 | 否 |
| 6 | 呼吸道刺激性 | 是 | — |
| 7 | 皮肤刺激性 | 无有效数据 | — |
| 8 | 眼刺激性 | 无有效数据 | — |
| 9 | 地下水污染 | — | 无有效证据 |
| 10 | 国际公约或优控名录 | — | |

注：PPDB 数据库由英国赫特福德郡大学农业与环境研究所开发；PAN 数据库来自北美农药行动网（PANNA）；“—”表示无此项。

## 【限值标准】

每日允许摄入量（ADI）为 0.0004mg/（kg bw・d）。

## 参 考 文 献


[1] PPDB: Pesticide Properties DataBase. http://sitem.herts.ac.uk/aeru/ppdb/en/Reports/311.htm[2017-03-28].

[2] Blume H P, Ahlsdorf B. Prediction of pesticide behavior in soil by means of simple field tests. Ecotoxicol Environ Safety, 1993, 26: 313-332.

[3] Meylan W M, Howard P H. Computer estimation of the atmospheric gas-phase reaction rate of organic compounds with hydroxyl radicals and ozone. Chemosphere, 1993, 26: 2293-2299.

[4] U. S. National Library of Medicine. HSDB: Hazardous Substances Data Bank. https://toxnet.nlm.nih.gov/cgi-bin/sis/htmlgen?HSDB[2017-03-27].

[5] Chang L W. Toxicology of Metals. Boca Raton: Lewis Publishers, 1996: 269.

[6] Lehotzky K, Szeberényi M J, Horkay F. et al. The neurotoxicity of organotin: behavioural changes in rats. Acta Biol Acad Sci Hung, 1982, 33 (1): 15-22.

[7] 郭润荣，张明程，李双黎，等．三苯基醋酸锡和三苯基氢氧化锡的生殖毒性和致畸性研究．毒理学杂志，1993, S1, 169-170.

[8] 陈润涛．薯瘟锡（醋酸三苯基锡）对大鼠妊娠的影响．中国职业医学，1981，(6): 37.

[9] Noda T, Morita S, Yamano T, et al. Effects of triphenyltin acetate on pregnancy in rats by oral administration.

Toxicol Lett, 1991, 56 (1-2): 207-212.

[10] ACGIH. Threshold Limit Values for Chemical Substances and Physical Agents and Biological Exposure Indices. Cincinnati: American Conference of Governmental Industrial Hygienists TLVs and BEIs, 2008.

[11] Gosselin R E, Smith R P, Hodge H C. Clinical Toxicology of Commercial Products. Baltimore: Williams and Wilkins, 1984, Ⅱ-148.

[12] Friberg L, Nordberg G F, Kessler E, et al. Handbook of the Toxicology of Metals. Vols I, II. Amsterdam: Elsevier Science Publishers B V. 1986: 588.

[13] PAN Pesticides Database—Chemicals. http://www.pesticideinfo.org/Detail_Chemical.jsp?Rec_Id=PC38032 [2017-03-28].

# 毒菌锡(fentin hydroxide)

## 【基本信息】

**化学名称**：三苯基氢氧化锡

**其他名称**：—

**CAS 号**：76-87-9

**分子式**：$C_{18}H_{16}OSn$

**相对分子质量**：367.0

**SMILES**：[OH–].c1ccccc1[Sn+](c2ccccc2)c3ccccc3

**类别**：有机金属类杀真菌剂

**结构式**：

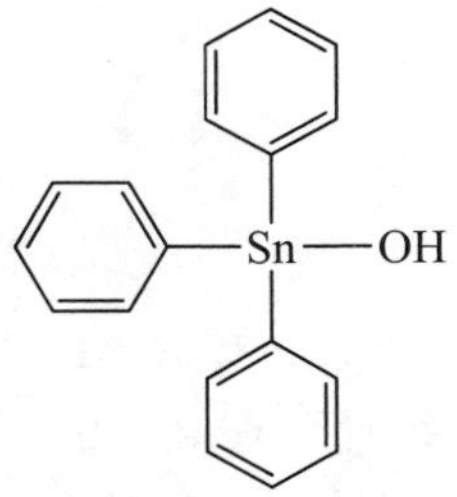

Sn—OH

## 【理化性质】

无色晶体，密度 1.54g/mL，熔点 123℃，饱和蒸气压 0.047mPa(25℃)。水溶解度(20℃)为 1mg/L。有机溶剂溶解度(20℃)：丙酮，500000mg/L；乙醇，10000mg/L；二氯乙烷，74000mg/L；乙醚，171000mg/L。辛醇/水分配系数 $\lg K_{OW}$=3.43(pH=7,20℃)。

## 【环境行为】

**(1)环境生物降解性**

好氧条件下，土壤中降解半衰期($DT_{50}$)在实验室 20℃条件下为 26d，田间为 75d[1, 2]。

**(2)环境非生物降解性**

在 pH 为 7 的无菌缓冲溶液中，水溶液的光解半衰期为 18d。20℃、pH 为 7 的条件下，水解半衰期为 30d[1]。

**(3) 环境生物蓄积性**

生物富集系数 BCF 为 4300，提示毒菌锡生物蓄积性强[1]。

**(4) 土壤吸附/移动性**

吸附系数 $K_{oc}$ 值为 3104[1, 2]，提示毒菌锡在土壤中有轻微移动性。

## 【生态毒理学】

鸟类（绿头鸭）急性 $LD_{50}$=377.6mg/kg，鱼类（鲤鱼）96h $LC_{50}$=0.05mg/L、21d NOEC（未指定物种）=0.009mg/L，溞类（大型溞）48h $EC_{50}$=0.0165mg/L，藻类（*Raphidocelis subcapitata*）72h $EC_{50}$=0.21mg/L、藻类（*Selenastrum capricornutum*）96h NOEC=0.0000024mg/L，蜜蜂接触 48h $LD_{50}$=114.8μg/蜜蜂，蚯蚓（赤子爱胜蚓）14d $LC_{50}$=32mg/kg[1]。

## 【毒理学】

**(1) 一般毒性**

大鼠急性经口 $LD_{50}$=108mg/kg，兔子急性经皮 $LD_{50}$=127mg/kg bw，大鼠急性吸入 $LC_{50}$=0.06mg/L[1]。

**(2) 神经毒性**

无信息。

**(3) 发育与生殖毒性**

大鼠灌胃暴露毒菌锡，每天一次，持续 5d。剂量达 15mg/kg 和 30mg/kg 时，与对照组相比，小鼠精子数量有统计学意义上的明显减少。当剂量为 30mg/kg 时，精子活动能力与对照组相比有明显降低，其他各剂量组均未引起精子活动能力的明显改变。与对照组相比，暴露组均未引起精子畸形率和睾丸系数的改变。睾丸病理组织学检查也未发现与暴露有关的形态学改变。以上结果说明，毒菌锡在高剂量下可能对雄性小鼠的生殖功能产生不良影响。在 10mg/kg 暴露剂量下，母鼠受孕率明显降低，胚胎吸收率和死胎率均比对照组明显增加，胎鼠平均体重明显降低，但未见对胎鼠身长和尾长的明显影响。对胎鼠外观、内脏和骨骼的检查结果表明，未发现胎鼠外观、内脏和骨骼的畸形。从以上结果可见，毒菌锡剂量高时，对母鼠受孕率有明显影响，并呈现一定的胚胎毒性，但是未见致畸作用[3]。

**(4) 致突变性与致癌性**

小鼠骨髓细胞微核试验、小鼠睾丸初级精母细胞染色体畸变试验、Ames 试验和皮肤致敏试验结果均为阴性[4]。

## 【人类健康效应】

对皮肤、眼睛和呼吸道有刺激性；具有中枢神经系统毒性，症状包括头痛、恶心、呕吐、头晕，有时出现抽搐和意识丧失；畏光和精神障碍；胃脘痛；导致高血糖，在某些情况下可致糖尿[2]。

## 【危害分类与管制情况】

| 序号 | 毒性指标 | PPDB 分类[1] | PAN 分类[2] |
|---|---|---|---|
| 1 | 高毒 | 是 | 是 |
| 2 | 致癌性 | 可能 | 是(B2，IARC) |
| 3 | 致突变性 | — | — |
| 4 | 内分泌干扰性 | 疑似 | 疑似 |
| 5 | 生殖发育毒性 | 疑似 | 是 |
| 6 | 胆碱酯酶抑制性 | — | 否 |
| 7 | 神经毒性 | — | — |
| 8 | 呼吸道刺激性 | 是 | — |
| 9 | 皮肤刺激性 | — | — |
| 10 | 皮肤致敏性 | — | |
| 11 | 眼刺激性 | 疑似 | — |
| 12 | 地下水污染 | — | 无充分证据 |
| 13 | 国际公约或优控名录 | 列入 PAN 名录、加州 65 种已知致癌物名录、美国污染物排放清单(致癌、生殖发育毒性)、欧盟优控污染物名录 | |

注：PPDB 数据库由英国赫特福德郡大学农业与环境研究所开发；PAN 数据库来自北美农药行动网(PANNA)；“—”表示无此项。

## 【限值标准】

每日允许摄入量(ADI)为 0.0004mg/(kg bw·d)，急性参考剂量(ARfD)为 0.001mg/(kg bw·d)[1]。

## 参 考 文 献


[1] PPDB: Pesticide Properties DataBase. http://sitem.herts.ac.uk/aeru/ppdb/en/Reports/312.htm[2017-07-26].

[2] PAN Pesticides Database—Chemicals. http://www.pesticideinfo.org/Detail_Chemical.jsp?Rec_Id=PC34786 [2017-07-26].

[3] 郭润荣，张明程，李双黎，等. 三苯基醋酸锡和三苯基氢氧化锡的生殖毒性和致畸性研究. 毒理学杂志，1993, (S1): 169-170.

[4] 上官小来，徐根林，夏月娥，等. 农药毒菌锡的毒性研究. 浙江化工，2000, 31(s1): 32-33.

# 三乙膦酸铝(phosethyl-Al)

## 【基本信息】

化学名称：三(乙基膦酸)铝

其他名称：疫霉灵、疫霜灵、乙磷铝、霉疫净、克霉灵、霉菌灵

**CAS** 号：39148-24-8

分子式：$C_6H_{18}AlO_9P_3$

相对分子质量：354.10

**SMILES**：O(P(=O)[O–])CC.O(P(=O)[O–])CC.O(P(=O)[O–])CC.[Al+3]

类别：有机磷类杀真菌剂

结构式：

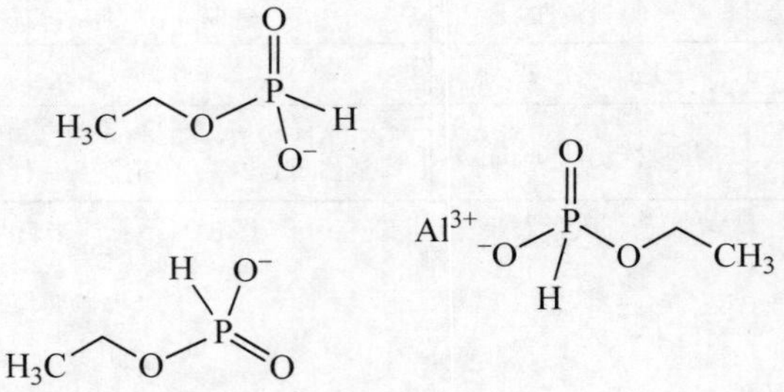

O
P
$H_3C$ O H
$O^-$
O
$Al^{3+}$ $^-O$ P O $CH_3$
H $O^-$ H
P
$H_3C$ O O

## 【理化性质】

无色粉末，熔点 215℃，沸腾前分解，饱和蒸气压 $1.00\times10^{-4}$mPa(25℃)。水溶解度(20℃)为 110000mg/L。有机溶剂溶解度(20℃)：正庚烷，1mg/L；丙酮，6mg/L；二甲苯，1mg/L；甲醇，805mg/L。辛醇/水分配系数 $\lg K_{ow}=-2.1$ (pH=7,20℃)。

## 【环境行为】

**(1)环境生物降解性**

好氧：土壤中降解半衰期($DT_{50}$)典型条件下为 0.1d，实验室 20℃条件下为 0.1d，野外田间试验为 0.04d，其余文献报道为 0.1d[1]。厌氧：$DT_{50}$ 为 2d[2]。

三乙膦酸铝在烟叶中降解速率较快，半衰期为 2.44～3.14d，在土壤中降解速率相对较慢，半衰期为 6.20～8.98d[3]。

**(2) 环境非生物降解性**

在 pH 为 7 的条件下，水溶液中不发生光解；在 20℃、pH 为 5～9 的条件下，水溶液中稳定，不发生水解[1]。PAN 报道的水解半衰期为 30d[1]。

**(3) 环境生物蓄积性**

基于 $\lg K_{ow}$＜3，估计三乙膦酸铝生物蓄积性低[1]。

**(4) 土壤吸附/移动性**

吸附系数 $K_{oc}$ 值为 325[2]，提示三乙膦酸铝在土壤中吸附性弱。

## 【生态毒理学】

鸟类(山齿鹑)急性 $LD_{50}$＞8000mg/kg，鱼类(虹鳟)96h $LC_{50}$＞122mg/L、21d NOEC＞100mg/L，溞类(大型溞)48h $EC_{50}$＞100mg/L、21d NOEC=17mg/L，藻类(*Scenedesmus acutus*)72h $EC_{50}$=5.9mg/L，蜜蜂接触 48h $LD_{50}$＞1000μg/蜜蜂，蚯蚓(赤子爱胜蚓)14d $LC_{50}$＞1000mg/kg[1]。

## 【毒理学】

**(1) 一般毒性**

大鼠急性经口 $LD_{50}$＞7080mg/kg，兔子急性经皮 $LD_{50}$＞2000mg/kg bw，大鼠急性吸入 $LC_{50}$＞5.11mg/L，大鼠短期膳食暴露 NOAEL＞1424mg/kg[1]。急性暴露可导致动物体温轻度降低，在高剂量下具有抑制作用[4]。家兔 21d 经皮毒性试验显示，三乙膦酸铝具有轻度至中度皮肤刺激性，NOAEL=1.50mg/(kg·d)[5]。对家兔的眼睛具有刺激作用，在冲洗眼睛 7d 后红肿消退，非冲洗动物有 2/6 出现持续性的角膜血管翳[6]。

**(2) 神经毒性**

母鸡单次经口暴露 2000mg/kg 的三乙膦酸铝，未发现迟发神经毒性的迹象以及脊髓或外周神经轴突病变[6]。

**(3) 发育与生殖毒性**

怀孕 6～16d 的雌性新西兰白兔灌胃暴露 0mg/kg、125mg/kg、250mg/kg 或 500mg/kg 的三乙膦酸铝，未发现生殖发育毒性[4]。

**(4) 致突变性与致癌性**

Ames 试验和哺乳动物红细胞微核实验结果呈阴性[4]。一项小鼠慢性致癌性研究中，三乙膦酸铝饲喂水平为 20000mg/kg 或 30000mg/kg 时，未观察到致癌性[5]。

## 【人类健康效应】

误食可能引起恶心、呕吐和腹泻；吸入可能会引起咳嗽、呼吸急促和气喘[1]；具有严重的眼刺激性[2]。

## 【危害分类与管制情况】

| 序号 | 毒性指标 | PPDB 分类[1] | PAN 分类[2] |
|---|---|---|---|
| 1 | 高毒 | 是 | 是 |
| 2 | 致癌性 | 否 | 否 |
| 3 | 内分泌干扰性 | — | 无充分证据 |
| 4 | 生殖发育毒性 | 否 | 无充分证据 |
| 5 | 胆碱酯酶抑制性 | 疑似 | 否 |
| 6 | 神经毒性 | 疑似 | — |
| 7 | 呼吸道刺激性 | 是 | — |
| 8 | 皮肤刺激性 | 否 | — |
| 9 | 眼刺激性 | 是 | — |
| 10 | 地下水污染 | — | 潜在可能 |
| 11 | 国际公约或优控名录 | 列入 PAN 名录 | |

注：PPDB 数据库由英国赫特福德郡大学农业与环境研究所开发；PAN 数据库来自北美农药行动网（PANNA）；“—”表示无此项。

## 【限值标准】

每日允许摄入量(ADI)为 3.0mg/(kg bw · d)[1]，操作者允许接触水平(AOEL)为 5.0 mg/(kg bw · d)，皮肤渗透系数为 1.0%[1]。

## 参 考 文 献

[1] PPDB: Pesticide Properties DataBase. http://sitem.herts.ac.uk/aeru/ppdb/en/Reports/363.htm[2017-07-26].

[2] PAN Pesticides Databas—Chemicals. http://www.pesticideinfo.org/Detail_Chemical.jsp?Rec_Id=PC33154 [2017-07-26].

[3] 孙惠青, 杨云高, 徐广军, 等. 三乙膦酸铝在烟叶及土壤中的降解规律研究. 中国烟草科学, 2010, 31 (2): 59-62.

[4] California Environmental Protection Agency/Department of Pesticide Regulation. Toxicology Data Review Summaries. Fosetyl-Aluminum (39148-24-8). http://www.cdpr.ca.gov/docs/toxsums/toxsumlist.htm[2005-09-27].

[5] USEPA/Office of Pesticide Programs. Reregistration Eligibility Decision Document——Aluminum Tris (Q-Ethylphosphonate) (Refered to as Fosetyl-Al). http://www.epa.gov/pesticides/reregistration/status.htm[2005-09-28].

[6] European Chemicals Bureau. IUCLID Dataset, Fosetyl-Al (39148-24-8). 2000.

# 三唑醇(triadimenol)

## 【基本信息】

**化学名称**：1-(4-氯苯氧基)-3,3-二甲基-1-(1*H*-1,2,4 三唑-l-基)-2-丁醇

**其他名称**：百坦、粉锈宁

**CAS 号**：55219-65-3

**分子式**：$C_{14}H_{18}ClN_3O_2$

**相对分子质量**：295.76

**SMILES**：Clc2ccc(OC(n1ncnc1)C(O)C(C)(C)C)cc2

**类别**：三唑类杀真菌剂

**结构式**：

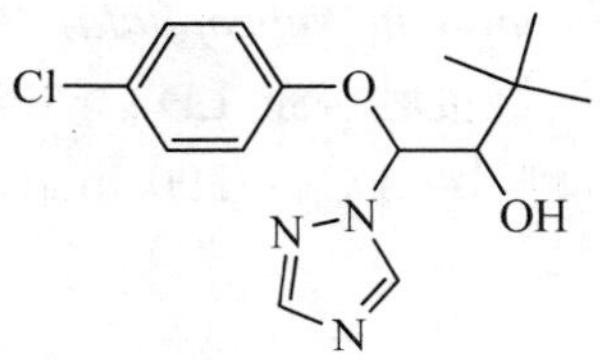

Cl O OH N N N

## 【理化性质】

无色晶体，密度 1.27g/mL，熔点 132.5℃，沸腾前分解，饱和蒸气压 0.0005mPa(25℃)。水溶解度(20℃)为 72mg/L。有机溶剂溶解度(20℃)：二氯甲烷，250000mg/L；二甲苯，18000mg/L；异丙醇，140000mg/L；正庚烷，450mg/L。辛醇/水分配系数 $\lg K_{ow}$=3.18(pH=7,20℃)。

## 【环境行为】

**(1)环境生物降解性**

好氧条件下，土壤中降解半衰期($DT_{50}$)典型条件下为 250d，实验室 20℃条件下为 136.7d，田间为 455.3d；欧盟登记资料：$DT_{50}$ 在实验室土壤中为 47.3～158.4d，田间为 23～127.6d[1, 2]。

三唑醇在麦苗中降解速率较快，土壤中相对缓慢，麦苗中半衰期为 3.82～6.02d，土壤中为 17.17～24.92d[3]。实验室条件下，三唑醇在潮土、水稻土和红土中的降解半衰期分别为 56.4d、105.0d 和 154.0d，180d 时降解率分别为 91.9%、79.2%和 57.7%[4]。

**(2)环境非生物降解性**

在 pH 为 7 的条件下，水溶液中光解半衰期为 9.0d。在 20℃、pH 为 4～9 的条件下，水溶液中稳定[1]。另有研究发现，在 20℃，pH 为 4、7、9 条件下，三唑醇水解半衰期超过 1 年[5]。

**(3)环境生物蓄积性**

全鱼生物富集系数 BCF 为 21，清除半衰期($CT_{50}$)为 0.42d，提示三唑醇生物蓄积性弱[1]。

**(4)土壤吸附/移动性**

吸附系数 $K_{oc}$ 值为 750[1]、72[2]，提示三唑醇在土壤中有轻微移动性。在欧洲不同类型的土壤中，$K_{oc}$ 测定值分别为 992(意大利西西里岛黏土)、161(希腊粉质壤土)、231(威尔士壤土)、150(法国淤泥)和 568(德国砂壤土)[6]。

## 【生态毒理学】

鸟类(鹌鹑)急性 $LD_{50}$＞2000mg/kg，鱼类(虹鳟)96h $LC_{50}$=21.3mg/L、21dNOEC(虹鳟)=3.13mg/L，溞类(大型溞)48h $EC_{50}$=51mg/L、21d NOEC(大型溞)=0.1mg/L，藻类(*Pseudokirchneriella subcapitata*)72h $EC_{50}$=9.6mg/L、藻类(未指定种属)96h NOEC=1mg/L，蜜蜂接触 48h $LD_{50}$＞200μg/蜜蜂、经口 48h $LD_{50}$＞224.8μg/蜜蜂，蚯蚓(赤子爱胜蚓)14d $LC_{50}$＞390.5mg/kg[1]。

## 【毒理学】

**(1)一般毒性**

大鼠急性经口 $LD_{50}$=721mg/kg，大鼠急性经皮 $LD_{50}$＞5000mg/kg bw，大鼠急性吸入 $LC_{50}$＞0.954mg/L，大鼠短期膳食暴露 NOAEL＞8mg/kg[1]。

SD 大鼠喂食暴露剂量为 0mg/kg、120mg/kg、600mg/kg、3000mg/kg，暴露 13 周。实验发现，所有剂量组大鼠无死亡或临床中毒症状。3000mg/kg 剂量组大鼠体重降低，红细胞比容、血红蛋白、甘油三酯和游离脂肪酸水平降低；3000mg/kg 雌性大鼠总胆固醇、磷脂、总蛋白水平升高，白蛋白、白蛋白/球蛋白比值降低。三唑醇可能的不利影响包括：3000mg/kg 剂量组肝脏脂质代谢改变，并出现相应的病理变化；NOAEL=120mg/kg(基于肝脏脂质代谢)[7]。

**(2)神经毒性**

大鼠暴露三唑醇可导致其运动活动增加、刻板行为、大鼠神经毒性综合征和单胺代谢的改变[8]。

**(3)发育与生殖毒性**

雌性兔子在孕期 6～18d 灌胃暴露 0mg/(kg·d)、8mg/(kg·d)、40mg/(kg·d)和 200mg/(kg·d)三唑醇，在孕期 28d 被处死。与对照组相比，在母兔死亡率、活胎和死胎数、胎儿体重或母兔病理学方面没有观察到与暴露有关的变化。从孕期的第10天，直到研究终止，200mg/kg剂量组的所有动物在暴露后出现约30min的兴奋现象。此外，此剂量组若干动物出现了前脚掌和脚趾脱毛。200mg/kg剂量组母兔在孕期7～24d体重出现下降(下降7%～14%)；母兔食物消耗量在孕期6～19d出现下降(下降22%～61%)。200mg/kg剂量组出现胚胎植入后丢失增加(暴露组，12.8%；对照组，3.8%)和胚胎早期再吸收增加。上述结果均无统计学差异。基于毒性、体重下降和食物消耗的临床症状的LOAEL=200mg/(kg·d)；母体NOAEL=40mg/(kg·d)。200mg/kg剂量组出现脊柱畸形的胎儿(暴露组，7/95；对照组，0/128)和产仔数（暴露组，6/14；对照组，0/16)的数量高于对照组。畸形主要发生在肋骨、脊椎和/或胸骨。基于骨骼畸形、胚胎植入后丢失和早期再吸收损耗的发育毒性LOAEL=200mg/kg，发育毒性NOAEL=40mg/kg[8]。

(4)致突变性与致癌性

小鼠致癌性试验中，暴露剂量为0mg/kg、125mg/kg、500mg/kg和2000mg/kg[相当于0mg/(kg·d)、19mg/(kg·d)、75mg/(kg·d)和300mg/(kg·d)]。试验结果表明，NOAEL=125mg/kg[相当于19mg/(kg·d)]；基于雌性丙氨酸转氨酶水平和天冬氨酸转氨酶水平增加的LOAEL=500mg/kg[相当于75mg/(kg·d)]。500mg/kg剂量组，小鼠潜在致癌性标志物KWG 0519呈阳性；雌性小鼠由于暴露出现肝脏肿瘤性病变。腺瘤的发生率呈剂量依赖性(暴露组：2%～10%，对照组：0%；历史对照：4%)，500mg/kg和2000mg/kg剂量组小鼠的肝腺瘤和癌的联合发生率也增加(暴露组：10%～16%；对照组：2%)[8]。

## 【人类健康效应】

可能的人类致癌物(USEPA)，可能引起皮炎、肝毒性、雌激素效应[1]。对皮肤、口腔、咽喉和眼睛具有刺激作用(包括皮疹和红斑)[8]。

## 【危害分类与管制情况】

| 序号 | 毒性指标 | PPDB分类[1] | PAN分类[2] |
|---|---|---|---|
| 1 | 高毒 | 否 | 否 |
| 2 | 致癌性 | 可能 | 可能(C类，USEPA) |
| 3 | 内分泌干扰性 | 是 | 疑似 |
| 4 | 生殖发育毒性 | 是 | 无有效证据 |
| 5 | 胆碱酯酶抑制性 | 否 | 否 |
| 6 | 神经毒性 | 疑似 | — |
| 7 | 呼吸道刺激性 | 是 | — |

续表

| 序号 | 毒性指标 | PPDB 分类[1] | PAN 分类[2] |
|---|---|---|---|
| 8 | 皮肤刺激性 | 否 | — |
| 9 | 眼刺激性 | 是 | — |
| 10 | 地下水污染 | — | 无有效证据 |
| 11 | 国际公约或优控名录 | 无 | |

注：PPDB 数据库由英国赫特福德郡大学农业与环境研究所开发；PAN 数据库来自北美农药行动网（PANNA）；“—”表示无此项。

## 【限值标准】

每日允许摄入量（ADI）为 0.05mg/（kg bw · d），急性参考剂量（ARfD）为 0.05mg/（kg bw · d）；操作者允许接触水平（AOEL）为 0.05mg/（kg bw · d），皮肤渗透系数为 2.0%～17.0%[1]。

## 参考文献


[1] PPDB: Pesticide Properties DataBase. http://sitem.herts.ac.uk/aeru/ppdb/en/Reports/649.htm[2017-07-27].

[2] PAN Pesticides Database—Chemicals. http://www.pesticideinfo.org/Detail_Chemical.jsp?Rec_Id=PC34609 [2017-07-19].

[3] 王军，边侠玲，万宇，等. 麦田环境中三唑醇残留行为及其安全性评价. 安徽农业大学学报，2009，36（4）：666-669.

[4] 鹿文红，王继红，张春荣，等. 三唑醇及其对映异构体在 3 种不同类型土壤中的降解动态. 农药学学报，2014，16（5）：570-579.

[5] Tomlin C D S. The e-Pesticide Manual. 13th ed. Ver. 3.1. Surrey: British Crop Protection Council, 2004.

[6] Swann R L, Laskowski D A, Mccall P J, et al. A rapid method for the estimation of the environmental parameters octanol/water partition coefficient, soil sorption constant, water to airratio, and water solubility. Res Rev, 1983, 85: 17-28.

[7] California Environmental Protection Agency/Department of Pesticide Regulation. Toxicology Data Review Summary for Triadimenol (55219-65-3). http://www.cdpr.ca.gov/docs/risk/toxsums/toxsumlist.htm[2009-05-13].

[8] USEPA, Office of Prevention, Pesticides, and Toxic Substances. Revised HED Human Health Risk Assessment for Triadimenol (52219-65-3). 2006.

# 三唑酮(triadimefon)

## 【基本信息】

**化学名称**：1-(4-氯苯氧基)-3,3-二甲基-1-(1*H*-1,2,4-三唑-l-基)-*α*-丁酮

**其他名称**：百理通、粉锈宁、百菌酮

**CAS 号**：43121-43-3

**分子式**：$C_{14}H_{16}ClN_3O_2$

**相对分子质量**：293.8

**SMILES**：CC(C)(C)C(=O)C(N1C=NC=N1)OC2=CC=C(C=C2)Cl

**类别**：三唑类杀真菌剂

**结构式**：

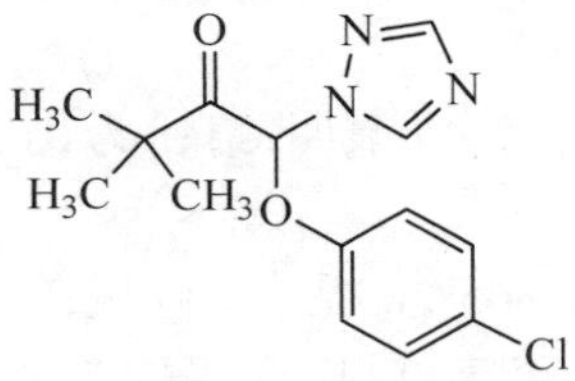

## 【理化性质】

无色晶体，密度 1.28g/mL，熔点 82.3℃，沸腾前分解，饱和蒸气压 0.02mPa(25℃)。水溶解度(20℃)为 70mg/L。有机溶剂溶解度(20℃)：甲苯，200000mg/L；二氯甲烷，200000mg/L；异丙醇，99000mg/L；正己烷，6300mg/L。辛醇/水分配系数 $\lg K_{ow}$=3.18(pH=7,20℃)。

## 【环境行为】

### (1)环境生物降解性

土壤中好氧降解半衰期($DT_{50}$)典型条件下为 26d[1]。PAN 报道，土壤中好氧降解半衰期($DT_{50}$)为 6d，厌氧降解半衰期为 23d[2]。

兰腾芳和李俊凯[3]采用气相色谱法研究了三唑酮及其代谢产物三唑醇在小麦和土壤中的残留动态。结果表明，三唑酮、三唑醇在小麦和土壤中的降解符合一级动力学方程，半衰期分别为 1.9～2.5d、28.9～43.3d。三唑酮在白芍叶片、根及栽培土壤中的降解动态结果表明：三唑酮 20%乳油在白芍土壤中的降解半衰期为 5.26～8.56d，在叶片中的降解半衰期为 4.83～5.77d，在根中的降解半衰期为 5.16～

7.87d[4]。通过水稻田间试验和室内模拟条件下水、土试验，研究了三唑酮及其代谢物三唑醇的残留降解规律。结果表明，三唑酮降解速率较快，在水稻植株中的降解半衰期为 2.2～3.2d，土壤中为 23d，水中为 4.3d[5]。

**(2) 环境非生物降解性**

在 pH 为 7 的条件下，水溶液光解半衰期为 0.8d。在 20℃、pH 为 3～9 的条件下，水溶液稳定[1]。PAN 报道，三唑醇水解半衰期为 1760d[2]。

刘毅华等[6]研究发现，三唑酮在 pH 为 5 以下相当稳定，当 pH＞6 时则明显发生水解反应，随着反应体系 pH 的增加，水解反应加速，三唑酮水解半衰期可从 13.81d (pH=6) 缩短至 1.36d (pH=9)。上述结果表明，三唑酮在酸性或弱酸性条件下是比较稳定的，而在中性条件下即发生水解反应，在强碱性条件下三唑酮则更易分解。

孙晓春等[7]系统研究了在天然日光和高压汞灯照射下三唑酮在蒸馏水、人工海水和天然海水中的光降解情况。结果表明，天然日光照射下，三唑酮在三种介质中降解较慢。高压汞灯较天然日光能够更有效地激发三唑酮的降解，且降解符合一级动力学规律。在 300 周高压汞灯照射下，三唑酮在蒸馏水、人工海水和天然海水中的降解半衰期分别为 54.14min、144.38min、177.69min。

**(3) 环境生物蓄积性**

生物富集系数 (BCF) 为 64，清除半衰期 ($CT_{50}$) 为 0.6d，提示三唑酮生物蓄积性弱[1]。

**(4) 土壤吸附/移动性**

吸附系数 $K_{oc}$ 值为 300[1]、365[2]，提示三唑酮在土壤中有中等移动性。高海英等[8]用批量平衡法对三唑酮在湘南红壤、内蒙古黑土及北京地区浅色草甸土三种不同土壤中的吸附行为进行了研究，测得三唑酮在这三种土壤中的吸附均能用 Freundlish 方程较好地进行描述，吸附性随供试土壤理化性质的差异呈明显变化。三唑酮在土壤固相中的分配主要受土壤有机质、阳离子交换量和 pH 的影响，在土壤中的吸附常数与土壤阳离子交换量、pH 呈显著正相关。

## 【生态毒理学】

鸟类 (山齿鹑) 急性 $LD_{50}$＞2000mg/kg，鱼类 (虹鳟) 96h$LC_{50}$=4.08mg/L、21d NOEC=0.017mg/L，溞类 (大型溞) 48h $EC_{50}$=7.16mg/L、21d NOEC=0.1mg/L，藻类 (*Pseudokirchneriella subcapitata*) 72h $EC_{50}$=2.01mg/L，蜜蜂经口 48h $LD_{50}$＞25μg/蜜蜂，蚯蚓 (赤子爱胜蚓) 14d $LC_{50}$＞50mg/kg[1]。

## 【毒理学】

**(1) 一般毒性**

大鼠急性经口 $LD_{50}$=300mg/kg，大鼠急性经皮 $LD_{50}$＞5000mg/kg bw，大鼠急性吸入 $LC_{50}$=3.27mg/L，大鼠短期膳食暴露 NOAEL=300mg/kg[1]。

**(2) 神经毒性**

啮齿类动物暴露三唑酮，运动增加并诱导刻板行为[9]。

**(3) 发育与生殖毒性**

大鼠在孕期6～15d灌胃暴露0mg/(kg·d)、10mg/(kg·d)、25mg/(kg·d)、50mg/(kg·d)或100mg/(kg·d)三唑酮。实验发现，25mg/(kg·d)、50mg/(kg·d)、100mg/(kg·d)组的母体毒性表现为运动增加，程度与持续时间和暴露剂量相关。50mg/(kg·d)和100mg/(kg·d)组的孕鼠在暴露期间体重增量显著下降。母体毒性NOAEL=10mg/(kg·d)、LOAEL= 25mg/(kg·d)(与剂量相关的运动行为减少，体重增量下降)。发育毒性NOAEL=50mg/(kg·d)，基于腭裂的发生率增加的LOAEL=100mg/(kg·d)[9]。

**(4) 致突变性与致癌性**

小鼠喂食暴露0mg/kg、50mg/kg、300mg/kg或1800mg/kg的三唑酮，结果表明，NOAEL=50mg/kg，基于雌雄小鼠肝细胞性肥大、雄性肝脏质量增加、雌性Kupffer细胞增殖、单细胞坏死和肝脏色素聚集得到的LOAEL=300mg/kg。同时研究还发现，暴露组肝结节和肝细胞腺瘤发生率呈现升高趋势($P<0.01$)[9]。

## 【人类健康效应】

肝、甲状腺毒物，具有雌激素作用[1]。对眼睛有刺激性，暴露可导致多动伴镇静[2]。

一名55岁女性口服三唑酮后自觉上腹部烧灼感，随之出现恶心及非喷射性呕吐，呕吐物为白色泡沫状胃内容物，另伴烦躁不安；后经洗胃、输液及对症治疗，患者仍恶心、呕吐、烦躁不安，并出现意识障碍，最终患者因多脏器功能损伤而死亡[10]。

一名17岁男性患者，因间断晕厥1d、阵发性抽搐3次而入院。入院前3d有明确的农药三唑酮接触史，入院后初步诊断为：①中毒性心肌炎；②III度房室传导阻滞；③阿-斯综合征；④心源性休克。给予0.5%异丙肾上腺素连续静滴(1～2μg/min)加激素、碳酸氢钠、营养心肌药物等综合治疗，住院第36小时恢复窦性心律，症状渐缓解[11]。

## 【危害分类与管制情况】

| 序号 | 毒性指标 | PPDB分类[1] | PAN分类[2] |
|---|---|---|---|
| 1 | 高毒 | 否 | 否 |
| 2 | 致癌性 | 可能 | 可能(C类，US EPA) |
| 3 | 内分泌干扰性 | 疑似 | 疑似 |
| 4 | 生殖发育毒性 | 是 | 是 |
| 5 | 胆碱酯酶抑制性 | 否 | 否 |

续表

| 序号 | 毒性指标 | PPDB 分类[1] | PAN 分类[2] |
|---|---|---|---|
| 6 | 神经毒性 | 疑似 | — |
| 7 | 皮肤刺激性 | 是 | — |
| 8 | 眼刺激性 | 疑似 | — |
| 9 | 地下水污染 | — | 潜在可能 |
| 10 | 国际公约或优控名录 | PAN 名录、欧盟优控污染物名录 | |

注：PPDB 数据库由英国赫特福德郡大学农业与环境研究所开发；PAN 数据库来自北美农药行动网（PANNA）；“—”表示无此项。

## 【限值标准】

每日允许摄入量（ADI）为 0.03mg/（kg bw·d），急性参考剂量（ARfD）为 0.08mg/（kg bw·d）[1]。

## 参 考 文 献


[1] PPDB: Pesticide Properties DataBase. http://sitem.herts.ac.uk/aeru/ppdb/en/Reports/648.htm[2017-11-05].

[2] PAN Pesticides Database—Chemicals. http://www.pesticideinfo.org/Detail_Chemical.jsp?Rec_Id=PC34548 [2017-11-05].

[3] 兰腾芳，李俊凯. 三唑酮及其代谢物三唑醇在小麦和土壤中的消解动态. 江苏农业科学，2013，41（3）：270-272.

[4] 吴加伦，林建，魏厚道，等. 三唑酮在白芍叶片、根及栽培土壤中的消解动态. 农药, 2009, 48 (10): 738-741.

[5] 李国，李义强，孙惠青，等. 三唑酮及其代谢物在水稻中残留规律研究. 山东农业科学, 2008, (4): 84-87 .

[6] 刘毅华，郭正元 杨仁斌，等. 三唑酮的酸性、中性和碱性水解动力学研究. 生态与农村环境学报，2005，21（1）：67-68.

[7] 孙晓春，杨桂朋，周立敏，等. 三唑酮在水体系中的光化学降解研究. 海洋环境科学, 2009, 28 (3): 238-241.

[8] 高海英，杨仁斌，龚道新，等. 三唑酮在土壤中的吸附及其机理. 湖南农业大学学报（自科版），2006，32（2）：203-205.

[9] USEPA, Office of Prevention, Pesticides, and Toxic Substances. Revised HED Human Health Risk Assessment for Triadimefon (43121-43-3). 2006.

[10] 王军辉，王晶，赵星，等. 口服三唑酮死亡 1 例. 中国工业医学杂志, 2017, (2): 150-151.

[11] 徐玲香. 农药三唑酮吸入致中毒性心肌炎 1 例. 兰州大学学报（医学版), 2004, 30 (4): 87-88.

# 十三吗啉(tridemorph)

## 【基本信息】

**化学名称**：2,6-二甲基-4-十三烷基吗啉

**其他名称**：克啉菌

**CAS 号**：81412-43-3

**分子式**：$C_{19}H_{39}NO$

**相对分子质量**：297.52

**SMILES**：O1C（CN（CCCCCCCCCCCCC）CC1C）C

**类别**：吗啉类杀真菌剂

**结构式**：

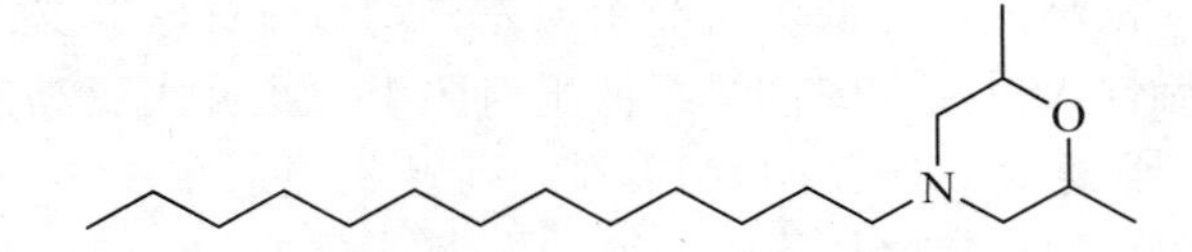


## 【理化性质】

黄色油状液体，密度 0.86g/mL，沸点 134℃（0.5mmHg），饱和蒸气压 12mPa（25℃）。水溶解度（20℃）为 1.1mg/L，在大多数有机溶剂中都能溶解。辛醇/水分配系数 lg$K_{ow}$=4.2（pH=7,20℃）。

## 【环境行为】

**(1) 环境生物降解性**

土壤中好氧降解半衰期（$DT_{50}$）典型条件下为 24d，实验室 20℃条件下为 35d，田间为 24d[1]。PAN 报道，土壤中好氧降解半衰期（$DT_{50}$）为 24d[2]。

**(2) 环境非生物降解性**

在 pH 为 7 的条件下，水溶液中光解半衰期为 0.7d。在 20℃、pH 为 7 的条件下，水解半衰期为 32d[1, 2]。

**(3) 环境生物蓄积性**

生物富集系数 BCF 为 741，提示十三吗啉具有潜在生物蓄积性[1]。

**(4) 土壤吸附/移动性**

吸附系数 $K_{oc}$ 值为 6250[1, 2]，提示十三吗啉在土壤中不移动。

## 【生态毒理学】

鸟类(山齿鹑)急性 $LD_{50}$>2000mg/kg，鱼类(虹鳟)96h $LC_{50}$=21.3mg/L、21d NOEC=3.13mg/L，溞类(大型溞)48h $EC_{50}$=51mg/L、21d NOEC=0.1mg/L，藻类(*Pseudokirchneriella subcapitata*)72h $EC_{50}$=9.6mg/L，蜜蜂经口 48h $LD_{50}$>200μg/蜜蜂，蚯蚓(赤子爱胜蚓)14d $LC_{50}$>390.5mg/kg[1]。

## 【毒理学】

**(1)一般毒性**

大鼠急性经口 $LD_{50}$=500mg/kg，大鼠急性经皮 $LD_{50}$>4000mg/kg bw，大鼠急性吸入 $LC_{50}$=4.5mg/L，大鼠短期膳食暴露 NOAEL=5mg/kg[1]。大鼠急性经皮毒性试验发现，涂皮后，2000kg/mg 剂量组可见皮肤红斑、水肿等局部中毒症状[3]。

大鼠亚慢性经口毒性试验设 0mg/kg 饲料、67mg/kg 饲料、200mg/kg 饲料、600mg/kg 饲料 4 个组。结果表明，对于总食物利用率，雌性大鼠高、中剂量组低于对照组，雄性大鼠高剂量组低于对照组，差异均有统计学意义；终期血液生化学检验总蛋白，雌性大鼠高、中剂量组低于对照组，雄性大鼠高剂量组低于对照组，差异均有统计学意义。对于 NOAEL 值，雌性大鼠定在 67mg/kg 饲料剂量组，雄性大鼠定在 200mg/kg 饲料剂量组，即雌、雄性大鼠的 NOAEL 值分别为(7.47±0.61)mg/(kg · d)和(20.27±1.06)mg/(kg · d)[3]。

**(2)神经毒性**

无信息。

**(3)发育与生殖毒性**

无信息。

**(4)致突变性与致癌性**

小鼠骨髓多染红细胞微核试验剂量设为 150mg/kg、300mg/kg、600mg/kg；小鼠睾丸初级精母细胞染色体畸变试验剂量设为 163mg/kg、326mg/kg、652mg/kg。Ames 试验剂量设为 5μg/皿、50μg/皿、500μg/皿、1000μg/皿、5000μg/皿。结果显示，小鼠骨髓多染红细胞微核试验和小鼠睾丸初级精母细胞染色体畸变试验，各剂量组和阴性对照组比较，差异无显著统计学意义；Ames 试验中各测试浓度的回复突变菌落数均未超过自然回复突变菌落数的 2 倍。因此，该试验范围内，未见十三吗啉原药有致突变性[4]。

## 【人类健康效应】

可能的人类致癌物(USEPA)，可引起皮炎，具有肝毒性和雌激素活性[1]。

## 【危害分类与管制情况】

| 序号 | 毒性指标 | PPDB 分类[1] | PAN 分类[2] |
|---|---|---|---|
| 1 | 高毒 | 否 | 否 |
| 2 | 致癌性 | 否 | 无充分证据 |
| 3 | 内分泌干扰性 | — | 无充分证据 |
| 4 | 生殖发育毒性 | 是 | 无充分证据 |
| 5 | 胆碱酯酶抑制性 | 否 | 否 |
| 6 | 神经毒性 | 否 | — |
| 7 | 皮肤刺激性 | 是 | — |
| 8 | 眼刺激性 | 否 | — |
| 9 | 地下水污染 | — | 无充分证据 |
| 10 | 国际公约或优控名录 | 无 | |

注: PPDB 数据库由英国赫特福德郡大学农业与环境研究所开发; PAN 数据库来自北美农药行动网(PANNA); "—" 表示无此项。

## 【限值标准】

每日允许摄入量(ADI)为 0.016mg/(kg bw · d)[1]。

## 参 考 文 献

[1] PPDB: Pesticide Properties DataBase. http://sitem.herts.ac.uk/aeru/ppdb/en/Reports/661.htm[2017-11-05].

[2] PAN Pesticides Database—Chemicals. http://www.pesticideinfo.org/Detail_Chemical.jsp?Rec_Id=PC37418 [2017-11-05].

[3] 朱丽秋, 顾刘金, 陈琼姜, 等. 十三吗啉原药的安全性评价. 职业与健康, 2005, 21 (6): 803-806.

[4] 陈琼姜, 顾刘金, 朱丽秋, 等. 杀菌剂十三吗啉的致突变性. 职业与健康, 2006, 22 (14): 1046-1047.

# 双胍辛胺(guazatine)

## 【基本信息】

**化学名称：** 双(8-胍基辛基)胺

**其他名称：** 百可得、Belkute、派克定

**CAS 号：** 108173-90-6

**分子式：** $C_{18}H_{41}N_7$

**相对分子质量：** 355.57

**SMILES：** N(=C(\N)N)\CCCCCCCCNCCCCCCCC/N=C(\N)N

**类别：** 胍类杀真菌剂

**结构式：**

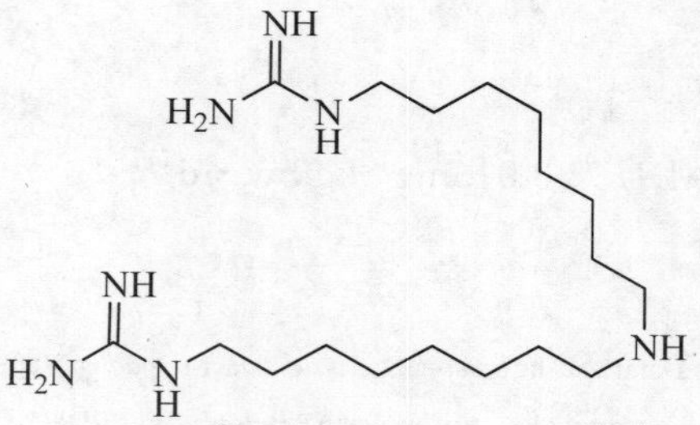

## 【理化性质】

棕色固体，产品是橙色液体。密度 1.06g/mL，熔点 60℃，沸点 100℃，饱和蒸气压 0.01mPa(25℃)。水溶解度(20℃)为 6000000mg/L。有机溶剂溶解度(20℃)：乙醇，2000000mg/L；甲醇，510000mg/L；丙酮，100mg/L；甲苯，100mg/L。辛醇/水分配系数 $\lg K_{ow}$=–4.0(pH=7,20℃)。

## 【环境行为】

**(1)环境生物降解性**

土壤中好氧降解半衰期($DT_{50}$)典型条件下为 18d，实验室 20℃条件下为 18d，田间为 61d[1, 2]。欧盟登记资料：$DT_{50}$ 实验室条件下为 10.8～38.2d[1]。

**(2)环境非生物降解性**

在 pH 为 7 的条件下，水溶液光解半衰期为 30d。在 20℃、pH 为 5～7 的条件下，30d 保持稳定[1, 2]。

**(3) 环境生物蓄积性**

生物富集系数 BCF 为 0.04，提示双胍辛胺生物蓄积性弱[1]。

**(4) 土壤吸附/移动性**

吸附系数 $K_{oc}$ 值为 25000，另有文献报道 $K_{oc}$ 值为 3646～46250[1]。PAN 报道，$K_{oc}$ 值为 14152，提示双胍辛胺在土壤中不移动。

## 【生态毒理学】

鸟类(家鸽)急性 $LD_{50}$=57.9mg/kg，鱼类(蓝鳃太阳鱼)96h $LC_{50}$=0.42mg/L、21d NOEC(虹鳟)=0.044mg/L，溞类(大型溞)48h $EC_{50}$=0.15mg/L，藻类(*Raphidocelis subcapitata*)72h $EC_{50}$=0.0135mg/L，蜜蜂经口 48h $LD_{50}$＞59μg/蜜蜂，蚯蚓(赤子爱胜蚓)14d $LC_{50}$=3420mg/kg[1]。

## 【毒理学】

**(1) 一般毒性**

大鼠急性经口 $LD_{50}$=308mg/kg，大鼠急性经皮 $LD_{50}$＞1064mg/kg bw，大鼠急性吸入 $LC_{50}$=0.163mg/L，大鼠短期膳食暴露 NOAEL＞10mg/kg[1]。

**(2) 神经毒性**

无信息。

**(3) 发育与生殖毒性**

无信息。

**(4) 致突变性与致癌性**

无信息。

## 【人类健康效应】

无信息。

## 【危害分类与管制情况】

| 序号 | 毒性指标 | PPDB 分类[1] | PAN 分类[2] |
| --- | --- | --- | --- |
| 1 | 高毒 | 否 | 否 |
| 2 | 致癌性 | 可能 | 无充分证据 |
| 3 | 生殖发育毒性 | 疑似 | 无充分证据 |
| 4 | 胆碱酯酶抑制性 | 否 | 否 |
| 5 | 皮肤刺激性 | 是 | — |
| 6 | 眼刺激性 | 是 | — |
| 7 | 地下水污染 | — | 无充分证据 |
| 8 | 国际公约或优控名录 | 无 | |

注：PPDB 数据库由英国赫特福德郡大学农业与环境研究所开发；PAN 数据库来自北美农药行动网(PANNA)；“—”表示无此项。

## 【限值标准】

每日允许摄入量(ADI)为 0.0048mg/(kg bw · d)，急性参考剂量(ARfD)为 0.04mg/(kg bw · d)，操作者允许接触水平(AOEL)为 0.002mg/(kg bw · d)，皮肤渗透系数为 0.4%～6.0%[1]。

### 参 考 文 献

[1] PPDB: Pesticide Properties DataBase. http://sitem.herts.ac.uk/aeru/ppdb/en/Reports/374.htm[2017-11-05].

[2] PAN Pesticides Database—Chemicals. http://www.pesticideinfo.org/Detail_Chemical.jsp?Rec_Id=PC38088 [2017-11-05].

# 霜霉威(propamocarb)

## 【基本信息】

**化学名称**：3-二甲氨基丙基氨基甲酸丙酯

**其他名称**：普力克、普立克

**CAS 号**：24579-73-5

**分子式**：$C_9H_{20}N_2O_2$

**相对分子质量**：188.3

**SMILES**：N(C(OCCC)=O)CCCN(C)C

**类别**：氨基甲酸酯类杀真菌剂

**结构式**：

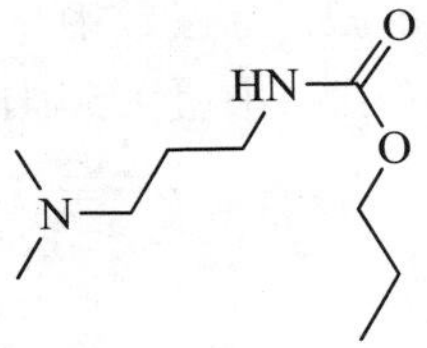

## 【理化性质】

纯品为无色、无味且极易吸湿的结晶固体。密度 0.963g/mL，熔点 45～55℃，饱和蒸气压 730mPa(25℃)。水溶解度(20℃)为 900000mg/L。有机溶剂溶解度(20℃)：正己烷，883000mg/L；甲醇，933000mg/L；二氯甲烷，937000mg/L；丙酮，921000mg/L。辛醇/水分配系数 $\lg K_{ow}$=0.84(pH=7,20℃)。

## 【环境行为】

**(1)环境生物降解性**

土壤中好氧降解半衰期($DT_{50}$)典型条件下为 14d，实验室 20℃条件下为 14d[1, 2]。

浙江杭州、山东潍坊和河南商丘的 3 个试验点降解动态实验结果表明，霜霉威降解动态符合一级动力学指数模型，2011～2012 年霜霉威在番茄中的降解半衰期为 2.4～4.7d，在土壤中降解半衰期为 1.1～1.5d[2]。

**(2)环境非生物降解性**

无信息。

**(3) 环境生物蓄积性**

lg$P$<3，提示霜霉威生物蓄积性弱[1]。

**(4) 土壤吸附/移动性**

无信息。

## 【生态毒理学】

鱼类（*Cyprinodon variegatus*）96h $LC_{50}$=96.8mg/L，溞类（大型溞）48h $EC_{50}$=0.15mg/L，水生甲壳动物（*Americamysis bahia*）96h $LC_{50}$=104.7mg/L，藻类（*Raphidocelis subcapitata*）72h $EC_{50}$=106mg/L，藻类（*Scenedesmus quadricauda*）72h $EC_{50}$=301mg/L，蜜蜂经口 48h $LD_{50}$>84μg/蜜蜂[1]。

## 【毒理学】

**(1) 一般毒性**

大鼠急性经口 $LD_{50}$=2000～8600mg/kg，小鼠为 1960～2800mg/kg；大鼠急性经皮 $LD_{50}$>3000mg/kg；大鼠腹腔注射 $LD_{50}$=763mg/kg；大鼠急性吸入 $LC_{50}$>3960mg/L。对兔的皮肤和眼睛无刺激，豚鼠致敏试验未见异常。动物两年喂养试验无作用剂量：大鼠，36.5mg/(kg·d)；小鼠，54.1mg/(kg·d)。狗一年喂养无作用剂量为 70mg/(kg·d)。

**(2) 神经毒性**

无信息。

**(3) 发育与生殖毒性**

无信息。

**(4) 致突变性与致癌性**

动物试验未见致癌、致畸、致突变作用[3]。

## 【人类健康效应】

具有微弱的皮肤致敏性，可能具有内分泌干扰性，增加芳香化酶活性和雌激素的产生[1]。

## 【危害分类与管制情况】

| 序号 | 毒性指标 | PPDB 分类[1] | PAN 分类[4] |
|---|---|---|---|
| 1 | 高毒 | 否 | 否 |
| 2 | 致癌性 | — | 否 |
| 3 | 内分泌干扰性 | 疑似 | 无充分证据 |
| 4 | 胆碱酯酶抑制性 | 否 | 否 |

续表

| 序号 | 毒性指标 | PPDB 分类[1] | PAN 分类[4] |
|---|---|---|---|
| 5 | 神经毒性 | 疑似 | — |
| 6 | 皮肤刺激性 | 是 | — |
| 7 | 皮肤致敏性 | 疑似 | — |
| 8 | 眼刺激性 | 否 | — |
| 9 | 地下水污染 | — | 无充分证据 |
| 10 | 国际公约或优控名录 | 无 | |

注：PPDB 数据库由英国赫特福德郡大学农业与环境研究所开发；PAN 数据库来自北美农药行动网（PANNA）；"—"表示无此项。

## 【限值标准】

每日允许摄入量（ADI）为 0.29mg/（kg bw ·d），急性参考剂量（ARfD）为 1.0mg/（kg bw · d），操作者允许接触水平（AOEL）为 0.29mg/（kg bw · d）[1]。

## 参考文献

[1] PPDB: Pesticide Properties DataBase. http://sitem.herts.ac.uk/aeru/ppdb/en/Reports/1546.htm[2017-11-05].

[2] 纪然, 朱光艳, 刘冰. 超高效液相色谱-串联质谱法测定甘蓝和土壤中的醚菊酯残留. 农药学学报, 2010, 12 (3): 283-288.

[3] Chemical Book. http://www.chemicalbook.com/ProductChemicalPropertiesCB4369167.htm[2017-11-05].

[4] PAN Pesticides Database—Chemicals. http://www.pesticideinfo.org/Detail_Chemical.jsp?Rec_Id=PC34276 [2017-11-05].

# 霜脲氰(cymoxanil)

## 【基本信息】

化学名称：1-(2-氰基-2-甲氧基亚胺基)-3-乙基脲
其他名称：克露
**CAS 号**：57966-95-7
分子式：$C_7H_{10}N_4O_3$
相对分子质量：198.18
**SMILES**：N#C/C(=N\OC)C(=O)NC(=O)NCC
类别：氰乙酰胺肟类杀真菌剂
结构式：

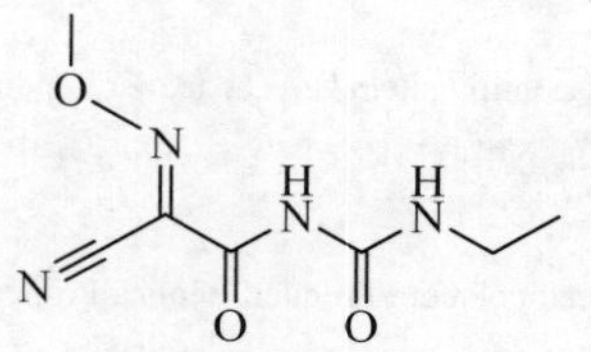

## 【理化性质】

白色至浅粉红色晶体，密度 1.31g/mL，熔点 161℃，沸腾前分解，饱和蒸气压 0.15mPa(25℃)。水溶解度(20℃)为 780mg/L。有机溶剂溶解度(20℃)：乙酸乙酯，28000mg/L；丙酮，65300mg/L；甲苯，5290mg/L；正己烷，37mg/L。辛醇/水分配系数 $\lg K_{ow}$=0.67(pH=7,20℃)。

## 【环境行为】

### (1)环境生物降解性

土壤中好氧降解半衰期($DT_{50}$)典型条件下为 0.7d，实验室 20℃条件下为 1.4d' 田间条件下为 3.5d；欧盟登记资料为 0.2～7.3d[1, 2]。

何丽丽等[3]采用田间试验方法，研究了霜脲氰在马铃薯及土壤中的残留动态。结果表明，霜脲氰在马铃薯和土壤中降解较快，半衰期分别为 2.26d 和 5.75d，说明霜脲氰属易分解农药。

**(2) 环境非生物降解性**

在pH为7的条件下，水溶液中光解半衰期为1.7d；在20℃、pH为7的条件下，水解半衰期为1.1d；20℃、pH为4～5的条件下，水溶液中保持稳定，不发生水解；25℃、pH为9的条件下，水解半衰期为0.02d[1, 2]。

**(3) 环境生物蓄积性**

基于lg*P*＜3，霜脲氰生物蓄积性弱[1]。

**(4) 土壤吸附/移动性**

Freundlich土壤吸附系数$K_{foc}$为43.6，欧盟登记资料显示，4种类型的土壤中$K_{foc}$为15.1～87.1，提示霜脲氰在土壤中可移动[1]。

## 【生态毒理学】

鸟类(山齿鹑)急性$LD_{50}$＞2945mg/kg，鱼类(蓝鳃太阳鱼)96h $LC_{50}$=29mg/L、21d NOEC(虹鳟)=0.22mg/L，溞类(大型溞)48h $EC_{50}$=27mg/L、21d NOEC=0.067mg/L，藻类(*Anabaena flos-aquae*)72h $EC_{50}$=0.254mg/L，蜜蜂接触48h $LD_{50}$＞100μg/蜜蜂，蚯蚓(赤子爱胜蚓)14d $LC_{50}$＞1000mg/kg[1]。

## 【毒理学】

**(1) 一般毒性**

大鼠急性经口$LD_{50}$=760mg/kg，大鼠急性经皮$LD_{50}$＞2000mg/kg bw，大鼠急性吸入$LC_{50}$＞5.6mg/L，大鼠短期膳食暴露NOAEL=47.6mg/kg[1]。

大鼠亚慢性毒性试验：一定剂量(雌性250mg/kg、雄性338.75mg/kg)的霜脲氰原药亚慢性染毒后，受试动物体重增长受到明显抑制，且部分脏器系数与对照组比较有明显差异；低剂量组雄性Wistar大鼠和中剂量组雌性Wistar大鼠各观察指标均未发现异常。按照农药毒理学试验程序，根据结果初步判断，本试验条件下，大鼠经口染毒98%霜脲氰原药3个月的最大无作用剂量(NOAEL)：雌性大鼠为83.33mg/kg，雄性大鼠为37.64mg/kg。试验中雄性高剂量组血清碱性磷酸酶(ALP)水平升高，且肝脏系数显著升高，初步推断肝脏可能为其靶器官[4]。

**(2) 神经毒性**

无信息。

**(3) 发育与生殖毒性**

兔子灌胃暴露剂量为0mg/(kg·d)、5mg/(kg·d)、15mg/(kg·d)、25mg/(kg·d)，试验结果显示母体NOAEL=25mg/(kg·d)，LOAEL未求得。发育毒性NOAEL=15mg/(kg·d)、LOAEL=25mg/(kg·d)。基于右心室和/或左心室扩张、肾盂单侧或双侧轻度扩张和骨骼(第十三肋)异常的发生率增加[5]。

**(4) 致突变性与致癌性**

大鼠喂食暴露剂量为 0mg/kg、50mg/kg、100mg/kg、700mg/kg、2000mg/kg[相当于雄性大鼠 0mg/(kg · d)、1.98mg/(kg · d)、4.08mg/(kg · d)、30.3mg/(kg · d)、90.1mg/(kg · d)；雌性大鼠 0mg/(kg · d)、2.71mg/(kg · d)、5.36mg/(kg · d)、38.4mg/(kg · d)、126mg/(kg · d)]。系统毒性 NOAEL=4.08mg/(kg · d)(雄性)和 5.36mg/(kg · d)(雌性)，系统毒性 LOAEL=30.3mg/(kg · d)(雄性)和 38.4mg/(kg · d)(雌性)。基于雄性大鼠体重和食物利用率降低，长形精子细胞发生率增加，攻击性和/或多动比例增大；雌性肺、肝、坐骨神经和视网膜萎缩非肿瘤性病变的发病率增加。未发现致癌性证据[5]。

睾丸初级精母细胞染色体畸变试验、骨髓微核率的检测及 Ames 试验结果表明，微核试验为阴性，不引起睾丸染色体畸变，Ames 试验以 TA 菌株 97、98、100、102 采用平板掺入法测试，结果无论活化与非活化，其菌落数均未超过自然回复突变菌落数的两倍，故为阴性。因此，霜脲氰无致突变性[6]。

## 【人类健康效应】

引起轻微的眼睛刺激；可引起头痛、头晕、紧张、视力模糊、乏力、恶心、腹痛、腹泻、胸闷、出汗、瞳孔缩小、流泪、流涎和其他呼吸道分泌物、呕吐、发绀、水肿、肌肉抽搐和虚弱。严重者发生抽搐、昏迷、反射丧失和括约肌控制丧失；心律失常，心脏传导阻滞，心跳停止[2]。

## 【危害分类与管制情况】

| 序号 | 毒性指标 | PPDB 分类[1] | PAN 分类[2] |
|---|---|---|---|
| 1 | 高毒 | 否 | 否 |
| 2 | 致癌性 | 否 | 否 |
| 3 | 生殖发育毒性 | 是 | 无充分证据 |
| 4 | 胆碱酯酶抑制性 | 否 | 否 |
| 5 | 神经毒性 | 否 | — |
| 6 | 呼吸道刺激性 | 否 | — |
| 7 | 皮肤刺激性 | 疑似 | — |
| 8 | 皮肤致敏性 | 是 | — |
| 9 | 眼刺激性 | 是 | — |
| 10 | 地下水污染 | — | 无充分证据 |
| 11 | 国际公约或优控名录 | 无 | |

注：PPDB 数据库由英国赫特福德郡大学农业与环境研究所开发；PAN 数据库来自北美农药行动网(PANNA)；“—”表示无此项。

## 【限值标准】

每日允许摄入量(ADI)为 0.013mg/(kg bw·d)，急性参考剂量(ARfD)为 0.08mg/ (kg bw·d)，操作者允许接触水平(AOEL)为 0.01mg/(kg bw·d)，皮肤渗透系数 1.0%~75.0%[1]。

## 参考文献

[1] PPDB: Pesticide Properties DataBase. http://sitem.herts.ac.uk/aeru/ppdb/en/Reports/196.htm[2017-11-05].

[2] PAN Pesticides Database—Chemicals. http://www.pesticideinfo.org/Detail_Chemical.jsp?Rec_Id=PC35794 [2017-11-05].

[3] 何丽丽, 徐应明, 孙有光, 等. 复配剂中霜脲氰在马铃薯和土壤中残留动态研究. 农业环境科学学报, 2007, 26 (1): 322-325.

[4] 刘春霞, 唐晓荞, 刘瑶, 等. 霜脲氰原药大鼠亚慢性毒性试验. 毒理学杂志, 2009 (5): 401-403.

[5] USEPA, Office of Prevention, Pesticides, and Toxic Substances. Revised HED Human Health Risk Assessment for Cymoxanil (57966-95-7) (July 2008). EPA Docket No.: EPA-HQ-OPP-2007-1191-0005. http://www.regulations.gov/#!home[2012-04-19].

[6] 王静, 李遵爱, 高玉芝, 等. 农用杀菌剂——霜脲氰遗传学效应实验研究. 职业与健康, 1998, (3): 29-31.

# 四氟醚唑(tetraconazole)

## 【基本信息】

**化学名称**：2-(2,4-二氯苯基)-3-(1*H*-1,2,4-三唑-1-基)丙基-1,1,2,2-四氟乙基醚

**其他名称**：氟醚唑、朵麦克

**CAS 号**：112281-77-3

**分子式**：$C_{13}H_{11}Cl_2F_4N_3O$

**相对分子质量**：372.15

**SMILES**：FC(F)C(F)(F)OCC(c1ccc(Cl)cc1Cl)Cn2ncnc2

**类别**：三唑类杀菌剂

**结构式**：

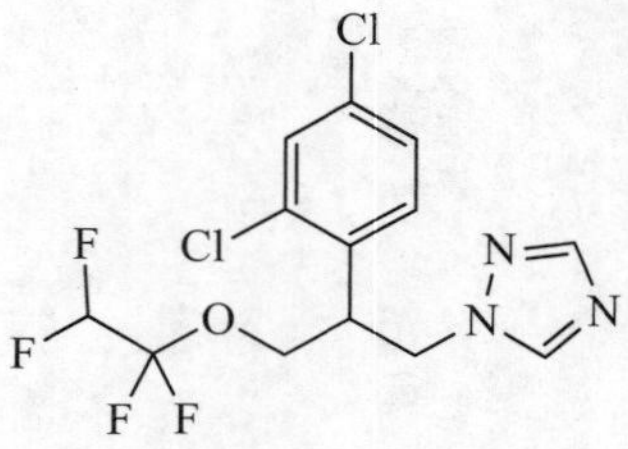

## 【理化性质】

无色透明黏稠液体，密度 1.459 g/mL，熔点–29.2℃，沸腾前分解，饱和蒸气压 0.18 mPa(25℃)。水溶解度(20℃)为 156.6 mg/L。有机溶剂溶解度(20℃)：二甲苯，300000 mg/L；丙酮，300000 mg/L；乙酸乙酯，300000 mg/L；正己烷，15000 mg/L。辛醇/水分配系数 lg$K_{ow}$=3.56(pH=7,20℃)。

## 【环境行为】

### (1)环境生物降解性

土壤中好氧降解半衰期($DT_{50}$)典型条件下为 61d，实验室 20℃条件下为 83.8d，田间条件下为 430d；欧盟登记资料：实验室条件下不降解，田间条件下降解半衰期为 136～1688d[1]。PAN 报道的好氧降解半衰期为 364d，厌氧降解半衰期为 180d[2]。

四氟醚唑在稻田环境中的降解动态研究结果表明，四氟醚唑在田水、土壤和

植株中的降解半衰期分别为 1.7～5.1d、4.1～9.8d、2.1～6.3d[3]。戴荣彩等[4]的研究表明四氟醚唑在草莓上的降解速率较快，半衰期为 4.2d；在土壤中降解速率稍慢，半衰期为 15.4d，施药后 7d 四氟醚唑的降解达到 80%以上。

**(2) 环境非生物降解性**

在 pH 为 7 的条件下，水溶液中光解半衰期为 217d；在 20℃、pH 为 7 的条件下，水中不降解[1]；。PAN 报道的水解半衰期为 30d[2]。

**(3) 环境生物蓄积性**

全鱼生物富集系数 BCF 为 35.7，清除半衰期为 0.189，提示四氟醚唑生物蓄积性弱[1]。

**(4) 土壤吸附/移动性**

Freundlich 土壤吸附系数 $K_{foc}$ 为 1152，欧盟登记资料记录的 4 种类型的土壤中 $K_{foc}$ 为 531～1922，提示四氟醚唑在土壤中有轻微移动[1]。PAN 报道的土壤吸附系数 $K_{oc}$ 为 4680[2]。

## 【生态毒理学】

鸟类（山齿鹑）急性 $LD_{50}$=132mg/kg，鱼类（蓝鳃太阳鱼）96h $LC_{50}$=4.3mg/L、21d NOEC（*Pimephales promelas*）=0.3mg/L，溞类（大型溞）48h $EC_{50}$=3.0mg/L、21d NOEC=0.19mg/L，藻类（*Ankistodesmus bibaiamus*）72h $EC_{50}$=2.4mg/L，蜜蜂接触 48h $LD_{50}$=63μg/蜜蜂，蚯蚓（赤子爱胜蚓）14d $LC_{50}$=71mg/kg[1]。

## 【毒理学】

大鼠急性经口 $LD_{50}$=1031mg/kg，大鼠急性经皮 $LD_{50}$＞2000mg/kg bw，大鼠急性吸入 $LC_{50}$=3.66mg/L，大鼠短期膳食暴露 NOAEL＞0.8mg/kg[1]。

小鼠喂食暴露剂量为 0mg/kg、20mg/kg、800mg/kg、1250mg/kg，阳性对照组小鼠暴露 75mg/(kg · d) 的苯巴比妥（钠）盐，共暴露 4 周。结果发现，四氟醚唑暴露组小鼠肝脏酶水平升高；20mg/(kg · d) 及以上剂量组雌性小鼠微粒体蛋白、细胞色素 P450 和乙基吗啡 *N*-脱甲基酶表达水平增加；在所有四氟醚唑暴露组，雌雄小鼠戊氧基异噁唑 *O*-脱烷基酶水平显著升高[5]。

小鼠喂食暴露剂量为 0mg/kg、10mg/kg、90mg/kg、800mg/kg、1250mg/kg，暴露 80 周。结果发现，800mg/kg 和 1250mg/kg 组雌雄小鼠的体重较对照组显著下降，食物消耗量未受到显著影响。90mg/kg、800mg/kg 和 1250mg/kg 组雌雄小鼠平均肝脏质量显著高于对照组；800mg/kg 和 1250mg/kg 组雌雄小鼠平均肾脏质量显著高于对照组。病理组织学检查发现，800mg/kg 和 1250mg/kg 组雌雄小鼠肝脏良性和恶性肿瘤发生率显著增加，肝细胞空泡化和肉芽肿性炎症的发生率增加明显。1250mg/kg 组雌雄小鼠和 800mg/kg 组雄性小鼠肝脏中胆管增生；90mg/kg、

800mg/kg 和 1250mg/kg 组的雄性小鼠肝细胞广泛性脂肪沉积的发生率增加；800mg/kg 和 1250mg/kg 组雌雄小鼠肝脏中存在色素性巨噬细胞。90mg/kg、800mg/kg 和 1250mg/kg 组雄性小鼠某些附睾中无精子，1250mg/kg 组雄性小鼠睾丸管萎缩，800mg/kg 和 1250mg/kg 组雄性小鼠睾丸生精功能明显降低[6]。

## 【人类健康效应】

可能具有肝脏毒性[1]。

## 【危害分类与管制情况】

| 序号 | 毒性指标 | PPDB 分类[1] | PAN 分类[2] |
|---|---|---|---|
| 1 | 高毒 | 否 | 否 |
| 2 | 致癌性 | 可能 | 可能(USEPA) |
| 3 | 生殖发育毒性 | 疑似 | 无充分证据 |
| 4 | 胆碱酯酶抑制性 | 否 | 否 |
| 5 | 神经毒性 | 否 | — |
| 6 | 呼吸道刺激性 | 否 | — |
| 7 | 皮肤刺激性 | 否 | — |
| 8 | 眼刺激性 | 是 | — |
| 9 | 地下水污染 | — | 潜在可能 |
| 10 | 国际公约或优控名录 | 列入 PAN 名录 | |

注：PPDB 数据库由英国赫特福德郡大学农业与环境研究所开发；PAN 数据库来自北美农药行动网(PANNA)；“—”表示无此项。

## 【限值标准】

每日允许摄入量(ADI)为 0.004mg/(kg bw · d)，急性参考剂量(ARfD)为 0.05mg/(kg bw · d)，操作者允许接触水平(AOEL)为 0.03mg/(kg bw · d)，皮肤渗透系数为 1.0%～20.0%[1]。

## 参考文献

[1] PPDB: Pesticide Properties DataBase. http://sitem.herts.ac.uk/aeru/ppdb/en/Reports/626.htm[2017-11-05].

[2] PAN Pesticides Database—Chemicals. http://www.pesticideinfo.org/Detail_Chemical.jsp?Rec_Id=PC37408 [2017-11-05].

[3] 段劲生, 王梅, 董旭, 等. 四氟醚唑在水稻及稻田环境中的残留及消解动态. 农药, 2015, 54 (12): 900-903.

[4] 戴荣彩, 陈莉, 夏福利, 等. 四氟醚唑在草莓和土壤中的残留动态研究. 农药学学报, 2005, 7 (2): 185-188.

[5] USEPA/Office of Pesticide Programs. Tetraconazole: Human-Health Risk Assessment for Proposed Uses on Soybean, Sugar Beet, Peanut, Pecan, and Turf. Docket No. EPA-HQ-OPP-2006-0576 p.26 (January 2007). http://www.regulations.gov[2008-07-03].

[6] California Environmental Protection Agency/Department of Pesticide Regulation. Toxicology Data Review Summaries. http://www.cdpr.ca.gov/docs/risk/toxsums/toxsumlist.htm[2008-06-30].

# 四氯苯酞(phthalide)

## 【基本信息】

**化学名称**：4,5,6,7-四氯-2-苯并呋喃-1(3*H*)-酮
**其他名称**：氯百杀、热必斯、稻瘟酞
**CAS 号**：27355-22-2
**分子式**：$C_8H_2Cl_4O_2$
**相对分子质量**：271.91
**SMILES**：O=C1OCc2c1c(Cl)c(Cl)c(Cl)c2Cl
**类别**：杀菌剂
**结构式**：

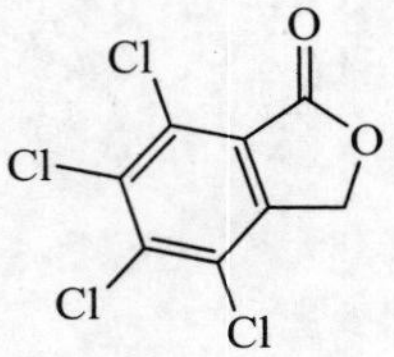

Cl Cl Cl Cl O O

## 【理化性质】

无色结晶固体，密度 1.77g/mL，熔点 209.5℃，饱和蒸气压 0.003mPa(25℃)。水溶解度(20℃)为 2.5mg/L。有机溶剂溶解度(20℃)：丙酮，8300mg/L；苯，16800mg/L；乙醇，1100mg/L；二恶烷，14100mg/L。辛醇/水分配系数 $\lg K_{ow}$=3.01(pH=7,20℃)。

## 【环境行为】

**(1)环境生物降解性**
无信息。
**(2)环境非生物降解性**
无信息。
**(3)环境生物蓄积性**
无信息。

(4) 土壤吸附/移动性

土壤吸附系数 $K_{oc}$ 为 724[1, 2]。

## 【生态毒理学】

鱼类(鲤鱼)96h $LC_{50}$=320mg/L，溞类(大型溞)48h $EC_{50}$=40mg/L，藻类(*Selenanstrum capricornutum*)72h $EC_{50}$=1000mg/L，蜜蜂接触 48h $LD_{50}$=400μg/蜜蜂，蚯蚓(赤子爱胜蚓)14d $LC_{50}$=2000mg/kg[1]。

## 【毒理学】

(1) 一般毒性

大鼠急性经口 $LD_{50}$＞10000mg/kg，大鼠急性经皮 $LD_{50}$＞10000mg/kg bw，大鼠急性吸入 $LC_{50}$=4.1mg/L，大鼠腹腔注射 $LD_{50}$=9780mg/kg，大鼠皮下注射 $LD_{50}$＞10mg/kg，大鼠短期膳食暴露 NOAEL=2000mg/kg[1]。

(2) 神经毒性

无信息。

(3) 发育与生殖毒性

无信息。

(4) 致突变性与致癌性

在试验剂量下，对动物无致畸、致癌、致突变作用[3]。

## 【人类健康效应】

无信息。

## 【危害分类与管制情况】

| 序号 | 毒性指标 | PPDB 分类[1] | PAN 分类[2] |
|---|---|---|---|
| 1 | 高毒 | 否 | 否 |
| 2 | 致癌性 | — | 无充分证据 |
| 3 | 胆碱酯酶抑制性 | 否 | 否 |
| 4 | 呼吸道刺激性 | 是 | 无充分证据 |
| 5 | 皮肤刺激性 | 疑似 | 无充分证据 |
| 6 | 眼刺激性 | 是 | 无充分证据 |
| 7 | 地下水污染 | — | 无充分证据 |
| 8 | 国际公约或优控名录 | 无 | |

注：PPDB 数据库由英国赫特福德郡大学农业与环境研究所开发；PAN 数据库来自北美农药行动网(PANNA)；“—”表示无此项。

## 【限值标准】

无信息。

## 参 考 文 献

[1] PPDB: Pesticide Properties DataBase. http://sitem.herts.ac.uk/aeru/ppdb/en/Reports/1212.htm[2017-12-05].

[2] PAN Pesticides Database—Chemicals. http://www.pesticideinfo.org/Detail_Chemical.jsp?Rec_Id=PC38895 [2017-12-05].

[3] 四氯苯酞安全技术说明书. http://www.somsds.com/detail.asp?id=1964938149#[2017-12-05].

# 土菌灵(etridiazole)

## 【基本信息】

**化学名称：**5-乙氧基-3-三氯甲基-1,2,4-噻二唑

**其他名称：**氯唑灵

**CAS 号：**2593-15-9

**分子式：**$C_5H_5Cl_3N_2OS$

**相对分子质量：**247.53

**SMILES：**ClC(Cl)(Cl)c1nc(OCC)sn1

**类别：**唑类杀菌剂

**结构式：**

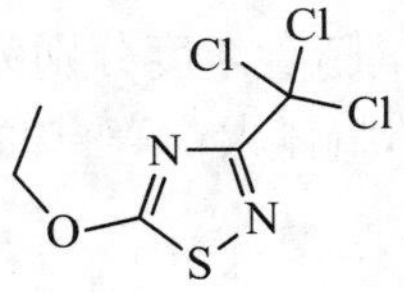

## 【理化性质】

无色至红褐色半固体，密度 1.497g/mL，熔点 22℃，沸点 113℃，饱和蒸气压 1430mPa(25℃)。水溶解度(20℃)为 88.9mg/L。有机溶剂溶解度(20℃)：二甲苯、乙醇、甲醇、正己烷中混溶。辛醇/水分配系数 lg $K_{ow}$=3.37(pH=7,20℃)。

## 【环境行为】

**(1)环境生物降解性**

好氧：典型的 $DT_{50}$ 为 20d；实验室 20℃条件下 $DT_{50}$ 为 8.98d，$DT_{90}$ 为 72.5d；欧盟登记资料中，$DT_{50}$ 为 2.22(壤土)～45.5(砂壤土)，$DT_{90}$ 的范围为 7.4～194d[1]。

**(2)环境非生物降解性**

20℃时，土菌灵在 pH 为 7 条件下水解半衰期为 98d；25℃、pH 为 5 条件下，水解半衰期为 92d；25℃、pH 为 9 条件下水解半衰期为 88d。pH 为 7 条件下，水中光解半衰期为 0.04d[1]。

**(3)环境生物蓄积性**

BCF 值为 165[1]，提示土菌灵生物蓄积性高[2]。

**(4) 土壤吸附/移动性**

$K_{oc}$值为1000，提示土菌灵在土壤中具有轻微移动性[1]。

## 【生态毒理学】

鸟类（山齿鹑）急性 $LD_{50}$=560mg/kg，鸟类（绿头鸭）短期膳食 $LC_{50}/LD_{50}$=286mg/(kg bw・d)，鱼类（虹鳟鱼）96h $LC_{50}$=2.4mg/L、21d NOEC=0.12mg/L，溞类（大型溞）48h $EC_{50}$=3.1mg/L、21d NOEC=0.37mg/L，藻类（月牙藻）72h $EC_{50}$=0.3mg/L、96h NOEC=0.32mg/L[1]。

## 【毒理学】

**(1) 一般毒性**

大鼠急性经口 $LD_{50}$＞945mg/kg，大鼠短期膳食暴露NOAEL=2.7mg/kg[1]。

**(2) 神经毒性**

无神经毒性[1]。

**(3) 发育与生殖毒性**

在一项三代繁殖研究中，大鼠膳食浓度分别为0ppm、10ppm、80ppm、640ppm，生育、妊娠、生存、哺乳、死胎和胎体大小等方面未见有害效应。640ppm浓度组，子代和母代体重降低[3]。

**(4) 致突变性与致癌性**

加入 $S_9$ 代谢活化系统时，其诱变能力未发生变化[2]。

## 【人类健康效应】

对肝脏可能有毒[1]。

## 【危害分类与管制情况】

| 序号 | 毒性指标 | PPDB分类 | PAN分类 |
|---|---|---|---|
| 1 | 高毒 | 否 | 是 |
| 2 | 致癌性 | 可能 | 是 |
| 3 | 内分泌干扰性 | 是 | 疑似 |
| 4 | 生殖发育毒性 | 是 | 无有效证据 |
| 5 | 胆碱酯酶抑制性 | 否 | 否 |
| 6 | 神经毒性 | 否 | — |
| 7 | 呼吸道刺激性 | 可能 | — |

续表

| 序号 | 毒性指标 | PPDB 分类 | PAN 分类 |
| --- | --- | --- | --- |
| 8 | 皮肤刺激性 | 否 | — |
| 9 | 眼刺激性 | 是 | — |
| 10 | 地下水污染 | — | 可能 |
| 11 | 国际公约或优控名录 | 列入 PAN 名录、欧盟内分泌干扰物清单 | |

注：PPDB 数据库由英国赫特福德郡大学农业与环境研究所开发；PAN 数据库来自北美农药行动网(PANNA)；“—”表示无此项。

## 【限值标准】

每日允许摄入量(ADI)为 0.015mg/(kg bw·d)，急性参考剂量(ARfD)为 0.15mg/(kg bw·d)，操作者允许接触水平(AOEL)为 0.03mg/(kg bw·d)[1]。

## 参考文献

[1] PPDB: Pesticide Properties DataBase. http://sitem.herts.ac.uk/aeru/ppdb/en/Reports/285.htm[2017-06-13].

[2] TOXNET (Toxicology Data Network). https://toxnet.nlm.nih.gov/cgi-bin/sis/search2/f?./temp/～C97PhC: 1: enex [2017-06-13].

[3] Borzelleca J F, Egle J L, Hennigar G R, et al. A toxicologic evaluation of 5-ethoxy-3-trichloromethyl-1,2,4-thiadiazole (ETMT). Toxicol Appl Pharmacol, 1980, 56 (2): 164-170.

# 王铜(copper oxychloride)

【基本信息】

化学名称：氯氧化铜

其他名称：碱式氯化铜

**CAS 号**：1332-40-7

分子式：$(ClCu_2H_3O_3)_2$

相对分子质量：427.14

**SMILES**：[Cu+2].[Cu+2].[Cl–].[OH–].[OH–].[OH–]

类别：无机杀菌剂、防护剂

结构式：

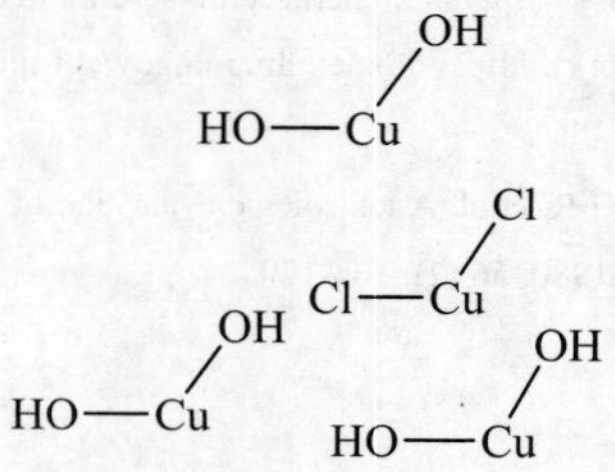

HO—Cu(—OH)　Cl—Cu(—Cl)　HO—Cu(—OH)　HO—Cu(—OH)

【理化性质】

蓝绿色粉末，熔化前分解，沸腾前分解，降解温度 240℃，饱和蒸气压 0.00001mPa(25℃)。水溶解度(20℃)为 1.19mg/L。有机溶剂溶解度(20℃)：正己烷，9.8mg/L；二氯甲烷，10mg/L；甲醇，8.2mg/L；甲苯，11.0mg/L。辛醇/水分配系数 lg $K_{ow}$=0.44（pH=7,20℃）。

【环境行为】

**(1)环境生物降解性**

好氧条件下，典型土壤中降解半衰期为 10000d，持久性强[1]。

**(2)环境非生物降解性**

水中不光解，20℃、pH 为 7 条件下不水解[1]。

**(3)环境生物蓄积性**

基于 lg$K_{ow}$＜3，王铜的生物蓄积风险低，其生物蓄积性弱[1]。

**(4) 土壤吸附/移动性**

无信息。

## 【生态毒理学】

鸟类(山齿鹑)急性 $LD_{50}$=170d mg/kg，鸟类(山齿鹑)短期膳食 $LC_{50}/LD_{50}$＞333mg Cu/kg，鱼类(虹鳟鱼)96h $LC_{50}$＞43.8mg/L，溞类(大型溞)48h $EC_{50}$=0.29mg/L、21d NOEC=0.008mg/L，藻类(月牙藻)72h $EC_{50}$=0.033mg/L，蜜蜂经口急性 48h $LD_{50}$=12.1μg/蜜蜂，蚯蚓 14d $LC_{50}$＞489.6mg/kg、慢性繁殖 14d NOEC＜15mg/kg[1]。

## 【毒理学】

**(1) 一般毒性**

大鼠急性经口 $LD_{50}$＞950mg/kg[1]。另有研究表明，大鼠急性经口 $LD_{50}$=1470mg/kg，大鼠急性经皮 $LD_{50}$＞2000mg/kg[2]。

**(2) 神经毒性**

无信息。

**(3) 发育与生殖毒性**

可能存在生殖与发育毒性效应[1]。

**(4) 致突变性与致癌性**

王铜的 Ames 试验、小鼠骨髓多染红细胞微核试验、小鼠睾丸初级精母细胞染色体畸变试验结果均为阴性[2]。

## 【人类健康效应】

对黏膜和角膜有腐蚀性；对皮肤、眼睛和呼吸道有刺激性，尤其是对眼睛具有刺激性。具有金属味道，摄入后发生恶心、呕吐和胃痛症状；更严重的情况下，可能会出现呕血现象或黑色焦油状大便，以及黄疸和肝部肿大。血细胞破裂导致血液循环崩溃和休克[3]。

## 【危害分类与管制情况】

| 序号 | 毒性指标 | PPDB 分类 | PAN 分类 |
| --- | --- | --- | --- |
| 1 | 高毒 | 否 | 否 |
| 2 | 致癌性 | — | 不太可能 |
| 3 | 内分泌干扰性 | 可能 | 疑似 |
| 4 | 生殖发育毒性 | 可能 | 无有效证据 |
| 5 | 胆碱酯酶抑制性 | 否 | 否 |

续表

| 序号 | 毒性指标 | PPDB 分类 | PAN 分类 |
| --- | --- | --- | --- |
| 6 | 呼吸道刺激性 | 可能 | — |
| 7 | 皮肤刺激性 | 是 | — |
| 8 | 眼刺激性 | 是 | — |
| 9 | 地下水污染 | — | 无有效证据 |
| 10 | 国际公约或优控名录 | 列入欧盟名录 | |

注：PPDB 数据库由英国赫特福德郡大学农业与环境研究所开发；PAN 数据库来自北美农药行动网（PANNA）；“—”表示无此项。

## 【限值标准】

每日允许摄入量（ADI）为 0.15mg/（kg bw · d），操作者允许接触水平（AOEL）为 0.25mg/（kg bw · d）[1]。

## 参考文献


[1] PPDB: Pesticide Properties DataBase. http://sitem.herts.ac.uk/aeru/ppdb/en/Reports/177.htm[2017-06-13].

[2] 黄雅丽, 顾刘金, 杨校华, 等. 王铜毒性鉴定. 中国毒理学会第五次全国学术大会论文集, 2009.

[3] PAN Pesticides Database—Chemicals. http://www.pesticideinfo.org/Detail_Chemical.jsp?Rec_Id=PC35070 [2017-06-13].

# 五氯酚钠(sodium pentachlorophenate)

## 【基本信息】

**化学名称**：五氯酚钠
**其他名称**：PCP-Na
**CAS 号**：131-52-2
**分子式**：$C_6Cl_5ONa$
**相对分子质量**：288.3
**SMILES**：c1(c(c(c(c(c1Cl)Cl)Cl)Cl)Cl)[O–].[Na+]
**类别**：除草剂、杀菌剂
**结构式**：

Cl Cl Cl Na+ Cl ⁻O Cl

## 【理化性质】

白色或淡黄色针状结晶，密度 2.1g/mL，熔点 190℃，饱和蒸气压 16.0Pa(100℃)。易溶于水，水溶解度(30℃)为 33g/L。有机溶剂溶解度(25℃)：甲醇，22g/L；丙酮，37g/L。pH 为 10 时辛醇/水分配系数 lg$K_{ow}$=1.3。

## 【环境行为】

**(1)环境生物降解性**

容易被细菌分解，因此在水、污泥或土壤中不会持久存在[1]。

**(2)环境非生物降解性**

无信息。

**(3)环境生物蓄积性**

由 29 个 BCF 的实验值估算的 BCF 平均值为 153，提示五氯酚钠在水生生物中的生物蓄积性较高[1]。

虹鳟鱼分别暴露于 35ng/L 和 660ng/L 的五氯酚钠水溶液中 115d，五氯酚钠的累积水平与暴露浓度和暴露时间相关。115d 后，暴露于 35ng/L 五氯酚钠水溶液时，器官中的五氯酚钠含量稍高。暴露于 660ng/L 五氯酚钠 115d 后，器官中的五氯酚钠浓度高达 2200ug/kg，因此，从水中吸收是虹鳟鱼累积五氯酚钠的重要途径[2]。

**（4）土壤吸附/移动性**

无信息。

## 【生态毒理学】

大鳞大麻哈鱼 96h $LC_{50}$=68μg/L，斑点叉尾鮰（卵黄囊期幼鱼）24h $LC_{50}$=249μg/L、96h $LC_{50}$=200μg/L，0.1g 斑点叉尾鮰 96h $LC_{50}$=77μg/L，1.7g 蓝鳃太阳鱼 24h $LC_{50}$=540μg/L、96h $LC_{50}$=390μg/L，0.4g 蓝鳃太阳鱼 24h $LC_{50}$=70μg/L、96h $LC_{50}$=44μg/L，草虾 96h $LC_{50}$＞515μg/L，褐虾 96h $LC_{50}$＞195μg/L，长吻底鳉_96h $LC_{50}$＞306μg/L，菱体兔牙鲷幼鱼 96h $LC_{50}$=53.2μg/L，鲻鱼 96h $LC_{50}$=112μg/L，小球藻 11d $EC_{50}$=650μg/L、72h $EC_{50}$=8400μg/L，月牙藻 72h $EC_{50}$=160μg/L，美洲牡蛎 192h $EC_{50}$=76.5μg/L、48h $EC_{50}$=40μg/L，大型溞 48h $EC_{50}$=330μg/L、24h $EC_{50}$=700μg/L，网纹溞 24h $LC_{50}$=149μg/L，椎实螺 96h $LC_{50}$=0.19mg/L，虹鳟鱼 24h $LC_{50}$=290μg/L、48h $LC_{50}$=170μg/L，0.3～0.4g 虹鳟鱼 96h $LC_{50}$=90μg/L，1.7～7.9g 虹鳟鱼 48h $LC_{50}$=250μg/L，1.2～7.9g 虹鳟鱼 96h $LC_{50}$=230μg/L，1.0g 虹鳟鱼 96h $LC_{50}$=55μg/L，虹鳟鱼幼鱼 96h $LC_{50}$=66μg/L，0.2～0.6g 斑马鱼 48h $LC_{50}$=1240μg/L、96h $LC_{50}$=1130μg/L，斑马鱼囊胚 12d $LC_{50}$=110μg/L，日本青鳉 24h $LC_{50}$=1100μg/L，14～68mm 黑头呆鱼 96h $LC_{50}$=340μg/L，鲤鱼 96h $LC_{50}$=9.5μg/L，鲤鱼幼鱼 48h $LC_{50}$=82μg/L[1]。

## 【毒理学】

**（1）一般毒性**

大鼠急性经口 $LD_{50}$=126mg/kg，大鼠急性经皮 $LD_{50}$=66mg/kg，大鼠急性吸入 $LC_{50}$=152mg/m$^3$。小鼠急性经口 $LD_{50}$=197mg/kg，小鼠急性经皮 $LD_{50}$=124mg/kg，小鼠吸入 $LC_{50}$=240mg/(m$^3$·2h)。兔子急性经口 $LD_{50}$=328mg/kg，豚鼠吸入 $LC_{50}$=341mg/(m$^3$·2h)[1]。

**（2）神经毒性**

无信息。

**（3）发育与生殖毒性**

五氯酚钠剂量在 15mg/kg 以上时，对 SD 大鼠具有胚胎毒性。五氯酚钠处理会延迟大鼠头骨的骨化。仓鼠吸入 5mg/（kg·d）及以上剂量 5～10d 会导致妊娠胎儿死亡[3]。

**(4)致突变性与致癌性**

无信息。

## 【人类健康效应】

粉尘和喷雾均对眼睛和呼吸道有刺激性，并且具有皮肤刺激性，皮肤接触会导致过敏[1]。

## 【危害分类与管制情况】

| 序号 | 毒性指标 | PPDB 分类(无此药) | PAN 分类[4] |
| --- | --- | --- | --- |
| 1 | 高毒 | — | 是 |
| 2 | 致癌性 | — | 是 |
| 3 | 致突变性 | — | 无数据 |
| 4 | 内分泌干扰性 | — | 无有效证据 |
| 5 | 生殖发育毒性 | — | 无有效证据 |
| 6 | 胆碱脂酶抑制剂 | — | 否 |
| 7 | 呼吸道刺激性 | — | 是 |
| 8 | 皮肤刺激性 | — | 是 |
| 9 | 眼刺激性 | — | 是 |
| 10 | 地下水污染 | — | 无有效证据 |
| 11 | 国际公约或优控名录 | 列入 PAN 名录、美国有毒物质排放(TRI)清单和致癌物名录 | |

注：PPDB 数据库由英国赫特福德郡大学农业与环境研究所开发；PAN 数据库来自北美农药行动网(PANNA)；“—”表示无此项。

## 【限值标准】

EPA 饮用水标准：1μg/L；亚利桑那州饮用水标准：220μg/L；缅因州饮用水标准：3μg/L；明尼苏达州饮用水标准：3μg/L[5]。

## 参 考 文 献


[1] TOXNET: Toxicology Data Network. https://toxnet.nlm.nih.gov/cgi-bin/sis/search2/f?./temp/～jbrABi: 3 [2017-06-14].

[2] Niimi A J, Mcfadden C A. Uptake of sodium pentachlorophenate (NaPCP) from water by rainbow trout (*Salmo gairdneri*) exposed to concentrations in the ng/L range. Bull Environ Contam Toxicol, 1982, 28 (1): 11-19.

[3] National Research Council. Drinking Water & Health. Vol. 1. Washington DC: National Academy Press, 1977: 753.

[4] PAN Pesticides Database—Chemicals. http://www.pesticideinfo.org/Detail_Chemical.jsp?Rec_Id=PC34415 [2017-06-14].

[5] USEPA, Office of Water, Federal-State Toxicology and Risk Analysis Committee (FSTRAC). Summary of State and Federal Drinking Water Standards and Guidelines (11/93) to Present.1990.

# 戊菌隆(pencycuron)

## 【基本信息】

**化学名称**：1-(4-氯苄基)-1-环戊基-3-苯基脲

**其他名称**：宾客隆、禾穗宁、纹桔脲、万菌灵

**CAS 号**：66063-05-6

**分子式**：$C_{19}H_{21}ClN_2O$

**相对分子质量**：328.84

**SMILES**：Clc1ccc(cc1)CN(C(=O)Nc2ccccc2)C3CCCC3

**类别**：苯基脲类杀菌剂

**结构式**：

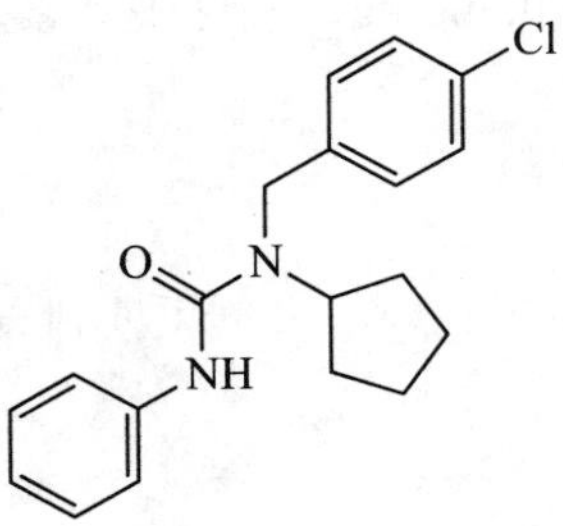

Cl

O N

NH

## 【理化性质】

无色晶体，密度 1.22g/mL，熔点 132℃，沸点 286℃，降解点 140℃，饱和蒸气压 $4.1\times10^{-4}$mPa(25℃)。水溶解度(20℃)为 0.3mg/L。有机溶剂溶解度(20℃)：庚烷，230mg/L；二甲苯，11500mg/L；丙酮，89400mg/L；乙酸乙酯，43800mg/L。辛醇/水分配系数 $\lg K_{ow}$=4.68(pH=7,20℃)。

## 【环境行为】

**(1) 环境生物降解性**

好氧：典型土壤中 $DT_{50}$ 为 82.4d；实验室内 20℃条件下土壤中 $DT_{50}$ 为 82.4d，$DT_{90}$ 为 245d；田间试验土壤中 $DT_{50}$ 为 37.7d，$DT_{90}$ 为 140d[1]。欧盟登记资料记录的实验室研究显示 $DT_{50}$ 为 43.7～175d，$DT_{90}$ 为 159～625d；田间研究 $DT_{50}$ 范围为 31.7～43.7d，$DT_{90}$ 范围为 108.1～171.5d[1]。

**(2) 环境非生物降解性**

pH 为 7 条件下，戊菌隆在水中不发生光解。20℃、pH 为 7 条件下，水解半衰期为 156d[1]。

**(3) 环境生物蓄积性**

BCF 值为 226，提示戊菌隆生物蓄积性高[1]。

**(4) 土壤吸附/移动性**

$K_{foc}$ 值为 4906，提示戊菌隆在土壤中不具有移动性[1]。欧盟登记资料中 $K_f$ 范围为 28.4～56.7，$K_{foc}$ 范围为 2414～10441，$1/n$ 的范围为 0.906～1.206（4 种土壤）[1]。

## 【生态毒理学】

鸟类（山齿鹑）急性 $LD_{50}$＞2000mg/kg，鸟类（山齿鹑）短期膳食 $LC_{50}/LD_{50}$＞1750mg/(kg bw · d)，鱼类（虹鳟鱼）96h $LC_{50}$＞0.3mg/L、21d NOEC≥0.3mg/L，溞类（大型溞）48h $EC_{50}$＞0.3mg/L、21d NOEC=0.05mg/L，藻类（栅藻）72h $EC_{50}$＞0.3mg/L，蜜蜂急性接触 48h $LD_{50}$＞100μg/蜜蜂、经口 48h $LD_{50}$＞98.5μg/蜜蜂，蚯蚓（赤子爱胜蚓）14d $LC_{50}$＞1000mg/kg、慢性 14d 繁殖 NOEC=3.3mg/kg[1]。

## 【毒理学】

**(1) 一般毒性**

大鼠急性经口 $LD_{50}$＞5000mg/kg，大鼠短期膳食暴露 NOAEL＞50mg/kg[1]。

**(2) 神经毒性**

不具有神经毒性[1]。

**(3) 发育与生殖毒性**

无信息。

**(4) 致突变性与致癌性**

无信息。

## 【人类健康效应】

除非大量摄入，否则不太可能出现系统毒性。刺激眼睛、皮肤和黏膜，诱发咳嗽和气短，摄入后产生恶心、呕吐、腹泻、头痛、混乱和电解质损耗等症状，出现蛋白质代谢紊乱、中度肺气肿等，慢性暴露导致体重下降[2]。

## 【危害分类与管制情况】

| 序号 | 毒性指标 | PPDB 分类 | PAN 分类 |
|---|---|---|---|
| 1 | 高毒 | 否 | 否 |
| 2 | 致癌性 | 否 | 无有效证据 |

续表

| 序号 | 毒性指标 | PPDB 分类 | PAN 分类 |
|---|---|---|---|
| 3 | 内分泌干扰性 | — | 无有效证据 |
| 4 | 生殖发育毒性 | 可能 | 无有效证据 |
| 5 | 胆碱酯酶抑制性 | 否 | 否 |
| 6 | 神经毒性 | 否 | — |
| 7 | 呼吸道刺激性 | 是 | — |
| 8 | 皮肤刺激性 | 否 | — |
| 9 | 眼刺激性 | 否 | — |
| 10 | 地下水污染 | — | 无有效证据 |
| 11 | 国际公约或优控名录 | 无 | |

注：PPDB 数据库由英国赫特福德郡大学农业与环境研究所开发；PAN 数据库来自北美农药行动网（PANNA）；“—”表示无此项。

## 【限值标准】

每日允许摄入量(ADI)为 0.2mg/(kg bw・d)，操作者允许接触水平(AOEL)为 0.15mg/(kg bw・d)[1]。

## 参 考 文 献

[1] PPDB: Pesticide Properties DataBase. http://sitem.herts.ac.uk/aeru/ppdb/en/Reports/510.htm[2017-06-14].

[2] PAN Pesticides Database—Chemicals. http://www.pesticideinfo.org/Detail_Chemical.jsp?Rec_Id=PC37474 [2017-06-14].

# 戊唑醇(tebuconazole)

## 【基本信息】

**化学名称**：(*RS*)-1-(4-氯苯基)-4,4-二甲基-3-(1*H*-1,2,4-三唑-1-基甲基)戊-3-醇

**其他名称**：立克秀

**CAS 号**：107534-96-3，80443-41-0

**分子式**：$C_{16}H_{22}ClN_3O$

**相对分子质量**：307.82

**SMILES**：Clc1ccc(cc1)CCC(O)(C(C)(C)C)Cn2ncnc2

**类别**：三唑类杀菌剂

**结构式**：

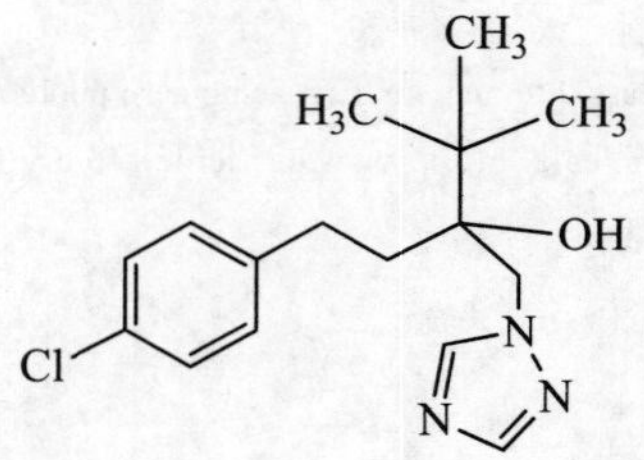

## 【理化性质】

无色晶体，密度 1.25g/mL，熔点 105℃，沸腾前分解，饱和蒸气压 $1.30\times10^{-3}$mPa(25℃)。水溶解度(20℃)为 36mg/L。有机溶剂溶解度(20℃)：二氯甲烷，200000mg/L；正己烷，80mg/L；甲苯，57000mg/L；正辛醇，96000mg/L。辛醇/水分配系数 $\lg K_{ow}$=3.7(pH=7,20℃)。

## 【环境行为】

### (1)环境生物降解性

好氧：典型条件下土壤中 $DT_{50}$ 为 63d，实验室 20℃条件下 $DT_{50}$ 为 365d，田间试验 $DT_{50}$ 为 47.1d，田间试验 $DT_{90}$ 为 177d。欧盟登记资料显示，实验室研究中 $DT_{50}$＞365d，田间试验 $DT_{50}$ 范围为 25.8～91.6d，$DT_{90}$ 范围为 66～304d[1]。

**(2) 环境非生物降解性**

戊唑醇在环境条件下不水解[2, 3]，太阳光下不光解[3]。

**(3) 环境生物蓄积性**

BCF 值为 78[1]，提示戊唑醇生物蓄积性低。

**(4) 土壤吸附/移动性**

$K_{foc}$ 值为 769[1]，提示戊唑醇在土壤中具有轻微移动性。欧盟登记资料中，$K_f$ 范围为 7.67～15.86，$K_{foc}$ 范围为 102～1249，$1/n$ 范围为 0.711～1.179[1]。

## 【生态毒理学】

鸟类(山齿鹑)急性 $LD_{50}$=1988mg/kg、短期膳食 $LC_{50}/LD_{50}$＞703mg/(kg bw · d)，鱼类(虹鳟鱼)96h $LC_{50}$=4.4mg/L、21d NOEC=0.012mg/L，溞类(大型溞)48h $EC_{50}$=2.79mg/L、21d NOEC=0.01mg/L，藻类(栅藻)72h $EC_{50}$=1.96mg/L，蜜蜂急性接触 48h $LD_{50}$＞200μg/蜜蜂、经口 48h $LD_{50}$＞83.05μg/蜜蜂，蚯蚓 14d $LC_{50}$=1381mg/kg、慢性 14d 繁殖 NOEC=10mg/kg[1]。

## 【毒理学】

**(1) 一般毒性**

大鼠急性经口 $LD_{50}$=1700mg/kg，大鼠短期膳食暴露 NOAEL＞10.8mg/kg[1]。

**(2) 神经毒性**

将纯度为 96.5%的戊唑醇试剂通过填喂法对大鼠染毒，浓度分别为 0mg/kg、100mg/kg、250mg/kg(仅雌鼠)、500mg/kg 和 1000mg/kg(仅雄性)，研究过程中 1000mg/kg 组的 6 只雄鼠和 500mg/kg 组的 1 只雄鼠出现死亡。观察到施用相关的共济失调、身体冰冷、流泪、活动下降、口鼻泛红和尿液染色等症状，幸存者不施药 3d 后，症状全部消失。NOAEL(M/F)＜100mg/kg[4]。

**(3) 发育与生殖毒性**

将纯度为 93.6%的戊唑醇经口填喂 25 对 NMRI 小鼠，施用时间为妊娠期 6～15d，浓度分别为 0mg/(kg · d)、10mg/(kg · d)、30mg/(kg · d)和 100mg/(kg · d)。另外，10 对小鼠以相同浓度染毒，用于观测组织病理学和临床化学。结果显示，未见计划外死亡。组织病理学显示,所有 100mg/kg 组的小鼠肝脏细胞质液泡中的脂肪含量和甘油三酯浓度增加。10mg/kg 组丙氨酸转氨酶(ALT)，以及 30mg/kg 组丙氨酸转氨酶和谷草转氨酶(AST)增加。可能的有害效应暗示，高剂量组的子代腭裂的发生率比对照组显著偏高，30mg/kg 及以上浓度组出现胎儿发育不良现象。母体 NOAEL＜10mg/(kg · d)，发育 NOAEL=10mg/(kg · d)[4]。

**(4) 致突变性与致癌性**

纯度为 96.5%的戊唑醇溶解于 DMSO 中，Fisher 344 大鼠的原代肝细胞系暴露于 0μg/mL（DMSO）、0.504μg/mL、1.01μg/mL、2.52μg/mL、5.04μg/mL、10.1μg/mL 或 25.2μg/mL 的受试溶液中 18h。结果显示，未见 DNA 合成方面的不良影响，未见细胞核 DNA 含量增加，25.2μg/mL 以上的剂量组观测到完全的细胞毒性[4]。

## 【人类健康效应】

致癌性分类为 C 类，可能的人类致癌物[5]。靶标器官为肝脏或血液系统[1]。

## 【危害分类与管制情况】

| 序号 | 毒性指标 | PPDB 分类 | PAN 分类 |
| --- | --- | --- | --- |
| 1 | 高毒 | 否 | 否 |
| 2 | 致癌性 | 可能 | 可能 |
| 3 | 内分泌干扰性 | — | 疑似 |
| 4 | 生殖发育毒性 | 是 | 无有效证据 |
| 5 | 胆碱酯酶抑制性 | 否 | 否 |
| 6 | 神经毒性 | 否 | |
| 7 | 呼吸道刺激性 | 否 | — |
| 8 | 皮肤刺激性 | 否 | — |
| 9 | 眼刺激性 | 是 | — |
| 10 | 地下水污染 | — | 可能 |
| 11 | 国际公约或优控名录 | 无 | |

注：PPDB 数据库由英国赫特福德郡大学农业与环境研究所开发；PAN 数据库来自北美农药行动网（PANNA）；“—”表示无此项。

## 【限值标准】

每日允许摄入量（ADI）为 0.03mg/（kg bw · d），急性参考剂量（ARfD）为 0.03mg/（kg bw · d），操作者允许接触水平（AOEL）为 0.03mg/（kg bw · d）[1]。

## 参考文献

[1] PPDB: Pesticide Properties DataBase. http://sitem.herts.ac.uk/aeru/ppdb/en/Reports/610.htm[2017-06-14].

[2] Meylan W M, Howard P H. Computer estimation of the atmospheric gas-phase reaction rate of organic compounds with hydroxyl radicals and ozone. Chemosphere, 1993, 26 (12): 2293-2299.

[3] Tomlin C D S. The e-Pesticide Manual: A World Compendium. 13th ed.Ver. 3.0. Surrey: British Crop Protection Council, 2003.

[4] California Environmental Protection Agency/Department of Pesticide Regulation. Toxicology Data Review Summaries. http://www.cdpr.ca.gov/docs/toxsums/toxsumlist.htm[2006-06-06].

[5] USEPA Office of Pesticide Programs, Health Effects Division, Science Information Management Branch. Chemicals Evaluated for Carcinogenic Potential. 2006.

# 烯丙苯噻唑(probenazole)

## 【基本信息】

化学名称：3-(丙烯基氧基)-1,2-苯并异噻唑-1,1-二氧化物

其他名称：烯丙异噻唑

CAS 号：27605-76-1

分子式：$C_{10}H_9NO_3S$

相对分子质量：223.25

SMILES：C=CCOC1=NS(=O)(=O)c2ccccc12

类别：苯并异噻唑类杀菌剂

结构式：

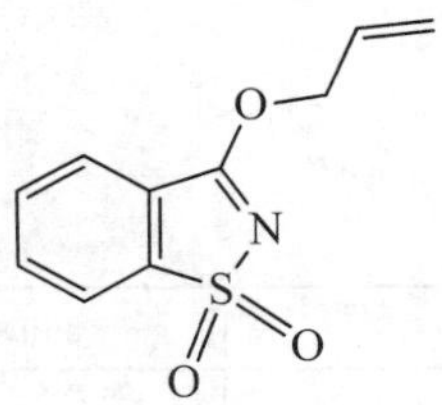

## 【理化性质】

熔点为 138.5℃，水溶解度(20℃)为 150mg/L，辛醇/水分配系数(计算值) $\lg K_{ow}$=−1.4(pH=7,20℃)。

## 【环境行为】

(1) 环境生物降解性

在不同基质中种植水稻时，土壤中生物降解半衰期 $DT_{50}$ 为 1.7～2.4d[1]。

(2) 环境非生物降解性

无信息。

(3) 环境生物蓄积性

无信息。

(4) 土壤吸附/移动性

无信息。

## 【生态毒理学】

无信息。

## 【毒理学】

**(1) 一般毒性**

大鼠急性经口 $LD_{50}$=2030mg/kg，腹腔注射 $LD_{50}$=850mg/kg，皮下注射 $LD_{50}$＞5000mg/kg[1]。

**(2) 神经毒性**

无信息。

**(3) 发育与生殖毒性**

无信息。

**(4) 致突变性与致癌性**

无信息。

## 【人类健康效应】

无信息。

## 【危害分类与管制情况】

| 序号 | 毒性指标 | PPDB 分类 | PAN 分类 |
| --- | --- | --- | --- |
| 1 | 高毒 | — | 否 |
| 2 | 致癌性 | — | 无有效证据 |
| 3 | 内分泌干扰性 | — | 无有效证据 |
| 4 | 生殖发育毒性 | — | 无有效证据 |
| 5 | 胆碱酯酶抑制性 | 否 | 否 |
| 6 | 国际公约或优控名录 | 无 | |

注：PPDB 数据库由英国赫特福德郡大学农业与环境研究所开发；PAN 数据库来自北美农药行动网（PANNA）；“—”表示无此项。

## 【限值标准】

无信息。

### 参 考 文 献

[1] PPDB: Pesticide Properties DataBase. http://sitem.herts.ac.uk/aeru/ppdb/en/Reports/2928.htm[2017-06-19].

# 烯酰吗啉(dimethomorph)

## 【基本信息】

化学名称：4-[3-(4-氯苯基)-3-(3,4-二甲氧基苯基)丙烯酰]吗啉
其他名称：—
**CAS 号**：110488-70-5
分子式：$C_{21}H_{22}ClNO_4$
相对分子质量：387.86
**SMILES**：O=C(\C=C(\c1ccc(Cl)cc1)c2ccc(OC)c(OC)c2)N3CCOCC3
类别：吗啉类杀菌剂
结构式：

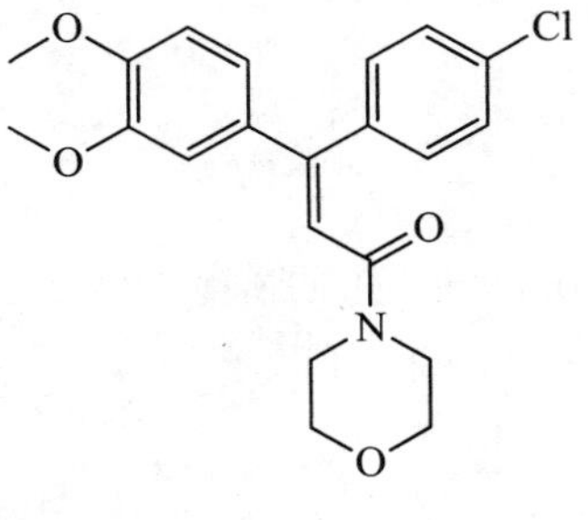

Cl O O O N O

## 【理化性质】

无色至灰白色晶体粉末，密度 1.32g/mL，熔点 137.2℃，饱和蒸气压 $9.85\times10^{-4}$mPa(25℃)。水溶解度(20℃)为 28.95mg/L。有机溶剂溶解度(20℃)：丙酮，100400mg/L；正己烷，112mg/L；甲醇，39000mg/L；甲苯，49500mg/L。辛醇/水分配系数 $\lg K_{ow}$=2.68(pH=7,20℃)。

## 【环境行为】

### (1)环境生物降解性

好氧条件下，典型条件下土壤中 $DT_{50}$ 为 57d，实验室 20℃条件下土壤中 $DT_{50}$ 为 56.7d，田间试验 $DT_{50}$ 为 44d。欧盟登记实验结果 $DT_{50}$ 范围为 41～96d，田间试验范围为 34～54d[1]。

**(2)环境非生物降解性**

pH为7条件下，水中光解半衰期$DT_{50}$为97d。pH为7条件下，20℃时，水解半衰期$DT_{50}$为70d，在pH为4～9范围内水中稳定[1]。

**(3)环境生物蓄积性**

根据$\lg K_{ow}$<3推断，烯酰吗啉具有较低的生物富集风险[1]。

**(4)土壤吸附/移动性**

$K_{foc}$值为348，提示烯酰吗啉在土壤中具有中等移动性。欧盟登记资料中4种土壤测试结果显示，烯酰吗啉的$K_f$范围为2.72～8.51，$K_{foc}$范围为316～515，$1/n$的范围为0.814～0.872[1]。

## 【生态毒理学】

鸟类(山齿鹑)急性$LD_{50}$>2000mg/kg，短期膳食$LC_{50}/LD_{50}$>728.3mg/(kg bw·d)，鱼类(虹鳟鱼)96h $LC_{50}$=3.4mg/L、21d NOEC=0.056mg/L，溞类(大型溞)48h $EC_{50}$>10.6mg/L、21d NOEC=0.005mg/L，藻类(栅藻)72h $EC_{50}$=29.2mg/L，蜜蜂急性接触48h $LD_{50}$>102μg/蜜蜂、经口48h $LD_{50}$>32.4μg/蜜蜂，蚯蚓急性14d $LC_{50}$>500mg/kg、慢性14d繁殖NOEC=60.0mg/kg[1]。

## 【毒理学】

**(1)一般毒性**

大鼠急性经口$LD_{50}$=3900mg/kg，短期膳食NOAEL=15mg/kg，大鼠经皮$LD_{50}$>2000mg/kg bw，大鼠吸入$LC_{50}$>4.42mg/L[1]。

**(2)神经毒性**

无神经毒性。

**(3)发育与生殖毒性**

可能具有发育与生殖毒性[1]。每组8只雌性新西兰白兔的烯酰吗啉(纯度为96.6%)施药剂量分别为0mg/kg、300mg/kg、600mg/kg、1000mg/kg，孕期6～18d每日经口施药，最高剂量组使用9只动物。在第28天，移除胎儿，检查卵巢和子宫，记录黄体数量、着床位置、植入地点、可存活和再吸收的胎儿数量。测量记录胎儿性别、体重。施药后，所有最高剂量组的兔子摄食/饮水量下降，2只因为瘦弱导致流产。300mg/kg组中1只兔子流产，但是600mg/kg组未出现流产。所有剂量组在孕期第6～12天，与对照组相比，体重增量下降，最高剂量组并非流产所致。600mg/kg剂量组，平均胎儿体重有轻微下降。未观测到畸形增加。母体NOAEL为300mg/kg bw，发育NOAEL也为300mg/kg bw[2]。

**(4)致突变性与致癌性**

无致突变性[1]。1h预培养后，以0μg/mL、2.5μg/mL、10μg/mL、25μg/mL、

100μg/mL 和 250μg/mL 加入细胞中，在细胞溶解、核溶解、DNA 分离后，将胸腺嘧啶插入 DNA，利用闪烁计数测定。阳性对照组中出现阳性结果，但任何浓度的试验组均未发现变化。因此在本试验条件下，烯酰吗啉未引起 DNA 修复活动[3]。

## 【人类健康效应】

吸入可能导致急性肺损伤。

## 【危害分类与管制情况】

| 序号 | 毒性指标 | PPDB 分类 | PAN 分类 |
|---|---|---|---|
| 1 | 高毒 | 否 | 否 |
| 2 | 致癌性 | 否 | 不太可能 |
| 3 | 致突变性 | 否 | — |
| 4 | 内分泌干扰性 | — | 无有效证据 |
| 5 | 生殖发育毒性 | 可能 | 无有效证据 |
| 6 | 胆碱酯酶抑制性 | 否 | 否 |
| 7 | 神经毒性 | 否 | — |
| 8 | 呼吸道刺激性 | 是 | — |
| 9 | 皮肤刺激性 | 是 | — |
| 10 | 眼刺激性 | 是 | — |
| 11 | 地下水污染 | — | 可能 |
| 12 | 国际公约或优控名录 | 无 | |

注：PPDB 数据库由英国赫特福德郡大学农业与环境研究所开发；PAN 数据库来自北美农药行动网（PANNA）；“—”表示无此项。

## 【限值标准】

每日允许摄入量(ADI)为 0.05mg/(kg bw・d)，急性参考剂量(ARfD)为 0.6mg/(kg bw・d)，操作者允许接触水平(AOEL)为 0.15mg/(kg bw・d)[1]。

## 参考文献

[1] PPDB: Pesticide Properties DataBase. http://sitem.herts.ac.uk/aeru/ppdb/en/Reports/245.htm[2016-05-08].

[2] WHO/FAO. Joint Meeting on Pesticide Residues: Pesticide Residues in Food-2007 (JMPR Evaluations 2007 Part Ⅱ Toxicological) for Dimethomorph (110488-70-5) p.303 (2007). http://www.inchem.org/pages/jmpr.html [2012-10-10].

[3] California Environmental Protection Agency/Department of Pesticide Regulation. Toxicology Data Review Summary for Dimethomorph (110488-70-5). http://www.cdpr.ca.gov/docs/risk/toxsums/toxsumlist.htm[2012-10-08].

# 硝苯菌酯(meptyldinocap)

## 【基本信息】

**化学名称**：反式-2-丁烯酸，2-(1-甲基庚基)-4,6-二硝基苯酯
**其他名称**：敌螨普、2,4-二硝基-6-(1-甲基庚基)苯巴豆酸酯
**CAS 号**：131-72-6
**分子式**：$C_{18}H_{24}N_2O_6$
**相对分子质量**：364.393
**SMILES**： O=C(Oc1c(cc(cc1C(C)CCCCCC)[N+]([O–])=O)[N+]([O–])=O)/C=C/C
**类别**：二硝基苯酚类杀菌剂
**结构式**：

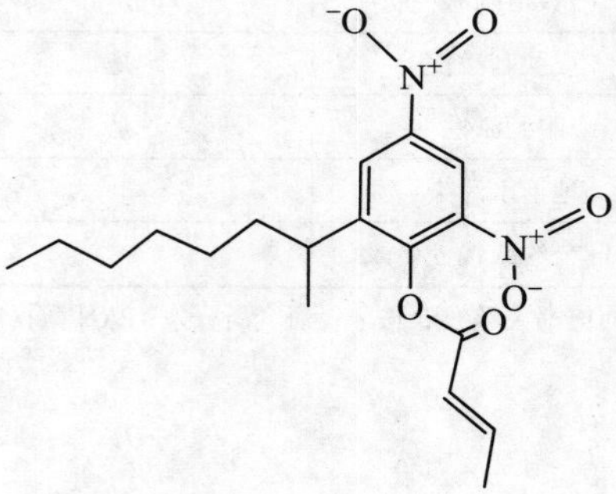

## 【理化性质】

黄褐色液体，密度 1.11g/mL，熔点–22.5℃，沸腾前分解，饱和蒸气压 0.00792mPa(25℃)。水溶解度(20℃)为 0.248mg/L。有机溶剂溶解度(20℃)：丙酮，252g/L；乙酸乙酯，256g/L；正庚烷，251g/L；二甲苯，256mg/L。辛醇/水分配系数 $\lg K_{ow}$=6.55(pH=7,20℃)，亨利常数为 $1.16\times10^{-2}$Pa・$m^3$/mol(25℃)。

## 【环境行为】

**(1)环境生物降解性**

好氧条件下，实验室土壤中降解半衰期为 12d(20℃)，田间土壤中降解半衰

期为 15d，$DT_{90}$ 值为 64.7d；欧盟档案记录的实验室土壤中降解半衰期为 4.1～22.4d，$DT_{90}$ 值为 13.7～122d；制造商公布的实验室土壤中降解半衰期为 4～24d[1]。

**(2) 环境非生物降解性**

pH 为 7 时，水中光解半衰期为 0.4d（自然光 40°N），pH 为 7 时，水解半衰期为 43d（20℃），对 pH 敏感，pH 为 4、5、7、9 时，水解半衰期分别为 447d、229d、30.4～56d、0.7～9.3d(20℃)[1]。

**(3) 环境生物蓄积性**

整鱼 BCF 值为 992，提示硝苯菌酯具有潜在的生物蓄积性[1]。

**(4) 土壤吸附/移动性**

Freundlich 模型中，$K_f$ 值为 705，$K_{foc}$ 值为 958245，$1/n$ 值为 1.05，提示硝苯菌酯在土壤中不移动；欧盟登记资料中，$K_f$ 范围值为 52～3102，$K_{foc}$ 范围值为 2889～310200，$1/n$ 范围值为 0.9～1.73[1]。

## 【生态毒理学】

鸟类（山齿鹑）急性 $LD_{50}$＞2150mg/kg、短期摄食 $LD_{50}$=344mg/(kg · d)，鱼类（蓝鳃太阳鱼）96h $LC_{50}$=0.0569mg/L，溞类（大型溞）48h $EC_{50}$=0.0041mg/L，藻类（羊角月牙藻）72h $EC_{50}$=2.12mg/L，蜜蜂接触 48h $LD_{50}$=84.8μg/蜜蜂、经口 48h $LD_{50}$=90μg/蜜蜂，蚯蚓 14d $LC_{50}$=302mg/kg[1]。

## 【毒理学】

**(1) 一般毒性**

大鼠急性经口 $LD_{50}$＞2000mg/kg，大鼠急性经皮 $LD_{50}$＞5000mg/kg bw，大鼠急性吸入 $LC_{50}$＞1.24mg/L[1]。

**(2) 神经毒性**

不具有神经毒性[1]。

**(3) 发育与生殖毒性**

不具有发育与生殖毒性[1]。

**(4) 致突变性与致癌性**

无信息。

## 【人类健康效应】

对人体肝脏和甲状腺可能具有毒性[1]。

引起出汗、口渴、发热、头痛、困惑、烦躁不安；高热、心动过速，严重者出现呼吸急促；局部暴露呈现特征性亮黄色皮肤和头发；慢性职业暴露导致白内障和青光眼[2]。

## 【危害分类与管制情况】

| 序号 | 毒性指标 | PPDB 分类 | PAN 分类 |
|---|---|---|---|
| 1 | 高毒 | 否 | 否 |
| 2 | 致癌性 | 否 | 否 |
| 3 | 内分泌干扰性 | 否 | 无有效证据 |
| 4 | 生殖发育毒性 | 否 | 无有效证据 |
| 5 | 胆碱酯酶抑制性 | 无数据 | 否 |
| 6 | 神经毒性 | 否 | — |
| 7 | 呼吸道刺激性 | 否 | — |
| 8 | 皮肤刺激性 | 是 | — |
| 9 | 皮肤致敏性 | 可能 | — |
| 10 | 眼刺激性 | 是 | — |
| 11 | 污染地下水 | — | 无有效证据 |
| 12 | 国际公约或优控名录 | — | |

注：PPDB 数据库由英国赫特福德郡大学农业与环境研究所开发；PAN 数据库来自北美农药行动网（PANNA）；“—”表示无此项。

## 【限值标准】

每日允许摄入量（ADI）为 0.016mg/（kg bw·d），急性参考剂量（ARfD）为 0.12mg/（kg bw·d），操作者允许接触水平（AOEL）为 0.008mg/（kg bw·d）[1]。

### 参 考 文 献


[1] PPDB: Pesticide Properties DataBase. http://sitem.herts.ac.uk/aeru/ppdb/en/Reports/439.htm[2017-04-03].

[2] PAN Pesticides Database—Chemicals. http://www.pesticideinfo.org/Detail_Chemical.jsp?Rec_Id=PC41876 [2017-04-03].

# 缬霉威(iprovalicarb)

## 【基本信息】

**化学名称**：异丙基-2-甲基-1-[(*RS*)-1-对酪醇基]氨基甲酰基-(*S*)-丙基碳酸酯

**其他名称**：—

**CAS 号**：140923-17-7

**分子式**：$C_{18}H_{28}N_2O_3$

**相对分子质量**：320.43

**SMILES**：CC(C)OC(=O)NC(C(=O)N[C@@H](C)c1ccc(C)cc1)C(C)C

**类别**：氨基甲酸酯类杀菌剂

**结构式**：

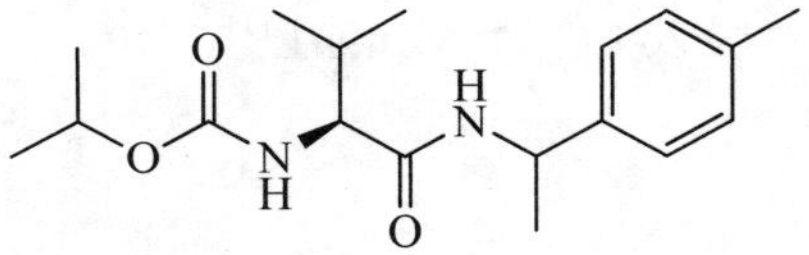

## 【理化性质】

黄白色粉末，密度 1.11g/mL，熔点 164℃，沸腾前分解，分解点 160℃，饱和蒸气压 $7.90\times10^{-5}$mPa(25℃)。水溶解度(20℃)为 17.8mg/L。有机溶剂溶解度(20℃)：甲苯，5300mg/L；丙酮，41000mg/L；乙酸乙酯，20000mg/L；二氯甲烷，132000mg/L。辛醇/水分配系数 $\lg K_{ow}=3.2$(pH=7,20℃)。

## 【环境行为】

**(1)环境生物降解性**

好氧条件下，典型条件下土壤中降解 $DT_{50}$ 为 15.5d，实验室 20℃条件下降解 $DT_{50}$ 为 10.5d，$DT_{90}$ 为 44.8d，田间试验的土壤中降解 $DT_{50}$ 为 15.5d。欧盟登记资料中，实验室研究结果显示土壤中降解 $DT_{50}$ 范围为 20～30d，田间试验 $DT_{50}$ 范围为 4.7～27d[1]。

**(2)环境非生物降解性**

pH 为 7 条件下，水中不光解。pH 为 7、20℃条件下不水解，25℃、pH 为 5～9 条件下不水解[1]。

**(3) 环境生物蓄积性**

缬霉威在鱼体内的 BCF 值为 10，提示缬霉威生物蓄积性弱[1]。

**(4) 土壤吸附/移动性**

$K_{oc}$ 值为 106，提示缬霉威在土壤中具有中等移动性[1]。

## 【生态毒理学】

鸟类（山齿鹑）急性 $LD_{50}$＞2000mg/kg、短期膳食 $LC_{50}/LD_{50}$＞5000mg/kg，鱼类（虹鳟鱼）96h $LC_{50}$＞22.7mg/L、慢性 21d NOEC=9.89mg/L，溞类（未知种类）48h $EC_{50}$＞19.8mg/L、21d NOEC（大型溞）=1.89mg/L，藻类（月牙藻）72h $EC_{50}$＞10mg/L，蜜蜂急性经口 48h $LD_{50}$＞199μg/蜜蜂，蚯蚓 14d $LC_{50}$＞1000mg/kg、慢性 14d 繁殖 NOEC=3.37mg/kg[1]。

## 【毒理学】

**(1) 一般毒性**

大鼠急性经口 $LD_{50}$＞5000mg/kg，大鼠短期膳食暴露 NOAEL=196mg/kg，经皮 $LD_{50}$＞5000mg/kg bw，吸入 $LC_{50}$＞5.0mg/L[1]。

**(2) 神经毒性**

不具有神经毒性[1]。

**(3) 发育与生殖毒性**

无信息。

**(4) 致突变性与致癌性**

不具有致突变性[1]。

## 【人类健康效应】

无信息。

## 【危害分类与管制情况】

| 序号 | 毒性指标 | PPDB 分类 | PAN 分类 |
| --- | --- | --- | --- |
| 1 | 高毒 | 否 | 是 |
| 2 | 致癌性 | 可能 | 是 |
| 3 | 致突变性 | 否 | — |
| 4 | 内分泌干扰性 | 否 | 无有效证据 |
| 5 | 生殖发育毒性 | — | 无有效证据 |
| 6 | 胆碱酯酶抑制性 | 否 | 否 |

续表

| 序号 | 毒性指标 | PPDB 分类 | PAN 分类 |
|---|---|---|---|
| 7 | 神经毒性 | 否 | — |
| 8 | 呼吸道刺激性 | 否 | — |
| 9 | 皮肤刺激性 | 否 | — |
| 10 | 眼刺激性 | 否 | — |
| 11 | 地下水污染 | — | 无有效证据 |
| 12 | 国际公约或优控名录 | 列入美国 EPA 可能致癌物名录、加利福尼亚州 65 种已知致癌物名录、美国 PAN 名录 | |

注：PPDB 数据库由英国赫特福德郡大学农业与环境研究所开发；PAN 数据库来自北美农药行动网（PANNA）；“—”表示无此项。

## 【限值标准】

每日允许摄入量（ADI）为 0.015mg/（kg bw・d），操作者允许接触水平（AOEL）为 0.015mg/（kg bw・d）[1]。

## 参 考 文 献

[1] PPDB: Pesticide Properties DataBase. http://sitem.herts.ac.uk/aeru/ppdb/en/Reports/404.htm[2017-06-19].

# 溴甲烷(bromomethane)

## 【基本信息】

**化学名称**：溴甲烷

**其他名称**：甲基溴

**CAS 号**：74-83-9

**分子式**：$CH_3Br$

**相对分子质量**：94.95

**SMILES**：BrC

**类别**：卤代有机物杀菌剂、杀虫剂、土壤消毒剂

**结构式**：

Br
H H
H

## 【理化性质】

无色气体，密度 3.97g/mL(液体状态时)，饱和蒸气压 190000000mPa(25℃)。水溶解度(20℃)为 13200mg/L。有机溶剂溶解度(20℃)：丙酮，718000mg/L；煤油，228100mg/L；乙酸乙酯，925000mg/L。辛醇/水分配系数 $\lg K_{ow}$=1.91(pH=7,20℃)。

## 【环境行为】

**(1)环境生物降解性**

好氧条件下，土壤中降解 $DT_{50}$ 为 55d(典型值)，实验室 20℃条件下土壤中降解 $DT_{50}$ 为 1d，$DT_{90}$ 为 30d；欧盟登记资料记录的实验室研究红土壤中降解 $DT_{50}$ 估值范围为 2.5～4.7h，$DT_{90}$ 为 30.8d[1]。

**(2)环境非生物降解性**

20℃、pH 为 7 条件下，水解半衰期为 12d，且水解对 pH 和温度敏感[1]。

**(3)环境生物蓄积性**

溴甲烷 BCF 估值为 75，提示其生物蓄积性中等[1]。

**(4)土壤吸附/移动性**

$K_{oc}$ 值为 39，提示溴甲烷在土壤中可移动。欧盟登记资料(4 种土壤)显示 $K_d$

范围为 2.07～2.98，$K_{oc}$ 范围为 37.7～41.4[1]。

## 【生态毒理学】

鸟类急性 $LD_{50}$=73mg/kg，鱼类（虹鳟鱼）96h $LC_{50}$=3.9mg/L，溞类（大型溞）48h $EC_{50}$=2.6mg/L，藻类（栅藻）72h $EC_{50}$=3.2mg/L，蜜蜂（未知模式）急性 48h $LD_{50}$＞50μg/蜜蜂[1]。

## 【毒理学】

**（1）一般毒性**

大鼠急性经口 $LD_{50}$=104mg/kg，吸入 $LC_{50}$=3.0mg/L[1]。

**（2）神经毒性**

研究者通过实验研究了溴甲烷对中枢神经系统电生理学的影响。将 24 只健康成年家兔采用呼吸道吸入法制成急性溴甲烷中毒模型，观察家兔中毒后脑电地形图的变化。与正常对照组相比较，染毒兔的脑电活动明显抑制，脑电波慢化且呈弥漫性；脑电地形图表现为 δ、θ 段功率值明显升高（$P$＜0.01），而反映大脑皮层兴奋过程的 β 频段功率值则明显降低（$P$＞0.05），α 频段染毒前后功率值无明显变化（$P$＜0.05）。结论：溴甲烷对中枢神经系统具有一定的毒性作用，可明显抑制大脑皮层的生物电活动，从而影响脑的高级功能[2]。

另有研究者观察了溴甲烷急性染毒家兔后遗周围神经电生理的改变。实验组家兔经溴甲烷染毒 8 周后，体感诱发电位表现为：刺激胫后神经引起的皮层和腰髓诱发电位主波波幅下降，皮层主波潜伏期明显长于对照组（$P$＜0.01），四肢肌电图表现为时程延长、幅值升高和多相百分比增加，特别是双侧后肢出现束颤和纤颤的失神经支配电位及代表神经元损伤的特征性巨大电位。结果提示，急性溴甲烷中毒对周围神经，特别是对脊神经有一定的实质性损害作用[3]。

兔子通过呼吸暴露于 27mg/L 的溴甲烷 8 个月，总暴露时间为 900h。双周神经行为试验没有观测到暴露的后果，该浓度下的溴甲烷长期暴露是该物种可以承受的。在亚慢性暴露于 65mg/L 溴甲烷后，兔子产生了严重的神经肌肉损伤，并损害了眨眼反射和体重，在暴露停止后 6～8 周部分症状消退[4]。

溴甲烷水溶液施用于大鼠脑海马薄片（浓度分别为 1.4mmol/L 和 0.7mmol/L，持续 8min），CA1 锥体神经元细胞外场电位记录和细胞内微电极记录显示，施用溴甲烷后，神经元至少可存活 1h，然而观察到一种中等但持续不可逆的突触兴奋性的降低。细胞内的记录表明，这可能归因于兴奋性突触后电位降低。0.7mmol/L 溴甲烷中未观测到效应。由于溴甲烷在 1h 观察期内并未产生与神经毒性证据相一致的电生理变化，因此溴甲烷对大鼠脑海马体没有直接的毒性作用[5]。

**(3) 发育与生殖毒性**

成年雄性大鼠(11～13 周龄)通过呼吸暴露于 0mg/L 或 200mg/L 的溴甲烷中，暴露频率为每天 6h，持续 5d。每组 10 只雄性大鼠分别于暴露后第 1、3、5、8 天被麻醉并杀死。另外，每组 5 只雄性大鼠在暴露后第 6、10、17、24、38、52 和 73 天被杀死。血浆中的睾酮在暴露后立即减少(第 1、3、5、6 天)，但是在第 8 天恢复到对照水平。在暴露的情况下，肝脏和睾丸中的非蛋白质巯基含量降低，但在第 8 天恢复到对照水平。其他生殖指标包括睾丸每日产精量、尾睾精子数量、精子形态、精子总数、精子线性速度、附睾和睾丸组织学等在受试浓度和时间点并未受到影响[6]。

怀孕雌性 Wistar 大鼠孕期 1～19d 暴露于溴甲烷，暴露浓度分别为 0mg/L、20mg/L 或 70mg/L，每天暴露 7h。此外，一些浓度组在孕前暴露于 20mg/L 或 70mg/L 溴甲烷中 3 周，每周暴露 5d 后立即交配。浓度组分布为：0/0(孕前/孕期，单位 mg/L，下同)、0/20、0/70、20/0、20/20、70/0 和 70/70。剖腹手术在妊娠 19d 进行，结果显示，在任何暴露情况下均未见母体毒性或发育毒性的临床证据[7]。

**(4) 致突变性与致癌性**

在没有代谢活化的条件下，溴甲烷浓度为 0.02%～0.2%时可致鼠伤寒沙门氏菌 TA100 发生突变[8]。

暴露于 0.002mmol/L 溴甲烷 30h 和暴露于 0.004mmol/L 溴甲烷 90h 后，观测到黑腹果蝇的诱变效应[9]。

在 L5178Y 小鼠淋巴瘤细胞 TK 基因致突变试验中，溴甲烷的浓度为 0～2.5μg/mL，无代谢激活的情况下，溴甲烷在 2.5μg/mL 的剂量水平上造成阳性结果[10]。

## 【人类健康效应】

IARC 致癌物：组 3 不可归类；美国 EPA 致癌物：不太可能。

具有潜在的致突变能力，高毒，属于大脑、肾脏、呼吸道毒物。吸入后，出现腹痛、抽搐、头晕、头痛、呼吸困难、呕吐、虚弱、产生幻觉、失去语言能力、不协调；皮肤接触后，出现刺痛、瘙痒、皮肤发红、灼烧感，甚至出现水泡，后续症状同吸入后，与溴甲烷液体接触，可出现冻伤；眼睛接触后，出现发红、疼痛、视力模糊，甚至出现暂时性失明[11]。

以其他途径暴露后，会出现以下症状：严重的下呼吸道刺激；中枢神经系统压抑和抽搐；出现肺水肿、出血和肺炎；急性中毒的早期症状包括头痛、头晕、恶心、呕吐、震颤、说话含糊不清和共济失调；严重中毒表现为肌阵挛性和广义的紧张性癫痫发作、共济失调、肌肉无力、震颤、行为障碍和反射减弱；皮肤接触会导致严重的灼烧、瘙痒、起泡和坏死[11]。

## 【危害分类与管制情况】

| 序号 | 毒性指标 | PPDB 分类 | PAN 分类 |
|---|---|---|---|
| 1 | 高毒 | 是 | 是 |
| 2 | 致癌性 | 否 | 不可归类 |
| 3 | 致突变性 | 是 | — |
| 4 | 内分泌干扰性 | 可能 | 疑似 |
| 5 | 生殖发育毒性 | 是 | 是 |
| 6 | 胆碱酯酶抑制性 | 否 | 否 |
| 7 | 神经毒性 | 是 | — |
| 8 | 呼吸道刺激性 | 是 | — |
| 9 | 皮肤刺激性 | 是 | — |
| 10 | 眼刺激性 | 是 | — |
| 11 | 地下水污染 | — | 无有效证据 |
| 12 | 国际公约或优控名录 | 列入欧盟内分泌干扰物清单、美国 PAN 名录 | |

注：PPDB 数据库由英国赫特福德郡大学农业与环境研究所开发；PAN 数据库来自北美农药行动网(PANNA)；“—”表示无此项。

## 【限值标准】

每日允许摄入量(ADI)为 0.001mg/(kg bw · d)，急性参考剂量为 0.003mg/(kg bw · d)。

## 参 考 文 献


[1] PPDB: Pesticide Properties DataBase.http://sitem.herts.ac.uk/aeru/ppdb/en/Reports/462.htm[2017-06-20].

[2] 刘志华, 王金光. 溴甲烷中毒家兔脑电地形图变化研究. 生物医学工程研究, 1998, (2): 45-47.

[3] 范志涛, 橇永清. 溴甲烷对家兔周围神经系统电生理变化的毒理学研究. 中国职业医学, 1997, (5): 10-12.

[4] Russo J M, Anger W K, Setzer J V, et al. Neurobehavioral assessment of chronic low-level methyl bromide exposure in the rabbit. J Toxicol Environ Health, 1984, 14(2-3): 247-255.

[5] Zeise M L, Jofré D, Morales P, et al. Methyl bromide decreases excitability without having immediate toxic effects in rat hippocampal CA1 neurons *in vitro*. Neurotoxicology, 1999, 20(5): 827-832.

[6] Hurtt M E, Working P K. Evaluation of spermatogenesis and sperm quality in the rat following acute inhalation exposure to methyl bromide. Fundam Appl Toxicol, 1988, 10(3): 490-498.

[7] Krieger R. Handbook of Pesticide Toxicology. Vol. 2. 2nd ed. San Diego: Academic Press, 2001: 1841.

[8] World Health Organization, International Agency for Research on Cancer. IARC Monographs on the Evaluation of the Carcinogenic Risk of Chemicals to Humans.(1972-PRESENT, Multivolume work, V41, p. 198, 1986).

http://monographs.iarc.fr/ENG/Classification/index.php[2017-06-20].

[9] USDA/Forest Service. Pesticide Background Statements. Vol. II: Fungicides and Fumigants.1986.

[10] Kramers P G, Voogd C E, Knaap A G, et al. Mutagenicity of methyl bromide in a series of short-term tests. Mutat Res, 1985, 155(1-2): 41-47.

[11] PAN Pesticide Database—Chemicals. http://www.pesticideinfo.org/Detail_Chemical.jsp?Rec_Id=PC32864[2017-06-20].

# 亚胺唑(imibenconazole)

## 【基本信息】

**化学名称**：4-氯苄基-*N*-2,4-二氯苯基-2-(1*H*-1,2,4-三唑-1-基)硫代乙酰胺酯

**其他名称**：霉能灵、酰胺唑

**CAS 号**：86598-92-7

**分子式**：$C_{17}H_{13}Cl_3N_4S$

**相对分子质量**：411.7

**SMILES**：Clc3ccc(/N=C(\SCc1ccc(Cl)cc1)Cn2ncnc2)c(Cl)c3

**类别**：苯三唑类杀菌剂

**结构式**：

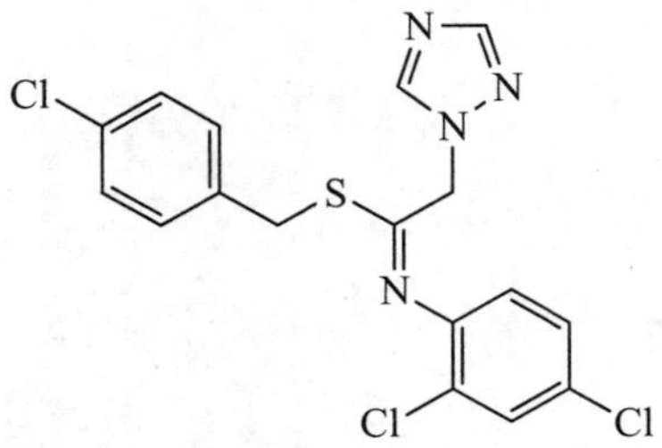

## 【理化性质】

淡黄色晶体，熔点 89.7℃，沸点 567℃，饱和蒸气压 0.000085mPa(25℃)。水溶解度(20℃)为 1.7mg/L。有机溶剂溶解度(20℃)：丙酮，1063000mg/L；苯，580000mg/L；二甲苯，250000mg/L；甲醇，120000mg/L。辛醇/水分配系数 $\lg K_{ow}$=4.94(pH=7,20℃)。

## 【环境行为】

### (1)环境生物降解性

好氧：典型条件下土壤中降解 $DT_{50}$ 为 15d，实验室 20℃条件下土壤中降解 $DT_{50}$ 为 12d，田间试验土壤中降解 $DT_{50}$ 为 14.5d。文献中实验室研究 $DT_{50}$ 值范围为 4～20d，田间试验 $DT_{50}$ 值范围为 1～28d[1]。

**(2) 环境非生物降解性**

20℃、pH 为 7 条件下，水解半衰期为 88d[1]。

**(3) 环境生物蓄积性**

无信息。

**(4) 土壤吸附/移动性**

$K_{oc}$ 值为 13120，提示亚胺唑在土壤中不可移动[1]。

## 【生态毒理学】

鸟类(绿头鸭)急性 $LD_{50}$＞2250mg/kg，鱼类(虹鳟鱼)96h $LC_{50}$=0.67mg/L，溞类(大型溞)48h $EC_{50}$＞100mg/L，藻类(未知种类)72h $EC_{50}$＞1000mg/L，蜜蜂急性经口 48h $LD_{50}$＞125μg/蜜蜂，蚯蚓 14d $LC_{50}$＞1000mg/kg[1]。

## 【毒理学】

**(1) 一般毒性**

大鼠急性经口 $LD_{50}$＞2800mg/kg，经皮 $LD_{50}$＞2000mg/kg bw，吸入 $LC_{50}$=1.02mg/L[1]。

**(2) 神经毒性**

无信息。

**(3) 发育与生殖毒性**

无信息。

**(4) 致突变性与致癌性**

无信息。

## 【人类健康效应】

无信息。

## 【危害分类与管制情况】

| 序号 | 毒性指标 | PPDB 分类 | PAN 分类 |
|---|---|---|---|
| 1 | 高毒 | 否 | 否 |
| 2 | 致癌性 | — | 无有效证据 |
| 3 | 内分泌干扰性 | — | 无有效证据 |
| 4 | 生殖发育毒性 | — | 无有效证据 |
| 5 | 胆碱酯酶抑制性 | 否 | 否 |
| 6 | 眼刺激性 | 可能 | — |

续表

| 序号 | 毒性指标 | PPDB 分类 | PAN 分类 |
|---|---|---|---|
| 7 | 地下水污染 | — | 无有效证据 |
| 8 | 国际公约或优控名录 | 无 | |

注：PPDB 数据库由英国赫特福德郡大学农业与环境研究所开发；PAN 数据库来自北美农药行动网（PANNA）；“—”表示无此项。

## 【限值标准】

每日允许摄入量（ADI）为 0.0085mg/（kg bw・d）。

## 参 考 文 献

[1] PPDB: Pesticide Properties DataBase.http://sitem.herts.ac.uk/aeru/ppdb/en/Reports/1026.htm[2017-06-20].

# 氧化亚铜(copper(1)oxide)

## 【基本信息】

化学名称：氧化亚铜

其他名称：一氧化二铜

**CAS 号**：1317-39-1

分子式：$Cu_2O$

相对分子质量：143.08

**SMILES**：[Cu].[Cu].O

类别：无机化合物杀菌剂、兽用药

结构式：

$Cu^+$
$Cu^+O^-$

## 【理化性质】

棕红色粉状固体，密度 6.0g/mL，溶解前分解，饱和蒸气压 $1.00\times10^{-10}$mPa（25℃）。水溶解度（20℃）为 0.64mg/L。有机溶剂溶解度（20℃）：乙醇，0.00001mg/L。辛醇/水分配系数 $\lg K_{ow}$=0.44（pH=7,20℃）。

## 【环境行为】

**(1)环境生物降解性**

好氧条件下，土壤中降解 $DT_{50}$ 为 365d（典型值）。环境中稳定，铜在许多土壤中天然存在[1]。

**(2)环境非生物降解性**

20℃、pH 为 7 条件下稳定，不水解，pH 为 7 条件下不发生光解[1]。

**(3)环境生物蓄积性**

根据 $\lg K_{ow}<3$，氧化亚铜的生物蓄积风险低[1]。

**(4)土壤吸附/移动性**

无信息。

## 【生态毒理学】

鸟类急性 $LD_{50}$=1183mg/kg，鱼类（虹鳟鱼）96h $LC_{50}$=0.207mg/L，溞类（大型

溞）48h $EC_{50}$=0.45mg/L，藻类（月牙藻）72h $EC_{50}$=0.147mg/L，蜜蜂急性接触 48h $LD_{50}$＞82.5μg/蜜蜂、经口 48h $LD_{50}$＞116μg/蜜蜂，蚯蚓 14d $LC_{50}$＞862mg/kg[1]。

## 【毒理学】

**(1) 一般毒性**

大鼠急性经口 $LD_{50}$＞300mg/kg，经皮 $LD_{50}$＞2000mg/kg bw，吸入 $LC_{50}$=2.92mg/L[1]。

**(2) 神经毒性**

不具有神经毒性[1]。

**(3) 发育与生殖毒性**

无信息。

**(4) 致突变性与致癌性**

无信息。

## 【人类健康效应】

可能产生重金属中毒，属于肾脏、肺、肝脏毒剂，吞入有害[1]。

吸入后出现咳嗽、喉咙痛，以及口腔有金属味。接触皮肤后，使皮肤变干。接触眼睛后，眼睛变红、疼痛。摄入后出现腹痛、腹泻、恶心、呕吐，以及口腔有金属味等。在更严重的情况下，可能有呕吐物或者黑色或柏油状粪便、黄疸和肝脏扩大。血细胞破裂导致循环衰竭和休克[2]。

## 【危害分类与管制情况】

| 序号 | 毒性指标 | PPDB 分类 | PAN 分类 |
|---|---|---|---|
| 1 | 高毒 | 否 | 否 |
| 2 | 致癌性 | 否 | 不太可能 |
| 3 | 内分泌干扰性 | 否 | 无有效证据 |
| 4 | 生殖发育毒性 | — | 无有效证据 |
| 5 | 胆碱酯酶抑制性 | 否 | 否 |
| 6 | 神经毒性 | 否 | — |
| 7 | 呼吸道刺激性 | 是 | — |
| 8 | 皮肤刺激性 | 是 | — |
| 9 | 眼刺激性 | 是 | — |
| 10 | 地下水污染 | — | 无有效证据 |
| 11 | 国际公约或优控名录 | 无 | |

注：PPDB 数据库由英国赫特福德郡大学农业与环境研究所开发；PAN 数据库来自北美农药行动网（PANNA）；“—”表示无此项。

## 【限值标准】

每日允许摄入量(ADI)为 0.015mg/(kg bw · d)，操作者允许接触水平(AOEL)为 0.25mg/(kg bw · d)[1]。

## 参 考 文 献

[1] PPDB: Pesticide Properties DataBase.http://sitem.herts.ac.uk/aeru/ppdb/en/Reports/176.htm[2017-06-20].

[2] PAN Pesticides Database. http://www.pesticideinfo.org/Detail_Chemical.jsp?Rec_Id=PC33548[2017-06-20].

# 乙烯菌核利(vinclozolin)

## 【基本信息】

**化学名称：**(*RS*)-3-(3,5-二氯苯基)-5-甲基-5-乙烯基-1,3-噁唑烷-2,4-二酮

**其他名称：**农利灵、代菌唑灵、免克宁

**CAS 号：**50471-44-8

**分子式：**$C_{12}H_9Cl_2NO_3$

**相对分子质量：**286.11

**SMILES：**O=C2OC(C(=O)N2c1cc(Cl)cc(Cl)c1)(\C=C)C

**类别：**噁唑类杀菌剂

**结构式：**

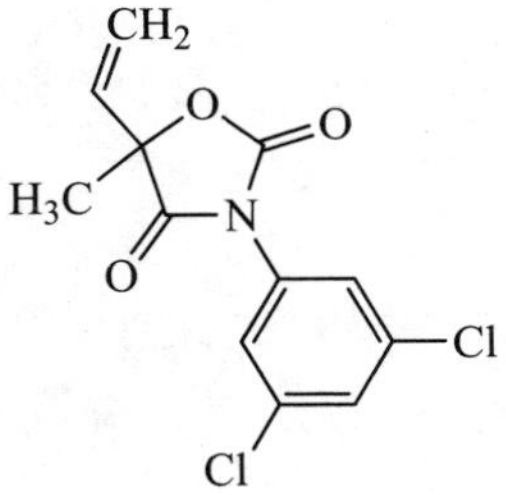

CH2, O, O, H3C, N, O, Cl, Cl

## 【理化性质】

无色晶体，密度 1.51g/mL，熔点 108℃，饱和蒸气压 0.016mPa(25℃)。水溶解度(20℃)为 3.4mg/L。有机溶剂溶解度：乙酸乙酯，281000mg/L；丙酮，551000mg/L；苯，164000mg/L；二甲苯，128000mg/L。辛醇/水分配系数 lg$K_{ow}$=3.02(pH=7,20℃)。

## 【环境行为】

### (1)环境生物降解性

好氧：典型条件下土壤中降解 $DT_{50}$ 为 12d，实验室 20℃条件下土壤中降解 $DT_{50}$ 为 40.5d，田间土壤中降解 $DT_{50}$ 为 20d；其他来源：实验室研究土壤中降解 $DT_{50}$ 范围为 28～43d，田间研究 $DT_{50}$ 范围为 34～94d[1]。

厌氧：土壤中厌氧降解半衰期为 15.0d[2]。

**(2)环境非生物降解性**

pH 为 7 条件下，水中光解半衰期为 27d。pH 为 7、20℃条件下，水中水解半衰期为 1.3d[1]。

**(3)环境生物蓄积性**

BCF 值为 6.5，提示乙烯菌核利生物蓄积性弱[1]。

**(4)土壤吸附/移动性**

$K_{oc}$ 值为 300，提示乙烯菌核利在土壤中具有中等移动性[1]。

## 【生态毒理学】

鸟类(绿头鸭)急性 $LD_{50}$＞5629mg/kg，鱼类(虹鳟鱼)96h $LC_{50}$=2.84mg/L，溞类(大型溞)48h $EC_{50}$=3.65mg/L，藻类(未知种类)72h $EC_{50}$=26mg/L、藻类(月牙藻)72h $EC_{50}$=1.02mg/L，蜜蜂急性经口 48h $LD_{50}$＞100μg/蜜蜂，蚯蚓急性 14d $LC_{50}$＞1000mg/kg[1]。

## 【毒理学】

**(1)一般毒性**

大鼠急性经口 $LD_{50}$＞15000mg/kg，小鼠急性经皮 $LD_{50}$＞5000mg/kg bw，呼吸暴露 $LC_{50}$=29.1mg/L[1]。

**(2)神经毒性**

怀孕大鼠膳食暴露于乙烯菌核利中，浓度分别为 0ppm、10ppm、150ppm、750ppm[接近于成年大鼠暴露浓度分别为 0mg/(kg·d)、0.8mg/(kg·d)、12mg/(kg·d)和 60mg/(kg·d)]，妊娠第 7 天开始染毒，子代继续染毒，直到产后第 77 天结束。评估了雄性和雌性子代的多项无生殖力的性二态行为变化，进行了旷场试验、转轮运动、游戏行为研究，并评估了食用糖精和氯化钠溶液的情况。在转轮运动方面，乙烯菌核利具有显著的性别作用，高剂量暴露的雌性组与同性别的对照组相比活动减退。乙烯菌核利对液体摄入具有显著的总体效应，高剂量组表现出对糖精溶液摄入量的增加，对淡水的摄入减少。雌性个体的效应更为显著，比对照组多摄入糖精溶液 40.8%，雄性比对照组多摄入 6.2%。乙烯菌核利对大鼠的游戏行为和氯化钠溶液的摄入没有影响[3]。

**(3)发育与生殖毒性**

研究发现，乙烯菌核利对兔、家鼠、大鼠和犬具有抗雄激素样作用。体内实验显示，乙烯菌核利抑制了雄激素依赖的基因表达，导致肛门与生殖器间距离缩短、尿道下裂，出现阴道袋及阴茎畸形等解剖缺陷[4]。

乙烯菌核利可诱发大鼠的生殖缺陷，改变雄性子代的性分化，产生与抗雄激素物质氟他胺相似的作用，包括肛门与生殖器间距离缩短、乳头发育、尿道下裂，腹侧前列腺、精囊和附睾质量减轻，精子数量减少及质量下降，异位睾丸、阴道袋、附睾肉芽肿形成，肾脏、阴茎畸形，球海绵体肌质量减低，青春期延迟，雄性子代性征丧失、雄性雌性化及黄体激素受体在体内表达异常[5-9]。

怀孕大鼠在孕期的12～21d，每隔两天灌胃暴露400mg/(kg • d)的乙烯菌核利，研究发现妊娠第14～19天毒性效应较为敏感，第16～17天时最为敏感。腹侧前列腺质量仅在妊娠第18～19天降低，但胚胎数、难产数、子代出生体重、子代的性别比、出生13d存活率、雄性子代断乳存活率等与对照组的差异无统计学意义。这一结果与雄激素受体(AR)出现在雄性生殖道间质中的时间有关，并且发现成年大鼠血清中的睾酮(T)没有因为胚胎期接触乙烯菌核利而发生改变。另外，在胚胎第13天取性腺进行体外培养，发现乙烯菌核利可致睾丸索发育降低[10]。

动物实验表明，在胚胎性腺发育和性别决定期(胚胎第8～14天)给母体腹腔注射乙烯菌核利，可出现跨代遗传现象，即引起F1～F3雄性子代青春期和成年后生精细胞凋亡增加、精子数量减少及活力降低，这种跨代遗传疾病还包括腹侧前列腺管萎缩、肾脏疾病、免疫异常、雄性不育、肿瘤及脑组织代谢异常等[11-14]。

乙烯菌核利在哺乳动物实验中被广泛证实具有抗雄激素效应，而对鱼类的研究结论目前并不统一。将性成熟稀有鮈鲫分别暴露于0μg/L、2μg/L、10μg/L、50μg/L乙烯菌核利21d，研究环境浓度下乙烯菌核利对鱼类生殖系统的影响及作用机制。结果表明，雌鱼的性腺指数(GSI)、肝脏指数(HSI)在所有浓度组均显著降低($P<0.05$)，同时卵巢组织中卵泡的发育受到了抑制；而雄鱼仅HSI在最高浓度组(50μg/L)出现显著降低($P<0.05$)，精巢组织切片也未观察到明显损伤，说明乙烯菌核利对雌鱼生殖系统的影响大于雄鱼。在转录水平上，雌鱼性腺中er mRNA、vtg mRNA分别在50μg/L和10μg/L时显著升高($P<0.05$)，ar mRNA在所有浓度组显著升高($P<0.05$)；而雄鱼性腺中ar mRNA、dmrt1 mRNA水平分别在10μg/L浓度组和所有浓度组显著降低($P<0.05$)，er mRNA在所有浓度组显著降低($P<0.05$)，说明雌雄鱼对乙烯菌核利暴露的分子响应机制存在差异。综上，环境浓度下乙烯菌核利短期暴露会对稀有鮈鲫的生殖系统产生一定的影响，并且雌雄鱼在敏感性和分子响应机制上都存在差异[15]。

**(4)致突变性与致癌性**

98%的乙烯菌核利浓度分别为0μg/皿、100μg/皿、500μg/皿、2500μg/皿、5000μg/皿、7500μg/皿、10000μg/皿时，沙门氏菌TA98、TA100、TA1535、TA1537、TA1538均未见致突变性结果[16]。

## 【人类健康效应】

肾脏和前列腺毒物，美国EPA将其分类为可能人类致癌物；内分泌问题：与雄激素受体有竞争性的结合[1]。中等程度皮肤致敏，鼻子和咽喉黏膜轻微的刺激，中度眼刺激[2]。

## 【危害分类与管制情况】

| 序号 | 毒性指标 | PPDB 分类 | PAN 分类 |
|---|---|---|---|
| 1 | 高毒 | 否 | 是 |
| 2 | 致癌性 | 是 | 是 |
| 3 | 致突变性 | 否 | — |
| 4 | 内分泌干扰性 | 可能 | 疑似 |
| 5 | 生殖发育毒性 | 是 | 是 |
| 6 | 胆碱酯酶抑制性 | 否 | 否 |
| 7 | 皮肤刺激性 | 是 | — |
| 8 | 地下水污染 | — | 可能 |
| 9 | 国际公约或优控名录 | 列入加利福尼亚州 65 种已知致癌物名录、欧盟内分泌干扰物名录、美国 PAN 名录 | |

注：PPDB 数据库由英国赫特福德郡大学农业与环境研究所开发；PAN 数据库来自北美农药行动网（PANNA）；“—”表示无此项。

## 【限值标准】

每日允许摄入量（ADI）为 0.01mg/（kg bw・d）[1]。

## 参 考 文 献

[1] PPDB: Pesticide Properties DataBase.http://sitem.herts.ac.uk/aeru/ppdb/en/Reports/680.htm[2017-06-20].

[2] PAN Pesticide Database—Chemicals.http://www.pesticideinfo.org/Detail_Chemical.jsp?Rec_Id=PC35425 [2017-06-20].

[3] Flynn K M, Delclos K B, Newbold R R, et al. Behavioral responses of rats exposed to long-term dietary vinclozolin. J Agric Food Chem, 2001, 49(3): 1658-1665.

[4] Pothuluri J V, Freeman J P, Heinze T M, et al. Biotransformation of vinclozolin by the fungus *Cunninghamella elegans*. J Agric Food Chem, 2000, 48(12): 6138-6148.

[5] Gray L E, Ostby J, Monosson E, et al. Environmental antiandrogens: low doses of the fungicide vinclozolin alter sexual differentiation of the male rat. Toxicol Ind Health, 1999, 15(1-2): 48.

[6] Hatef A, Alavi S M, Milla S, et al. Anti-androgen vinclozolin impairs sperm quality and steroidogenesis in goldfish. Aquat Toxicol, 2012, 122-123(2): 181-187.

[7] Auger J, Eustache F, Maceiras P, et al. Modified expression of several sperm proteins after chronic exposure to the antiandrogenic compound vinclozolin. Toxicol Sci, 2010, 117(2): 475-484.

[8] Yu W J, Lee B J, Nam S Y, et al. Reproductive disorders in pubertal and adult phase of the male rats exposed to vinclozolin during puberty. J Vet Med Sci, 2004, 66(7): 847-853.

[9] Buckley J, Willingham E, Agras K, et al. Embryonic exposure to the fungicide vinclozolin causes virilization of

females and alteration of progesterone receptor expression *in vivo*: an experimental study in mice. Environ Health, 2006, 5(1): 4.

[10] Wolf C J, Leblanc G A, Ostby J S, et al. Characterization of the period of sensitivity of fetal male sexual development to vinclozolin. Toxicological Sciences: An Official Journal of the Society of Toxicology, 2000, 55 (1) : 152.

[11] Anway M D, Leathers C, Skinner M K. Endocrine disruptor vinclozolin induced epigenetic transgenerational adult-onset disease.Endocrinology, 2006, 147: 5515-5523.

[12] Skinner M K, Anway M D. Epigenetic transgenerational actions of vinclozolin on the development of disease and cancer. Crit Rev Oncog, 2007, 13: 75-82.

[13] Crews D, Gillette R, Scarpino S V, et al. Epigenetic transgenerational inheritance of altered stress responses. Proc Natl Acad Sci USA, 2012, 23: 9143-9148.

[14] Anway M D, Memon M A, Uzumcu M, et al. Transgenerational effect of the endocrine disruptor vinclozolin on male spermatogenesis. J Androl, 2006, 27: 868-879.

[15] 杨丽华，查金苗，王子健．乙烯菌核利对稀有鮈鲫性腺组织及相关基因转录水平的影响．生态毒理学报，2014, 9(2): 245-252.

[16] California Environmental Protection Agency/Department of Pesticide Regulation. Toxicology Data Review Summaries. http://www.cdpr.ca.gov/docs/risk/toxsums/toxsumlist.htm[2009-04-28].

# 异稻瘟净(iprobenfos)

## 【基本信息】

**化学名称**：*S*-苄基-*O*,*O*-二异丙基硫代磷酸酯

**其他名称**：—

**CAS 号**：26087-47-8

**分子式**：$C_{13}H_{21}O_3PS$

**相对分子质量**：288.34

**SMILES**：O=P（SCc1ccccc1）（OC（C）C）OC（C）C

**类别**：有机磷酸酯类杀菌剂

**结构式**：

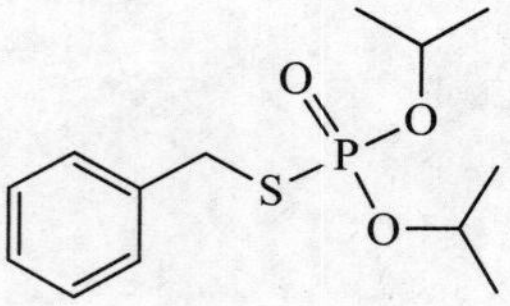

## 【理化性质】

低温时为白色固体，密度 1.03mg/L，沸点 187.6℃，饱和蒸气压 12.2mPa（25℃）。水溶解度（20℃）为 540mg/L；辛醇/水分配系数 lg$K_{ow}$=3.37（pH=7,20℃）。

## 【环境行为】

**（1）环境生物降解性**

好氧：典型条件下土壤中降解 $DT_{50}$ 为 15d[1]。

**（2）环境非生物降解性**

pH 为 7 时，天然水体中光解半衰期为 6.9d，纯净水中光解半衰期为 11.6d。pH 为 7、20℃条件下，水解半衰期为 276d，pH 为 5、25℃时，水解半衰期为 261d，pH 为 9、25℃时，水解半衰期为 253d[1]。

**（3）环境生物蓄积性**

无信息。

**（4）土壤吸附/移动性**

$K_{oc}$ 值为 5030，提示异稻瘟净在土壤中具有不可移动性[1]。

## 【生态毒理学】

鸟类(原鸡)急性 $LD_{50}$＞705mg/kg，鱼类(翠鳢)96h $LC_{50}$=14.7mg/L，溞类(大型溞)48h $EC_{50}$＞1.2mg/L，藻类(月牙藻)72h $EC_{50}$=6.05mg/L，蜜蜂(未知模式)急性 48h $LD_{50}$＞37.3μg/蜜蜂[1]。

## 【毒理学】

**(1)一般毒性**

大鼠急性经口 $LD_{50}$=680mg/kg，短期膳食暴露 NOAEL=0.036mg/kg，大鼠经皮 $LD_{50}$＞4000mg/kg bw，大鼠吸入 $LC_{50}$=0.34mg/L[1]。

**(2)神经毒性**

无信息。

**(3)发育与生殖毒性**

无信息。

**(4)致突变性与致癌性**

Ames 试验：采用平板掺入法，以 TA100 和 TA98 菌株在加入和不加入 $S_9$ 条件下对异稻瘟净进行致突变性试验。结果表明，异稻瘟净浓度为 1～5000μg /皿时，无致突变作用[2]。

小鼠骨髓多染红细胞微核试验：采用体重约 29g 的小鼠，每组包括雌雄各 3 只，剂量分别为 1/2$LD_{50}$、1/4$LD_{50}$、1/8$LD_{50}$、1/16$LD_{50}$ 共 4 组，并设置生理盐水阴性对照和环磷酰胺阳性对照。染毒后 24h 将小鼠处死，取股骨骨髓制片，每个动物计数 1000 个嗜多染红细胞，同时记录其中有微核的红细胞，计算微核发生率。结果实验组及阴性对照组微核发生率均在 0‰～4‰，环磷酰胺阳性对照组的微核率平均为 12‰[2]。

## 【人类健康效应】

吞入有害[1]。中毒症状包括：唾液分泌过多、出汗、流鼻涕和撕裂；肌肉抽搐、虚弱、颤抖、不协调；头痛、头晕、恶心、呕吐、腹部绞痛、腹泻；呼吸性抑郁、胸闷、气喘、咳嗽、肺积水；针点型瞳孔，有时会有模糊或阴暗的视觉。严重病例：癫痫、尿失禁、呼吸性抑郁、意识丧失。具有胆碱酯酶抑制作用[3]。

## 【危害分类与管制情况】

| 序号 | 毒性指标 | PPDB 分类 | PAN 分类 |
|---|---|---|---|
| 1 | 高毒 | 否 | 是 |
| 2 | 致癌性 | — | 无有效证据 |

续表

| 序号 | 毒性指标 | PPDB 分类 | PAN 分类 |
|---|---|---|---|
| 3 | 内分泌干扰性 | — | 无有效证据 |
| 4 | 生殖发育毒性 | — | 无有效证据 |
| 5 | 胆碱酯酶抑制性 | 是 | 是 |
| 6 | 神经毒性 | 是 | — |
| 7 | 呼吸道刺激性 | 是 | — |
| 8 | 眼刺激性 | 是 | — |
| 9 | 地下水污染 | — | 无有效证据 |
| 10 | 国际公约或优控名录 | 列入 PAN 名录 | |

注：PPDB 数据库由英国赫特福德郡大学农业与环境研究所开发；PAN 数据库来自北美农药行动网（PANNA）；“—”表示无此项。

## 【限值标准】

无信息。

## 参考文献

[1] PPDB: Pesticide Properties DataBase.http://sitem.herts.ac.uk/aeru/ppdb/en/Reports/1207.htm[2017-06-20].

[2] 陆其明，陆建中. 车间空气中异稻瘟净卫生标准探讨. 中国职业医学, 1991, (6): 359-361.

[3] PAN Pesticide Database—Chemicals.http://www.pesticideinfo.org/Detail_Chemical.jsp?Rec_Id=PC38871[2017-06-20].

# 异菌脲(iprodione)

## 【基本信息】

**化学名称**：3-(3,5-二氯苯基)-1-异丙基氨基甲酰基乙内酰脲

**其他名称**：3-(3,5-二氯苯基)-*N*-异丙基-2,4-二氧代咪唑啉-1-羧酰胺

**CAS 号**：36734-19-7

**分子式**：$C_{13}H_{13}Cl_2N_3O_3$

**相对分子质量**：330.17

**SMILES**：O=C2N(c1cc(Cl)cc(Cl)c1)C(=O)CN2C(=O)NC(C)C

**类别**：甲酰亚胺类杀菌剂

**结构式**：

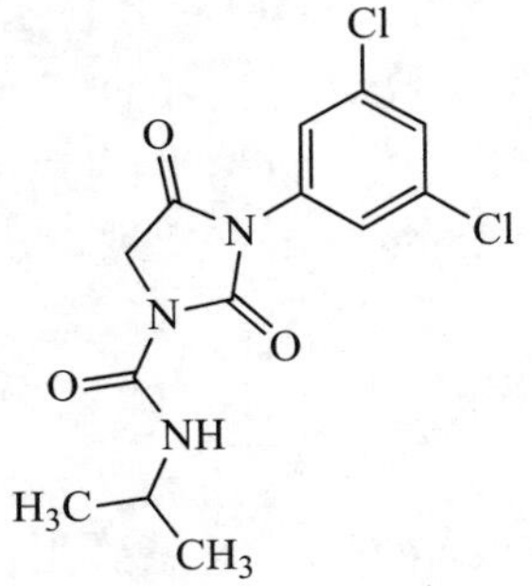

Cl
O
N
Cl
N
O
O
NH
$H_3C$
$CH_3$

## 【理化性质】

无色晶体，密度 1.0g/mL，熔点 134℃，饱和蒸气压 0.0005mPa(25℃)。水溶解度(20℃)为 6.8mg/L。有机溶剂溶解度(20℃)：正己烷，590mg/L；甲苯，147000mg/L；丙酮，342000mg/L；乙酸乙酯，225000mg/L。辛醇/水分配系数 $\lg K_{ow}$=3.0(pH=7,20℃)，亨利常数为 $7.00\times10^{-6}$Pa·$m^3$/mol(25℃)。

## 【环境行为】

### (1)环境生物降解性

好氧条件下，土壤中降解半衰期为 36.2d(典型值)，实验室土壤中降解半衰期为 26.2d(20℃)，$DT_{90}$ 为 126.8d，田间土壤中降解半衰期为 11.7d；欧盟档案记录的实验室土壤中降解半衰期为 13.4～36.2d，$DT_{90}$ 为 53.9～126.8d，田间土壤中降解半

衰期为 3.5～35.3d，$DT_{90}$ 为 29～196.9d[1]。好氧条件下，异菌脲在砂壤土中的降解半衰期为 14～30d（黑暗，25℃）。在淤泥质沉积系统中的降解半衰期为 3～7d[2]。

厌氧条件下，异菌脲在粉砂壤土中的降解半衰期为 7～14d[2]。另有报道，厌氧条件下，异菌脲在土壤中的降解半衰期为 32d[3]。

**（2）环境非生物降解性**

pH 为 7 时，水中光解半衰期为 8.3d，对 pH 敏感，模拟太阳光下，pH 为 5、9 时，光解半衰期分别为 67d 和 1h（25℃）；pH 为 7 时，水解半衰期为 4.5d（20℃），在 pH 为 5、8 时，异菌脲的水解半衰期分别为 140d 和 0.2d[1]。

**（3）环境生物蓄积性**

整鱼 BCF 值为 70，提示异菌脲具有低等生物蓄积性[1]。

**（4）土壤吸附/移动性**

异菌脲的 $K_{oc}$ 值为 700，表明其在土壤中具有较低移动性[1]。

## 【生态毒理学】

鸟类（山齿鹑）急性 $LD_{50}$＞2000mg/kg、短期摄食 $LD_{50}$＞5620mg/kg，鱼类（蓝鳃太阳鱼）96h $LC_{50}$=3.7mg/L、21d NOEC＞4.1mg/L，溞类（大型溞）48h $EC_{50}$=0.66mg/L、21d NOEC=0.17mg/L，摇蚊幼虫 28d NOEC=0.1mg/L，浮萍 7d $EC_{50}$=1mg/L，藻类（月牙藻）72h $EC_{50}$=1.8mg/L、藻类 96h NOEC=3.2mg/L，蜜蜂接触 48h $LD_{50}$＞200μg /蜜蜂、经口 48h $LD_{50}$＞25μg /蜜蜂，蚯蚓 14d $LC_{50}$＞1000mg/kg[1]。

## 【毒理学】

**（1）一般毒性**

大鼠急性经口 $LD_{50}$＞2000mg/kg，大鼠急性经皮 $LD_{50}$＞2000mg/kg，大鼠急性吸入 $LC_{50}$＞5.16mg/L，大鼠短期膳食暴露 NOAEL=31mg/kg[1]。

**（2）神经毒性**

无信息。

**（3）发育与生殖毒性**

每日给喂大鼠 100mg/（kg · d）异菌脲，结果显示，未引起母体毒性或胎儿内分泌毒性[4]。

**（4）致突变性与致癌性**

无信息。

**（5）内分泌干扰性**

每日给喂大鼠 0mg/（kg · d）、50mg/（kg · d）、100mg/（kg · d）、200mg/（kg · d 异菌脲），结果显示，异菌脲抑制类固醇的生成，延长雄性大鼠的青春期发育，降低血清睾酮水平，抑制睾丸分泌睾酮[5]。

## 【人类健康效应】

可能引起肺的问题；对肝、肾上腺、睾丸及脾可能具有毒性；美国 EPA：可能人类致癌物；内分泌干扰性：轻微增加芳香化酶的活性[1]。

对人体急性经口和经皮的毒性为低毒[3]。

## 【危害分类与管制情况】

| 序号 | 毒性指标 | PPDB 分类 | PAN 分类[3] |
|---|---|---|---|
| 1 | 高毒 | 否 | 否 |
| 2 | 致癌性 | 可能 | 是 |
| 3 | 致突变性 | 可能 | — |
| 4 | 内分泌干扰性 | 可能 | 疑似 |
| 5 | 生殖发育毒性 | 是 | 无有效证据 |
| 6 | 胆碱酯酶抑制性 | 否 | 否 |
| 7 | 神经毒性 | 否 | — |
| 8 | 呼吸道刺激性 | 是 | — |
| 9 | 皮肤刺激性 | 否 | — |
| 10 | 眼刺激性 | 否 | — |
| 11 | 地下水污染 | — | 潜在影响 |
| 12 | 国际公约或优控名录 | 列入 PAN 名录、欧盟内分泌干扰物清单 | |

注：PPDB 数据库由英国赫特福德郡大学农业与环境研究所开发；PAN 数据库来自北美农药行动网（PANNA）；“—”表示无此项。

## 【限值标准】

每日允许摄入量（ADI）为 0.06mg/（kg bw · d），操作者允许接触水平（AOEL）为 0.3mg/（kg bw · d）[1]。

## 参考文献

[1] PPDB: Pesticide Properties DataBase.http://sitem.herts.ac.uk/aeru/ppdb/en/Reports/403.htm[2017-04-06].

[2] USEPA. Reregistration Eligibility Decisions（REDs）Database on iprodione（36734-19-7）. USEPA738-R-98-019. http://www.epa.gov/oppsrrd1/REDs/2335.pdf[2001-05-29].

[3] Blystone C R; Lambright C S, Furr J, et al. Iprodione delays male rat pubertal development, reduces serum testosterone levels, and decreases ex vivo testicular testosterone production. Toxicol Lett, 2007, 74（1-3）: 74-81.

[4] PAN Pesticides Database—Chemicals. http://www.pesticideinfo.org/Detail_Chemical.jsp?Rec_Id=PC33033 [2017-04-06].

[5] Wolf C, Lambright C, Mann P, et al. Administration of potentially antiandrogenic pesticides (procymidone, linuron, iprodione, chlozolinate, *p,p'*-DDE, and ketoconazole) and toxic substances (dibutyl-and diethylhexyl phthalate, PCB 169, and ethane dimethane sulphonate) during sexual differentiation produces diverse profiles of reproductive malformations in the male rat. Toxicol Ind Health, 1999, 15 (1-2): 94-118.

# 抑菌灵(dichlofluanid)

## 【基本信息】

**化学名称**：*N*,*N*-二甲基-*N*-苯基(*N*-氟二氯甲硫基)磺酰胺
**其他名称**：苯氟磺胺
**CAS 号**：1085-98-9
**分子式**：$C_9H_{11}Cl_2FN_2O_2S_2$
**相对分子质量**：333.23
**SMILES**：O=S(=O)(N(SC(Cl)(Cl)F)c1ccccc1)N(C)C
**类别**：磺酰胺类杀菌剂
**结构式**：

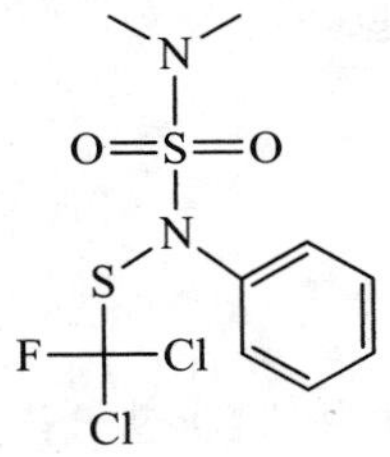

## 【理化性质】

无色粉末，密度 1.55g/mL，熔点 106℃，饱和蒸气压 0.0379mPa(25℃)。水溶解度(20℃)为 1.3mg/L。有机溶剂溶解度(20℃)：正己烷，2600mg/L；二氯甲烷，200000mg/L；甲苯，145000mg/L；正己烷，2600mg/L；异丙酮，10800。辛醇/水分配系数 $\lg K_{ow}$=3.7(pH=7,20℃)，亨利常数为 $3.6\times10^{-3}$Pa·$m^3$/mol(25℃)。

## 【环境行为】

**(1) 环境生物降解性**

好氧条件下，土壤中降解半衰期为 3.5d(典型值)，实验室土壤中降解半衰期为 2～3d[1]。

**(2) 环境非生物降解性**

pH 为 7 时，水解半衰期为 7.5d(20℃)[1]。根据结构估算，气态抑菌灵与大气

中羟基自由基反应的速率常数约为 $1.5\times10^{-11}cm^3/(mol\cdot s)$ (25℃)[2]，大气中羟基自由基的浓度为 $5\times10^5cm^{-3}$ 时，光解半衰期约为 1d[3]。

**(3) 环境生物蓄积性**

基于 $\lg K_{ow}$ 为 2.72，抑菌灵的 BCF 估测值为 70[2]，表明其在水生生物体内的蓄积是一个重要的过程[4]。

**(4) 土壤吸附/移动性**

抑菌灵的 $K_{oc}$ 值为 1100，提示其在土壤中具有低移动性[1]。

## 【生态毒理学】

鸟类（山齿鹑）急性 $LD_{50}$=2226mg/kg，鱼类（虹鳟鱼）96h $LC_{50}$=0.01mg/L，溞类（大型溞）48h $EC_{50}$=0.42mg/L，藻类（硅藻）72h $EC_{50}$=1mg/L，蜜蜂接触 48h $LD_{50}$=16μg/蜜蜂，蚯蚓 14d $LC_{50}$=890mg/kg[1]。

## 【毒理学】

**(1) 一般毒性**

大鼠急性经口 $LD_{50}$＞5000mg/kg，大鼠急性经皮 $LD_{50}$＞5000mg/kg bw，大鼠急性吸入 $LC_{50}$=1.2mg/L[1]。

**(2) 神经毒性**

无信息。

**(3) 发育与生殖毒性**

抑菌灵诱导大鼠肝脏细胞毒性和脂质过氧化呈剂量相关性[5]。

**(4) 致突变性与致癌性**

大肠杆菌和沙门氏菌回复突变试验结果显示，无代谢激活条件下，抑菌灵具有致突变性[6]。

7 个不同检测遗传毒性的试验证实抑菌灵能改变 DNA 的性质，数据表明，杀菌剂抑菌灵可能致突变或使人类致癌[7]。

## 【人类健康效应】

无信息。

## 【危害分类与管制情况】

| 序号 | 毒性指标 | PPDB 分类 | PAN 分类[8] |
|---|---|---|---|
| 1 | 高毒 | 否 | 否 |
| 2 | 致癌性 | 无数据 | 无有效证据 |
| 3 | 内分泌干扰性 | 无数据 | 无有效证据 |

续表

| 序号 | 毒性指标 | PPDB 分类 | PAN 分类[8] |
|---|---|---|---|
| 4 | 生殖发育毒性 | 无数据 | 无有效证据 |
| 5 | 胆碱酯酶抑制性 | 否 | 否 |
| 6 | 呼吸道刺激性 | 可能 | — |
| 7 | 皮肤刺激性 | 可能 | — |
| 8 | 眼刺激性 | 是 | — |
| 9 | 地下水污染 | — | 无有效证据 |
| 10 | 国际公约或优控名录 | 无 | |

注：PPDB 数据库由英国赫特福德郡大学农业与环境研究所开发；PAN 数据库来自北美农药行动网(PANNA)；“—”表示无此项。

## 【限值标准】

每日允许摄入量(ADI)为 0.3mg/(kg bw·d)[1]。

## 参 考 文 献


[1] PPDB: Pesticide Properties DataBase. http://sitem.herts.ac.uk/aeru/ppdb/en/Reports/216.htm[2017-04-09].

[2] Meylan W M, Howard P H. Atom/fragment contribution method for estimating octanol-water partition coefficients. J Pharm Sci, 1995, 84(1): 83-92.

[3] Cabras P, Meloni M, Pirisi F M, et al. Pesticide fate from vine to wine. Rev Environ Contam Toxicol, 1987, 99: 83-117.

[4] Franke C, Studinger G, Berger G, et al. The assessment of bioaccumulation. Chemosphere, 1994, 29(7): 1501-1514.

[5] Suzuki T, Nojiri H, Isono H, et al. Oxidative damages in isolated rat hepatocytes treated with the organochlorine fungicides captan, dichlofluanid and chlorothalonil. Toxicology, 2004, 204(2-3): 97-107.

[6] Shirasu Y. Incidence of cancer in humans. Proceedings of the gold spring harbor conferences on cell proliferation, 1977.

[7] Heil J, Reifferscheid G, Hellmich D, et al. Genotoxicity of the fungicide dichlofluanid in seven assays. Environ Mol Mutagen, 1991, 17(1): 20-26.

[8] PAN Pesticides Database—Chemicals. http://www.pesticideinfo.org/Detail_Chemical.jsp?Rec_Id=PC37482[2017-04-09].

# 抑霉唑(imazalil)

## 【基本信息】

**化学名称**：1-(*β*-烯丙氧基-*β*-2,4-二氯苯乙基)咪唑

**其他名称**：1-[2-(2,4-二氯苯基)-2-(2-烯丙氧基)乙基]-1*H*-咪唑

**CAS 号**：35554-44-0

**分子式**：$C_{14}H_{14}Cl_2N_2O$

**相对分子质量**：297.18

**SMILES**：Clc1ccc(c(Cl)c1)C(OC\C=C)Cn2ccnc2

**类别**：咪唑类杀菌剂

**结构式**：

## 【理化性质】

黄褐色油状固体，密度 1.35g/mL，熔点 51.5℃，沸腾前分解，分解点 260℃，饱和蒸气压 0.158mPa(25℃)。水溶解度(20℃)为 184mg/L。有机溶剂溶解度(20℃)：甲醇，500000mg/L；乙酸乙酯，500000mg/L；正己烷，19000mg/L；甲苯，500000mg/L。辛醇/水分配系数 $\lg K_{ow}=2.56$(pH=7,20℃)，亨利常数为 0.000108Pa·$m^3$/mol(25℃)。

## 【环境行为】

**(1)环境生物降解性**

好氧条件下，实验室土壤中降解半衰期为 76.3d(20℃)，田间土壤中降解半衰期为 6.4d；欧盟档案记录的实验室土壤中降解半衰期为 43.9～128d，$DT_{90}$ 为 202～4366d，田间土壤中降解半衰期为 5.7～7.1d，$DT_{90}$ 为 54～68d[1]。好氧条件下，抑

霉唑在壤土中的生物降解半衰期为 166d，降解产物为 2-(2,4-二氯苯基)-2-羟乙基-1*H*-咪唑[2]。

**(2) 环境非生物降解性**

pH 为 7 时，连续光照，水中光解半衰期为 6.1d[1]。根据结构估算，气态抑霉唑与大气中羟基自由基反应的速率常数约为 $8.5\times10^{-11}cm^3/(mol\cdot s)$ (25℃)，大气中羟基自由基的浓度为 $5\times10^5cm^{-3}$ 时，光解半衰期约为 4h[3]。pH 为 5、7 和 9 时，水解半衰期大于 30d。在水溶液中光解半衰期为 36h[2]。

**(3) 环境生物蓄积性**

抑霉唑 BCF 值为 56.3，提示其在水生生物体内具有低蓄积性[1]。

**(4) 土壤吸附/移动性**

在 Freundlich 吸附模型中，$K_f$ 为 127，$K_{foc}$ 为 4753，$1/n$ 为 0.87，表明抑霉唑在土壤中不具有移动性；欧盟登记资料显示，$K_f$ 为 38.2～195.3，$K_{foc}$ 为 2080～8150，$1/n$ 为 0.719～0.987[1]。

## 【生态毒理学】

鸟类(日本鹌鹑)急性 $LD_{50}$=510mg/kg、短期摄食 $LD_{50}$＞5620mg/kg，鱼类(虹鳟鱼)96h $LC_{50}$=1.48mg/L、21d NOEC=0.043mg/L，溞类(大型溞)48h $EC_{50}$=3.5mg/L，沉积物生物(摇蚊幼虫)28d $NOEC_{水相}$=0.181mg/kg、28d $NOEC_{沉积物}$=165.4mg/kg，藻类(月牙藻)72h $EC_{50}$=0.87mg/L，蜜蜂接触 48h $LD_{50}$=39μg/蜜蜂、经口 48h $LD_{50}$=35.1μg/蜜蜂，蚯蚓 14d $LC_{50}$=541mg/kg[1]。

## 【毒理学】

**(1) 一般毒性**

大鼠急性经口 $LD_{50}$=227mg/kg，大鼠急性经皮 $LD_{50}$＞2000mg/kg bw，大鼠急性吸入 $LC_{50}$=1.84mg/L，大鼠短期膳食暴露 NOAEL=2.5mg/kg[1]。

**(2) 神经毒性**

无信息。

**(3) 发育与生殖毒性**

每日灌胃给喂妊娠 6～16d 的大鼠 0mg/kg、10mg/kg、40mg/kg、80mg/kg 和 120mg/kg 抑霉唑，母体毒性 NOAEL=40mg/kg(80mg/kg 剂量组死亡率增加，体重降低)；发育毒性 NOAEL=10mg/kg(40mg/kg 剂量引起胎鼠再吸收增加，活胎率和产仔数呈减少趋势，80mg/kg 剂量组第十四对肋骨和胸骨发育不全增加，120mg/kg 剂量引起胸骨断裂，胸骨不完全骨化)[4]。

**(4) 致突变性与致癌性**

进行大鼠微核试验(0mg/kg、10mg/kg、40mg/kg、160mg/kg)，结果显示，

160mg/kg 没有引起染色体突变[4]。

人外周血淋巴细胞在有和无 $S_9$ 激活条件下暴露于 0μg/皿、50μg/皿、200μg/皿、400μg/皿、800μg/皿抑霉唑，结果显示，无不良影响，无剂量相关染色体突变增加[4]。

每日给喂 SPF 大鼠 0mg/L、50mg/L、200mg/L、600mg/L 抑霉唑进行两年致癌性试验，结果显示，致癌性 NOAEL=50mg/L（200mg/L 和 600mg/L 剂量引起雄鼠肝肿瘤和肝结节增加，200mg/L 剂量组雄鼠表现出肝脏病理效应）[4]。

## 【人类健康效应】

对肝、肾具有毒性；美国 EPA：人类可能致癌物[1]。

眼睛接触抑霉唑引起眼睛发红、疼痛；摄入抑霉唑引起恶心[5]。

## 【危害分类与管制情况】

| 序号 | 毒性指标 | PPDB 分类 | PAN 分类 |
|---|---|---|---|
| 1 | 高毒 | 否 | 否 |
| 2 | 致癌性 | 可能 | 是 |
| 3 | 致突变性 | 否 | — |
| 4 | 内分泌干扰性 | 否 | 无有效证据 |
| 5 | 生殖发育毒性 | 是 | 是 |
| 6 | 胆碱酯酶抑制性 | 否 | 否 |
| 7 | 神经毒性 | 否 | — |
| 8 | 呼吸道刺激性 | 是 | — |
| 9 | 皮肤刺激性 | 否 | — |
| 10 | 皮肤致敏性 | 是 | — |
| 11 | 眼刺激性 | 是 | — |
| 12 | 地下水污染 | — | 无有效证据 |
| 13 | 国际公约或优控名录 | 列入 PAN 名录、美国 TRI 生殖毒性清单 | |

注：PPDB 数据库由英国赫特福德郡大学农业与环境研究所开发；PAN 数据库来自北美农药行动网（PANNA）；“—”表示无此项。

## 【限值标准】

每日允许摄入量（ADI）为 0.025mg/(kg bw·d)，急性参考剂量（ARfD）为 0.05mg/(kg bw·d)，操作者允许接触水平（AOEL）为 0.05mg/(kg bw·d)[1]。

## 参 考 文 献


[1] PPDB: Pesticide Properties DataBase. http://sitem.herts.ac.uk/aeru/ppdb/en/Reports/390.htm[2017-04-10].

[2] USEPA. EPA Reregistration Eligibility Decision(RED). Imazalil. http://www.epa.gov/pesticides/reregistration/status.htm[2006-06-20].

[3] Meylan W M, Howard P H. Computer estimation of the atmospheric gas-phase reaction-rate of organic-compounds with hydroxyl radicals and ozone. Chemosphere, 1993, 26(12): 2293-2299.

[4] California Environmental Protection Agency/Department of Pesticide Regulation. Toxicology Data Review Summaries. 2006.

[5] PAN Pesticides Database—Chemicals. http://www.pesticideinfo.org/Detail_Chemical.jsp?Rec_Id=PC33040[2017-04-10].

# 增效醚(piperonyl butoxide)

## 【基本信息】

**化学名称**：3, 4-亚甲二氧基-6-正丙基苄基正丁基二缩乙二醇醚

**其他名称**：胡椒基丁醚、3,4-亚甲二氧基-6-(丁氧乙氧乙氧甲基)丙苯

**CAS 号**：51-03-6

**分子式**：$C_{19}H_{30}O_5$

**相对分子质量**：338.44

**SMILES**：O(c(c(O1)cc(c2CCC)COCCOCCOCCCC)c2)C1

**类别**：增效剂

**结构式**：

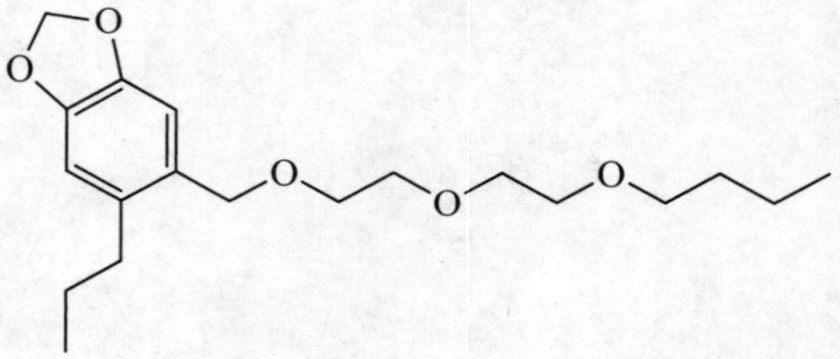

## 【理化性质】

无色透明油状液体，密度 1.06g/mL，沸点 180℃，饱和蒸气压 $5.2\times10^{-6}$mPa (25℃)。水溶解度(20℃)为 14.3mg/L。能与甲醇、乙醇、苯混溶。辛醇/水分配系数 $\lg K_{ow}$=4.75，亨利常数为 $8.9\times10^{-11}$Pa・$m^3$/mol(25℃)。

## 【环境行为】

**(1)环境生物降解性**

好氧条件下，土壤中降解半衰期为 14d，降解机理是通过氧化丁基侧链形成亚甲二氧基丙基苄醇和醛[1]。

**(2)环境非生物降解性**

增效醚与大气中羟基自由基反应的速率常数为 $1.1\times10^{-10}$$cm^3$/(mol・s)，光解半衰期为 3.6h(25℃)[2]，pH 为 5、7 和 9 时，在无菌黑暗水环境中稳定；阳光直射水溶液时快速降解，半衰期为 8.4h；太阳灯暴露和阳光直射 7d 后分别保留 95%和 96%～98%未降解，当光敏剂存在时进行光照，增效醚会降解[3]。

**(3) 环境生物蓄积性**

基于 $K_{ow}$ 的 BCF 估测值为 27，提示增效醚具有低生物蓄积性[3]。

**(4) 土壤吸附/移动性**

吸附系数 $K_{oc}$ 值为 399～830[3]，提示增效醚在土壤中具有中等至低等的移动性[4]。

## 【生态毒理学】

鸟类（鹌鹑）急性 $LD_{50}$＞2250mg/kg、慢性 NOEC=300mg/L，绿头鸭 8d $LC_{50}$＞5620mg/L，鱼类（虹鳟鱼）96h $LC_{50}$=1.9mg/L、21d NOEC=0.04mg/L，溞类（大型溞）48h $EC_{50}$=2.83mg/L、21d NOEC=0.03mg/L，非洲爪蟾 96h $EC_{50}$=24mg/L，蛙（三锯拟蝗蛙）96h $LC_{50}$=0.21mg/L，水生甲壳动物（桃红对虾）急性 96h $LC_{50}$=1.25μg/L，蜜蜂急性接触 48h $LD_{50}$＞11μg/蜜蜂、经口 48h $LD_{50}$＞25μg/蜜蜂[1]。

## 【毒理学】

**(1) 一般毒性**

大鼠（雄）急性经口 $LD_{50}$=4570mg/kg，大鼠（雌）急性经口 $LD_{50}$=7220mg/kg，大鼠急性经皮 $LD_{50}$＞7950mg/kg bw[1]。

**(2) 神经毒性**

无信息。

**(3) 发育与生殖毒性**

孕鼠在怀孕第 9 天经口喂饲增效醚 0mg/kg bw、1065mg/kg bw、1385mg/kg bw 和 1800mg/kg bw，第 18 天孕鼠死亡，高剂量引起胎鼠在孕早期和晚期的死亡率明显增加，呈剂量-效应关系，雌性和雄性胎鼠平均体重显著降低，1385mg/kg bw 和 1800mg/kg bw 剂量组前肢少指畸形症状显著性增加[5]。

两代繁殖毒性试验中，每日给喂大鼠 0mg/L、1000mg/L、2000mg/L、4000mg/L、8000mg/L 增效醚。增效醚对 F0 和 F1 代亲鼠的摄食量没有影响，8000mg/L 引起哺乳期 F1 和 F2 代幼鼠摄食量、窝数和窝重下降，21d F1 代存活率减少到 63%，F2 代存活率减少到 59%；相应的对照组存活率为 91%～100%；4000mg/L 也引起每窝产仔数和幼鼠质量降低。因此，子代 NOAEL 和 LOAEL 分别为 2000mg/L、4000mg/L[6]。

**(4) 致突变性与致癌性**

采用 TA98、TA100、TA1535、TA1537 和 TA1538 进行细菌突变试验，在有和无代谢活化作用下检测增效醚对中国仓鼠的突变影响。对仓鼠卵巢染色体和肝脏原代细胞体外 DNA 非程序合成进行了分析，结果显示，增效醚无基因毒性[7]。

中国仓鼠卵巢细胞暴露于无 $S_9$ 条件下 0μg/mL、15μg/mL 和 20μg/mL 增效醚

或者有 $S_9$ 条件下 12μg/mL、30μg/mL、60μg/mL、90μg/mL 和 120μg/mL 持续 10h，第二次试验中卵巢细胞暴露于无 $S_9$ 条件下 20μg/mL、25μg/mL 和 30μg/mL 增效醚或者有 $S_9$ 条件下 30μg/mL、60μg/mL、90μg/mL 和 120μg/mL 持续 20h（高剂量组持续 30h），进行染色体畸变分析。结果显示，有丝分裂细胞数减少，增效醚没有引起染色体畸变细胞数显著增加[8]。

大鼠经口喂饲 0%、0.6%和 1.2%增效醚进行 52 周长期毒性试验研究，结果显示，肝癌细胞发生率呈剂量相关性，0.6%和 1.2%剂量组雄鼠肝癌发生率分别为 11.3%和 52%，1.2%剂量组雌鼠肝癌发生率为 1.2%，因此，增效醚具有致癌性[9]。

CD-1 大鼠和 SD 大鼠分别每日经口喂饲增效醚 0mg/kg、30mg/kg、100mg/kg 和 300mg/kg，0mg/kg、30mg/kg、100mg/kg 和 500mg/kg 进行 79 周、104 周或 105 周致肿瘤性试验研究，雄鼠 100mg/kg 和 300mg/kg 剂量组及雌鼠 300mg/kg 剂量组肝脏质量增加和嗜酸性腺瘤发生率增加时终止试验。100mg/kg 和 500mg/kg 剂量引起雌鼠和雄鼠肝脏质量增加、肝细胞肥大。试验期间，无肿瘤发生。500mg/kg 剂量引起甲状腺滤泡肥大和畸形。结果显示，增效醚引起的效应变化与加氧酶混合功能的诱导有关[7]。

## 【人类健康效应】

人类可能致癌剂[10]。以中毒控制中心的数据为基础，除虫菊酯和增效醚的混合毒性比单独除虫菊酯引起更大的中毒风险，暴露于增效醚更容易发生呼吸道症状（支气管痉挛、咳嗽/窒息和呼吸困难）和皮肤症状（皮肤刺激或疼痛、瘙痒、皮疹）。其他文献表明除虫菊酯产品对哮喘患者造成危害，中毒控制中心对症状进行分析，结果表明，增效醚会增加这种风险[11]。

对源于 5 个志愿者样本组织的肝脏切片在含有[3H]胸苷和 0～2.5mmol/L 增效醚的培养基中培养，24h 后进行非程序性 DNA 合成（UDS）分析，结果显示，增效醚对肝脏切片的 UDS 没有影响[12]。

0.2μg/mL 增效醚引起人工培养的 RSa 细胞的乌本苷抗性表型发生突变，RSa 细胞暴露 0.03～0.40μg/mL 增效醚 6d 后引起 K-ras 基因第 12 位密码子发生突变[13]。

## 【危害分类与管制情况】

| 序号 | 毒性指标 | PPDB 分类 | PAN 分类[14] |
| --- | --- | --- | --- |
| 1 | 高毒 | 无数据 | 否 |
| 2 | 致癌性 | 无数据 | 潜在影响 |
| 3 | 内分泌干扰性 | 无数据 | 疑似 |
| 4 | 生殖发育毒性 | 无数据 | 无有效证据 |
| 5 | 胆碱酯酶抑制性 | 无数据 | 否 |

续表

| 序号 | 毒性指标 | PPDB 分类 | PAN 分类[14] |
| --- | --- | --- | --- |
| 6 | 地下水污染 | 无数据 | 潜在影响 |
| 7 | 国际公约或优控名录 | 无 | |

注：PPDB 数据库由英国赫特福德郡大学农业与环境研究所开发；PAN 数据库来自北美农药行动网(PANNA)

## 【限值标准】

无信息。

## 参考文献


[1] U.S.National Library of Medicine.HSDB: Hazardous Substances Data Bank. https://toxnet.nlm.nih.gov/cgi-bin/sis/htmlgen?HSDB[2017-03-27].

[2] Meylan W M, Howard P H. Computer estimation of the atmospheric gas-phase reaction rate of organic compounds with hydroxyl radicals and ozone. Chemosphere, 1993, 26(12): 2293-2299.

[3] Tomlin C D S. The Pesticide Manual: A World Compendium. 13th ed. Surrey: British Crop Protection Council, 2004.

[4] Swann R L, Laskowski D A, Mccall P J, et al. A rapid method for the estimation of the environmental parameters octanol/water partition coefficient, soil sorption constant, water to air ratio, and water solubility. Res Rev, 1983, 85: 17-28.

[5] Tanaka T, Fujitani T, Takahashi O, et al. Developmental toxicity evaluation of piperonyl butoxide in CD-1 mice. Toxicol Lett, 1994, 71(2): 123-129.

[6] USEPA Office of Pesticide Programs. Piperonyl Butoxide: Revised Metabolism Assessement Review Committee Report.2005.

[7] Butler W H, Gabriel K L, Preiss F J, et al. Lack of genotoxicity of piperonyl butoxide. Mutat Res, 1996, 371(3-4): 249-258.

[8] California Environmental Protection Agency/Department of Pesticide Regulation. Toxicology Data Review Summaries: Piperonyl Butoxide.2009.

[9] Takahashi O, Oishi S, Fujitani T, et al. Chronic toxicity studies of piperonyl butoxide in CD-1 mice: induction of hepatocellular carcinoma. Toxicology, 1997, 124(2): 95-103.

[10] USEPA Office of Pesticide Programs, Health Effects Division, Science Information Management Branch. Chemicals Evaluated for Carcinogenic Potential. 2006.

[11] Hayes W J, Laws E R. Handbook of Pesticide Toxicology. Vol.3: Classes of Pesticides.New York: Academic Press, 1991: 341.

[12] Beamand J A, Price R J, Phillips J C, et al. Lack of effect of piperonyl butoxide on unscheduled DNA synthesis in precision-cut human liver slices. Mutat Res, 1996, 371(3-4): 273-282.

[13] Suzuki H, Suzuki N. Piperonyl butoxide mutagenicity in human RSa cells. Mutat Res, 1995, 344(1-2): 27-30.

[14] PAN Pesticides Database—Chemicals. http://www.pesticideinfo.org/Detail_Chemical.jsp?Rec_Id=PC35816[2017-03-27].

# 种菌唑(ipconazole)

## 【基本信息】

**化学名称**：2-((4-氯苯基)甲基)-5-(1-甲基乙基)-1-(1*H*-1,2,4-三唑-1-甲基)环戊醇

**其他名称**：种菌唑标准品

**CAS 号**：125225-28-7

**分子式**：$C_{18}H_{24}ClN_3O$

**相对分子质量**：333.9

**SMILES**：Clc1ccc(cc1)CC2C(O)(C(CC2)C(C)C)Cn3ncnc3

**类别**：三唑类杀菌剂

**结构式**：

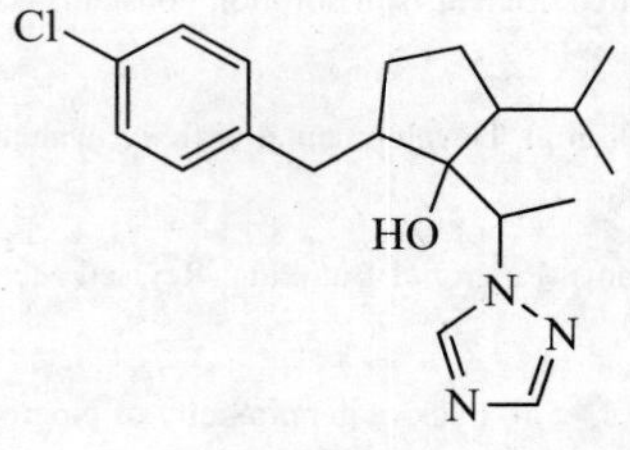

## 【理化性质】

无色晶体，密度 1.2g/mL，沸点 400℃，熔点 86℃，饱和蒸气压 0.003mPa(25℃)。水溶解度(20℃)为 9.34mg/L。有机溶剂溶解度(20℃)：甲醇，679000mg/L；丙酮，570000mg/L；二氯甲烷，425000mg/L；乙酸乙酯，428000mg/L。辛醇/水分配系数 $\lg K_{ow}$=4.3，亨利常数为 $3.00\times10^{-5}$Pa・$m^3$/mol(25℃)[1]。

## 【环境行为】

### (1)环境生物降解性

好氧条件下，土壤中降解半衰期为 50d(典型值)，实验室土壤中降解半衰期为 213d(20℃)，田间土壤中降解半衰期为 131d，$DT_{90}$ 为 390d；欧盟登记资料记录的实验室土壤中降解半衰期为 170～294d，$DT_{90}$ 为 564～977d，田

间土壤中降解半衰期为66～228d，$DT_{90}$为219～757d；其他资料显示：厌氧条件下土壤中降解半衰期为330～1386d或136～210d，稻田土壤中降解半衰期为89～121d，旱田土壤中降解半衰期为45～54d，深层土壤中降解半衰期为76～80d[1]。

**(2) 环境非生物降解性**

pH为7时，水中光解半衰期为495d，pH为5时为330d，pH为9时为257d (25℃)[1]。pH为7时，水解半衰期为64d(20℃)，在黑暗条件下不降解[1]。

**(3) 环境生物蓄积性**

BCF值为350，提示种菌唑具有潜在的生物蓄积性[1]。

**(4) 土壤吸附/移动性**

在Freundlich吸附模型中，$K_f$为67，$K_{foc}$为2431，$1/n$为0.81，提示种菌唑在土壤中具有轻微移动性；欧盟登记资料显示，$K_f$范围值为5.2～108，$K_{foc}$范围值为1724～3124，$1/n$范围值为0.78～0.86[1]。

## 【生态毒理学】

鸟类(山鹌鹑)急性 $LD_{50}$>962mg/kg，鸟类短期膳食 $LC_{50}/LD_{50}$>300mg/(kg bw·d)，鱼类(虹鳟鱼)96h $LC_{50}$>1.5mg/L、21d NOEC>0.76mg/L，溞类(大型溞)48h $EC_{50}$=1.7mg/L、21d NOEC=0.13mg/L，藻类(月牙藻)72h $EC_{50}$=0.62mg/L，沉积物生物(摇蚊幼虫)28d NOEC=3.25mg/kg，蚯蚓14d $LC_{50}$=597mg/kg，蜜蜂急性接触48h $LD_{50}$>100μg/蜜蜂、经口48h $LD_{50}$>100μg/蜜蜂[1]。

## 【毒理学】

**(1) 一般毒性**

大鼠急性经口 $LD_{50}$=888mg/kg，大鼠急性经皮 $LD_{50}$>2000mg/kg bw，大鼠急性吸入 $LC_{50}$>3.53mg/L[1]。

**(2) 神经毒性**

无信息。

**(3) 发育与生殖毒性**

无信息。

**(4) 致突变性与致癌性**

无信息。

## 【人类健康效应】

对胃可能有毒性，对眼睛可能造成损伤[1]。

## 【危害分类与管制情况】

| 序号 | 毒性指标 | PPDB 分类 | PAN 分类[2] |
|---|---|---|---|
| 1 | 高毒 | 否 | 无有效证据 |
| 2 | 致癌性 | 否 | 否 |
| 3 | 内分泌干扰性 | 无数据 | 无有效证据 |
| 4 | 生殖发育毒性 | 是 | 无有效证据 |
| 5 | 胆碱酯酶抑制性 | 否 | 否 |
| 6 | 神经毒性 | 否 | — |
| 7 | 呼吸道刺激性 | 否 | — |
| 8 | 皮肤刺激性 | 否 | — |
| 9 | 眼刺激性 | 否 | — |
| 10 | 地下水污染 | 无数据 | 潜在影响 |
| 11 | 国际公约或优控名录 | 无 | |

注：PPDB 数据库由英国赫特福德郡大学农业与环境研究所开发；PAN 数据库来自北美农药行动网（PANNA）；“—”表示无此项。

## 【限值标准】

每日允许摄入量（ADI）为 0.015mg/（kg bw・d），急性参考剂量（ARfD）为 0.015mg/（kg bw・d），操作者允许接触水平（AOEL）为 0.015mg/（kg bw・d）[1]。

## 参 考 文 献

[1] PPDB: Pesticide Properties DataBase. http://sitem.herts.ac.uk/aeru/ppdb/en/Reports/1140.htm[2017-03-23].

[2] PAN Pesticides Database—Chemicals. http://www.pesticideinfo.org/Detail_Chemical.jsp?Rec_Id=PC39697 [2017-03-23].

# 2,4,5-三氯苯氧乙酸(2,4,5-trichlorophenoxyacetic acid)

## 【基本信息】

**化学名称**：2,4,5-三氯苯氧基醋酸
**其他名称**：2,4,5-T、2,4,5-涕
**CAS 号**：93-76-5
**分子式**：$C_8H_5Cl_3O_3$
**相对分子质量**：255.48
**SMILES**：c1(c(cc(Cl)c(c1)Cl)Cl)OCC(O)=O
**类别**：氯苯氧基酸植物生长调节剂
**结构式**：

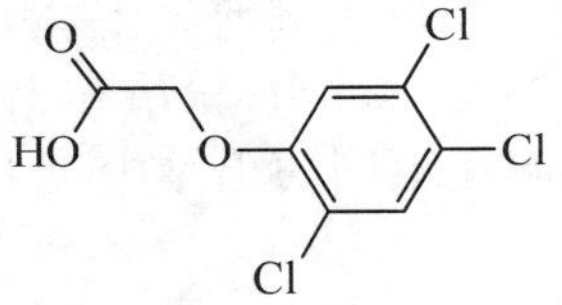

## 【理化性质】

淡黄色结晶固体，密度 1.8g/ml，熔点 156℃，沸点沸腾前分解，饱和蒸气压 0.01mPa(25℃)。水溶解度(20℃)为 268mg/L。有机溶剂溶解度(20℃)：庚烷，400mg/L；乙醇，5000mg/L；甲醇，5000mg/L；甲苯，5000mg/L。辛醇/水分配系数 $\lg K_{ow}$=4.0，亨利常数为 $3.91\times10^{-9}$Pa・$m^3$/mol(25℃)。

## 【环境行为】

### (1)环境生物降解性

好氧条件下，实验室土壤中降解半衰期为 350d(20℃)，其他文献中报道的土壤中降解半衰期为 48 周左右[1]。好氧降解土壤中 10μg 的 2,4,5-三氯苯氧乙酸，在有菌的热带土壤和粉质黏土中孵育 4 个月后降解量为 5%～34%，在无菌的土壤中孵育 4 个月后降解量小于 1%[2]；越南土壤在 49d 内好氧降解 1mg/L 的 2,4,5-三氯苯氧乙酸，降解量为 69%～74%；在 168d 内有氧降解 15mg/L 的 2,4,5-三氯苯氧乙酸，降解量为 74%～96%；而在无菌土壤中 2,4,5-三氯苯氧乙酸基本无降解[3]。在水和土壤体系中 2,4,5-三氯苯氧乙酸的主要降解产物是 2,4,5-三氯苯酚[4]。在厌

氧条件下 2,4,5-三氯苯氧乙酸降解为 2-氯苯酚和 2,5-二氯苯氧基乙酸[5, 6]。厌氧降解的速度比好氧降解缓慢[7]。

**(2) 环境非生物降解性**

2,4,5-三氯苯氧乙酸不易水解与氧化，根据量子产率，北纬 40°的夏季，水体表面附近的 2,4,5-三氯苯氧乙酸直接光解半衰期为 15d[8]。在羟基浓度为 8.0×$10^5$mol/$cm^3$ 时，预测 2,4,5-三氯苯氧乙酸的羟基化反应半衰期为 1.12d[9]。在光照下，自然水体、盐水中 1mg/L 的 2,4,5-三氯苯氧乙酸光解速度很慢，而在低浓度丙酮或核黄素溶液中光解速度明显加快，48h 内降解 80%[10]。

**(3) 环境生物蓄积性**

在静态生态试验中测定鱼体内 2,4,5-三氯苯氧乙酸的 BCF 值为 23～25[11]。在流水式条件下测得鱼体内 2,4,5-三氯苯氧乙酸的 BCF 值为 43[12]。基于这些 BCF 值可得，2,4,5-三氯苯氧乙酸的水生生物蓄积性低。

**(4) 土壤吸附/移动性**

$K_{oc}$ 值为 10，提示 2,4,5-三氯苯氧乙酸在土壤中具有较强移动性[1]。2,4,5-三氯苯氧乙酸在泥沙中的吸附系数 $K_{oc}$ 为 86，在土中为 186，粉末中为 204，粗泥中为 206，淤泥中为 280。测量土壤薄层中 2,4,5-三氯苯氧乙酸的相对移动值 $R_f$ 分别为：淤泥，–0.17；黏土，0.48；粉质黏土，–0.54；砂质土壤，–0.73～0.89[13]。这些 $K_{oc}$ 和 $R_f$ 值表明在不同的土壤中 2,4,5-三氯苯氧乙酸的移动性和吸附性不同[14-15]。

## 【生态毒理学】

鱼类（虹鳟）96h $LC_{50}$=1.3mg/L，溞类（大型溞）48h $EC_{50}$=5.0mg/L，藻类（绿藻）72h $EC_{50}$=2.0mg/L。

## 【毒理学】

**(1) 一般毒性**

大鼠急性经口 $LD_{50}$=500mg/kg[1]，豚鼠急性经口 $LD_{50}$=381mg/kg，狗急性经口 $LD_{50}$＞100mg/kg[16]。

**(2) 神经毒性**

无信息。

**(3) 发育与生殖毒性**

Wistar 大鼠妊娠 6～15d 时每日单剂量口服 100～150mg/kg 2,4,5-三氯苯氧乙酸，可使二代鼠骨骼异常的发生率升高[17]。对 SD 大鼠（F0）分别喂养含 0mg/(kg · d)、3mg/(kg · d)、10mg/(kg · d)、30mg/(kg · d) 2,4,5-三氯苯氧乙酸的食物三个月，10mg/(kg · d) 组 F3 代的生育能力下降，F1、F2、F3 代出生后的存活率下降[18]。

日本鹌鹑口服剂量为 100mg/(kg · d)的 2,4,5-三氯苯氧乙酸 2 周，其食物消耗量、体重和产蛋量显著减少[19]。

**(4)致突变性与致癌性**

纯 2,4,5-三氯苯氧乙酸被认为是毒性相对低的化学品，不认为可对动物致畸或致癌[20]。猪口服剂量为 100mg/kg bw 的 2,4,5-三氯苯氧乙酸，产生厌食、呕吐、腹泻、共济失调等反应，尸检发现血性肠炎及肝肾淤血等症状[17]。

## 【人类健康效应】

吸入和摄入具有毒性，引起接触性皮炎[1]。

非人类健康致癌性物质，但过量的化合物会导致肌肉无力和僵直、恶心、呕吐和腹泻[21]。2,4,5-三氯苯氧乙酸会增加人类白细胞染色单体畸变率，是职业性痤疮的病原体，会导致流产[20]，使人体产生软组织肉瘤[22]。它还可导致皮肤、眼睛和呼吸道过敏[22]。

对皮肤、眼睛和呼吸道具有刺激性；吸入引起鼻咽和胸部的烧灼感、咳嗽、眩晕；头痛、呕吐、腹泻；混乱、怪异或攻击行为；肾功能衰竭、心率增加；代谢性酸中毒导致呼吸异味[23]。

## 【危害分类与管制情况】

| 序号 | 毒性指标 | PPDB 分类 | PAN 分类[23] |
|---|---|---|---|
| 1 | 高毒 | 否 | 否 |
| 2 | 致癌性 | 是 | 可能 |
| 3 | 内分泌干扰性 | 可能 | 疑似 |
| 4 | 生殖发育毒性 | 是 | 无有效证据 |
| 5 | 胆碱酯酶抑制性 | 无数据 | 否 |
| 6 | 呼吸道刺激性 | 是 | — |
| 7 | 皮肤刺激性 | 是 | — |
| 8 | 眼刺激性 | 是 | — |
| 9 | 地下水污染 | — | 无有效证据 |
| 10 | 国际公约或优控名录 | 列入欧盟优控污染物名录、美国 PAN 名录 | |

注：PPDB 数据库由英国赫特福德郡大学农业与环境研究所开发；PAN 数据库来自北美农药行动网(PANNA)；“—”表示无此项。

## 【限值标准】

无信息。

## 参 考 文 献


[1] PPDB: Pesticide Properties DataBase. http://sitem.herts.ac.uk/aeru/ppdb/en/Reports/1532.htm[2017-03-18].

[2] Rosenberg A, Alexander M. 2,4,5-Trichlorophenoxyacetic acid (2,4,5-T) decomposition in tropical soil and its cometabolism by bacteria *in vitro*. J Agric Food Chem, 1980, 28 (4) : 705-709.

[3] Byast T H, Hance R J. Degradation of 2,4,5-T by South Vietnamese soils incubated in the laboratory. B Environ Contam Tox, 1975, 14 (1) : 71.

[4] Sharpee K W, Duxbury J M, Alexander M. 2,4-Dichlorophenoxyacetate metabolism by *Arthrobacter* sp.: accumulation of a chlorobutenolide. Diss Abst Int B, 1973, 34: 954.

[5] Mikesell M D, Boyd S A. Reductive dechlorination of the pesticides 2,4-D, 2,4,5-T, and pentachlorophenol in anaerobic sludges. J Environ Qual, 1985, 14 (3) : 337-340.

[6] Suflita J M, Stout J, Tiedje J M. Dechlorination of (2,4,5-trichlorophenoxy) acetic acid by anaerobic microorganisms. J Agric Food Chem, 1984, 32 (2) : 218-221.

[7] Sattar M A, Paasivirta J. Fate of chlorophenoxyacetic acids in acid soil. Chemosphere, 1980, 9 (12) : 745-752.

[8] Skurlatov Y I, Zepp R G, Baughman G L. Photolysis rates of (2,4,5-trichlorophenoxy) acetic acid and 4-amino-3,5,6-trichloropicolinic acid in natural waters. J Agric Food Chem, 1983, 31 (5) : 1065-1071.

[9] GEMS. Graphical Exposure Modeling System Fate of Atmospheric Pollutants Office of Toxic Substances USEPA.1986.

[10] Crosby D G, Wong A S. Photodecomposition of *p*-chlorophenoxyacetic acid. J Agric Food Chem, 1973, 21 (6) : 1049.

[11] Kenaga E E, Goring C A I. Relationship between water solubility, soil sorption, octanol-water partitioning, and concentration of chemicals in biota. 1980.

[12] Garten C T, Trabalka J R. Evaluation of models for predicting terrestrial food chain behavior of xenobiotics. Environ Sci Technol, 1983, 17 (10) : 590-595.

[13] Helling C S. Pesticide mobility in soils I. Parameters of thin-layer chromatography. Soil Sci Soc Amer Proc, 1971, 35 (5) : 732-737.

[14] Reinbold K A. Adsorption of energy-related organic pollutants: a literature review. Ecol Res, 1979.

[15] Swann R L, Laskowski D A, Mccall P J, et al. A rapid method for the estimation of the environmental parameters octanol/water partition coefficient, soil sorption constant, water to air ratio, and water solubility.Residue Reviews. Springer New York, 1983, 85 (12) : 17-28.

[16] Hayes W J. Pesticides Studied in Man: Paraquat. Baltimore/London: Williams and Wilkins, 1982: 527.

[17] IARC. Monographs on the Evaluation of the Carcinogenic Risk of Chemicals to Humans. Geneva: World Health Organization, International Agency for Research on Cancer, 1972.

[18] Smith F A, Murray F J, John J A, et al. Three-generation reproduction study of rats ingesting 2,4,5-trichlorophenoxyacetic acid in the diet. 1981, Food Cosmet Toxicol, 19 (1) : 41-45.

[19] Didier R. Toxicity and certain physiopathologic effects of 2,4,5-trichlorophenoxyacetic acid, an organo-chlorine herbicide, in the adult domestic quail (*Coturnix coturnix japonica*). C R Seances Soc Biol Fil, 1982, 176 (4) : 542-549.

[20] Smith A H, Fisher D O, Pearce N, et al. Congenital defects and miscarriages among New Zealand 2,4,5-T sprayers. Arch Environ Health, 1982, 37 (4) : 197-200.

[21] ACGIH. Threshold Limit Values for Chemical Substances and Physical Agents and Biological Exposure Indices. Cincinnati: American Conference of Governmental Industrial Hygienists TLVs and BEIs, 2008: 54.

[22] ITII. Toxic and Hazarous Industrial Chemicals Safety Manual. Tokyo: The International Technical Information Institute, 1982: 503.

[23] PAN Pesticides Database—Chemicals. http://www.pesticideinfo.org/Detail_Chemical.jsp?Rec_Id=PC34514 [2013-03-18].

# 矮壮素(chlormequat chloride)

## 【基本信息】

化学名称：2-氯乙基三甲基氯化铵

其他名称：氯化矮壮素

**CAS 号**：999-81-5

分子式：$C_5H_{13}Cl_2N$

相对分子质量：158.07

**SMILES**：[Cl–].ClCC[N+](C)(C)C

类别：季铵类植物生长调节剂

结构式：

Cl $CH_3$ $N^+$ $Cl^-$ $H_3C$ $CH_3$

## 【理化性质】

白色结晶，熔点 225℃，沸腾前分解，分解温度 240℃，饱和蒸气压 0.001mPa(25℃)。水溶解度(20℃)为 886000mg/L。有机溶剂溶解度(20℃)：甲醇，365000mg/L；正庚烷，10mg/L；丙酮，130mg/L；乙酸乙酯，10mg/L。pH 为 7、20℃时辛醇/水分配系数 $\lg K_{ow}$= –3.47。

## 【环境行为】

**(1)环境生物降解性**

好氧条件下，土壤中降解半衰期为 27.4d(典型值)，实验室土壤中降解半衰期为 23.2d(20℃)，田间土壤中降解半衰期为 7d，$DT_{90}$ 为 102.1d；欧盟登记资料记录的实验室土壤中降解半衰期为 17～31.6d，$DT_{90}$ 为 88.9～112.5d[1]。10℃下，在 4 种土壤中降解半衰期均值为 32d，22℃下半衰期为 1～28d，初始浓度为 282mg/L 的矮壮素在经过 56d 的家禽粪和猪粪堆肥操作后降解率为 18%[2]。

**(2)环境非生物降解性**

pH 为 7 时，水中光解稳定，pH 为 5～9 时，水中水解稳定。与大气中羟基自由基反应的速率常数为 $7.4\times10^{-12}cm^3/(mol\cdot s)$，光解半衰期为 2.2d(25℃)[3]。

**(3) 环境生物蓄积性**

BCF 预测值为 0.01，提示矮壮素的生物蓄积性低[1]。

**(4) 土壤吸附/移动性**

$K_{foc}$ 值为 132，提示矮壮素在土壤中具有中等移动性。欧盟登记资料显示，$K_f$ 值为 0.63～4.57，$K_{foc}$ 值为 54.6～291.1，$1/n$ 为 0.51～0.99，对 pH 不敏感[1]。

## 【生态毒理学】

鸟类(日本鹌鹑)急性 $LD_{50}$=441mg/kg、鸟类短期膳食 $LC_{50}/LD_{50}$＞310mg/(kg bw・d)，鱼类(虹鳟)96h $LC_{50}$＞100mg/L、21d 慢性毒性 NOEC=43.1mg/L，水生无脊椎动物(大型溞)48h $EC_{50}$=31.7mg/L、21d NOEC=2.4mg/L，水生植物(浮萍)7d $EC_{50}$=5.3mg/L，藻类(月牙藻)72h $EC_{50}$＞100mg/L，蜜蜂急性接触 48h LD50＞65.2μg/蜜蜂、急性经口 48h $LD_{50}$＞80.2μg/蜜蜂，蚯蚓(赤子爱胜蚓)14d 急性 $LC_{50}$=320mg/kg、蚯蚓 14d NOEC=68mg/kg[1]。

## 【毒理学】

**(1) 一般毒性**

兔子急性经口 $LD_{50}$=115mg/kg，兔子急性经皮 $LD_{50}$=964mg/kg bw，大鼠急性吸入 $LC_{50}$＞5.2mg/L[1]。

**(2) 神经毒性**

无信息

**(3) 发育与生殖毒性**

将 144 只成年无生育史清洁级 ICR 小鼠按体重随机分为 4 组，分别为对照组(蒸馏水)和低(20mg/kg)、中(60mg/kg)、高(180mg/kg)剂量矮壮素染毒组，每组 36 只，雌：雄数量比例为 2：1。采用灌胃方式进行染毒，染毒容量为 0.02mL/g，每天 1 次；雄鼠从交配前 28d 连续染毒至交配结束，雌鼠从交配前 14d 连续染毒至仔鼠断乳，对仔鼠的观察至断乳。结果显示，在亲代小鼠中，与对照组比较，各剂量矮壮素染毒组雄性小鼠的体重下降($P$＜0.05)，而雌性小鼠的体重无变化($P$＞0.05)；高剂量矮壮素染毒组雄性小鼠的睾丸指数较高($P$＜0.05)，各剂量矮壮素染毒组雄性小鼠的心脏、肝脏、脾脏、肺脏、胃、肾脏、附睾的脏器系数无变化($P$＞0.05)，各剂量矮壮素染毒组雌性小鼠的心脏、肝脏、脾脏、肺脏、胃、肾脏、子宫、卵巢的脏器系数也无变化($P$＞0.05)；中、高剂量矮壮素染毒组精子计数和高剂量矮壮素染毒组精子活动率较低($P$＜0.05)。在子代小鼠中，与对照组比较，高剂量矮壮素染毒组小鼠的出生数量较低($P$＜0.05)；中、高剂量矮壮素染毒组断乳后小鼠的体重下降($P$＜0.05)；各剂量矮壮素染毒组小鼠的心脏、肝脏、脾脏、肺脏、肾脏、胃的脏器系数无变化($P$＞0.05)。因此，矮壮素可能具有生殖毒性和胚胎毒性[4]。

(4) 致突变性与致癌性

每日灌胃 SD 大鼠矮壮素(0mg/kg、125mg/kg、250mg/kg、500mg/kg)进行体内骨髓细胞染色体畸变试验，结果显示无不良效应[5]。

鼠伤寒沙门氏菌菌株 TA98、TA100、TA1535、TA1537、TA1538 和大肠杆菌菌株 WP-2 *uvrA* 暴露于矮壮素(0μg/板、100μg/板、500μg/板、1000μg/板、2500μg/板、5000μg/板)，结果显示，无基因毒性[5]。

每组 50 只大鼠给喂矮壮素 1500mg/L、3000mg/L 进行 108 周致癌性试验，或者给喂 500mg/L、2000mg/L 进行 102 周致癌性试验，结果显示，无肿瘤发生，因此，矮壮素无致癌性[6]。

## 【人类健康效应】

8 例中毒患者由于农药保管不善，饮酒时误服造成意外，每人服药量为 5～7mL，服后约 30min 出现临床症状：上腹部不适、流涎、出汗、恶心、呕吐、头晕、视物不清、四肢麻木、活动困难、语言障碍、呼吸困难、大小便失禁，最后出现抽搐，如抢救不及时，患者进入深昏迷，出现呼吸衰竭，服药后 1～2h 死亡[7]。另有报道，皮肤接触可吸收；眼睛接触引起眼睛发红；摄入引起过度流涎、出汗、视觉障碍、腹泻、头晕、头痛、呼吸困难、恶心[8]。

## 【危害分类与管制情况】

| 序号 | 毒性指标 | PPDB 分类 | PAN 分类[8] |
|---|---|---|---|
| 1 | 高毒 | 否 | 是 |
| 2 | 致癌性 | 否 | 否 |
| 3 | 内分泌干扰性 | 无数据 | 无有效证据 |
| 4 | 生殖发育毒性 | 是 | 无有效证据 |
| 5 | 胆碱酯酶抑制性 | 可能 | 否 |
| 6 | 神经毒性 | 可能 | — |
| 7 | 皮肤刺激性 | 否 | — |
| 8 | 眼刺激性 | 否 | — |
| 9 | 地下水污染 | — | 无有效证据 |
| 10 | 呼吸道刺激性 | 是 | — |
| 11 | 国际公约或优控名录 | 列入 PAN 名录 | |

注：PPDB 数据库由英国赫特福德郡大学农业与环境研究所开发；PAN 数据库来自北美农药行动网(PANNA)；“—”表示无此项。

## 【限值标准】

每日允许摄入量(ADI)为 0.04mg/(kg bw·d)，急性参考剂量(ARfD)为0.09mg/(kg bw·d)，操作者允许接触水平(AOEL)为0.04mg/(kg bw·d)[1]。

## 参 考 文 献

[1] PPDB: Pesticide Properties DataBase. http://sitem.herts.ac.uk/aeru/ppdb/en/Reports/143.htm[2017-03-18].

[2] Tomlin C D S. The Pesticide Manual: A World Compendium. 11th ed. Surrey: British Crop Protection Council, 1997.

[3] Meylan W M, Howard P H. Computer estimation of the atmospheric gas-phase reaction rate of organic compounds with hydroxyl radicals and ozone. Chemosphere, 1993, 26(12): 2293-2299.

[4] 李春梅, 金芬, 于洪侠, 等. 矮壮素对小鼠一般生殖毒性的研究. 环境与健康杂志, 2001, 8: 667-670.

[5] California Environmental Protection Agency/Department of Pesticide Regulation. Toxicology Data Review Summaries.2008.

[6] DHEW/NCI. Bioassay of(2-Chloroethyl) Timethylammonium Chloride(CCC) for Possible Carcinogenicity.1979.

[7] 崔嫦. 矮壮素中毒 8 例. 临床医学, 1989.3: 106-107.

[8] PAN Pesticides Database—Chemicals. http://www.pesticideinfo.org/Detail_Chemical.jsp?Rec_Id=PC34668 [2013-03-18].

# 苯哒嗪钾(clofencet)

## 【基本信息】

化学名称：2-(4-氯苯基)-3-乙基-2,5-二氢-5-氧哒嗪-4-羧酸
其他名称：杀雄嗪酸、金麦斯
**CAS 号**：129025-54-3
分子式：$C_{13}H_{11}ClN_2O_3$
相对分子质量：316.8
**SMILES**：Clc2ccc(N/1/N=C\C(=O)\C(=C\1CC)C(=O)O)cc2
类别：羧酸类植物生长调节剂
结构式：

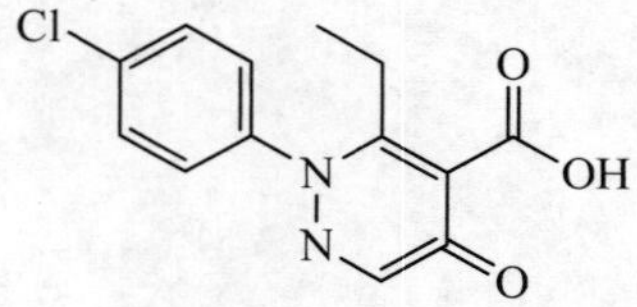

## 【理化性质】

粉末状，密度 1.44g/mL，熔点 269℃，饱和蒸气压 $1.00\times10^{-2}$mPa(25℃)。水溶解度(20℃)为 700000mg/L。有机溶剂溶解度(20℃)：甲醇，16000mg/L；丙酮，500mg/L；二氯甲烷，400mg/L；乙酸乙酯，500mg/L。辛醇/水分配系数 $\lg K_{ow}=-2.2$，亨利常数为 $5.70\times10^{-9}$Pa·m$^3$/mol(25℃)。

## 【环境行为】

**(1)环境生物降解性**

好氧条件下，实验室土壤中降解半衰期为 46d，田间土壤中降解半衰期为 40d[1]。在好氧土壤代谢研究中，一年后 70%的苯哒嗪钾仍能存在于环境中，外推半衰期为 2～2.5 年。在厌氧土壤代谢研究中，一年后 87%的苯哒嗪钾仍能存在于环境中，结果表明，苯哒嗪钾能持久存在于地表水中[2]。

**(2)环境非生物降解性**

苯哒嗪钾在 pH 为 5、7 和 9 的无菌水中稳定。苯哒嗪钾在水中的光解具有持

久性，降解半衰期随着 pH 的增加而增加。在土壤光解研究中，苯哒嗪钾是稳定的，经过 30～32d 后，仍有 74%～81%的母体化合物残留[2]。

**(3) 环境生物蓄积性**

基于 $K_{ow}$ 的 BCF 估测值为 3.2，苯哒嗪钾的生物蓄积性低[2]。

**(4) 土壤吸附/移动性**

吸附系数 $K_{oc}$ 平均值为 2186，$K_{oc}$ 范围值为 11～4360，提示苯哒嗪钾在土壤中具有轻微移动性[1]。

## 【生态毒理学】

鸟类(雉科)急性 $LD_{50}$=1414mg/kg，鱼类(虹鳟鱼)96h $LC_{50}$=990mg/L，溞类(大型溞)48h $EC_{50}$=1193mg/L，浮萍 7d $EC_{50}$=6.1mg/L，藻类(月牙藻)72h $EC_{50}$=141mg/L，蚯蚓 14d $LC_{50}$＞1000mg/kg，蜜蜂急性接触 48h $LD_{50}$＞100μg/蜜蜂[1]。

## 【毒理学】

**(1) 一般毒性**

大鼠急性经口 $LD_{50}$=3150mg/kg[1]。

**(2) 神经毒性**

不具有神经毒性[1]。

**(3) 发育与生殖毒性**

无信息。

**(4) 致突变性与致癌性**

无信息。

## 【人类健康效应】

可能人类致癌物[1]。

## 【危害分类与管制情况】

| 序号 | 毒性指标 | PPDB 分类 | PAN 分类[3] |
|---|---|---|---|
| 1 | 高毒 | 否 | 否 |
| 2 | 致癌性 | 可能 | 可能 |
| 3 | 生殖发育毒性 | 可能 | 无有效证据 |
| 4 | 内分泌干扰性 | 无数据 | 无有效证据 |
| 5 | 胆碱酯酶抑制性 | 否 | 否 |
| 6 | 神经毒性 | 否 | — |
| 7 | 皮肤刺激性 | 否 | 无数据 |

续表

| 序号 | 毒性指标 | PPDB 分类 | PAN 分类[3] |
|---|---|---|---|
| 8 | 眼刺激性 | 是 | 无数据 |
| 9 | 地下水污染 | 无数据 | 无有效证据 |
| 10 | 国际公约或优控名录 | 无 | |

注：PPDB 数据库由英国赫特福德郡大学农业与环境研究所开发；PAN 数据库来自北美农药行动网（PANNA）；“—”表示无此项。

## 【限值标准】

每日允许摄入量（ADI）为 0.06mg/（kg bw · d）[1]。

## 参 考 文 献

[1] PPDB: Pesticide Properties DataBase. http://sitem.herts.ac.uk/aeru/ppdb/en/Reports/397.htm[2017-03-16].

[2] USEPA. Pesticide Fact Sheet—Clofencet. 1997.

[3] PAN Pesticides Database-Chemicals. http://www.pesticideinfo.org/Detail_Chemical.jsp?Rec_Id=PC36346[2013-03-16].

# 单氰胺(cyanamide)

## 【基本信息】

**化学名称：**氰胺

**其他名称：**氨基腈

**CAS 号：**420-04-2

**分子式：**$CN_2H_2$

**相对分子质量：**42.02

**SMILES：**N#CN

**类别：**植物生长调节剂

**结构式：**

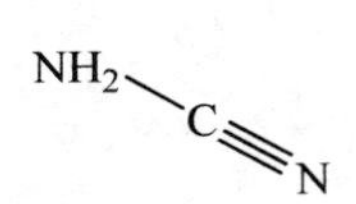


## 【理化性质】

无色固体，熔点 46.1℃，饱和蒸气压 510mPa(25℃)。水溶解度(20℃)为 560000mg/L。有机溶剂溶解度(20℃)：甲醇，210000mg/L；丙酮，210000mg/L；己烷，2.4mg/L；甲苯，670mg/L。辛醇/水分配系数 $\lg K_{ow}$=−0.72，亨利常数为 $2.68\times10^{-5}$Pa·$m^3$/mol(25℃)。

## 【环境行为】

**(1)环境生物降解性**

好氧条件下，土壤中降解半衰期为 1d(典型值)，实验室土壤中降解半衰期为 1.4d(20℃)，田间土壤中降解半衰期为 0.9d；欧盟登记资料显示，实验室土壤中降解半衰期为 0.7～4.56d，$DT_{90}$ 为 1.94～17.7d，田间土壤中降解半衰期为 0.29～1.63d[1]。

**(2)环境非生物降解性**

pH 为 7 时，水中光解半衰期为 38.5d，在阳光照射和酸性条件下光解更快。pH 为 7 时，水解半衰期为 2300d(20℃)，对 pH 和温度敏感，pH 为 5、5、9、9 时，水解半衰期分别为 1200d(22℃)、2.5d(80℃)、810d(22℃)和 7.2h(80℃)[1]。

单氰胺的商业水溶液需要加入稳定剂和缓冲剂，以防止单氰胺二聚成双氰胺或水解为脲[2,3]；单氰胺在酸性条件下水解为脲，在 pH 为 8～10 条件下发生二聚化[3]。

**(3) 环境生物蓄积性**

鱼类的 BCF 估测值为 3.2，提示单氰胺生物蓄积性低[4]。

**(4) 土壤吸附/移动性**

吸附系数 $K_{oc}$ 值为 4.4，提示单氰胺在土壤中具有高移动性。欧盟登记资料记录的 $K_d$ 值为 0～0.092，$K_{oc}$ 值为 0～6.81[1]。

## 【生态毒理学】

鸟类（山齿鹑）急性 $LD_{50}$=350mg/kg、鸟类短期膳食 $LC_{50}/LD_{50}$＞5000mg/kg，鱼类（蓝鳃太阳鱼）96h $LC_{50}$=43.1mg/L、鱼类（虹鳟）21d NOEC=3.7mg/L，溞类（大型溞）48h $EC_{50}$=3.2mg/L、溞类 21d NOEC=0.1mg/L，水生甲壳动物（糠虾）急性 96h $LC_{50}$=6.3mg/L，浮萍 7d $EC_{50}$=2.4mg/L，底栖动物（摇蚊幼虫）28d NOEC=18.4mg/L，藻类（月芽藻）72h $EC_{50}$=6.7mg/L，蚯蚓 14d $LC_{50}$＞111.6mg/kg，蜜蜂急性 48h $LD_{50}$＞10μg/蜜蜂。

## 【毒理学】

**(1) 一般毒性**

大鼠急性经口 $LD_{50}$＞142mg/kg，兔子急性经皮 $LD_{50}$=848mg/kg bw，大鼠急性吸入 $LC_{50}$＞1.0mg/L[1]。

**(2) 神经毒性**

不具有神经毒性[1]。

**(3) 发育与生殖毒性**

经口饲喂大鼠 2mg/(kg · d)、7mg/(kg · d) 和 25mg/(kg · d) 的单氰胺进行两代繁殖试验，最高剂量水平观察到相关变化。25mg/(kg · d) 剂量组在 F0 代大鼠中观察到体重增加，该组显示雄性大鼠生殖器官的生育率下降和质量降低，F1 代中没有观察到与单氰胺处理组相关的改变，器官的组织病理学检查得出双侧睾丸萎缩低发生率，生育率下降可能与非特异性毒性导致的食物摄入减少相关[5]。

在鸡胚中研究了单氰胺（醛脱氢酶抑制剂）、乙醇和乙醛的胚胎学影响。乙醇和单氰胺都显著增加胚胎死亡率，但不影响胚胎生长，乙醛与单氰胺结合能增加胚胎死亡率和延缓胚胎生长，单氰胺对胚胎发育的影响最小[6]。

**(4) 致突变性与致癌性**

由单氰胺慢性诱导的肝细胞病变为肝细胞由特殊的细胞质包涵体组成，类似于在 Lafora 病中观察到的结果。包涵体肝细胞类似于在 B 型病毒感染中观察到的磨玻璃肝细胞。在大鼠肝脏中这种肝细胞损伤是可预测的和可重复的。为了证明药物的化学性质是损伤的重要决定因素，使用 Wistar 大鼠进行研究，一组接受单氰胺，另一组接受碳酰亚胺。单氰胺以 16mg/kg 剂量每天通过套管灌入胃中，持续 25 周，结果显示特征包涵体仅在接受纯单氰胺的组中发现[7]。

## 【人类健康效应】

吞食或皮肤接触有毒，引起呕吐、副交感神经功能亢进、呼吸困难、低血压和心动过速；USEPA 分类为可能人类致癌性物质[1]。短期暴露：单氰胺毒性较大，严重刺激眼睛、皮肤和呼吸道，并可能影响肝脏。摄入或吸入可能导致面部暂时性强烈发红、头痛、头晕、呼吸增加、心动过速和低血压。在单氰胺暴露前或暴露后 1～2 天，摄入酒精（啤酒、葡萄酒或白酒）会加重中毒反应。单氰胺是一种高度反应性的化学品，具有爆炸性。长期接触：重复或长时间接触可能引起皮肤过敏和致敏。暴露也可能导致肝脏和神经系统损伤。

吸入引起咳嗽、呼吸短促；皮肤接触引起皮肤发红；眼睛接触引起眼睛发红、疼痛；摄入引起腹痛[8]。

## 【危害分类与管制情况】

| 序号 | 毒性指标 | PPDB 分类 | PAN 分类[8] |
|---|---|---|---|
| 1 | 高毒 | 否 | 是 |
| 2 | 致癌性 | 可能 | 可能 |
| 3 | 内分泌干扰性 | 否 | 无有效证据 |
| 4 | 生殖发育毒性 | 可能 | 无有效证据 |
| 5 | 胆碱酯酶抑制性 | 否 | 否 |
| 6 | 神经毒性 | 否 | — |
| 7 | 呼吸道刺激性 | 可能 | — |
| 8 | 皮肤刺激性 | 是 | — |
| 9 | 皮肤致敏性 | 是 | — |
| 10 | 眼刺激性 | 是 | — |
| 11 | 地下水污染 | 无数据 | 无有效证据 |
| 12 | 国际公约或优控名录 | 列入 PAN 名录 | |

注：PPDB 数据库由英国赫特福德郡大学农业与环境研究所开发；PAN 数据库来自北美农药行动网（PANNA）；“—”表示无此项。

## 【限值标准】

每日允许摄入量（ADI）为 0.002mg/（kg bw・d），急性参考剂量（ARfD）为 0.05mg/（kg bw・d），操作者允许接触水平（AOEL）为 0.002mg/（kg bw・d）[1]。

## 参 考 文 献

[1] PPDB: Pesticide Properties DataBase. http://sitem.herts.ac.uk/aeru/ppdb/en/Reports/184.htm[2017-03-16].

[2] Gunther T, Mertschenk B. Ullmann's Encyclopedia of Industrial Chemistry. 2008.

[3] Cameron W. Kirk-Othmer Encyclopedia of Chemical Technology. 2001.

[4] Tomlin C D S. The e-Pesticide Manual. 13th ed. Ver. 3.1. Surrey: British Crop Protection Council, 2004.

[5] Valles J, Obach R, Menargues A, et al. A two-generation reproduction-fertility study of cyanamide in the rat. Pharmacol Toxicol, 1987, 61 (1): 20-25.

[6] Gilani S, Persaud T V. Embryonic development in the chick following exposure to ethanol, acetaldehyde and cyanamide. Ann Anat, 1992, 174 (4): 305-308.

[7] Valerdiz S, Vazquez J J. Cyanamide and its calcium form: do they differ with respect to their action on the liver cell? Experimental study in the rat. Appl Pathol, 1989, 7 (6): 344-349.

[8] PAN Pesticides Database—Chemicals. http://www.pesticideinfo.org/Detail_Chemical.jsp?Rec_Id=PC33075[2013-03-16].

# 毒鼠硅(silatrane)

## 【基本信息】

**化学名称：**1-(4-氯苯基)-2,8,9-三氧代-5-氮-1-硅双环(3,3,3)十一烷

**其他名称：**氯硅宁、硅灭鼠

**CAS 号：**29025-67-0

**分子式：**$C_{12}H_{16}ClNO_3Si$

**相对分子质量：**285.80

**SMILES：**[Si]12(OCCN(CCO2)CCO1)c1ccc(cc1)Cl

**类别：**有机硅灭鼠剂

**结构式：**

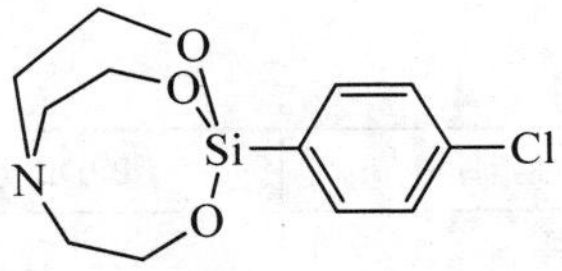

## 【理化性质】

白色结晶粉末，密度 1.28g/mL，熔点 230～235℃，难溶于水，易溶于苯、氯仿等有机溶剂。

## 【环境行为】

**(1)环境生物降解性**

无信息。

**(2)环境非生物降解性**

无信息。

**(3)环境生物蓄积性**

无信息。

**(4)土壤吸附/移动性**

无信息。

## 【生态毒理学】

无信息。

## 【毒理学】

**(1) 一般毒性**

大鼠急性经口 $LD_{50}$=520mg/kg[1]。

**(2) 神经毒性**

无信息。

**(3) 发育与生殖毒性**

无信息。

**(4) 致突变性与致癌性**

无信息。

**(5) 内分泌干扰性**

无信息。

## 【人类健康效应】

无信息。

## 【危害分类与管制情况】

| 序号 | 毒性指标 | PPDB 分类 | PAN 分类[2] |
|---|---|---|---|
| 1 | 高毒 | 否 | 无有效证据 |
| 2 | 致癌性 | 无数据 | 无有效证据 |
| 3 | 内分泌干扰性 | 无数据 | 无有效证据 |
| 4 | 生殖发育毒性 | 无数据 | 无有效证据 |
| 5 | 胆碱酯酶抑制性 | 无数据 | 否 |
| 6 | 地下水污染 | 无数据 | 无有效证据 |
| 7 | 国际公约或优控名录 | 无 | |

注：PPDB 数据库由英国赫特福德郡大学农业与环境研究所开发；PAN 数据库来自北美农药行动网（PANNA）。

## 【限值标准】

无信息。

## 参考文献

[1] PPDB: Pesticide Properties DataBase. http://sitem.herts.ac.uk/aeru/ppdb/en/Reports/3065.htm [2017-03-28].

[2] PAN Pesticides Database—Chemicals. http://www.pesticideinfo.org/Detail_Chemical.jsp?Rec_Id=PC37697[2017-03-28].

# 毒鼠强(tetramine)

## 【基本信息】

**化学名称：**四亚甲基二砜四胺

**其他名称：**鼠没命、曲他胺、三亚安三嗪

**CAS 号：**80-12-6

**分子式：**$C_4H_8N_4O_4S_2$

**相对分子质量：**240.27

**SMILES：**N12CN(S3(=O)(=O))CN(S2(=O)(=O))CN3C1

**类别：**灭鼠剂

**结构式：**

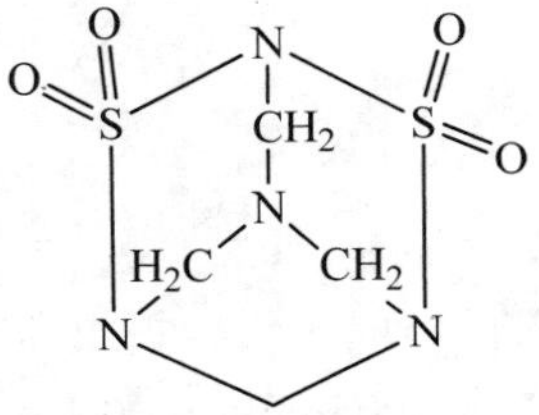

## 【理化性质】

轻质粉末，无臭无味，熔点 250～254℃，水溶解度(20℃)为 0.25mg/L。有机溶剂溶解度(20℃)：微溶于丙酮，不溶于甲醇和乙醇。

## 【环境行为】

**(1) 环境生物降解性**

毒鼠强的化学结构非常稳定，不易降解[1]。

**(2) 环境非生物降解性**

在稀酸和碱水中不水解[1]。

**(3) 环境生物蓄积性**

无信息。

**(4) 土壤吸附/移动性**

无信息。

## 【生态毒理学】

无信息。

## 【毒理学】

**(1) 一般毒性**

无信息。

**(2) 神经毒性**

选择健康 SD 大白鼠 30 只，分成 5 组，每组 6 只，分别以 2.0$LD_{50}$、1.0$LD_{50}$、1/2$LD_{50}$、1/10$LD_{50}$ 毒鼠强剂量，采用灌胃染毒方法制作毒鼠强中毒模型，并以健康大鼠灌服生理盐水为对照。断颈处死大鼠，提取脑皮质、脑海马及脑干、脑桥等脑组织进行免疫组织化学染色，观察 GABA_A α1 受体阳性染色神经元的变化。结果显示，不同 $LD_{50}$ 量染毒大鼠的脑皮质、脑海马及脑干 GABA_A α1 受体免疫组织化学阳性染色神经元较对照组减少，其中以 1.0$LD_{50}$、1/2$LD_{50}$ 组减少最为显著；相同染毒剂量下，脑干组织减少最多。因此，GABA_A α1 受体表达下降与毒鼠强中毒机制相关[2]。

**(3) 发育与生殖毒性**

无信息。

**(4) 致突变性与致癌性**

选择健康 SD 大白鼠 20 只，分成 5 组，每组 4 只，采用灌胃方法使大鼠进行毒鼠强体内染毒，按 0.01mg/kg、0.05mg/kg、0.1mg/kg、0.2mg/kg 制作大鼠毒鼠强中毒模型，并以灌服生理盐水的健康大鼠为对照，分离实验大鼠的淋巴细胞、心肌细胞和脑细胞，用彗星电泳的方法测定不同浓度毒鼠强中毒后的细胞 DNA 损伤。结果显示，0.01mg/kg、0.05mg/kg、0.1mg/kg、0.2mg/kg 剂量组的毒鼠强均可引起大鼠的淋巴细胞、心肌细胞和脑细胞 DNA 损伤，且均与对照组的差异有显著性($P<0.01$)。因此，毒鼠强诱导体内细胞 DNA 损伤可能是毒鼠强毒性作用机制之一[3]。

**(5) 内分泌干扰性**

无信息。

## 【人类健康效应】

主要中毒症状表现为四肢抽搐、惊厥，若不及时治疗，中毒者可因剧烈的强直性惊厥导致呼吸衰竭而死亡。中毒后体温、血压、呼吸一般正常，但小儿中毒可致高烧。

神经系统症状：首发症状有头痛、头昏、无力，有的出现口唇麻木、醉酒感；

严重者迅速出现神志模糊、躁动不安、四肢抽搐，继而导致阵发性强直性抽搐、每次持续 1～6min，多自行停止、间隔数分钟后再次发作；可伴有口吐白沫、小便失禁等。

消化系统症状：中毒者均出现恶心呕吐，伴有上腹部烧灼感和腹痛，个别出现腹泻，大便常规正常，严重者有呕血。

$\gamma$-氨基丁酸(GABA)是脊椎动物中枢神经系统的抑制性物质，对神经系统有强而广泛的抑制作用。毒鼠强可以非竞争性拮抗 GABA，使中枢神经呈现过度的兴奋而导致强烈的惊厥[4]。

## 【危害分类与管制情况】

无信息。

## 【限值标准】

无信息。

## 参 考 文 献


[1] 冯书涛. 毒鼠强的理化性质及其危害. 环境与健康杂志, 2005, 22 (4): 317-318.

[2] 朱传红, 刘艳, 黄光照, 等. 毒鼠强中毒大鼠脑神经元 GABA_A α1 受体的检测. 中国法医学杂志, 2006, S1: 7-9.

[3] 朱传红, 刘艳, 邓立斌. 灌服毒鼠强诱导大鼠细胞 DNA 的损伤研究. 法医学杂志, 2005, 1: 27-29.

[4] 郭瑞芳. 毒鼠强中毒如何急救. 中国保健营养, 2002, 12: 41.

# 多效唑(paclobutrazol)

## 【基本信息】

**化学名称**：(2*RS*,3*RS*)-1-(4-氯苯基)-4,4-二甲基-2-(1*H*-1,2,4-三唑-1-基)戊-3-醇

**其他名称**：氯丁唑、PP333

**CAS 号**：76738-62-0

**分子式**：$C_{15}H_{20}ClN_3O$

**相对分子质量**：293.8

**SMILES**：n1c[n@]([C@@H]([C@H](C(C)(C)C)O)Cc2ccc(cc2)Cl)nc1.n1c[n@](nc1)[C@H]([C@@H](C(C)(C)C)O)Cc1ccc(cc1)Cl

**类别**：三唑类植物生长调节剂

**结构式**：

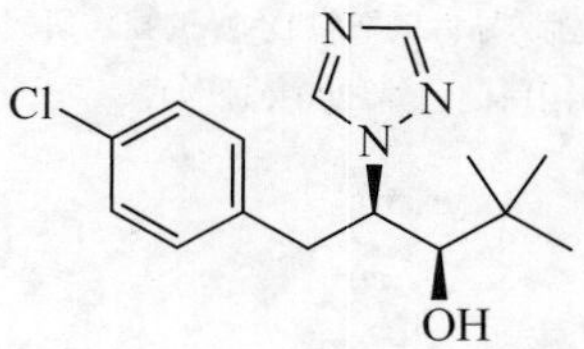

## 【理化性质】

无色结晶，密度 1.23g/mL，熔点 164℃，沸点 384℃，饱和蒸气压 0.0019mPa(25℃)。水溶解度(20℃)为 22.9mg/L。有机溶剂溶解度(20℃)：正庚烷，199mg/L；甲醇，150000mg/L；丙酮，72400mg/L；二甲苯，5670mg/L。辛醇/水分配系数 $\lg K_{ow}$=3.11，亨利常数为 $2.39\times10^{-5}Pa\cdot m^3/mol$(25℃)。

## 【环境行为】

**(1)环境生物降解性**

好氧条件下，土壤中降解半衰期为 112d(典型值)，实验室土壤中降解半衰期为 120d(20℃)，田间土壤中降解半衰期为 29.5d；欧盟档案记录的实验室土壤中降解半衰期为 27.1～618d，田间土壤中降解半衰期为 27.2～60.8d[1]；在黏土和砂

土中的半衰期分别为 22.2d 和 17.5d；在 5℃低温下的降解半衰期为 54.7d，无菌条件下为 62.8d[2]。

**(2) 环境非生物降解性**

pH 为 7 时，多效唑在水中光解稳定，pH 为 4～9 时，在水环境中稳定，水解半衰期大于 30d（25℃）[1]。

**(3) 环境生物蓄积性**

BCF 值为 44，提示多效唑具有低生物蓄积性[3]。

**(4) 土壤吸附/移动性**

吸附系数 $K_{oc}$ 值为 400，提示多效唑在土壤中具有中等移动性[1]。

## 【生态毒理学】

鸟类（鹌鹑）急性 $LD_{50}$＞2100mg/kg，鱼类（虹鳟鱼）96h $LC_{50}$=23.6mg/L、鱼类 21d NOEC=3.3mg/L，溞类（大型溞）48h $EC_{50}$=33.2mg/L、溞类 21d NOEC=0.32mg/L，浮萍 7d $EC_{50}$=0.0082mg/L，藻类 72h $EC_{50}$=7.2mg/L，蚯蚓急性 14d $LC_{50}$＞500mg/kg、繁殖毒性 14d NOEC=0.68mg/kg，蜜蜂急性接触 48h $LD_{50}$＞40μg/蜜蜂、经口 48h $LD_{50}$＞2μg/蜜蜂[1]。

## 【毒理学】

**(1) 一般毒性**

大鼠急性经口 $LD_{50}$=1336mg/kg，大鼠急性经皮 $LD_{50}$＞2000mg/kg，大鼠急性吸入 $LD_{50}$=3.13mg/kg bw[1]。

**(2) 神经毒性**

无信息。

**(3) 发育与生殖毒性**

经口喂饲多效唑原药，剂量为 0.4mg/(kg·d)、1.4mg/(kg·d)、128.0mg/(kg·d)和 421.2mg/(kg·d)，亲代和子一代各接触 8 周。每阶段试验结束时进行主要脏器系数、繁殖指数测定及病理检查，并测定子代仔鼠体重、身长、尾长。结果显示，128.0g/(kg·d)和 421.2mg/(kg·d)剂量组孕鼠体重下降，部分繁殖指数（受孕率、出生存活率、哺乳成活率）改变，以及雄鼠睾丸脏器系数降低和明显病理改变。因此，多效唑原药对大鼠具有繁殖毒性，大鼠的两代繁殖毒性 NOAEL=41.4mg/(kg·d)[3]。

幼鼠训养 5d 后，随机分成 0mg/L、5mg/L、20mg/L、500mg/L 四个剂量组喂食多效唑 90d，每组 17 只雌鼠 12 只雄鼠，分笼饲养。结果显示，500mg/L 剂量组出现肝脏轻度受损，怀孕系数、妊娠率低于对照组，孕鼠体重增长值与对照组比较差异极显著，各剂量组哺乳期仔鼠每窝平均体重增长值虽有递减趋势，但经统计处理，无显著差异[4]。

### (4) 致突变性与致癌性

无信息。

## 【人类健康效应】

无信息。

## 【危害分类与管制情况】

| 序号 | 毒性指标 | PPDB 分类 | PAN 分类[5] |
| --- | --- | --- | --- |
| 1 | 高毒 | 否 | 否 |
| 2 | 致癌性 | 否 | 未分类 |
| 3 | 内分泌干扰性 | 无数据 | 无有效证据 |
| 4 | 生殖发育毒性 | 无有效数据 | 无有效证据 |
| 5 | 胆碱酯酶抑制性 | 否 | 否 |
| 6 | 神经毒性 | 否 | — |
| 7 | 呼吸道刺激性 | 是 | — |
| 8 | 皮肤刺激性 | 是 | — |
| 9 | 眼刺激性 | 是 | — |
| 10 | 地下水污染 | — | 无有效证据 |
| 11 | 国际公约或优控名录 | 无 | |

注：PPDB 数据库由英国赫特福德郡大学农业与环境研究所开发；PAN 数据库来自北美农药行动网（PANNA）；"—"表示无此项。

## 【限值标准】

每日允许摄入量（ADI）为 0.022mg/（kg bw · d），急性参考剂量（ARfD）为 0.1mg/（kg bw · d），操作者允许接触水平（AOEL）为 0.1mg/（kg bw · d）。

## 参 考 文 献


[1] PPDB: Pesticide Properties DataBase. http://sitem.herts.ac.uk/aeru/ppdb/en/Reports/504.htm[2017-03-28].

[2] 陶龙兴，王熹，俞美玉. 环境条件对烯效唑及多效唑在土壤中降解的影响. 浙江农业学报, 1997, 9（5）: 246-250.

[3] 陈润涛，邓莹玉，陈晓燕等. 多效唑原药 SD 大鼠两代繁殖毒性研究. 毒理学杂志, 2008, 3: 195-196.

[4] 茅积余，李惠君，夏月娥，等. 多效唑毒性研究——大鼠 90 天喂养与繁殖. 浙江化工, 1990, 21（2）: 4-5, 17.

[5] PAN Pesticides Database—Chemicals. http://www.pesticideinfo.org/Detail_Chemical.jsp?Rec_Id=PC34826[2017-03-28].

# 氟乙酸钠(sodium fluoroacetate)

## 【基本信息】

**化学名称**：氟乙酸钠

**其他名称**：氟醋酸钠、氟乙酸钠盐、一氟醋酸钠

**CAS 号**：62-74-8

**分子式**：$C_2H_2FNaO_2$

**相对分子质量**：100.02

**SMILES**：FCC(=O)[O−].[Na+]

**类别**：灭鼠剂

**结构式**：

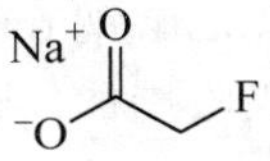

## 【理化性质】

白色粉末，密度 1.21g/mL，熔点 200～202℃，易溶于水，几乎不溶于乙醇、丙酮和石油[1]。

## 【环境行为】

**(1) 环境生物降解性**

氟乙酸盐被土壤细菌缓慢降解，土壤降解途径是氟乙酸钠降解生成乙醇酸或草酰乙酸[2]。

**(2) 环境非生物降解性**

氟乙酸钠是盐，不存在于空气中，以氟乙酸盐阴离子形式存在，在未灭菌土壤中稳定存在超过 27d[3]。

**(3) 环境生物蓄积性**

氟乙酸钠在水中快速电离成氟乙酸盐阴离子，易溶于水，因此不具有生物蓄积性[4]。

**(4) 土壤吸附/移动性**

湿润土壤中，氟乙酸钠以氟乙酸盐阴离子形式存在，吸附系数 $K_{oc}$ 值为 1.4，提示氟乙酸钠在土壤中具有高移动性[5]。

## 【生态毒理学】

鸟类(鹌鹑)急性 8d $LC_{50}$=486mg/kg，绿头鸭 8d $LC_{50}$=231mg/L，鱼类(虹鳟鱼)96h $LC_{50}$=54mg/L，溞类(大型溞)24h $EC_{50}$=0.35mg/L[1]。

## 【毒理学】

**(1)一般毒性**

大鼠急性经口 $LD_{50}$=0.5mg/kg，大鼠急性经皮 $LD_{50}$=48mg/kg bw[1]。

**(2)神经毒性**

神经毒性试验中，氟乙酸钠可以稳定地引起大鼠全身强直阵挛性发作，抑制胶质细胞功能来诱导癫痫发作，3mg/kg 的剂量仅引起胶质细胞功能改变，不引起不可逆性的病理损害；注射氟乙酸钠后，海马及额叶皮质神经元出现广泛病理损害，这一损害在 24h 达到高峰，其中海马 CA1 区受损最严重，出现明显神经元坏死、脱失，而胶质细胞病理改变不明显[6]。

**(3)发育与生殖毒性**

孕鼠给药 0.1～1.0mg/(kg·d)氟乙酸钠 6～17d，1.0mg/(kg·d)剂量引起孕鼠60%死亡率、体重和产仔数减少及吸收增加，因此，设置剂量组 0.1mg/(kg·d)、0.33mg/(kg·d)和 0.75mg/(kg·d)，孕鼠给药氟乙酸钠 6～17d，0.75mg/(kg·d)剂量引起母鼠体重降低、摄食量增加，胎鼠体重显著降低，产仔数和再吸收没有变化，胎鼠无外部畸形，因此孕鼠毒性 LOAEL≥0.75mg/(kg·d)。1.0mg/(kg·d)引起胚胎致死毒性，0.75mg/(kg·d)剂量下胎鼠体重降低与氟乙酸钠对孕鼠的毒性有关，而不是直接由对胎鼠的毒性引起[1]。

**(4)致突变性与致癌性**

无信息。

## 【人类健康效应】

1993 年 7 月至 1994 年 10 月收治的 30 例急性氟乙酸钠中毒患者的病例报告如下：30 例均为住院患儿，全部病例误服后均有恶心、呕吐、上腹部疼痛和阵发性抽搐症状。患儿抽搐发作时均表现为意识丧失、双眼球上逆、口吐白沫、口唇发绀、四肢强直性抽动，严重病例还伴尿失禁。抽搐持续数秒钟至 10 余秒钟后自行缓解，每间隔 0.5～2h 发作一次，其中 3 例昏迷病例还出现呼吸困难和血压下降，且因误服量较大而于 0.5～2h 内发病。30 例除抽搐时肺部闻及痰鸣音外，未发现其他阳性体征。30 例患儿住院期间血常规、尿常规、肝肾功能及心电图检查均正常，3 例昏迷病例入院时脑电图异常，可见弥漫性不规则高波、慢幅波，半个月后复查发现已恢复正常，其余 27 例的脑电图无异常。

氟乙酸钠是一种内吸性杀虫剂。人类口服半数致死量 $LD_{50}$ 为 2～10mg/kg，误服后经消化道吸收，在体内分解成氟乙酸，再与三羧酸循环中的柠檬酸结合成氟柠檬酸，抑制乌头酸酶的作用，致使三羧酸循环中断、柠檬酸堆积，造成中枢神经系统和心脏损害，尤其损害神经系统。氟乙酸钠的特效解毒剂为乙酰胺，又称解氟灵。解毒机理是由于乙酰胺能在体内生成乙酰基，与氟乙酸钠产生的氟乙酸竞争，达到延长潜伏期、控制发病、减轻症状的作用[7]。

吸入氟乙酸钠出现抽搐、呼吸困难、无意识症状[8]。

## 【危害分类与管制情况】

| 序号 | 毒性指标 | PPDB 分类 | PAN 分类[8] |
|---|---|---|---|
| 1 | 高毒 | 无数据 | 是 |
| 2 | 致癌性 | 无数据 | 无有效证据 |
| 3 | 内分泌干扰性 | 无数据 | 无有效证据 |
| 4 | 生殖发育毒性 | 无数据 | 是 |
| 5 | 胆碱酯酶抑制性 | 无数据 | 否 |
| 6 | 地下水污染 | — | 无有效证据 |
| 7 | 国际公约或优控名录 | 列入 PAN 名录 | |

注：PPDB 数据库由英国赫特福德郡大学农业与环境研究所开发；PAN 数据库来自北美农药行动网（PANNA）；“—”表示无此项。

## 【限值标准】

无信息。

## 参考文献


[1] U. S. National Library of Medicine. HSDB: Hazardous Substances Data Bank. https://toxnet.nlm.nih.gov/cgi-bin/sis/htmlgen?HSDB[2017-04-07].

[2] Clarke M L, Harvey D G, Humphreys D J. Veterinary Toxicology. 2nd ed. London: Bailliere Tindall. 1981.

[3] Lyman W J, Reehl W F, Rosenblatt D H. Handbook of Chemical Property Estimation Methods. Washington DC: American Chemical Society, 1990.

[4] Serjeant E P, Dempsey B. Ionisation Constants of Organic Acids in Aqueous Solution. 1979.

[5] Swann R L, Laskowski D A, Mccall P J, et al. A rapid method for the estimation of the environmental parameters octanol water partition-coefficient, soil sorption constant, water to air ratio, and water solubility. Res Rev, 1983, 85: 17-28.

[6] 杜芳. 氟乙酸钠致大鼠癫痫模型的建立及其机制的研究. 西安：陕西第四军医大学, 2001.

[7] 潘小虹. 急性氟乙酸钠中毒 30 例分析. 中华儿科杂志, 1996, 34 (3): 200.

[8] PAN Pesticides Database—Chemicals. http://www.pesticideinfo.org/Detail_Chemical.jsp?Rec_Id=PC35155[2017-04-07].

## 甲哌鎓(mepiquat)

### 【基本信息】

化学名称：甲哌鎓

其他名称：1,1-二甲基哌啶鎓

**CAS 号**：15302-91-7

分子式：$C_7H_{16}N$

相对分子质量：114.21

**SMILES**：C1CCCC[N+]1(C)C

类别：季铵类植物生长调节剂

结构式：

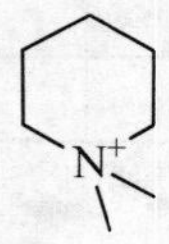

### 【理化性质】

固体[1]。

### 【环境行为】

**(1) 环境生物降解性**

甲哌鎓在土壤中的降解包括微生物降解和化学降解两条途径，化学降解和化学降解+微生物降解的平均降解率分别为 1.93%·$d^{-1}$ 和 3.12%·$d^{-1}$，降解半衰期分别为 13.0d 和 7.2d，降解 95%所需时间分别为 53.8d 和 33.2d。另外，土壤温度和湿度对甲哌鎓的降解均有显著影响，甲哌鎓降解的适宜温度为 25℃，适宜湿度为饱和持水量的 60%～70%，此时平均降解率为(3.0～3.5)%·$d^{-1}$，半衰期为 8d 左右，降解 95%所需时间为 30～35d。根据《化学农药环境安全评价试验准则》，甲哌鎓属于易降解农药[2]。

**(2) 环境非生物降解性**

无信息。

**(3) 环境生物蓄积性**

无信息。

**(4)土壤吸附/移动性**

无信息。

## 【生态毒理学】

鸟类(鹌鹑)急性 $LD_{50}$＞2000mg/kg，鱼类(虹鳟鱼)96h $LC_{50}$＞100mg/L，溞类(大型溞)48h $EC_{50}$=68.5mg/L，蚯蚓急性 14d $LC_{50}$＞3195mg/kg，蜜蜂急性接触 48h $LD_{50}$＞100μg/蜜蜂、经口 48h $LD_{50}$＞107.4μg/蜜蜂[1]。

## 【毒理学】

**(1)一般毒性**

大鼠急性经口 $LD_{50}$=1490mg/kg[1]。

**(2)神经毒性**

无信息。

**(3)发育与生殖毒性**

无信息。

**(4)致突变性与致癌性**

无信息。

## 【人类健康效应】

2002 年 1 月至 2006 年 3 月收治的 48 例急性甲哌鎓中毒患者诊治情况分析如下：全部患者均为口服中毒，服药量为 25～200mL，服药至入院时间间隔小于 30min 的有 20 例，30min～1h 内为 16 例，2h 内为 12 例。其中，女性 36 例、男性 12 例。全部病例均出现不同程度的恶心、乏力、瞳孔散大症状，19 例出现肝功能异常。入院时呼吸抑制或呼吸、心跳停止的有 19 例，昏迷的有 14 例，5 例出现肺水肿。重度中毒的有 19 例，轻、中度中毒的有 29 例。住院治疗的有 36 例，其中 34 例抢救成功，1 例呼吸、心跳骤停，抢救无效死亡，1 例家属放弃治疗、撤呼吸机后死亡。住院时间为 2～18d(一般在 5～7d)。另外 12 例患者均为来院前已呼吸停止或呼吸、心跳停止，服药量多大于 50mL，就诊时间均大于 1h，虽经气管插管、有效心肺复苏治疗，但未能奏效而死亡。

甲哌鎓中毒患者早期有呼吸抑制、多脏器损害、死亡率高等特点。治疗抢救中，早期气道管理及呼吸机辅助通气，是抢救成功的关键。虽然甲哌鎓标注系低毒产品，通过本组病例的救治，可以发现，约 40%的患者早期出现呼吸抑制，总死亡率达 29.2%，应引起重视。抢救成功与到院时间有直接关系，超过 1h 入院且呼吸停止或呼吸、心跳停止的 12 例患者均已死亡，在 30min 内入院且呼吸停止或呼吸、心跳停止的 7 例患者经气管插管，辅助通气后仅死亡 2 例，存在显著差异。

观察发现，所有呼吸停止患者有以下特点：服药超过 50mL，呼吸抑制出现早，呈现中枢性呼吸衰竭特点，呼吸频率改变，呼吸停止，继而心跳停止，少见喉头水肿。气管插管顺利、无明显喉痉挛，插管后多于 24h 内恢复意识及良好的自主呼吸，拔管后无不适。

急性甲哌鎓中毒患者出现肝损害，以谷丙转氨酶和谷草转氨酶水平升高一倍以上，伴或不伴黄疸为特点，仅进行一般护肝支持治疗即可，多于两周内恢复正常，无后遗症[3]。

## 【危害分类与管制情况】

| 序号 | 毒性指标 | PPDB 分类 | PAN 分类[4] |
|---|---|---|---|
| 1 | 高毒 | 否 | 否 |
| 2 | 致癌性 | 否 | 否 |
| 3 | 内分泌干扰性 | 无有效证据 | 无有效证据 |
| 4 | 生殖发育毒性 | 否 | 无有效证据 |
| 5 | 胆碱酯酶抑制性 | 否 | 否 |
| 6 | 神经毒性 | 否 | — |
| 7 | 呼吸道刺激性 | 无有效证据 | — |
| 8 | 皮肤刺激性 | 无有效证据 | — |
| 9 | 眼刺激性 | 无有效证据 | — |
| 10 | 地下水污染 | — | 无有效证据 |
| 11 | 国际公约或优控名录 | 无 | |

注：PPDB 数据库由英国赫特福德郡大学农业与环境研究所开发；PAN 数据库来自北美农药行动网（PANNA）；“—”表示无此项。

## 【限值标准】

每日允许摄入量（ADI）为 0.2mg/（kg bw · d），急性参考剂量（ARfD）为 0.3mg/（kg bw · d），操作者允许接触水平（AOEL）为 0.3mg/（kg bw · d）。

## 参 考 文 献

[1] U. S. National Library of Medicine. HSDB: Hazardous Substances Data Bank. https://toxnet.nlm.nih.gov/cgi-bin/sis/htmlgen?HSDB[2017-04-13].

[2] 田晓莉，谢湘毅，周春江，等. 植物生长调节剂甲哌鎓在土壤中的降解及其影响因子. 农业环境科学学报，2008, 5: 1672-2043.

[3] 黄骥，欧阳娟，阳军. 急性甲哌鎓中毒 48 例救治临床总结. 中国急救医学, 2006, 26（10）: 713.

[4] PAN Pesticides Database—Chemicals. http://www.pesticideinfo.org/Detail_Chemical.jsp?Rec_Id=PC38872[2017-04-12].

# 磷化钙(calcium phosphide)

## 【基本信息】

**化学名称**：磷化钙

**其他名称**：二磷化三钙

**CAS 号**：1305-99-3

**分子式**：$Ca_3P_2$

**相对分子质量**：182.19

**SMILES**：[Ca+2].[Ca+2].[Ca+2].[PH6–3].[PH6–3]

**类别**：无机灭鼠剂

**结构式**：

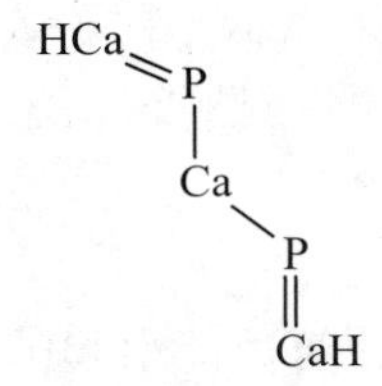


## 【理化性质】

红棕色结晶性粉末或灰色颗粒状，密度 1.274g/mL，熔点 1600℃，饱和蒸气压 1.0mPa（25℃）。

## 【环境行为】

**(1) 环境生物降解性**

好氧条件下，实验室土壤中降解半衰期为 0.01d（20℃），田间土壤中降解半衰期为 0.01d，挥发时快速转为气体[1]。

**(2) 环境非生物降解性**

在潮湿的空气或水中分解，自燃成磷化氢[2]。

**(3) 环境生物蓄积性**

无信息。

**(4) 土壤吸附/移动性**

无信息。

## 【生态毒理学】

鸟类（鹌鹑）急性 $LD_{50}$=21.2mg/kg，鱼类（虹鳟鱼）96h $LC_{50}$=0.000105mg/L，溞类（大型溞）48h $EC_{50}$=0.000117mg/L，蚯蚓急性 14d $LC_{50}$＞400mg/kg[1]。

## 【毒理学】

**（1）一般毒性**

大鼠急性经口 $LD_{50}$=8.7mg/kg，大鼠急性经皮 $LD_{50}$=680mg/kg bw，大鼠急性吸入 $LC_{50}$=11.0mg/L[1]。

**（2）神经毒性**

无信息。

**（3）发育与生殖毒性**

无信息。

**（4）致突变性与致癌性**

50 只大小白鼠雌雄各半，用磷化钙熏蒸过的粮食所饲养的动物为试验组，并设阳性对照组和阴性对照组。结果显示，精子致畸的染色体畸变试验中，试验组与阳性对照组有显著差异，而与阴性对照组无差异，同时显性致死试验为阴性[3]。

## 【人类健康效应】

吸入由磷化钙挥发产生的磷化氢可能引起肺部水肿，对胃肠道中枢神经系统、肝脏、肾脏和心血管系统有影响，导致功能受损和呼吸衰竭，甚至死亡，肺部水肿通常不明显，疲劳症状会加重，因此休息和医院观察很重要；对眼睛、皮肤和呼吸道有刺激性[4]。

应用姐妹染色单体互换和染色体结构畸变的方法对磷化钙生产人员、熏蒸杀虫操作人员，以及长期食用经磷化钙熏蒸杀虫后再加工食品的人员进行了群体观察，结果表明：生产人员姐妹染色单体交换率及结构畸变率明显高于用药人员及长期食用人员（$P$＜0.01），而长期食用人员同对照组相比则无显著变化（$P$＞0.05）。

短期直接接触磷化钙对人体也有致姐妹染色单体互换率增高的现象，但损伤程度大大低于生产磷化钙的人员；采用磷化钙熏蒸粮食加工的食品，人食用后未发现致突变作用，长期食用也未发现 DNA 损伤，对子代也无遗传效应[5]。

另有报道，灼烧眼睛和皮肤，引起头痛、咳嗽、紧张、胸痛、气短、头晕、嗜睡和昏迷；导致疲劳、肌肉疼痛、发冷、颤抖、不协调、痉挛；引起肺水肿和心律失常；胃肠道症状包括恶心、呕吐、腹痛、腹泻；造成肾脏和肝脏损伤，还可能出现黄疸[6]。

## 【危害分类与管制情况】

| 序号 | 毒性指标 | PPDB 分类 | PAN 分类[6] |
|---|---|---|---|
| 1 | 高毒 | 是 | 无有效证据 |
| 2 | 致癌性 | 否 | 无有效证据 |
| 3 | 内分泌干扰性 | 无数据 | 无有效证据 |
| 4 | 生殖发育毒性 | 无数据 | 无有效证据 |
| 5 | 胆碱酯酶抑制性 | 否 | 否 |
| 6 | 呼吸道刺激性 | 是 | — |
| 7 | 皮肤刺激性 | 是 | — |
| 8 | 眼刺激性 | 是 | — |
| 9 | 地下水污染 | — | 无有效证据 |
| 10 | 国际公约或优控名录 | 无 | |

注：PPDB 数据库由英国赫特福德郡大学农业与环境研究所开发；PAN 数据库来自北美农药行动网（PANNA）；“—”表示无此项。

## 【限值标准】

每日允许摄入量（ADI）为 0.03mg/(kg bw・d)，急性参考剂量（ARfD）为 0.051mg/(kg bw・d)，操作者允许接触水平（AOEL）为 0.03mg/(kg bw・d)。

## 参 考 文 献


[1] PPDB: Pesticide Properties DataBase. http://sitem.herts.ac.uk/aeru/ppdb/en/Reports/1071.htm[2017-04-13].

[2] O'Neil M J. The Merck Index. 13th ed. Whitehouse Station: Merck Publishing, 2001: 283.

[3] 左超成, 游文凤, 宋国英, 等. 磷化钙毒理及遗传效应的研究. 郑州粮食学院学报, 1987, 3: 42-46.

[4] IPCS, CEC. International Chemical Safety Card on Calcium Phosphide. 2002.

[5] 陈勇夫, 游义凤, 王建国, 等. 磷化钙对人群致突变的观察研究. 郑州粮食学院学报, 1987, 3: 51-53.

[6] PAN Pesticides Database—Chemicals. http://www.pesticideinfo.org/Detail_Chemical.jsp?Rec_Id=PC36961[2017-04-13].

# 磷化镁(magnesium phosphide)

## 【基本信息】

**化学名称**：磷化镁

**其他名称**：二磷化三镁

**CAS 号**：12057-74-8

**分子式**：$Mg_3P_2$

**相对分子质量**：134.86

**SMILES**：[Mg+2].[Mg+2].[Mg+2].[PH6−3].[PH6−3]

**类别**：无机灭鼠剂

**结构式**：

P═P

Mg　Mg

Mg

## 【理化性质】

灰色固体，密度 1.47g/mL，熔化前分解，沸腾前分解，饱和蒸气压 $1.0\times10^{-5}$mPa(25℃)，不溶于有机溶剂。

## 【环境行为】

**(1)环境生物降解性**

好氧条件下，土壤中降解半衰期为 0.24d(典型值)，实验室土壤中降解半衰期为 0.22d(20℃)，欧盟档案记录的实验室土壤中降解半衰期为 0.22～0.24d[1]。

**(2)环境非生物降解性**

磷化镁在水环境中快速水解[1]。

**(3)环境生物蓄积性**

无信息

**(4)土壤吸附/移动性**

无信息。

## 【生态毒理学】

鸟类(鹌鹑)急性 $LD_{50}$=49mg/kg，鱼类(虹鳟鱼)96h $LC_{50}$=0.0093mg/L，蚯蚓急性 14d $LC_{50}$＞663.5mg/kg[1]。

## 【毒理学】

**(1)一般毒性**

大鼠急性经口 $LD_{50}$=10.4mg/kg，大鼠急性经皮 $LD_{50}$=460mg/kg bw，大鼠急性吸入 $LC_{50}$＞11mg/L[1]。

**(2)神经毒性**

神经毒性试验中，每个剂量组的 11 只大鼠，每天吸入磷化氢(0mg/L、20mg/L、30mg/L、40mg/L)4h，结果显示，没有大鼠死亡，无剂量相关临床症状。在第 1 天，30mg/L 和 40mg/L 剂量组的雌鼠及 20mg/L 和 40mg/L 剂量组的雄鼠出现眼睑闭合症状，雌鼠和雄鼠的体温都明显降低。20mg/L、30mg/L 和 40mg/L 剂量引起大鼠自主运动减少；20mg/L 剂量引起雄鼠在 10min、20min 和 30min 间隔时间的水平活动分别减少 76.4%、77.6%和 89.4%，引起雌鼠在 10min、20min 和 30min 间隔时间的水平活动分别减少 71.3%、85.8%和 54.1%，40mg/L 剂量引起雄鼠肾上腺质量增加，但无剂量相关效应[2]。

**(3)发育与生殖毒性**

CD 孕鼠在怀孕第 6～15 天每天吸入磷化氢(0mg/L、0.03mg/L、0.3mg/L、5.0mg/L、7.5mg/L)6h，每个剂量组 24 只。结果显示，7.5mg/L 剂量组死亡数达到 14 只，10d 后试验停止，高剂量组对孕鼠和胎鼠无发育毒性，0.03mg/L、0.3mg/L、5.0mg/L 剂量组无吸收增加，因此，母鼠毒性 NOAEL=5.0mg/L、LOAEL=7.5mg/L[2]。

**(4)致突变性与致癌性**

无 $S_9$ 激活条件下，2500mg/L 和 5000mg/L 磷化氢剂量组中国仓鼠卵巢细胞体外遗传试验呈阳性，引起明显但无剂量相关性的结构染色体畸变；2500mg/L 剂量组在 $S_9$ 激活条件下引起染色体断裂，5000mg/L 剂量组无影响[2]。

B6C3F1 和 F344 雄鼠每天吸入 0mg/L、1.25mg/L、2.5mg/L、5.0mg/L 磷化氢达 6h，持续 11d，结果显示，无基因毒性[3]。

原代大鼠吸入 0mg/L、4.8mg/L、13mg/L、18mg/L、23mg/L 磷化氢 6h，结果显示阴性，23mg/L 剂量引起明显毒性，但是无细胞毒性[2]。

## 【人类健康效应】

灼烧眼睛和皮肤，引起头痛、咳嗽、紧张、胸痛、气短、头晕、嗜睡和昏迷；导致疲劳、肌肉疼痛、发冷、颤抖、不协调和痉挛；引起肺水肿和心律失常；胃肠道症状包括恶心、呕吐、腹痛、腹泻；引起肾脏和肝脏损伤，还可能出现黄疸[3]。

吸入症状包括腹痛、灼烧、咳嗽、头晕、迟钝、头痛、呼吸困难、恶心、喉咙痛；眼睛接触引起眼睛发红、疼痛；摄食症状包括抽搐、腹泻、无意识、呕吐[3]。

## 【危害分类与管制情况】

| 序号 | 毒性指标 | PPDB 分类 | PAN 分类[3] |
|---|---|---|---|
| 1 | 高毒 | 是 | 无有效证据 |
| 2 | 致癌性 | 否 | 否 |
| 3 | 内分泌干扰性 | 无数据 | 无有效证据 |
| 4 | 生殖发育毒性 | 无有效数据 | 无有效证据 |
| 5 | 胆碱酯酶抑制性 | 否 | 否 |
| 6 | 神经毒性 | 否 | — |
| 7 | 呼吸道刺激性 | 是 | — |
| 8 | 皮肤刺激性 | 否 | — |
| 9 | 眼刺激性 | 无有效数据 | — |
| 10 | 地下水污染 | — | 无有效证据 |
| 11 | 国际公约或优控名录 | 无 | |

注：PPDB 数据库由英国赫特福德郡大学农业与环境研究所开发；PAN 数据库来自北美农药行动网（PANNA）；“—”表示无此项。

## 【限值标准】

每日允许摄入量（ADI）0.022mg/（kg bw · d），急性参考剂量（ARfD）为 0.038mg/（kg bw · d），操作者允许接触水平（AOEL）为 0.022mg/（kg bw · d）。

### 参考文献

[1] PPDB: Pesticide Properties DataBase. http://sitem.herts.ac.uk/aeru/ppdb/en/Reports/1090.htm[2017-04-07].

[2] USEPA/Office of Pesticide Programs. Reregistration Eligibility Decision Document—Aluminum and Magnesium Phosphide. EPA 738-R-98-017.1998.

[3] PAN Pesticides Database—Chemicals. http://www.pesticideinfo.org/Detail_Chemical.jsp?Rec_Id=PC35417[2017-04-07].

# 磷化锌(zinc phosphide)

## 【基本信息】

**化学名称：**磷化锌

**其他名称：**亚磷酸鋅、耗鼠尽

**CAS 号：**1314-84-7

**分子式：**$Zn_3P_2$

**相对分子质量：**258.12

**SMILES：**P([Zn]P=[Zn])=[Zn]

**类别：**灭鼠剂

**结构式：**

Zn═P—Zn—P═Zn

## 【理化性质】

黑灰色粉末，具有强烈气味，熔点 500℃，沸点 500℃，饱和蒸气压 $6.5\times10^{-6}$mPa(25℃)。水溶解度(20℃)为 0.0014mg/L。有机溶剂溶解度(20℃)：正庚烷，500mg/L；甲醇，500mg/L；丙酮，500mg/L；二甲苯，500mg/L。亨利常数为 $4.92\times10^{-7}$Pa·m$^3$/mol(25℃)。

## 【环境行为】

**(1)环境生物降解性**

好氧条件下，实验室土壤中降解半衰期为 10.95d(20℃)，欧盟档案记录的实验室土壤中降解半衰期为 7.8～14.1d[1]。

**(2)环境非生物降解性**

水解是磷化锌的主要降解途径，产生磷化氢和锌离子；pH 为 5～9 时，水中稳定(20℃)，pH 为 4 时，水解半衰期为 38d[1]。

**(3)环境生物蓄积性**

磷化锌水解成磷化氢和锌离子，不具有生物蓄积性[2]。

**(4)土壤吸附/移动性**

磷化锌在土壤中不移动[2]。

## 【生态毒理学】

鸟类（鹌鹑）急性 $LD_{50}$=12.9mg/kg，鱼类（虹鳟鱼）96h $LC_{50}$＞21.7mg/L，溞类（大型溞）48h $EC_{50}$=114mg/L，藻类 72h $EC_{50}$=0.0038mg/L，蚯蚓急性 14d $LC_{50}$＞1000mg/kg[1]。

## 【毒理学】

**（1）一般毒性**

大鼠急性经口 $LD_{50}$=12mg/kg，大鼠急性经皮 $LD_{50}$=1000mg/kg bw，大鼠急性吸入 $LC_{50}$＞11mg/L[1]。

**（2）神经毒性**

神经毒性试验中，连续 13 周给大鼠给喂磷化锌（0mg/kg、0.1mg/kg、0.5mg/kg、2mg/kg）进行神经病理检查，结果显示，无剂量相关病变，基于系统毒性、行为和神经病理的 NOAEL=2mg/kg[2]。

神经毒性试验中，连续 13 周给大鼠给药磷化锌（0mg/kg、0.1mg/kg、0.5mg/kg、2mg/kg），其中，4 只大鼠的死亡与磷化锌的暴露无关，临床症状、体重和摄食量与空白对照比较无差异。高剂量组神经病理检查无不良形态学变化，神经毒性 NOAEL=0.1mg/kg[2]。

**（3）发育与生殖毒性**

25 只雌鼠在妊娠第 6～15 天给药（0mg/kg、1mg/kg、2mg/kg、4mg/kg），在第 9 天和第 16 天共 9 只雌鼠死亡，死因不明，4mg/kg 剂量引起雌鼠在第 6～10 天体重降低和摄食量明显减少，因此，母鼠毒性 NOAEL=2mg/kg、LOAEL=4mg/kg，发育毒性 NOAEL≥4mg/kg[3]。

**（4）致突变性与致癌性**

沙门氏菌 TA 菌株暴露于 5000μg/板磷化锌，在有 $S_9$ 和无 $S_9$ 激活条件下，回复突变体诱导数量没有增加，埃姆斯试验结果为阴性[3]。

小鼠淋巴瘤细胞暴露在磷化锌中，在有 $S_9$ 和无 $S_9$ 激活条件下，80μg/mL 引起胸苷激酶基因剂量相关的诱导突变，小鼠淋巴瘤试验结果呈阳性[3]。

对大鼠给药磷化锌 150mg/kg，没有诱导畸变增加，微核诱变试验结果也呈阴性[3]。

将市售磷化锌（$Zn_3P_2$）按 1∶20 质量比与稻谷均匀混合成磷化锌毒谷备用，对 10 只昆明种杂交繁殖的小白鼠，以平均每只 5g/d 的剂量进行饲喂，饲后 8h 小鼠出现中毒症状，尔后陆续死亡，最长存活时间为 15h。结果表明，施用磷化锌后，大鼠染色体畸变率明显增高，为 18.8%，与对照组相比均有非常显著的统计学差异（$P<0.01$），染色体畸变类型以单体互换和染色体环多见，占总畸变细胞数的 57.4%[4]。

## 【人类健康效应】

磷化锌是目前仍常用的传统灭鼠药，属剧毒类。遇水或胃酸则迅速生成磷化氢和氯化锌。前者能抑制细胞色素酶，后者有强烈的刺激性和腐蚀性，二者主要造成中枢神经系统、心脏、肝、肾、呼吸系统、消化道黏膜等的广泛损害。成人致死量为2～3g（儿童40mg/kg）。磷化锌中毒早期发现，及时催吐，彻底洗胃，用硫酸铜溶液使磷化锌变为不溶性的磷化铜，用高锰酸钾溶液使磷化锌氧化为磷酸酐而失去毒性，是磷化锌中毒患者抢救成功的关键。磷化锌中毒可损害多脏器多系统，因此在抢救过程中，除催吐和彻底洗胃外，其他处理，如补液、保护胃肠黏膜、护肝、止血、抗炎、吸氧、利尿、脱水、强心，维持水-电解质酸碱平衡十分重要。磷化锌是一种无机磷，中毒后用解磷定、氯磷定、阿托品等无效，所以勿用。导泻时勿用硫酸镁，因其在胃内形成氯化镁，加重毒性。此外，勿用鸡蛋、牛奶、动植物油脂类食物，以免促使磷的吸收[5]。

灼烧眼睛和皮肤，引起头痛、咳嗽、紧张、胸痛、气短、头晕、嗜睡和昏迷；导致疲劳、肌肉疼痛、发冷、颤抖、不协调和痉挛；引起肺水肿和心律失常；引起的胃肠道症状包括恶心、呕吐、腹痛、腹泻；造成肾脏和肝脏损伤，还可能出现黄疸[6]。

## 【危害分类与管制情况】

| 序号 | 毒性指标 | PPDB 分类 | PAN 分类[6] |
|---|---|---|---|
| 1 | 高毒 | 是 | 是 |
| 2 | 致癌性 | 否 | 无有效证据 |
| 3 | 内分泌干扰性 | 无数据 | 无有效证据 |
| 4 | 生殖发育毒性 | 是 | 是 |
| 5 | 胆碱酯酶抑制性 | 无有效证据 | 否 |
| 6 | 呼吸道刺激性 | 无数据 | — |
| 7 | 皮肤刺激性 | 否 | — |
| 8 | 眼刺激性 | 否 | — |
| 9 | 地下水污染 | — | 无有效证据 |
| 10 | 国际公约或优控名录 | 列入 PAN 名录 | |

注：PPDB 数据库由英国赫特福德郡大学农业与环境研究所开发；PAN 数据库来自北美农药行动网（PANNA）；“—”表示无此项。

## 【限值标准】

每日允许摄入量（ADI）为 0.042mg/(kg bw・d)，急性参考剂量（ARfD）为0.073mg/(kg bw・d)，操作者允许接触水平（AOEL）为 0.042mg/(kg bw・d)。

## 参 考 文 献

[1] PPDB: Pesticide Properties DataBase. http://sitem.herts.ac.uk/aeru/ppdb/en/Reports/1730.htm[2017-04-17].

[2] 吕慧英. 磷化锌和敌鼠钠盐致小鼠骨髓染色体畸变效应的初步观察. 第一军医大学学报, 1987, 7（3-4）: 257.

[3] USEPA/Office of Pesticide Programs. Reregistration Eligibility Decision Document—Zinc Phosphide. 1998.

[4] USEPA. Reregistration Eligibility Decision（RED）for Zinc Phosphide. 1998.

[5] 郭章勇, 刘雅清. 磷化锌中毒 18 例救治体会. 井冈山医专学报, 2001, 8（2）: 70.

[6] PAN Pesticides Database—Chemicals. http://www.pesticideinfo.org/Detail_Chemical.jsp?Rec_Id=PC34737[2017-04-17].

# 氯吡脲(forchlorfenuron)

## 【基本信息】

**化学名称**：1-(2-氯-4-吡啶)-3-苯基脲

**其他名称**：调吡脲、施特优、膨果龙

**CAS 号**：68157-60-8

**分子式**：$C_{12}H_{10}ClN_3O$

**相对分子质量**：247.682

**SMILES**：Clc2nccc(NC(=O)Nc1ccccc1)c2

**类别**：苯基脲类植物生长调节剂

**结构式**：

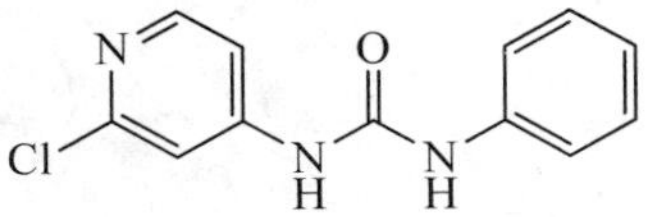

## 【理化性质】

白色结晶性粉末，密度 1.38g/mL，熔点 165℃，沸腾前分解，饱和蒸气压 $4.60\times10^{-5}$mPa(25℃)。水溶解度(20℃)为 39mg/L。有机溶剂溶解度(20℃)：乙醇，149000mg/L；甲醇，119000mg/L；丙酮，127000mg/L；氯仿，2700mg/L。辛醇/水分配系数 $\lg K_{ow}$=3.3，亨利常数为 $1.20\times10^{-10}$Pa・$m^3$/mol(25℃)。

## 【环境行为】

**(1)环境生物降解性**

好氧条件下，实验室土壤中降解半衰期为 243.6d(20℃)，田间土壤中降解半衰期为 1119d；欧盟档案记录的实验室土壤中降解半衰期为 53～1218d[1]。在黑暗条件下，10μg/g 氯吡脲在砂壤土可稳定达 12 个月(25℃)；在厌氧条件下，砂壤土中降解半衰期为 226d[2]。

**(2)环境非生物降解性**

氯吡脲与大气中羟基自由基反应的速率常数为 $4.8\times10^{-11}cm^3$/(mol・s)(25℃)，光解半衰期为 8h[3]。pH 为 7 时，水中稳定(20℃)，pH 为 5 时，水解半衰期为 30d(25℃)[1]，在敏化光照水溶液中，光解半衰期为 5d[2]。

**(3) 环境生物蓄积性**

BCF 值为 6.1，提示氯吡脲具有低生物蓄积性[1]。

**(4) 土壤吸附/移动性**

吸附系数 $K_{oc}$ 值为 1100，提示氯吡脲在土壤中具有低移动性[1]。

## 【生态毒理学】

鸟类(鹌鹑)急性 $LD_{50}$＞2250mg/kg，鱼类(虹鳟鱼)96h $LC_{50}$=9.2mg/L、鱼类 21d NOEC=2.0mg/L，溞类(大型溞)48h $EC_{50}$=8.0mg/L，浮萍 7d $EC_{50}$=22.15mg/L，藻类 72h $EC_{50}$=3.3mg/L、96h NOEC=5.23mg/L，蚯蚓急性 14d $LC_{50}$=500mg/kg、繁殖毒性 14d NOEC=0.3mg/kg，蜜蜂急性接触 48h $LD_{50}$＞80.6μg/蜜蜂、经口 48h $LD_{50}$＞80.6μg/蜜蜂[1]。

## 【毒理学】

**(1) 一般毒性**

大鼠急性经口 $LD_{50}$＞4917mg/kg，大鼠急性经皮 $LD_{50}$＞2000mg/kg bw，大鼠急性吸入 $LC_{50}$＞3.0mg/L[1]。

**(2) 神经毒性**

无信息。

**(3) 发育与生殖毒性**

将 68 只初断乳(出生后 21d)的 SPF 级 SD 雌性大鼠按体重随机分为 4 组，分别为对照组(植物油)和 0.06mg/kg、6mg/kg、600mg/kg 氯吡脲染毒组，每组 17 只。采用经口灌胃方式进行染毒，连续染毒 21d。将结果与对照组比较发现，600mg/kg 氯吡脲可引起大鼠体重下降，并导致肝、肾功能损伤，但肝肾病理检查未发现明显异常。600mg/kg 氯吡脲还引起脑垂体质量降低($P$＜0.05)，表明氯吡脲可能对脑垂体产生毒性作用，从而导致机体生长发育的速度延缓，体重减轻；600mg/kg 氯吡脲染毒组雌性仔鼠的卵巢发育或排卵与子宫内膜脱落周期不同步，明显滞后。因此，600mg/kg 氯吡脲染毒组可能诱导雌性大鼠青春期启动延迟；0.06mg/kg、6mg/kg 氯吡脲染毒组未发现明显的干扰生长发育和内分泌的作用。因此，高剂量氯吡脲可能诱导雌性大鼠青春期启动延迟，影响其生长发育[4]。

**(4) 致突变性与致癌性**

鼠伤寒沙门氏菌株 TA1535 暴露于氯吡脲 48h(37℃)，设置 10～1000μg/板(有 $S_9$ 条件下)和 2～200μg/板(无 $S_9$ 条件下)剂量组，每个剂量组设计 3 个平行，无 $S_9$ 激活条件下，50μg/板引起回复突变数增加 2～6 倍，结果表明，氯吡脲引起碱基替换突变[5]。

选用 7～12 周龄、体重 25～30g 的小鼠 50 只，雌雄各 25 只，随机分为 5 组，每组 10 只(雌雄各半)。设置 1/2 $LD_{50}$、1/4 $LD_{50}$、1/8 $LD_{50}$ 三个剂量组(雌性 $LD_{50}$ 为 568mg/kg,雄性 $LD_{50}$ 为 421mg/kg),同时设阴性对照(阴性对照物为溶剂 DMSO)和阳性对照(阳性对照物为 40mg/kg 环磷酰胺)。经口灌胃,采用 30h 给受试物法,两次给受试物间隔 24h,第二次给受试物后 6h,颈椎脱臼处死动物,取胸骨制备骨髓涂片,染色、观察计数。结果显示,雌性和雄性三个剂量组的微核发生率均在正常范围之内,经统计学处理,与阴性对照组(DMSO)比较差异无统计学意义,与阳性对照组(环磷酰胺)比较差异性极显著($P<0.01$),说明当雄性在 211mg/kg 以下剂量,雌性在 284mg/kg 以下剂量时,氯吡脲没有致突变作用[6]。

对 70 只大鼠给喂氯吡脲 0mg/L、150mg/L、2000mg/L、7500mg/L[雄鼠,0mg/(kg·d)、7mg/(kg·d)、93mg/(kg·d)、352mg/(kg·d);雌鼠,0mg/(kg·d)、9mg/(kg·d)、122mg/(kg·d)、518mg/(kg·d)]两年进行致癌性试验。结果显示,大鼠无死亡,也无明显的肿瘤发生,给药 1 周后 7500mg/L 剂量引起大鼠体重显著减轻,摄食量也显著减少;泌尿生殖系统和腹侧异常增加,可能由肾脏不正常所致;肾脏病变包括发白、囊肿和萎缩。肾脏是唯一发生显微结构变化的器官,症状包括化脓性炎症、管状扩张和间质性肾炎。因此慢性毒性 NOAEL=150mg/L,无致癌性[4]。

对 60 只 CD 大鼠给药(0mg/L、10mg/L、1000mg/L)18 个月,结果显示,摄食量和体重发生变化,大鼠的存活无剂量相关效应;1000mg/L 引起体重显著减轻($P<0.01$),对白细胞没有影响,靶器官是肾脏,肾脏质量增加。10mg/L 和 1000mg/L 剂量组雌鼠及 1000mg/L 剂量组雄鼠肾小管扩张的发病率增加,1000mg/L 剂量组大鼠肝脏和睾丸相对质量增加,显微镜观察发现无剂量相关病变,因此慢性毒性 NOAEL= 10mg/L,无致癌性[4]。

## 【人类健康效应】

不大可能有系统毒性,除非大量摄入氯吡脲,许多取代脲类对眼睛、皮肤和黏膜具有刺激性,引起咳嗽和呼吸困难;恶心、呕吐、腹泻、头痛、混乱和电解质耗竭;蛋白质代谢障碍、肺气肿和体重降低[7]。

## 【危害分类与管制情况】

| 序号 | 毒性指标 | PPDB 分类 | PAN 分类[7] |
|---|---|---|---|
| 1 | 高毒 | 否 | 无有效证据 |
| 2 | 致癌性 | 否 | 否 |
| 3 | 内分泌干扰性 | 否 | 无有效证据 |
| 4 | 生殖发育毒性 | 无有效证据 | 无有效证据 |
| 5 | 胆碱酯酶抑制性 | 否 | 否 |

续表

| 序号 | 毒性指标 | PPDB 分类 | PAN 分类[7] |
|---|---|---|---|
| 6 | 呼吸道刺激性 | 是 | — |
| 7 | 皮肤刺激性 | 否 | — |
| 8 | 皮肤致敏性 | 否 | — |
| 9 | 眼刺激性 | 否 | — |
| 10 | 地下水污染 | — | 潜在影响 |
| 11 | 国际公约或优控名录 | 无 | |

注：PPDB 数据库由英国赫特福德郡大学农业与环境研究所开发；PAN 数据库来自北美农药行动网（PANNA）；“—”表示无此项。

## 【限值标准】

每日允许摄入量（ADI）为 0.05mg/（kg bw·d），急性参考剂量（ARfD）为 1.0mg/（kg bw·d），操作者允许接触水平（AOEL）为 0.25mg/（kg bw·d）。

## 参考文献


[1] PPDB: Pesticide Properties DataBase. http://sitem.herts.ac.uk/aeru/ppdb/en/Reports/358.htm[2017-04-12].

[2] USEPA/OPPTS. Fact Sheets on New Active Ingredients: Forchlorfenuron. 2004.

[3] Meylan W M, Howard P H. Computer estimation of the atmospheric gas-phase reaction rate of organic compounds with hydroxyl radicals and ozone. Chemosphere, 1993, 26（12）: 2293-2299.

[4] California Environmental Protection Agency. Department of Pesticide Regulation. Toxicology Data: Forchlorfenuron（68157-60-8）. 2004.

[5] 陈槐萱，杨春平，程薇波，等. 青春期前氯吡脲暴露对雌性大鼠生殖发育的影响. 环境与健康杂志，2015，32（1）: 33-36.

[6] 林利美，黄大伟，郭娇娇，等. 氯吡脲对小鼠的毒性实验研究. 食品工业科技营养与保健，2012，14（33）: 360-362.

[7] PAN Pesticides Database—Chemicals. http://www.pesticideinfo.org/Detail_Chemical.jsp?Rec_Id=PC37473[2017-04-12].

# 灭鼠灵(warfarin)

## 【基本信息】

**化学名称**：4-羟基-3-(3-氧代-1-苯基丁基)-2*H*-1-苯并吡喃-2-酮
**其他名称**：华法林、华法灵、3-(1-丙酮基苄基)-4-羟基香豆素
**CAS 号**：81-81-2
**分子式**：$C_{19}H_{16}O_4$
**相对分子质量**：308.33
**SMILES**：O=C\1c3c(OC(/O)=C/1C(c2ccccc2)CC(=O)C)cccc3
**类别**：香豆素抗凝剂类灭鼠剂
**结构式**：

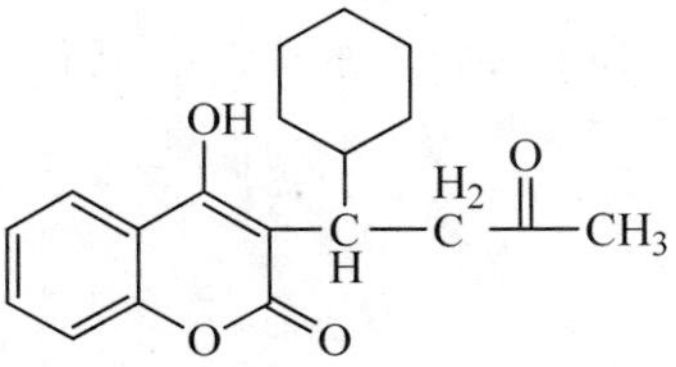

OH, $H_2$, O, C, C, $CH_3$, H, O, O

## 【理化性质】

无色结晶粉末，密度 1.35g/mL，熔点 165℃，饱和蒸气压 3.0mPa(25℃)。水溶解度(20℃)为 267mg/L。有机溶剂溶解度(20℃)：正庚烷，6.4mg/L；甲醇，22200mg/L；丙酮，54600mg/L；乙酸乙酯，16900mg/L。辛醇/水分配系数 $\lg K_{ow}$=0.7，亨利常数为 $3.50\times10^{-3}$Pa · $m^3$/mol(25℃)。

## 【环境行为】

**(1) 环境生物降解性**

好氧条件下，实验室土壤中降解半衰期为 5d(20℃)[1]。28d 化学需氧量(COD)去除率为 13%，说明灭鼠灵不可快速生物降解[2]。

**(2) 环境非生物降解性**

灭鼠灵与大气中羟基自由基反应的速率常数为 $5.4\times10^{-11}cm^3/(mol\cdot s)$，光解半衰期为 6.5h(25℃)，与大气中臭氧自由基反应的速率常数为 $1.4\times10^{-16}cm^3/(mol\cdot s)$，

光解半衰期为 2.0h（25℃）[3]。常温条件下 pH 为 5～9 时，水中稳定；中性条件下水解半衰期为 16.1 年[4]。

**(3) 环境生物蓄积性**

基于 $K_{ow}$ 的 BCF 估测值为 28，提示灭鼠灵具有低生物蓄积性[5]。

**(4) 土壤吸附/移动性**

吸附系数 $K_{oc}$ 值为 90[6]、912[7]，土壤和污泥中 $K_d$ 值分别为 8 和 27，提示灭鼠灵在土壤中具有高或低移动性[8]。

## 【生态毒理学】

鸟类（鹌鹑）急性 $LD_{50}$＞2000mg/kg，鱼类（虹鳟鱼）96h $LC_{50}$=65.0mg/L、鱼类 21d NOEC=2.0mg/L，溞类（大型溞）48h $EC_{50}$＞105mg/L，藻类 72h $EC_{50}$＞8.5mg/L、96h NOEC=8.5mg/L，蚯蚓急性 14d $LC_{50}$＞10mg/kg[1]。

## 【毒理学】

**(1) 一般毒性**

大鼠急性经口 $LD_{50}$=10.4mg/kg，大鼠急性经皮 $LD_{50}$=4mg/kg bw，大鼠急性吸入 $LC_{50}$＞0.05mg/L[1]。

**(2) 神经毒性**

无信息。

**(3) 发育与生殖毒性**

对妊娠第 8～11 天的孕兔给药 4mg/kg，孕兔无畸形发生，在第 3 天胎盘出血，并导致流产[9]。

对 SD 大鼠每日给喂灭鼠灵 100mg/kg 并肌肉注射维生素 $K_1$（10mg/kg），对孕期 1～12 天的胎鼠没有影响，第 9～20 天引起出血，对照组正常。以灭鼠灵的最低效应剂量 3mg/kg 给药，同时注射维生素 $K_1$，引起 28%的胎鼠出血，100mg/kg 剂量没有引起胎鼠出血率继续增加。出血影响胎儿大脑、脸部、眼睛、耳朵和四肢的发育；侧脑室频繁出血造成不同程度的脑积水，骨钙缺陷不是产前接触灭鼠灵造成的。这些结果表明，产前接触灭鼠灵和维生素 $K_1$ 引起的出血性异常和病理与人类产前接触灭鼠灵一样，无骨或面部损伤[10]。

**(4) 致突变性与致癌性**

给喂大鼠灭鼠灵，维生素 K 长期缺乏，引起自发转移性小鼠肿瘤[11]。

大对鼠给喂灭鼠灵 8 个月，维生素 K 依赖的骨钙素减少到正常水平的 2%，过分矿化引起胫骨近端骨板完全融合，人类胎儿异常表现为骨板过度矿化[12]。

## 【人类健康效应】

灭鼠灵轻度中毒：消化道症状和/或皮肤、黏膜的 1～2 个部位出血，出血时间(BT)、凝血时间(CT)、凝血酶原时间(PT)正常或稍延长；中度中毒：除上述表现外，还有皮肤淤斑、黑便、咯血、血尿，BT、CT、PT 延长；重度中毒：除上述表现外，还发生脑出血、昏迷、休克、循环衰竭等。

灭鼠灵是香豆素抗凝血剂，是维生素 K 的拮抗剂，主要经消化道吸收，也可部分经呼吸道及皮肤吸收，吸收后不损害肝小叶，而是在肝内与维生素 K 竞争，使凝血酶原的生成受到障碍。由于维生素 K 的缺乏，凝血因子Ⅱ、Ⅶ、Ⅸ、Ⅹ的生成减少，从而影响凝血酶的活性，使凝血酶原转变为凝血酶的速度减慢，引起凝血障碍，也可直接损伤毛细血管壁，产生无菌性炎症，使毛细血管壁的通透性及脆性增加，导致血管壁破裂出血。维生素 $K_1$ 是有效的解毒剂[13]。

灭鼠灵中毒引起鼻出血、牙龈出血、血尿、瘀斑、疲乏、气短(呼吸困难)，可能导致肺水肿[14]。

## 【危害分类与管制情况】

| 序号 | 毒性指标 | PPDB 分类 | PAN 分类[14] |
|---|---|---|---|
| 1 | 高毒 | 是 | 是 |
| 2 | 致癌性 | 无数据 | 无有效证据 |
| 3 | 内分泌干扰性 | 无数据 | 无有效证据 |
| 4 | 生殖发育毒性 | 是 | 是 |
| 5 | 胆碱酯酶抑制性 | 否 | 否 |
| 6 | 呼吸道刺激性 | 否 | — |
| 7 | 皮肤刺激性 | 否 | — |
| 8 | 眼刺激性 | 否 | — |
| 9 | 地下水污染 | — | 无有效证据 |
| 10 | 国际公约或优控名录 | 列入 PAN 名录 | |

注：PPDB 数据库由英国赫特福德郡大学农业与环境研究所开发；PAN 数据库来自北美农药行动网(PANNA)；“—”表示无此项。

## 【限值标准】

操作者允许接触水平(AOEL)为 0.0002mg/(kg bw · d)。

### 参 考 文 献

[1] PPDB: Pesticide Properties DataBase. http://sitem.herts.ac.uk/aeru/ppdb/en/Reports/681.htm[2017-04-17].

[2] U. S. National Library of Medicine. HSDB: Hazardous Substances Data Bank. https://toxnet.nlm.nih.gov/cgi-bin/sis/htmlgen?HSDB[2017-04-17].

[3] Meylan W M, Howard P H. Computer estimation of the atmospheric gas-phase reaction rate of organic compounds with hydroxyl radicals and ozone. Chemosphere, 1993, 26（12）: 2293-2299.

[4] Ellington J J. Hydrolysis Rate Constants for Enhancing Property-Reactivity Relationships. USEPA/600/3-89/063, NTIS No. PB89-220479.1989.

[5] Kenaga E E. Predicted bioconcentration factors and soil sorption coefficients of pesticides and other chemicals. Ecotoxicol Environ Saf, 1980, 4（1）: 26-38.

[6] Barron L, Havel J, Purcell M, et al. Predicting sorption of pharmaceuticals and personal care products onto soil and digested sludge using artificial neural networks. Analyst, 2009, 134（4）: 663-670.

[7] Schuurmann G, Ebert R U, Kühne R. Prediction of the sorption of organic compounds into soil organic matter from molecular structure. Environ Sci Technol, 2006, 40（22）: 7005-7011.

[8] Swann R L, Laskowski D A, Mccall P J, et al. A rapid method for the estimation of the environmental parameters octanol water partition-coefficient, soil sorption constant, water to air ratio, and water solubility. Res Rev, 1983, 85: 17-28.

[9] Shepard T H. Catalog of Teratogenic Agents. 3rd ed. Baltimore: Johns Hopkins University Press, 1980.

[10] Howe A M, Webster W S. Exposure of the pregnant rat to warfarin and vitamin K1: an animal model of intraventricular hemorrhage in the fetus. Teratology, 1990, 42（4）: 413-420.

[11] Colucci M, Delaini F, de Bellis V G, et al. Warfarin inhibits both procoagulant activity and metastatic capacity of Lewis lung carcinoma cells. Role of vitamin K deficiency. Biochem Pharmacol, 1983, 32（11）: 1689-1691.

[12] Price P A, Williamson M K, Haba T, et al. Excessive mineralization with growth plate closure in rats on chronic warfarin treatment. Proc Natl Acad Sci USA, 1982, 79（24）: 7734-7738.

[13] 徐恒. 灭鼠灵中毒 22 例报告. 湖南医学, 1991, 8（3）: 157.

[14] PAN Pesticides Database—Chemicals. http://www.pesticideinfo.org/Detail_Chemical.jsp?Rec_Id=PC33044[2017-04-17].

# 萘乙酸(1-naphthylacetic acid)

## 【基本信息】

**化学名称**：萘乙酸

**其他名称**：*α*-萘乙酸、1-萘醋酸、1-萘基乙酸

**CAS 号**：86-87-3

**分子式**：$C_{12}H_{10}O_2$

**相对分子质量**：186.21

**SMILES**：OC(=O)Cc1cccc2ccccc12

**类别**：植物生长调节剂

**结构式**：

## 【理化性质】

白色结晶粉末，熔点 130℃，沸点 322.2℃，饱和蒸气压 1.27mPa(25℃)。水溶解度(20℃)为 16.8mg/L。有机溶剂溶解度(20℃)：正庚烷，588mg/L；甲醇，250000mg/L；丙酮，133700mg/L；二甲苯，24340mg/L。辛醇/水分配系数 $\lg K_{ow}$=–0.02，亨利常数为 $3.03\times10^{-4}$Pa·$m^3$/mol(25℃)。

## 【环境行为】

**(1) 环境生物降解性**

好氧条件下，土壤中降解半衰期为 42d(典型值)，实验室土壤中降解半衰期为 41.7d(20℃)，欧盟档案记录的实验室砂壤土中降解半衰期为 6.4d，壤砂土中降解半衰期为 77d，其他文献中报道的降解半衰期为 30～50d[1]。MITI 试验中，100mg/L 活性污泥接种浓度下，30mg/L 萘乙酸 2 周内理论 BOD 为 0%，受微生物降解影响，萘乙酸好氧条件下降解半衰期为 10d[2]。

**(2) 环境非生物降解性**

萘乙酸与大气中羟基自由基反应的速率常数为 $3.7\times10^{-11}$$cm^3$/(mol·s)，光解

半衰期为 10h（25℃）[3]，常温条件下，pH 为 7 时，水中光解半衰期为 2.9d；pH 为 4、7 和 9 时，水中稳定，不发生水解[1]。

**(3) 环境生物蓄积性**

萘乙酸浓度为 0.5mg/L 和 0.05mg/L 时，鲤鱼 BCF 值为 0.15～0.59 和 1.7～4.2，提示萘乙酸具有低生物蓄积性[2]。

**(4) 土壤吸附/移动性**

吸附系数 $K_{oc}$ 值为 390，提示萘乙酸在土壤中具有中等移动性[4]。

## 【生态毒理学】

鸟类（鹌鹑）急性 $LD_{50}$＞2510mg/kg，鱼类（虹鳟鱼）96h $LC_{50}$＞56mg/L、鱼类 21d NOEC=10mg/L，溞类（大型溞）48h $EC_{50}$＞56mg/L、溞类 21d NOEC＞22mg/L，浮萍 7d $EC_{50}$=5.09mg/L，藻类 72h $EC_{50}$=18.05mg/L，蚯蚓急性 14d $LC_{50}$＞1000mg/kg，蜜蜂急性接触 48h $LD_{50}$＞120μg/蜜蜂[1]。

## 【毒理学】

**(1) 一般毒性**

大鼠急性经口 $LD_{50}$＞1750mg/kg，大鼠急性经皮 $LD_{50}$＞2000mg/kg bw，大鼠急性吸入 $LC_{50}$＞0.45mg/L[1]。

**(2) 神经毒性**

无信息。

**(3) 发育与生殖毒性**

24 只 CD 大鼠通过胃内插管从妊娠第 6～15 天给药[0mg/（kg · d）、10mg/（kg · d）、50mg/（kg · d）、250mg/（kg · d）]，250mg/（kg · d）引起孕鼠体重减轻，子宫质量降低，无剂量相关的胎鼠异常和畸形，50mg/（kg · d）和 250mg/（kg · d）剂量引起平均植入和产仔数的减少，因此，母鼠 NOAEL=50mg/（kg · d），发育毒性 NOAEL=10mg/（kg · d）[5]。

对 16 只人工受精荷兰兔妊娠第 7～27 天经口给药[0mg/（kg · d）、37.7mg/（kg · d）、75mg/（kg · d）、150mg/（kg · d）]进行繁殖试验，结果显示，37.7mg/（kg · d）剂量引起 1 只孕兔死亡，150mg/（kg · d）剂量引起 3 只孕兔死亡，对孕兔无剂量相关效应，150mg/（kg · d）剂量引起平均胚胎植入减少和胎兔生产能力减小。因此，繁殖毒性 NOAEL=37.7mg/（kg · d）[5]。

**(4) 致突变性与致癌性**

组氨酸营养缺陷型的鼠伤寒沙门氏菌菌株（TA1535、TA1537、TA1538、TA98、TA100）在有 $S_9$ 和无 $S_9$ 激活条件下分别暴露于 0μg/板、0.5μg/板、2μg/板、8μg/板、

40μg/板、200μg/板、1000μg/板和 5000μg/板萘乙酸，结果显示，萘乙酸对菌落形成无剂量相关效应[5]。

给喂 CF-1 大鼠 0mg/(kg·d)、60mg/(kg·d)、125mg/(kg·d)萘乙酸，持续 2d，6h 后取大鼠股骨髓样本，通过显微镜观察小鼠骨髓嗜多染红细胞，结果显示萘乙酸对小鼠细胞微核没有剂量相关毒性[5]。

80 只 Crl:CD BR 大鼠给药萘乙酸(0mg/L、100mg/L、1000mg/L、5000mg/L)两年进行致癌性试验，结果显示，1000mg/L 和 5000mg/L 剂量组雌鼠体重降低，摄食量减少，局部肺泡巨噬细胞数量增加；5000mg/L 剂量引起血清碱性磷酸酶水平增加，在第 6、12、18、24 个月血清甘油三酯水平减少，引起雌鼠尿蛋白减少、雌鼠和雄鼠腺胃增加、黏膜腺体扩张和雌鼠慢性肺泡炎。5000mg/L 剂量组还引起雌鼠良性子宫内膜基质息肉发生率增加[5]。

比格犬每日经口给喂萘乙酸 0mg/(kg·d)、15mg/(kg·d)、75mg/(kg·d)、225mg/(kg·d)，持续 52 周，结果显示，体重增量、食物摄入量、眼睛、血液学、临床化学、尿液、器官质量或病理无剂量相关性改变。剂量相关效应：225mg/(kg·d)引起两性比格犬呕吐率和肝脏细胞增生增加，75mg/(kg·d)和 225mg/(kg·d)剂量引起雄性比格犬胃部病变率增加[5]。

## 【人类健康效应】

粉尘可能对鼻子有刺激性[6]。对眼睛和上呼吸道有刺激性，引起头痛、头晕、恶心、呕吐、溶血、继发性肾小管损伤、抽搐、昏迷、脑病和黄疸[7]。

## 【危害分类与管制情况】

| 序号 | 毒性指标 | PPDB 分类 | PAN 分类[7] |
|---|---|---|---|
| 1 | 高毒 | 否 | 是 |
| 2 | 致癌性 | 否 | 否 |
| 3 | 致突变性 | 否 | 无数据 |
| 4 | 内分泌干扰性 | 否 | 无有效证据 |
| 5 | 生殖发育毒性 | 是 | 无有效证据 |
| 6 | 胆碱酯酶抑制性 | 否 | 否 |
| 7 | 呼吸道刺激性 | 是 | — |
| 8 | 皮肤刺激性 | 否 | — |
| 9 | 眼刺激性 | 是 | — |
| 10 | 地下水污染 | — | 无有效证据 |
| 11 | 国际公约或优控名录 | 列入美国 PAN 名录 | |

注：PPDB 数据库由英国赫特福德郡大学农业与环境研究所开发；PAN 数据库来自北美农药行动网(PANNA)；“—”表示无此项。

## 【限值标准】

每日允许摄入量（ADI）为 0.1mg/（kg bw · d），急性参考剂量（ARfD）为 0.1mg/（kg bw · d），操作者允许接触水平（AOEL）为 0.07mg/（kg bw · d）。

## 参 考 文 献

[1] PPDB: Pesticide Properties DataBase. http://sitem.herts.ac.uk/aeru/ppdb/en/Reports/1330.htm[2017-04-12].

[2] Chemicals Inspection and Testing Institute, Japan Chemical Industry Ecology-Toxicology and Information Center. Biodegradation and Bioaccumulation Data of Existing Chemicals Based on the CSCL Japan. 1992.

[3] Meylan W M, Howard P H. Computer estimation of the atmospheric gas-phase reaction rate of organic compounds with hydroxyl radicals and ozone. Chemosphere, 1993, 26（12）: 2293-2299.

[4] Sangster J. Log$K_{ow}$ Databank. Montreal: Sangster Res Lab, 1994.

[5] California Environmental Protection Agency/Department of Pesticide Regulation. Toxicology Data Review Summary. 2003.

[6] Gosselin R E, Smith R P, Hodge H C. Clinical Toxicology of Commercial Products. 5th ed. Baltimore: Williams and Wilkins, 1984: Ⅲ-340.

[7] PAN Pesticides Database—Chemicals. http://www.pesticideinfo.org/Detail_Chemical.jsp?Rec_Id=PC35115[2017-04-12].